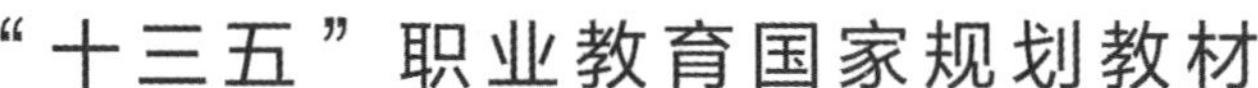

3ds Max 三维设计项目实践教程

(第五版)

新世纪高职高专教材编审委员会 组编

主 编 葛洪央 马宇飞

副主编 杜玉合

参 编 赵 飞 张 猛 张天翔

刘 超 成 卓 梁 超

王俊霞

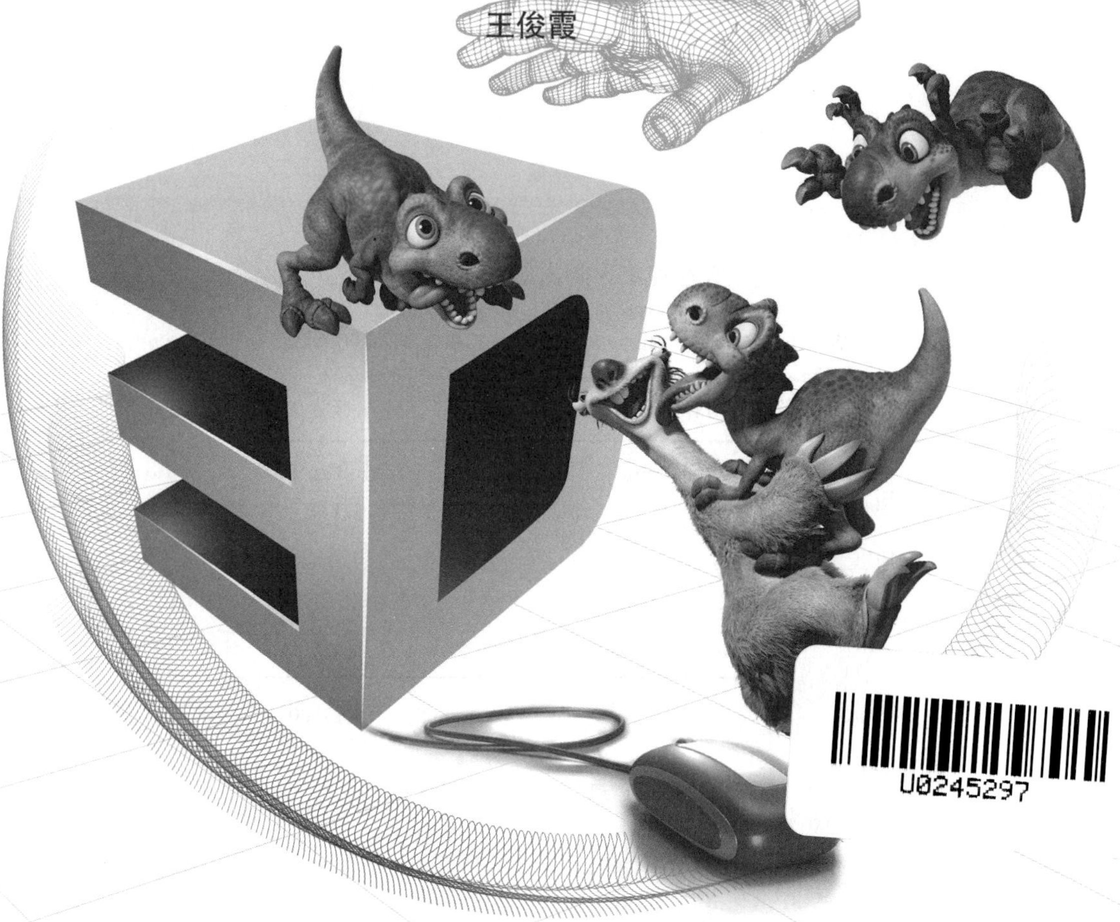

大连理工大学出版社

图书在版编目(CIP)数据

3ds Max 三维设计项目实践教程 / 葛洪央，马宇飞主编. — 5 版. — 大连 ：大连理工大学出版社，2018.7(2022.1 重印)
新世纪高职高专数字媒体系列规划教材
ISBN 978-7-5685-1499-6

Ⅰ. ①3… Ⅱ. ①葛… ②马… Ⅲ. ①三维动画软件－高等职业教育－教材 Ⅳ. ①TP391.414

中国版本图书馆 CIP 数据核字(2018)第 124681 号

大连理工大学出版社出版
地址:大连市软件园路 80 号　邮政编码:116023
电话:0411-84708842　邮购:0411-84708943　传真:0411-84701466
E-mail:dutp@dutp.cn　URL:http://dutp.dlut.edu.cn
大连日升彩色印刷有限公司印刷　大连理工大学出版社发行

幅面尺寸:185mm×260mm　印张:18.25　字数:422 千字
2004 年 8 月第 1 版　2018 年 7 月第 5 版
2022 年 1 月第 8 次印刷

责任编辑:马　双　责任校对:李　红
封面设计:张　莹

ISBN 978-7-5685-1499-6　定　价:45.00 元

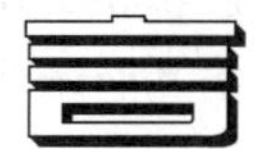

《3ds Max三维设计项目实践教程》(第五版)是"十三五"职业教育国家规划教材、"十二五"职业教育国家规划教材、高职高专计算机教指委优秀教材,也是新世纪高职高专教材编审委员会组编的数字媒体系列规划教材之一。

3ds Max软件是由Autodesk公司旗下Discreet公司开发设计的,是高级专业三维动画软件中的佼佼者。3ds Max自1996年诞生以来,一直受到3D动画创作者的青睐,被广泛应用于广告、影视、工业设计、建筑设计、多媒体制作、辅助教学以及工程可视化等领域。3ds Max能够有效解决由于不断增长的3D工作流程的复杂性对数据管理、角色动画及其速度、性能提升的要求,是目前业界帮助客户实现游戏开发、电影和视频制作以及可视化设计中3D创意的最受欢迎的解决方案之一。其当前主流版本为Autodesk 3ds Max 2013,它为在更短的时间内制作模型和纹理、角色动画及更高品质的图像提供了新技术。而且,借助新的基于节点的材质编辑器、高质量的硬件渲染器、纹理贴图与材质的视口内显示以及全功能的HDR合成器,制作炫目的写实图像变得更加容易。另外,Autodesk 3ds Max 2013与Autodesk Maya 2013、Autodesk Motion Builder 2013和Autodesk Revit Architecture 2013软件的互操作性得到了进一步提高。

根据教育部有关教育教学改革精神,结合当前高职高专教育的特点,编者在总结多年教学经验、实践经验的基础上,结合致尚室内设计有限公司的设计案例,对上一版进行修订,编写了这本《3ds Max三维设计项目实践教程》(第五版)。本教材以"理论够用、突出实用、达到会用"为原则,以"工作过程"为载体,通过项目化、任务分解等手段,利用典型商业实例全面讲解3ds Max的原理、功能和操作方法,侧重案例教学和技能培养,通过"跟我学""跟我做""我来评"的学习方法强化学习效果,培养学生的专业技能。本教材适用于各类高等职业院校艺术设计类专业和计算机技术相关专业,也可作为计算机培训班的教材,还可供从事三维设计、动画制作的技术人员学习参考。

本教材共分3篇,第1篇为"我教你学",由3ds Max基础知识、基本操作等学生需要重点掌握的知识点组成,将过去分

散在各项目的相关知识点整合在一起,使知识体系更系统和完整,这样既便于学生系统学习和课后自查,也方便教师灵活组织教学。第2篇为“我导你做”,由学生需要重点掌握的20个学习任务组成,按照教学内容由易到难的顺序安排,便于学生掌握。每个任务都有相关知识点链接,便于学生温故知新。第3篇为“你做我评”,以四个企业的实际商业项目为依托,各项目均由“项目说明”“项目目的”“设计思路”“评价标准”“制作过程参考”五部分组成,旨在帮助学生从完成一个完整的企业项目入手,真正掌握企业的三维项目设计过程,使其今后在企业的岗位上无须转换就能胜任工作需要。

本教材由许昌职业技术学院葛洪央、石家庄职业技术学院马宇飞任主编,许昌职业技术学院杜玉合任副主编,许昌职业技术学院赵飞、张猛,石家庄职业技术学院张天翔、刘超、成卓、梁超,许昌市云洋广告有限公司王俊霞参与编写。具体编写分工如下:第1篇由葛洪央、张天翔、刘超、成卓、梁超、马宇飞、王俊霞编写,第2篇由赵飞、张猛编写,第3篇由杜玉合编写。全书由葛洪央总体规划和统稿,全书微课由马宇飞制作。

在编写本教材的过程中,编者参考、引用和改编了国内外出版物中的相关资料以及网络资源,在此表示深深的谢意!相关著作权人看到本教材后,请与我社联系,我社将按照相关法律的规定支付稿酬。

由于编者水平有限,书中难免有疏漏之处,恳请广大读者批评指正。

编 者

2018年7月

所有意见和建议请发往:dutpgz@163.com

欢迎访问职教数字化服务平台:http://sve.dutpbook.com

联系电话:0411-84707492 84706104

第1篇　我教你学

第2篇 我导你做

第3篇 你做我评

本书数字资源列表

第 1 篇

我教你学

本篇主要介绍使用3ds Max需要掌握的相关知识和技术，共6个单元，包括基础知识简介、建模技术、材质与贴图技术、灯光与摄影机、环境特效和渲染输出、动画技术等。每个单元包括“单元导读”“单元要点”，然后由浅入深逐步介绍相关知识点，使学生在做后期任务和项目之前对3ds Max的主要功能技巧及工具的实用方法有深刻的了解。

第1单元 3ds Max基础知识

单元导读

3ds Max 软件由 Autodesk 公司旗下 Discreet 开发设计，是高级专业三维建模、动画与渲染软件中的佼佼者。Autodesk 3ds Max 2013 为在更短的时间内制作模型和纹理、角色动画及更高品质的图像提供了诱人的新技术。建模与纹理工具集的巨大改进可通过新的前后关联的用户界面调用，有助于加快日常工作流程，而非破坏性的 Containers 分层编辑，促进并行协作。同时，用于制作、管理和动画角色的完全集成的高性能工具集可帮助快速呈现栩栩如生的场景。而且，借助新的基于节点的材质编辑器、高质量硬件渲染器、纹理贴图与材质的视口内显示以及全功能的 HDR 合成器，制作炫目的写实图像变得更加容易。另外，3ds Max 2013 软件与 Autodesk Maya 2013 软件、Autodesk Motion Builder 2013 软件和 Autodesk Revit Architecture 2013 软件的互操作性得到了进一步提高。

3ds Max 自 1996 年诞生以来，一直受到 3D 创作者的极大青睐，被广泛应用于广告、影视、工业设计、建筑设计、多媒体制作、辅助教学以及工程可视化设计等领域。由于其友好的用户界面、易学易用的特性、与众多艺术设计软件的无缝集成以及无限的插件扩展功能，已成为很多三维制作专业人员的首选。也正因为如此，才使得如今的三维艺术领域展现出如此欣欣向荣的局面。列举如下：

模拟自然界：可以做到真实、自然。比如用细胞材质和光线跟踪制作的水滴，整体效果没有生硬、呆板的感觉。

设计工业产品：3ds Max 系列可设计机械产品、电子产品等形状比较规则的物体。

绘制建筑效果图：绘制建筑效果图和室内装修图是 3ds Max 系列产品最早的应用之一。由于动画技术和后期处理技术的提高，这方面最新的应用是制作大型社区的电视动画广告。

制作影视作品：电影大片中常常需要 3ds Max 参与制作。

制作游戏：3ds Max 参与了大量的游戏制作。《古墓丽影》系列就是 3ds Max 的杰作。

单元要点

- 3ds Max基本操作界面及目标布局
- 3ds Max基本操作及常用命令
- 3ds Max创作的一般工作流程

1.1 认识操作界面

1.1.1 安装与启动

安装3ds Max 2013与安装其他多数标准Windows软件一样，按照提示步骤进行安装，最后注册激活即可，如图1-1-1所示，这里不再详述。

图1-1-1 安装进度

这里我们使用的是在Windows 7环境下安装的3ds Max 2013 32bit版本。第一次启动时默认为英文版，选择桌面左下角【开始】按钮，选择“所有程序”→“Autodesk”→“Autodesk 3ds Max 2013 32-bit”→“Languages”→“Autodesk 3ds Max 2013 32-bit - Simplified Chinese”，这样就可以启动并切换到3ds Max 2013简体中文版了，如图1-1-2所示。经过上述步骤后，以后可以直接双击桌面上的3ds Max 2013中文版图标启动程序，无须再按上面的步骤启动。

启动3ds Max 2013，出现软件加载界面，启动后在主界面上会有一个欢迎窗口，如图1-1-3所示。

图 1-1-2　切换中文版

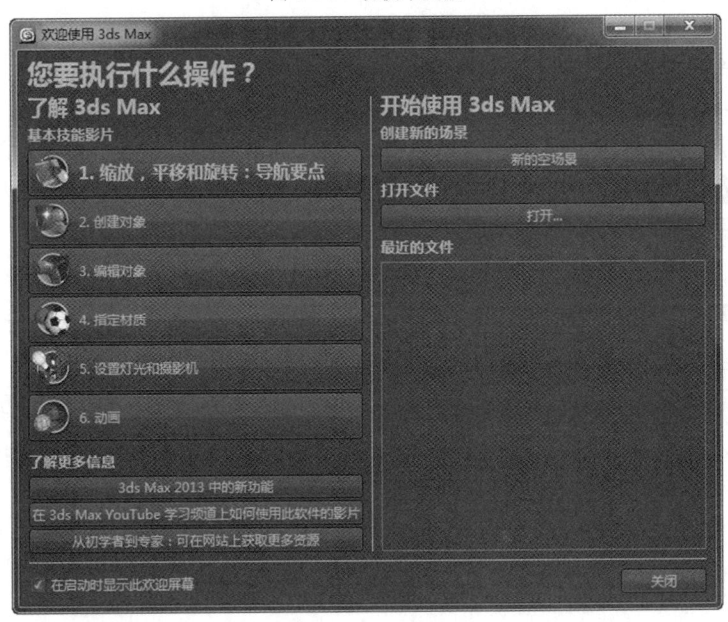

图 1-1-3　欢迎窗口

在这里读者可以方便地学习一些 3ds Max 的基本知识和技能，如果不希望每次启动都出现该窗口，可去掉 在启动时显示此欢迎屏幕 复选框的对号，单击【关闭】按钮，关闭该窗口，返回到主界面。以后可以通过单击主菜单栏上的“帮助”→“欢迎屏幕”命令，再次显示该窗口。

启动并进入 3DS Max 2013 中文版系统后，即可看到如图 1-1-4 所示的初始界面。主要包括以下几个区域：标题栏、菜单栏、工具栏、视图区、命令面板、视图控制区、动画控制区、信息提示区与状态栏、时间滑块与轨迹栏、窗口布局选项。

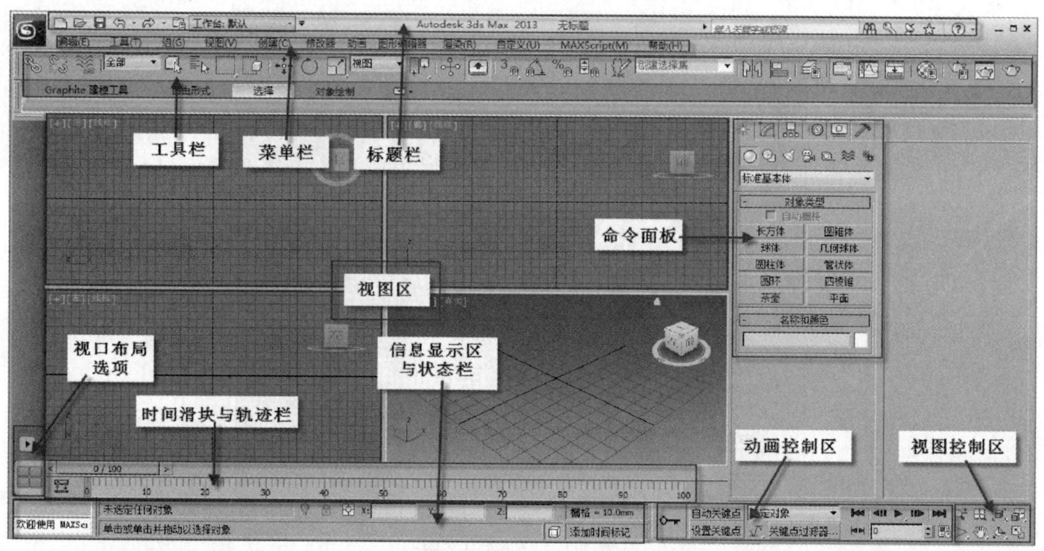

图 1-1-4　初始界面

1. 标题栏

3ds Max 2013 窗口的标题栏用于管理文件和查找信息。

- 【应用程序】按钮：单击该按钮可显示文件处理命令的“应用程序”菜单。
- 快速访问工具栏：主要提供用于管理场景文件的常用命令。
- 键入关键字或短语 信息中心：可用于访问有关 3DS Max 2013 和其他 Autodesk 产品的信息。
- Autodesk 3ds Max 2013 无标题 文档标题栏：用于显示 3DS Max 2013 文档标题。

2. 菜单栏

编辑(E)　工具(T)　组(G)　视图(V)　创建(C)　修改器　动画　图形编辑器　渲染(R)　自定义(U)　MAXScript(M)　帮助(H)

3ds Max 2013 菜单栏位于屏幕界面的最上方。菜单中的命令如果带有省略号，表示会弹出相应的对话框，带有小箭头则表示还有下一级的菜单。

菜单栏中的大多数命令都可以在相应的命令面板、工具栏或快捷菜单中找到，远比在菜单栏中执行命令方便得多。

3. 工具栏

在菜单栏的下方有一栏工具按钮，称为工具栏，通过工具栏可以快速访问 3DS Max 2013 中很多常见任务的工具和对话框。将鼠标移到按钮之间的空白处，鼠标箭头会变为状，这时可以拖动鼠标来左右滑动工具栏，可以看到隐藏的工具按钮。

在工具栏中，有些按钮的右下角有一个小三角形标记，这表示此按钮下还隐藏有多重按钮。如果不知道命令按钮名称，可以将鼠标箭头放置在按钮上停留几秒钟，这时会出现这个按钮的中文命令提示。

找回丢失工具栏或关闭工具栏的方法：单击菜单栏中的“自定义”→“显示”→“显示主工具栏”命令，即可显示或关闭工具栏，也可以按键盘上的【Alt+6】键进行切换。

4. 视图区

视图区位于界面的正中央，几乎所有的操作，包括建模、赋予材质、设置灯光等工作都要在此完成。当首次打开 3DS Max 2013 中文版时，系统缺省状态是以四个视图的划分方式显示的，分别是顶视图、前视图、左视图和透视视图，这是标准的划分方式，也是比较通用的划分方式。如图 1-1-5 所示。

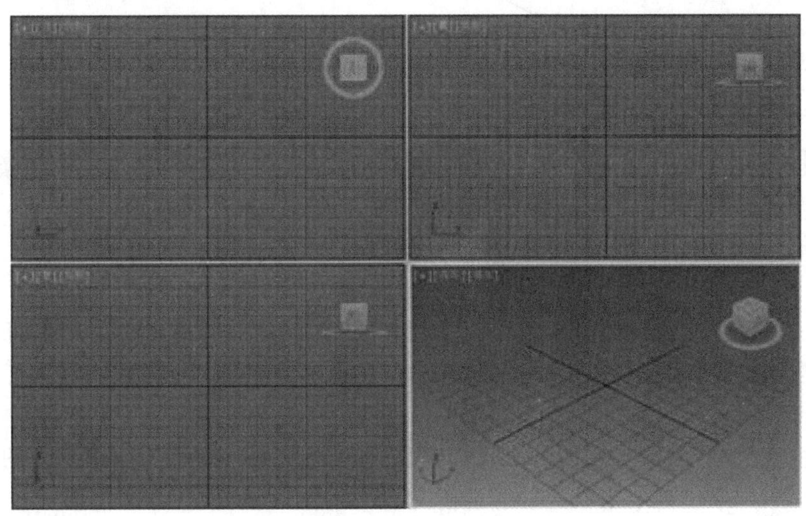

图 1-1-5　视图区

- 顶视图：显示物体从上往下看到的形态。
- 前视图：显示物体从前向后看到的形态。
- 左视图：显示物体从左向右看到的形态。
- 透视视图：一般用于观察物体的立体形态。

5. 命令面板

位于视图区右侧的是命令面板，如图 1-1-6 所示。命令面板集成了 3DS Max 2013 中大多数的功能与参数控制项目，它是核心工作区，结构最为复杂、使用最为频繁。创建物体或场景主要通过命令面板进行操作。在 3ds Max 2013 中，一切操作都是由命令面板中的某一个命令进行控制的。命令面板包括 6 个面板。

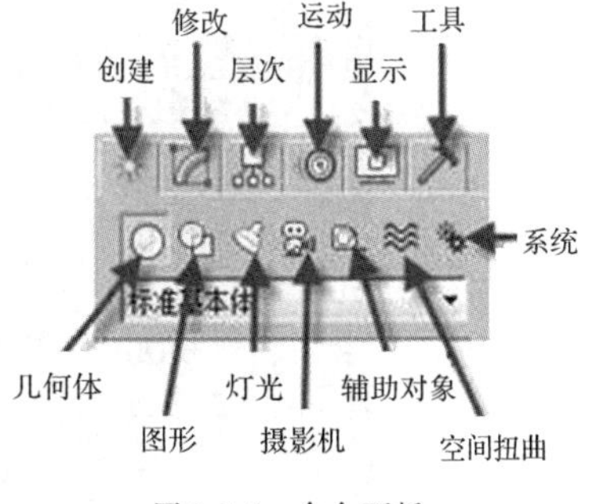

图 1-1-6　命令面板

6. 视图控制区

3ds Max 2013 视图控制区位于工作界面的右下角。主要用于调整视图中物体的显示状态，通过缩放、平移、旋转等操作达到方便观察的目的。

7. 动画控制区

动画控制区的工具主要用来控制动画的设置和播放。动画控制区位于屏幕的下方。用来滑动动画帧的时间滑块位于 3ds Max 2013 视图区的下方。

8. 信息提示区与状态栏

用于显示 3ds Max 2013 视图区中物体的操作效果，例如移动、旋转坐标以及缩放比例等。

9. 时间滑块与轨迹栏

用于设置动画、浏览动画以及设置动画帧数等。

与其他多数标准 Windows 软件界面一样，3ds Max 2013 也遵循标准的“软件格式”，有自己的主菜单和工具栏，包括各类预设好的相应界面，用户还可以根据自己的爱好定义个性化的界面和快捷键等。单击主菜单栏上的“自定义”→“自定义用户界面”命令，可选择适合自己的工作界面，这里有 3ds Max 2009 的备用界面，界面颜色较浅，可根据自己的习惯进行设置。

需要注意的是，如果将过多的工具栏显示出来，会影响视图区域的可视面积，对于显示器较小的用户来说是不可取的。通常情况下，我们可以根据自己的需要和使用习惯来定制工作界面。

1.1.2 视图区

视图区是用户的工作区域，默认为四个等分视图工作界面，如图 1-1-7 所示。

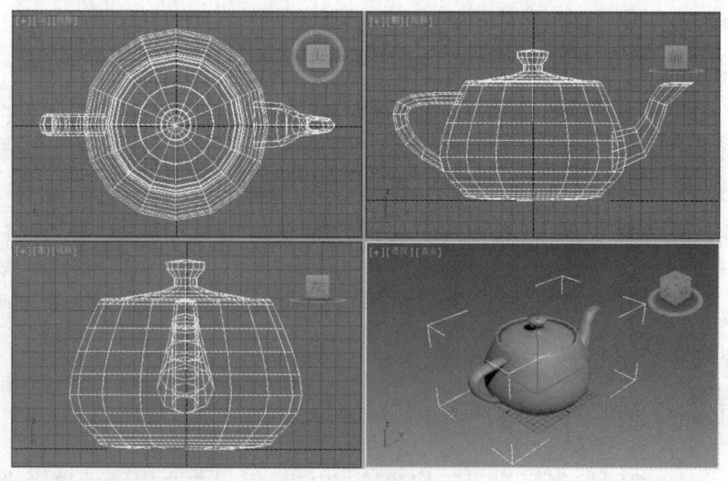

图 1-1-7　视图区

在学习 3ds Max 的过程中，对视图的理解和掌握是非常重要的，这需要我们具备一定的空间想象能力。通常应该在顶视图、前视图、左视图的二维视图中进行操作，通过两个以上的二维视图，我们才可以准确把握物体的位置和形状。透视视图主要用于观察物体的三维透视效果。一般情况下，不建议在透视视图中进行物体的创建和位置调整等工作。

系统默认的四个等分视图（顶视图、前视图、左视图和透视视图）往往不能满足用户的操作需求，其实系统提供了多种视图和视图区布局，用户可以根据需要调整视图和布局。

1. 视图之间的相互转换

除顶视图、前视图、左视图、透视视图外，系统还提供了右视图、底视图、后视图、用户视图和摄影机视图，其中摄影机视图可在多个摄影机之间相互转换。

激活任意视图。在键盘上按相应的快捷键，即可将当前视图转换为所需的视图："T"—顶视图、"B"—底视图、"L"—左视图、"U"—正交视图、"F"—前视图、"P"—透视视图、"C"—摄影机视图。

还可以使用快捷菜单进行转换。在任意视图的左上角视图名称区（视图图标）单击鼠标右键，在弹出的快捷菜单中，选择后即可将其转换为当前视图，如图 1-1-8 所示。

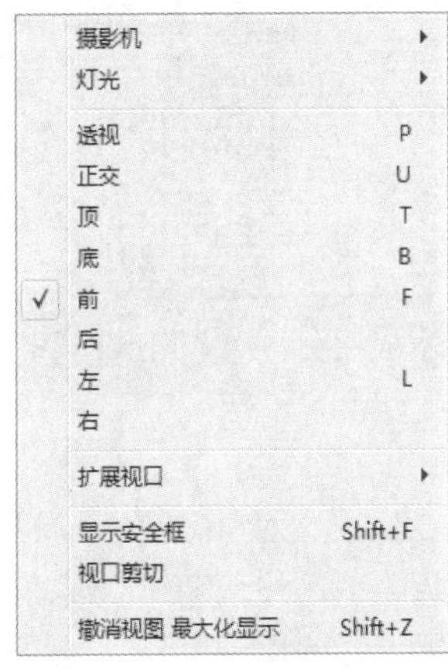

图 1-1-8　视图转换菜单

2. 视图区布局的转换

默认视图区布局为四等分视图，我们可以根据场景需要来改变视图的布局形式，以便更好地观察场景。任意拖动各视图之间的边框，可以粗略地调整视图窗口所占面积，如图 1-1-9 所示。

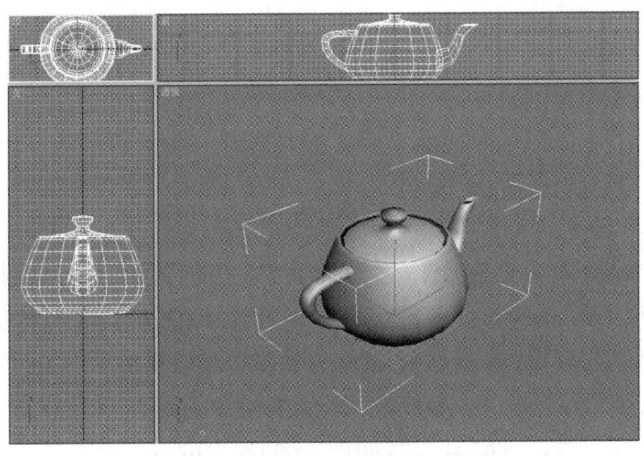

图 1-1-9　调整视图窗口

还可以在任意视图中右击视图图标，弹出快捷菜单，选择"配置"命令，弹出"视口配置"对话框，单击"布局"标签，进入"布局"选项卡，如图 1-1-10 所示。

"布局"选项卡中给出了 14 种视图布局形式，任选一种，单击"应用"按钮即可使视图区显示为该布局。

还可以单击左下角"创建新的布局选项卡"按钮，弹出"标准视口布局"面板，如图 1-1-11

所示，可以快速更改视口布局。

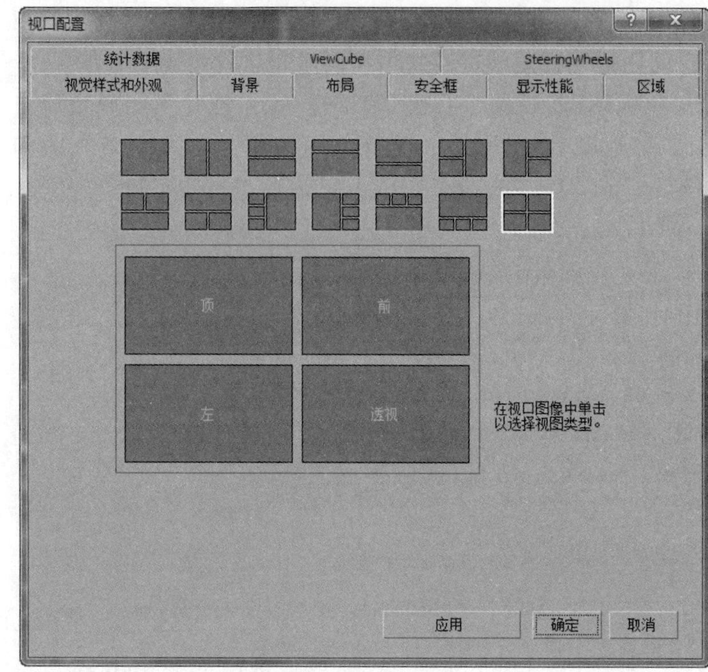

图 1-1-10 “布局”选项卡

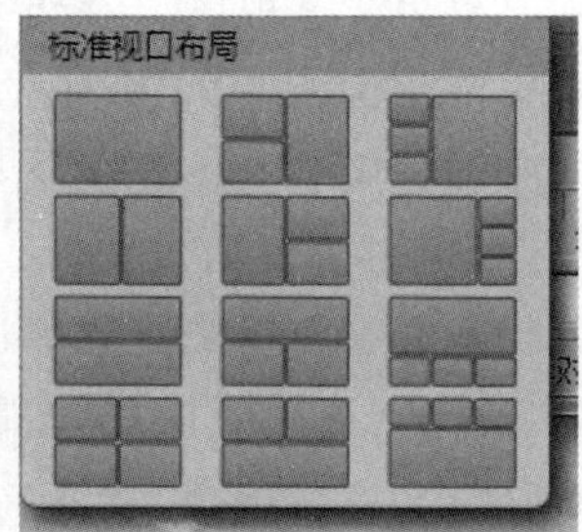

图 1-1-11 标准视口布局

1.2 基本操作及常用命令

1.2.1 基本设置及操作

为了更好地掌握物体大小和物体之间的关系，在创建物体之前通常应该设置好单位，一般以建筑上常用的公制单位“毫米”作为标准。目前在 3ds Max 设计创作中，通常应用光能传递进行计算渲染，单位的设置更为重要，否则很难以实际情况来估算场景需要的光照强度。执行“自定义”→“单位设置”菜单命令，打开“单位设置”对话框，选中“公制”单选项，单击下拉列表，选择“毫米”，如图 1-1-12 所示。

采用上述方法，每新建一个文件必须重新设置单位。单击“单位设置”对话框中的 系统单位设置 按钮，弹出“系统单位设置”对话框，选择相应的单位，如图 1-1-13 所示，这样就改变了 3ds Max 系统的默认单位，无须再重新设置。本教材在“实例演示”部分的操作，未特殊声明的话，长度单位均为 mm。

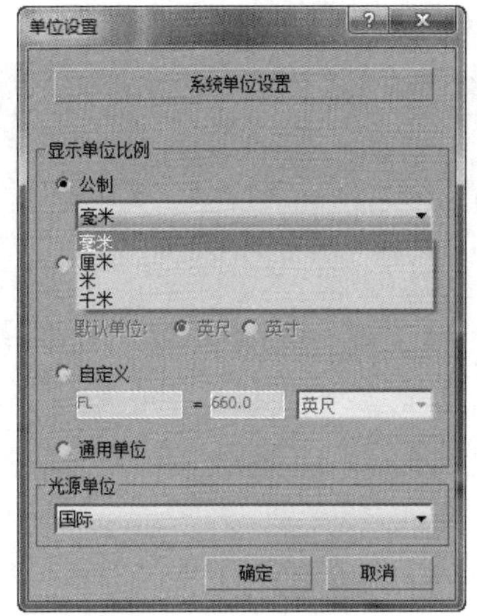

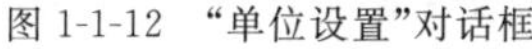

图 1-1-12　“单位设置”对话框

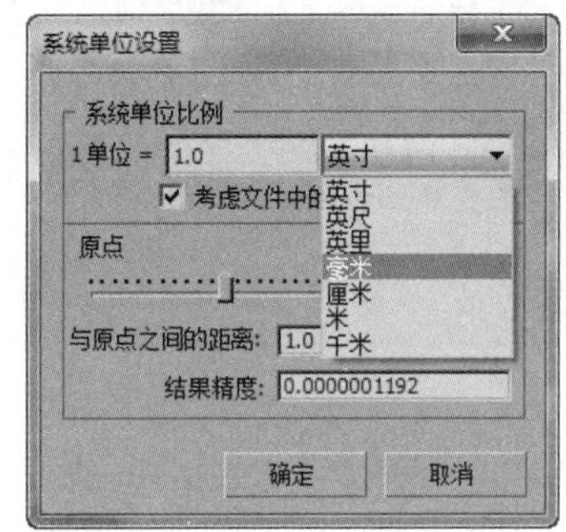

图 1-1-13　“系统单位设置”对话框

在 3ds Max 中创建一个简单的几何体有多种方法，这里我们用创建面板直接创建一个长方体。在面板中单击【创建】→【几何体】→ 长方体 按钮，在顶视图中按住鼠标左键拖动至另一点，放开左键，再拖动至另一点，然后单击左键，就完成了长方体的创建。其参数位于面板的下方，将长、宽、高分别改为合适的数值即可，如 400 mm、100 mm、200 mm，如图 1-1-14 所示。单击视图控制区中【视图最大化显示】按钮，长方体则在所有视图中完全显示出来。物体创建完成后，可选中该物体，单击【修改】按钮进入修改面板，通过更改相关参数，再次修改该物体。

3ds Max 提供的基本三维物体共 10 个，如图 1-1-15 所示，创建方法类似，各有自己的相应参数，这里不一一介绍，大家可以自行练习和熟悉。

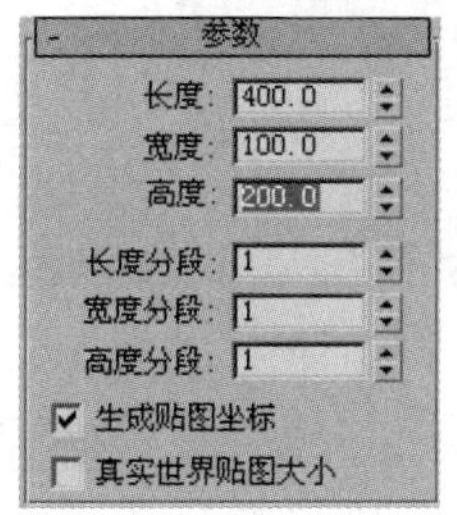

图 1-1-14　长方体参数设置

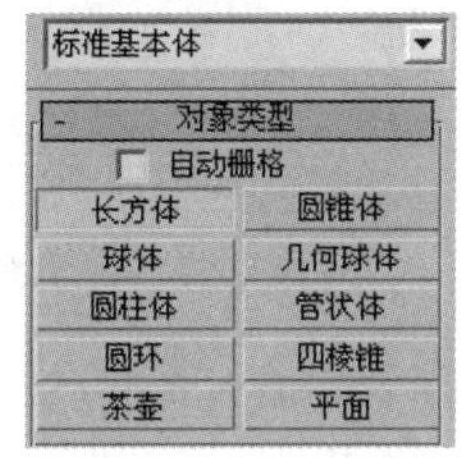

图 1-1-15　基本三维物体

1.2.2　物体的定位与坐标

在 3ds Max 的创作中，准确地把握物体之间的位置关系至关重要，否则看似相邻的两个物体其实相距甚远。要确定物体之间的位置关系，必须掌握视图、绝对坐标轴和物体轴心坐标之间的关系。初学者对此问题很容易忽略和混淆。在 3ds Max 中，绝对坐标轴是指在该视图中垂直相交的两条较粗的网格线，如图 1-1-16 所示。

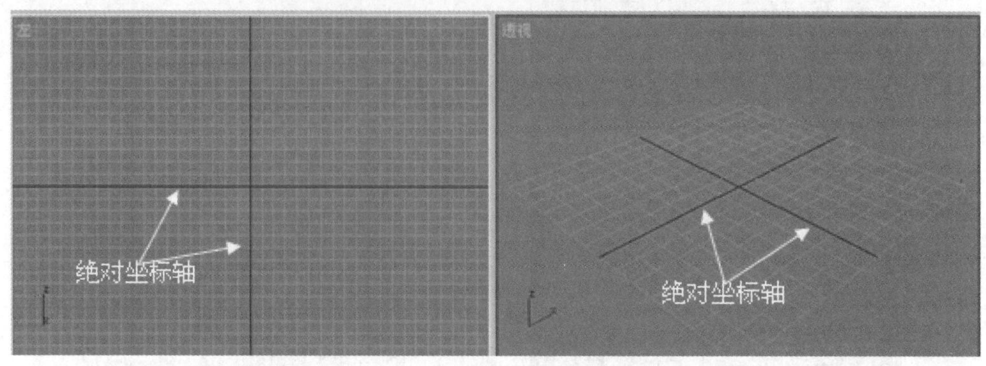

图 1-1-16　绝对坐标轴

在顶视图中创建一个长 500 mm、宽 100 mm、高 300 mm 的长方体，选中该长方体，在顶视图中可以看到它的轴心坐标位于长方体顶视面中心上，在前视图、左视图中可以看到它的轴心坐标落在长方体底部和绝对坐标轴上；再分别在前视图、左视图中创建同样大小的长方体，选中前视图中创建的长方体，在前视图中其轴心坐标位于长方体前视面中心上，在顶视图、左视图中也是落在绝对坐标轴上，如图 1-1-17 所示；在左视图观察创建的长方体也可以得到相同的关系。在透视视图中可以清晰、形象地看到三个长方体的空间关系。

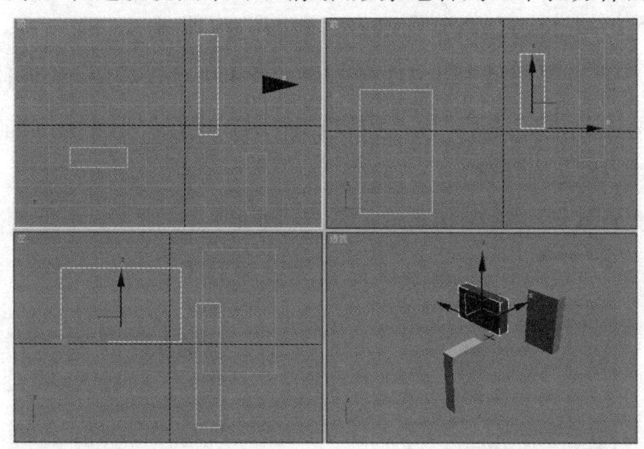

图 1-1-17　在前视图中创建的长方体轴心坐标的位置

单击【应用程序】按钮→重置，恢复系统默认状态。单击 茶壶 按钮，分别在三个视图中各创建一个茶壶，通过透视视图可以看到其不同的摆放位置和方向，效果如图 1-1-18 所示。虽然在任何视图中都可以绘制出同样的物体，但其位置、走向都不相同。如何简单、快捷、不用经过太多的调整就可以得到物体在透视视图中的正确位置，这需要我们根据实际情况准确判断在哪个视图中创建物体更合适，只有理解和掌握视图与物体坐标的关系才可做到这一点。这是学习 3ds Max 最基本也是很重要的一个内容，为以后准确、熟练创建模型奠定基础。

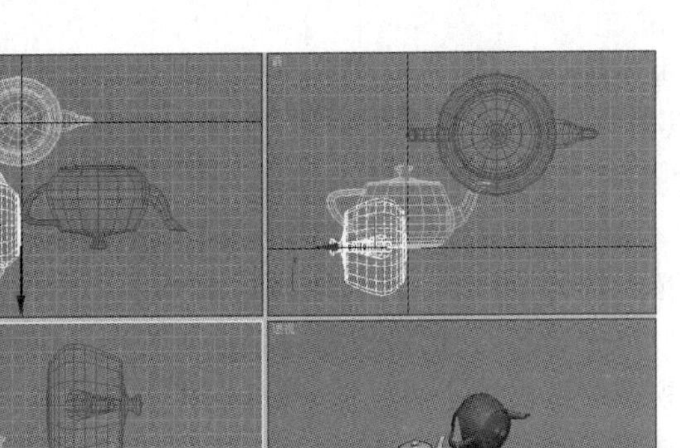

图 1-1-18　不同视图中创建的茶壶

1.2.3 选择物体

一个复杂的场景也许有几十个、上百个模型，如何准确、快速选中我们需要的物体，这需要我们熟练掌握选择工具的使用方法。3ds Max 提供了强大的选择功能，包括单击选择、范围选择、以名称选择、以颜色选择，同时还提供了选择过滤器和选择集功能。

1. 单击选择

单击工具栏中的【选择】按钮，激活选择命令，在任意视图中将鼠标指针放在物体上(在线框显示模式的视图中必须放在物体的线框轮廓线上)，出现时单击鼠标左键，则选中了该物体。被选中的物体在线框显示模式的视图中以白色线框显示；在实体显示模式的视图中，选中的任何形状的三维、二维物体，它的周围都有白色长方形框，图 1-1-19 是物体选择前后的比较。

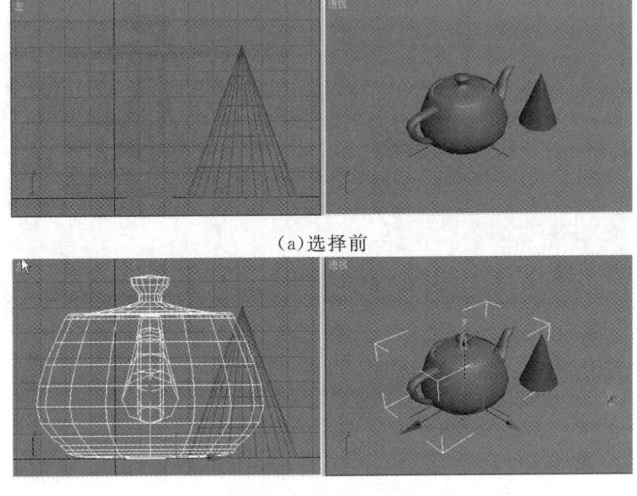

(a)选择前

(b)选择后

图 1-1-19　物体选择前后的比较

在空白处单击鼠标，则取消物体的选择。选中一个物体后，按住 Ctrl 键，鼠标指针变为，继续单击其他物体，可选择多个物体；在选中多个物体后，按住 Alt 键，鼠标指针变为，单击选中的物体，则取消该物体的选择。

2. 范围选择

使用范围框选择物体，可以一次性地快速选择多个物体。范围选择有两种方式：交叉范围选择和窗口范围选择，它们可以通过单击工具栏的【窗口/交叉】按钮进行切换。按住鼠标左键在视图中拖出一个虚线框，就可选择多个物体。

交叉范围选择状态按钮。在该状态下选择物体时，不管是局部还是全部被虚线框住，该物体都将被选中。

窗口范围选择状态按钮。在该状态下选择物体时，只有全部被框在虚线内，该物体才会被选中。

系统默认的虚线框为矩形框。为了在不同的场景中选择物体，系统还提供了 5 种虚线框形状。在工具栏的【矩形选择区域】按钮上按住鼠标左键不放，将弹出虚线框形状下拉列表，可选择合适的形状。

3. 以名称选择

一个物体被创建后，系统会自动为其命名，如创建多个长方体，第一个创建的物体名称为 Box01，第二个名称为 Box02…… 当然我们可以在该物体的创建面板中 - 名称和颜色 卷展栏下的 Box02 文本框中输入其他名称。在 3ds Max 的创作过程中，特别是在物体较多的场景中，应该按物体的实际意义为其命名，这对于后面准确地区分和选择物体是非常重要的。

单击主工具栏上的【按名称选择】按钮或按快捷键 H，弹出“从场景选择”对话框，如图 1-1-20 所示。在“名称”列表中单击相应名称，字体变蓝色则该物体被选中；按住 Ctrl 键，单击物体名称，可同时选择多个物体；在物体名称上按住鼠标左键上下拖动，可选择相邻的多个物体。最后单击【确定】按钮关闭对话框，此时，场景中的相应物体被选中。

图 1-1-20 “从场景选择”对话框

4. 以颜色选择

执行“编辑”→“选择方式”→“颜色”菜单命令，将鼠标放在要选择的物体上，鼠标变为时单击鼠标左键，与该物体相同颜色的物体都被选中。

注意：这里的颜色是指物体在创建时的基本颜色，而不是材质颜色，以线框显示的物体，线框颜色就是物体的基本颜色。

5. 选择过滤器

在场景中，一般有多种类型的物体同时存在，利用选择过滤器，可以非常方便地在复杂的场景中选择所需类型的物体，而不受其他类型物体的影响。单击主工具栏上的全部按钮，在下拉列表中选择其中一种类型的物体，则在视图中通过点选或框选都只能选择该类型的物体。

6. 选择集

选择集是指一个或多个选择对象的集合。在视图中对物体进行操作时，往往需要对多个对象进行相同的操作，如果将这些对象组成一个选择集，在下次进行同样的选择时就会很方便。

首先选中要建立选择集的多个物体（如沙发腿、沙发靠背、沙发坐垫等），在工具栏文本框内输入一个名称，如“沙发”，则“沙发”即该选择集的名称。下次要选择沙发模型，只要单击该文本框后的三角形按钮，在下拉列表中选择“沙发”即可。单击【编辑命名选择集】按钮，打开“选择集编辑”对话框，可对选择集进行编辑。

选择集与组不同，选择集中的每一个对象是相对独立的，可以单独选择其中的任意对象，它们的位置可任意改变而不影响整个选择集。通常在视图中一些物体需要同时操作和独立操作，将它们设为选择集最为方便。

1.2.4 移动、旋转和缩放

移动、旋转、缩放属于双重命令，兼具选择功能，这些操作通称为“对象的变换”。对物体的变换操作有两种方式，可以通过鼠标在视图中直接拖拉进行变换，也可以在坐标变换对话框中输入精确的数值进行变换。

1. 移动

单击【选择并移动】按钮，选择一个物体，这时对象上会出现可以选择轴向的坐标，鼠标移动到哪一个轴上，该轴被选中并以亮黄色显示，拖动被选中的轴即可使对象沿该轴移动，且只能沿该轴移动；鼠标移动到垂直标记线上，两轴都变为亮黄色，则可以沿两轴任意移动对象，如图 1-1-21 所示。单击【选择并移动】按钮，选择一个物体，再次右键单击该按钮，弹出“移动变换输入”对话框，在对话框中输入数值可以精确控制对象的位置和位移，如图 1-1-22 所示。

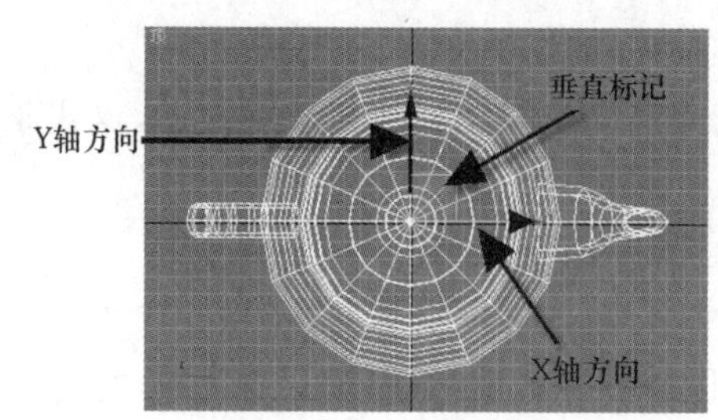

图 1-1-21 对象的移动

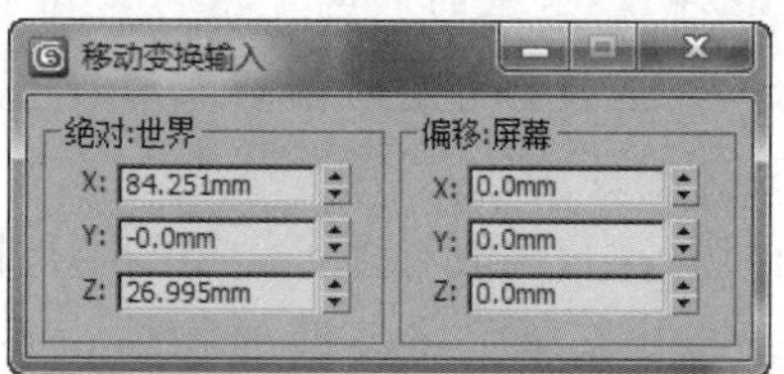

图 1-1-22 "移动变换输入"对话框

绝对坐标是以系统原点作为参考的，不随视图的改变而改变；相对坐标则是以物体自身位置作为参考的，它的坐标轴是随着视图的不同而改变的。例如，如果想让茶壶向上移动 50，使用绝对坐标时，不管在哪个视图中操作，都是在 Z 轴上增加 50；如果使用相对坐标，在顶视图中操作是在 Z 轴上直接输入 50，在前视图和左视图中则是在 Y 轴上输入 50。

2. 旋转

单击【选择并旋转】按钮，选择一个物体，这时对象上会出现一个方向轮，任意拖动代表一个轴的圆环，即可使对象绕该轴心旋转，同时会显示出旋转方向和角度，如图 1-1-23 所示。同样，旋转也有坐标变换对话框，操作方式与移动相同。旋转坐标变换对话框中的坐标值是按角度计算的，在相应的坐标轴中输入一定的数值，就可以准确地旋转物体。

3. 缩放

物体的缩放方式有三种：均匀缩放、非均匀缩放、等体积缩放。

均匀缩放：在三个轴上均匀缩放，只改变物体的体积，不改变形状。

非均匀缩放：在锁定的坐标轴上缩放，物体的体积和形状都发生改变。

等体积缩放：在锁定的坐标轴上挤压变形，物体形状改变但体积不变。

单击均匀缩放按钮，选择一个物体，对象的坐标轴之间会出现两个三角形区域，鼠标选中内侧的三角形，指针变为，这时按住左键拖动鼠标，则物体进行均匀缩放；鼠标选中外侧三角形或坐标轴时，指针变为，这时按住左键拖动鼠标，则物体进行非均匀缩放，如图 1-1-24 所示。

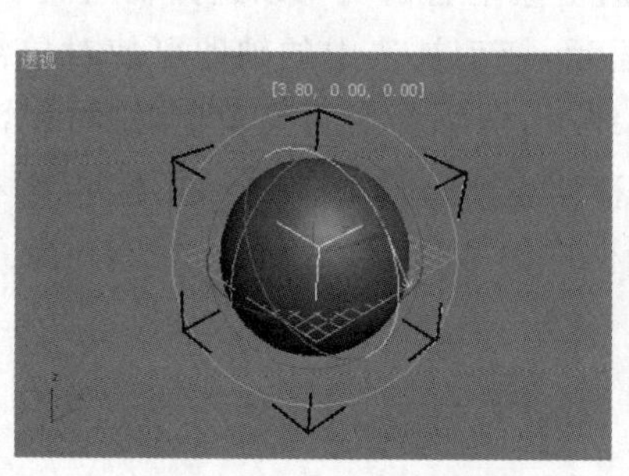

图 1-1-23 对象的旋转

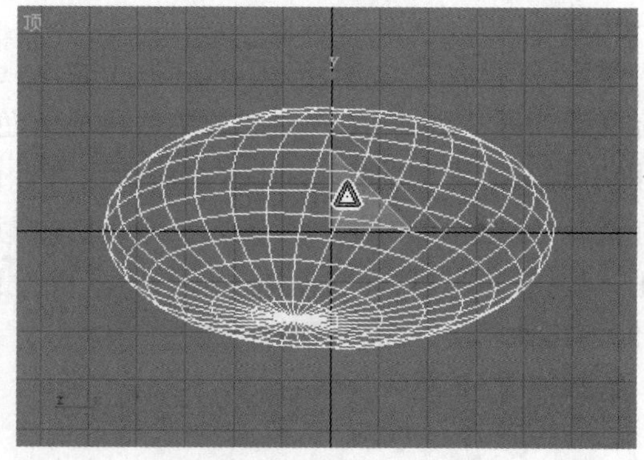

图 1-1-24 对象的非均匀缩放

同样，缩放也有相应的坐标变换对话框，图 1-1-25 所示为均匀缩放变换对话框（左）和非均匀缩放变换对话框（右），它的坐标值是以百分比来计算的。没有经过缩放的物体，它的绝对坐标值为 100，是不变的；经过缩放的物体，只是外形或体积发生了变化，但它自身的物理参数（长、宽、高、半径等）没有发生变化。如果两个几何物体在尺寸参数上一致，但形体上相差很大就可以判定其中的一个物体经过了缩放操作。

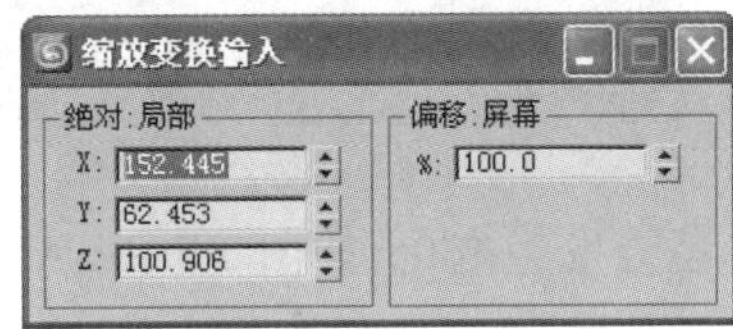

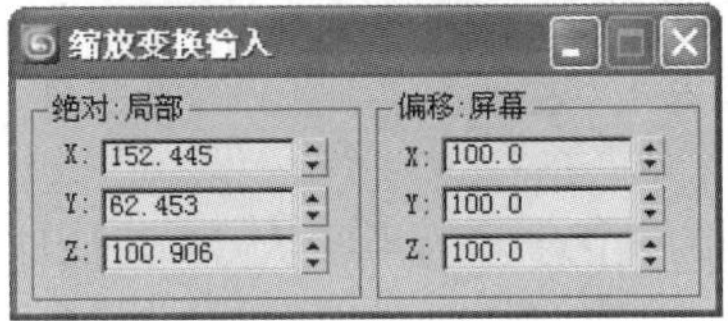

图 1-1-25　“缩放变换输入”对话框

1.2.5　物体的克隆

在制作复杂模型时，常常会发现其中许多物体是相同的，如桌子的四条腿、建筑回廊的柱子、众多的玻璃窗等，这时就需要使用克隆命令来创建这些物体了。3ds Max 提供了多种克隆命令以供选择。

1. 移动克隆

移动克隆就是在移动物体的同时复制出另一个同样的物体。单击【选择并移动】按钮，按住 Shift 键，在视图中选择并拖动一个物体，弹出“克隆选项”对话框，如图 1-1-26 所示。

图 1-1-26　“克隆选项”对话框

在对话框中可以设置要复制的物体数量（副本数），并为复制出的物体命名，单击【确定】按钮，物体即被克隆，同时所有克隆物体之间的距离都与原拖动的距离相同。图 1-1-27 是“副本数”为 6 的克隆效果。

与其他软件不同，3ds Max 所产生的克隆物体之间会存在一定的关系，这种关系会根据克隆方式的不同而有所不同。在“克隆选项”对话框中，有三种克隆方式可供选择：复制、实例和参考。

（1）复制

选择“复制”方式产生的克隆物体与原物体之间没有任何关系。

例如：在前视图中创建一个球体，单击选择并移动按钮，按住 Shift 键拖动球体，弹出“克隆选项”对话框，系统默认选中 复制 单选项，设置“副本数”为 2，单击【确定】按钮，克隆出两个球体，如图 1-1-28 所示。

图 1-1-27　克隆效果

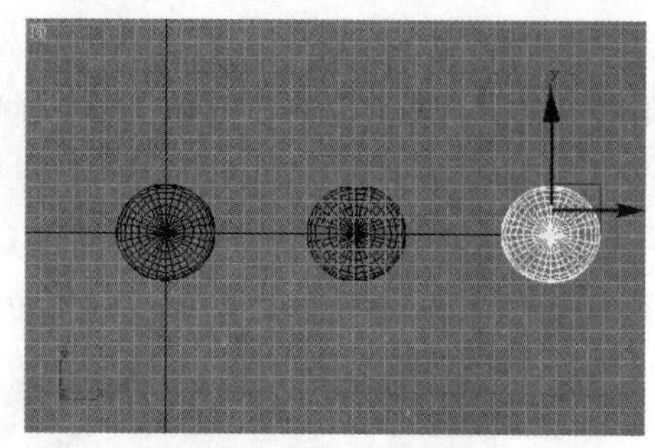

图 1-1-28　克隆球体

修改其中一个球体的半径大小，其他球体不会发生变化，如图 1-1-29 所示。

(2)实例

选择“实例”方式产生的克隆物体不是独立的个体，修改原物体或克隆出的物体中的任意一个，其他物体都会同时发生同样的变化。

与上面的例子一样，这次我们选择 实例 单选项，将其中一个球体的半径减小，其他球体都会缩小。

(3)参考

选择“参考”方式产生的克隆物体也不是独立的个体，但它与实例方式不同。修改原物体时克隆物体会发生变化，而修改克隆物体时原物体不会随之变化。

2. 旋转、缩放克隆

与移动克隆相同，单击【选择并旋转】按钮或【选择并均匀缩放】按钮，按住 Shift 键，在视图中选择并拖动一个物体，即弹出“克隆选项”对话框，设置好“副本数”及“名称”后单击【确定】按钮，物体即被克隆。

实例演示——制作简单的扇骨模型

(1)单击【创建】→【几何体】→ 长方体 按钮，在前视图创建一个“长度”为 150、“宽度”为 3、“高度”为 2 的长方体，如图 1-1-30 所示。

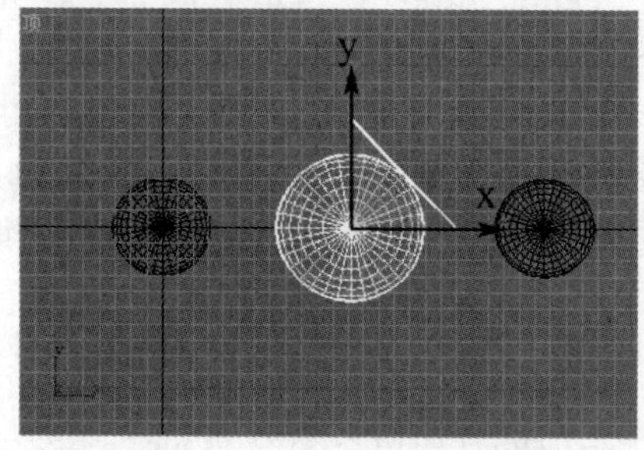

图 1-1-29　改变“复制”的一个球体的大小

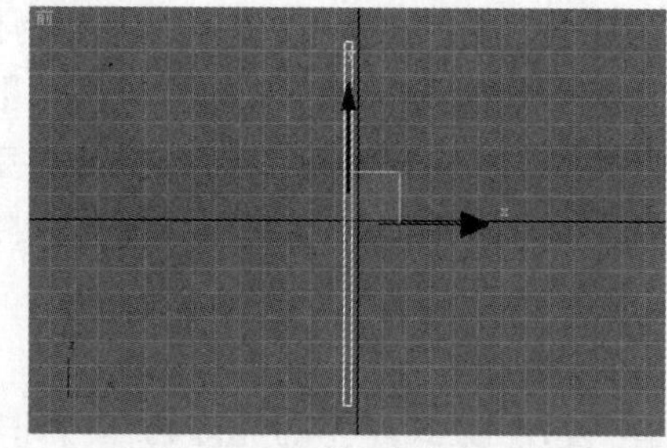

图 1-1-30　创建长方体 1

(2)单击【选择并旋转】按钮，将长方体旋转到如图 1-1-31 所示的角度。

(3)单击【层次】→ 仅影响轴 按钮，再单击选择并移动按钮，在前视图中将旋转轴沿长度方向调整到合适位置，如图 1-1-32 所示。再次单击 仅影响轴 按钮，取消轴向调整。

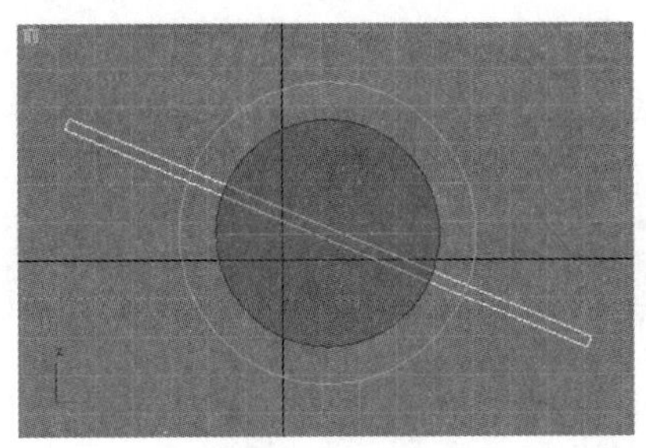

图 1-1-31　调整角度

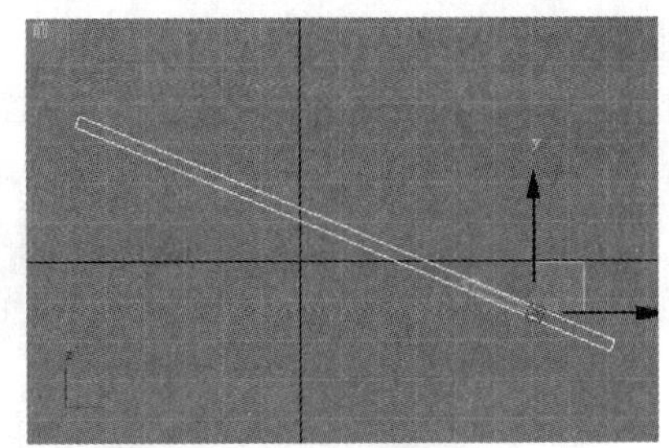

图 1-1-32　调整旋转轴位置

(4)单击【选择并旋转】按钮,按住 Shift 键,在前视图中选择长方体并旋转一个小角度,弹出“克隆选项”对话框,“副本数”设置为 15,单击【确定】按钮,物体即被克隆,如图 1-1-33 所示。扇骨效果如图 1-1-34 所示。

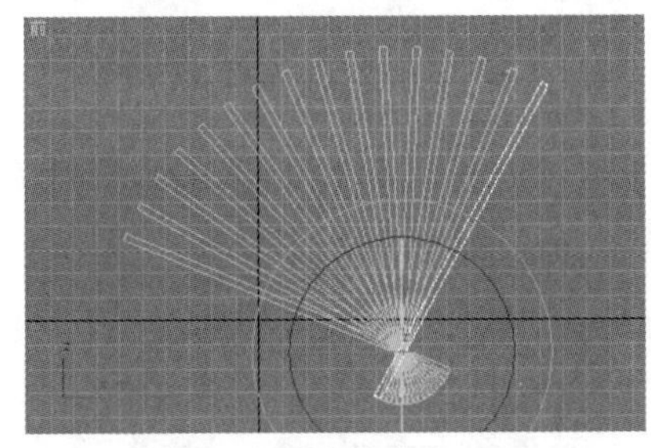

图 1-1-33　克隆长方体

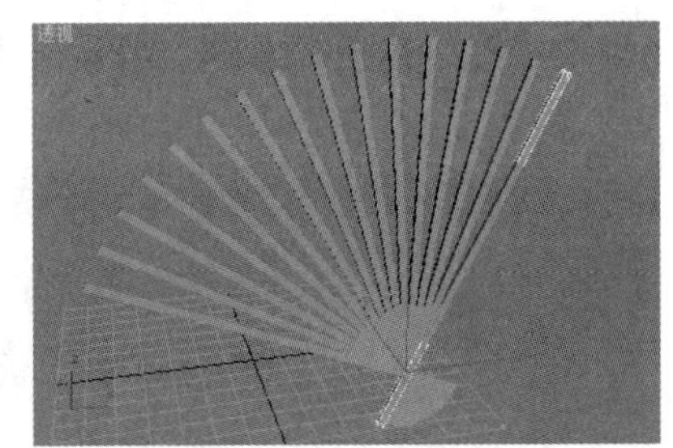

图 1-1-34　扇骨效果

3. 镜像克隆

镜像可以将一个或多个物体沿着指定的坐标轴镜像移动到另一个方向,同时也可产生克隆物体。在视图中选择一个物体,单击【镜像】按钮,弹出“镜像:屏幕坐标”对话框,如图1-1-35所示。

在对话框中设置好“镜像轴”和“克隆当前选择”选项后单击【确定】按钮,即会产生克隆物体,如图 1-1-36 所示。

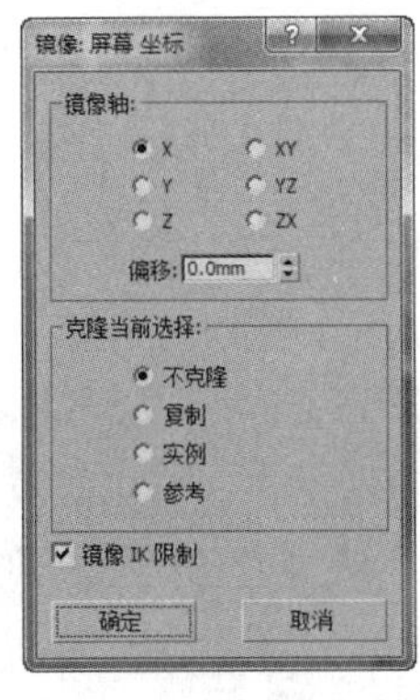

图 1-1-35　“镜像”对话框

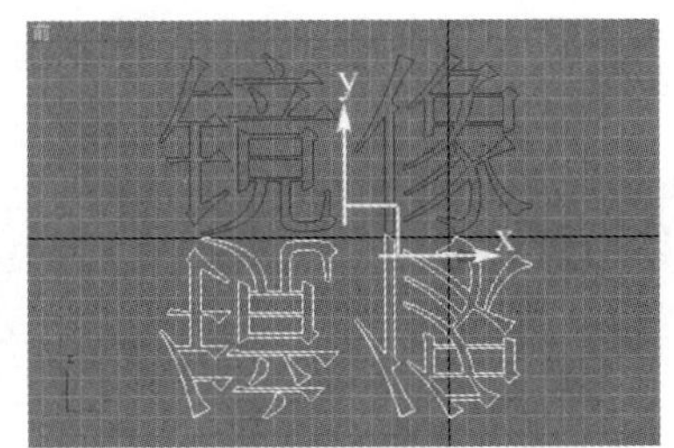

图 1-1-36　镜像克隆效果

4. 阵列克隆

阵列命令用于大量有序地克隆物体,可以精确调整克隆物体间的间距、夹角和缩放百分比等参数,并可产生一维、二维、三维克隆效果。

实例演示——制作台阶

(1)执行"文件"→"重置"菜单命令,重置系统。

(2)在前视图中创建一个长方体并设置好参数,如图 1-1-37 所示。

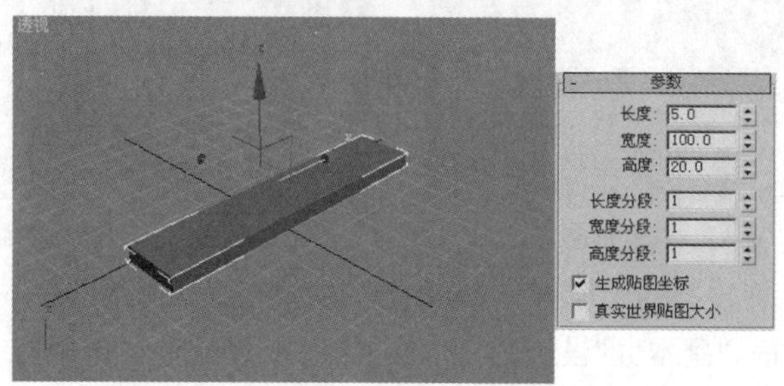

图 1-1-37 创建长方体 2

(3)在透视视图中选择长方体,执行"工具"→"阵列"菜单命令,弹出"阵列"对话框,参数如图 1-1-38 所示,单击【预览】按钮,预览克隆效果。

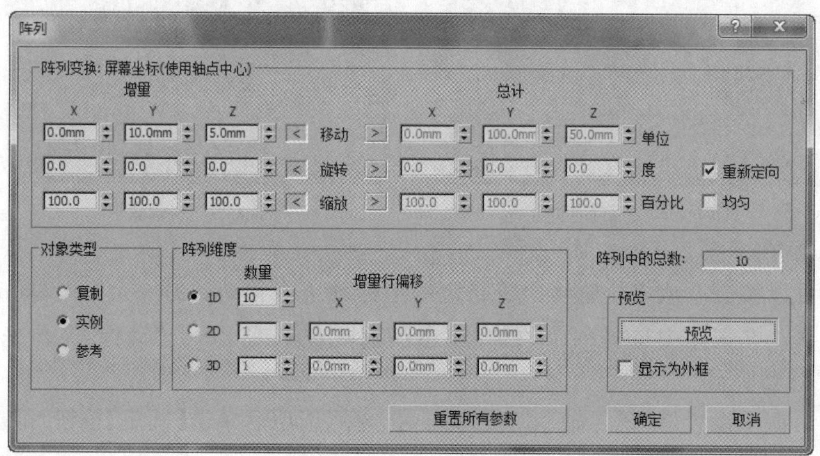

图 1-1-38 "阵列"对话框参数调整

(4)单击【确定】按钮,长方体被复制,台阶效果如图 1-1-39 所示。

5. 间隔工具

间隔工具用于沿一条路径或在一定距离内克隆物体。

重置系统,在前视图中创建一个球体和一条曲线,如图 1-1-40 所示。

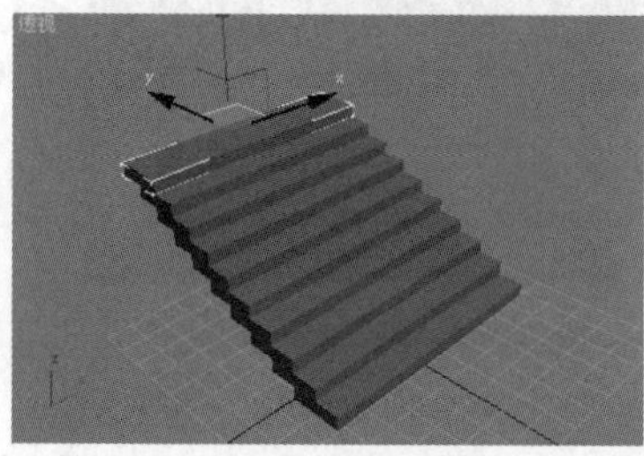

图 1-1-39 台阶效果

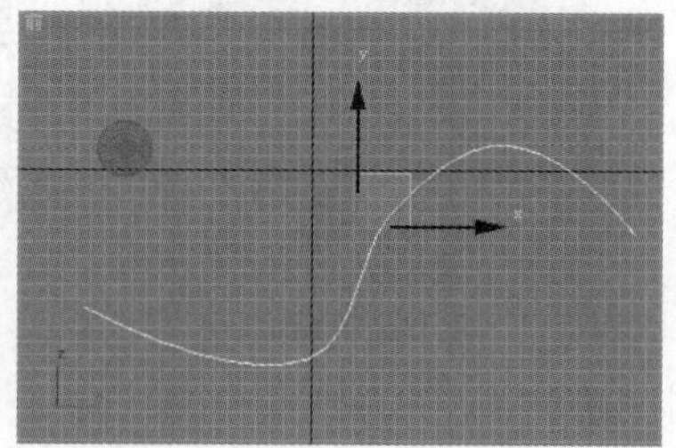

图 1-1-40 创建球体和曲线

在前视图中选择球体,执行"工具"→"间隔工具"菜单命令,弹出"间隔工具"对话框,如图 1-1-41 所示。

单击 拾取路径 按钮，在前视图中选择曲线，调整“计数”数值为 6，单击【应用】按钮，球体被复制，关闭对话框，效果如图 1-1-42 所示。

重置系统，在前视图创建一个球体，执行“工具”→“间隔工具”菜单命令，弹出“间隔工具”对话框，单击 拾取点 按钮，在视图中任意单击确定两个点，适当调整“计数”参数，单击【应用】按钮，球体在两点间被均匀克隆，效果如图 1-1-43 所示。

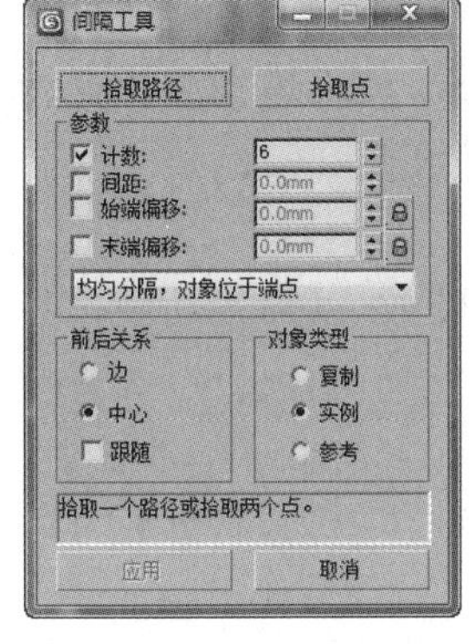

图 1-1-41　“间隔工具”对话框

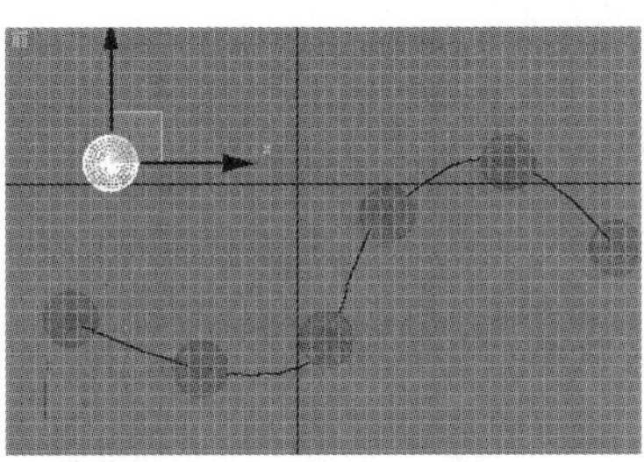
图 1-1-42　拾取路径的克隆效果

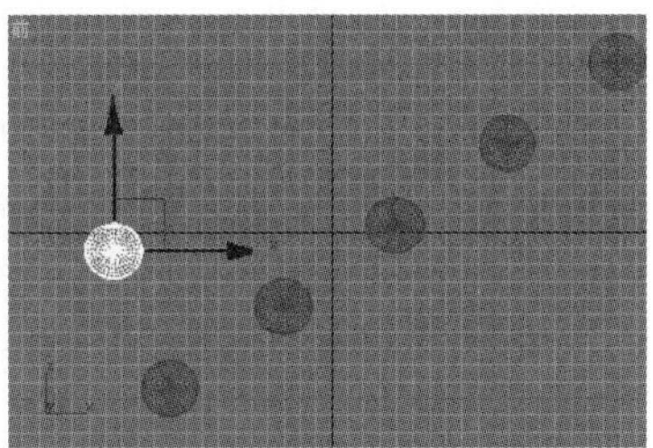
图 1-1-43　拾取点的克隆效果

1.3　3ds Max 三维设计工作流程

1.3.1　工作流程介绍

根据 3ds Max 制作特点，其静态效果制作和动画制作大致相同。以动画制作为例，可分为六步来完成：建模和设置摄影机、设置动画、设置材质和灯光、设置特效、输出成品文件及后期合成处理。

1. 建模和设置摄影机

建模是制作静态效果的基础，制作模型应尽可能地简洁，尽可能地减少细节，以缩短渲染时间。同时要分清主次，在需要突出的重点物体上可多下功夫，而其他物体可相对制作得粗略些。

在建模之前应考虑好最后成品的观察视角，根据视角先创建场景的大框架，再创建摄影机。具体观察后对视角进一步调整。视角确定后，可根据视角的范围在大框架中创建细节来充实空间，一般情况下，这些细节可事先分别创建在单独的文件中，需要时应用合并命令将它们合并到场景中。

2. 设置动画

模型创建完成后，即可为这些模型设置动画。物体的运动状态需要反复观察和调整才能达到理想的效果，为了提高效率，一般先不设置材质和灯光。

3. 设置材质和灯光

材质对作品起着重要的作用，通常情况下如果作品的主题为再现真实世界，那么材质的参数与贴图应尽量真实和准确；如果作品的主题是虚幻世界，那么材质的设置就需要我们充分发挥想象力。设置材质时要少使用反射和折射材质；设置灯光时尽量用较少的灯光达到最理想的效果，尽量不要使用光线跟踪阴影。所有这一切都是为了加快最后的渲染速度，因为生成一秒钟的动画就相当于渲染 30 幅静态效果。

材质与灯光设置完成后，制作材质与灯光的动画。对材质动画进行调整时，可以使用材质编辑面板中的相关功能预览材质动画，从而观察材质的变化效果，而不需要将整个动画场景渲染一遍。对灯光动画进行调整时，为了加快操作速度，可将场景中其他物体隐藏起来，只保留主要照射物体。

4. 设置特效

前面的工作完成后，可以为动画场景设置环境、粒子和闪光等特效，以加强动画作品的感染力，一幅没有特效的作品会显得过于单薄。

5. 输出成品文件

所有的工作完成后，应当选择其中重点的几帧进行渲染，观察整体效果，满意后再进行成品文件的生成，3ds Max 输出的成品动画文件为 *.avi 文件。

6. 后期合成处理

在 3ds Max 中制作动画，不需要一次生成一个完整的动画，可以将动画分为几段分别去做。尤其对于复杂的动画场景，甚至可以将各物体动画与环境动画分开来做，最后在后期合成时对几段动画进行剪辑、合成、配音，形成一个完整的动画。

对于动画的后期合成，在 3ds Max 中就可以完成，但通常选择更专业的非线性编辑软件进行，因为它们在这方面功能更强大，并且速度快、效果好。

这里所讲的工作流程为一般工作流程，根据作品的不同，用户可以灵活运用。另外，制作一件好的三维作品只使用 3ds Max 软件是不够的，应该同时掌握多个相关软件，不断充实和强化自己。

1.3.2　实例演示——礼花

下面来制作一个礼花发射的动画效果，如图 1-1-44 所示。这是一个简单的动画场景，但其中所用到的知识比较全面，按下面的步骤逐步操作，可以具体认识动画制作的工作流程。

图 1-1-44　礼花

1. 单击【创建】→【几何体】→ 圆柱体 按钮，在顶视图中创建一个圆柱体作为礼花物体，参数设置如图 1-1-45 所示。

2. 单击视图控制区中的【视图最大化显示】按钮，将四个视图中的物体以最大显示方式显示出来。

3. 单击【修改】→ 修改器列表 ，在下拉列表中选择“UVW 贴图”修改器，为

圆柱体添加贴图坐标。在“参数”卷展栏中选择“柱形”贴图方式，如图 1-1-46 所示。然后在“对齐”组中选择 Z 轴为对齐轴向，并单击 适配 按钮，如图 1-1-47 所示。

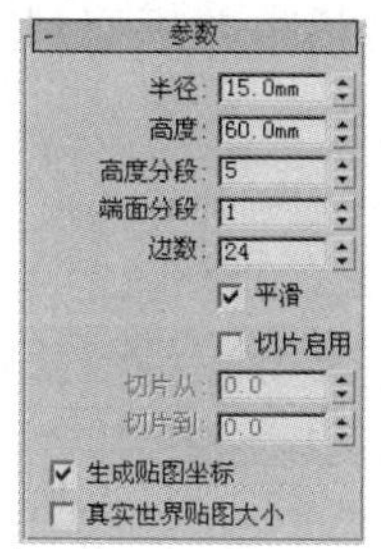

图 1-1-45　圆柱体参数

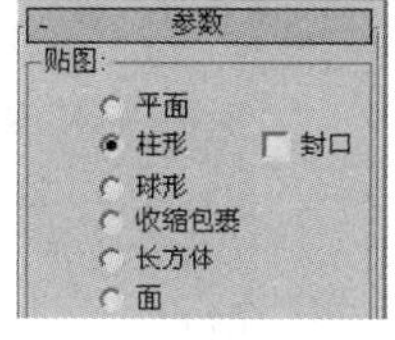

图 1-1-46　选择贴图方式

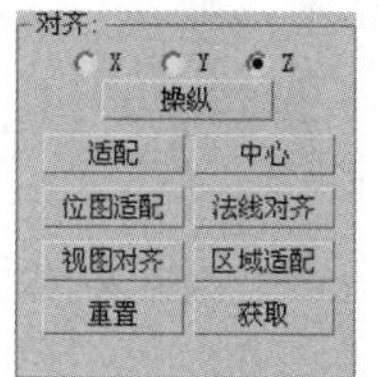

图 1-1-47　选择对齐方式

4. 单击【创建】→【几何体】→ 标准基本体，在下拉列表中选择“粒子系统”，在“对象类型”卷展栏中单击 喷射 按钮，在顶视图中拖动鼠标创建一个粒子喷射，如图1-1-48所示。拖动“时间滑块”，可看到粒子流的喷射方向是向下的，与需要的方向正好相反。

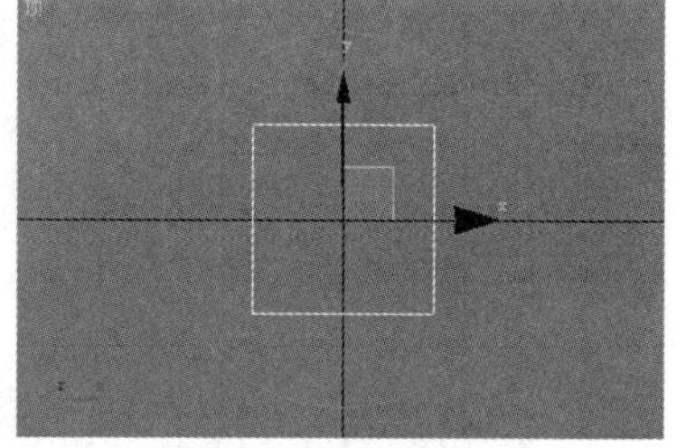
图 1-1-48　创建粒子喷射标志

5. 在前视图中选择粒子喷射物体，然后单击工具栏中的【镜像】按钮，打开“镜像：屏幕坐标”对话框，设置“镜像轴”为 Y 轴、“偏移”为 60 mm、“克隆当前选择”为不克隆，如图 1-1-49 所示。单击【确定】按钮，关闭对话框。此时喷射方向向上，且粒子标志刚好移动到圆柱体上方。

6. 选中粒子喷射物体，在修改面板的“参数”卷展栏中设置“粒子”的“视口计数”为 100、“渲染计数”为 1000、“水滴大小”为 6 mm、“速度”为 20、“变化”为 10，如图 1-1-50 所示。再设置“计时”的“开始”为 0、“寿命”为 25，“发射器”的“宽度”为 15 mm、“长度”为 15 mm，如图 1-1-51 所示。拖动“时间滑块”，观察喷射效果。

图 1-1-49　镜像参数设置

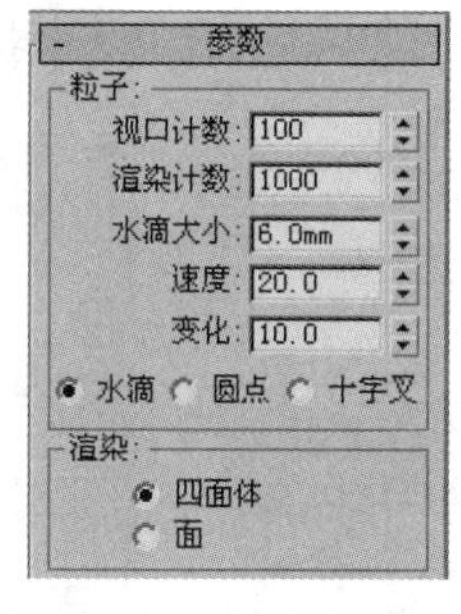

图 1-1-50　“粒子”参数设置

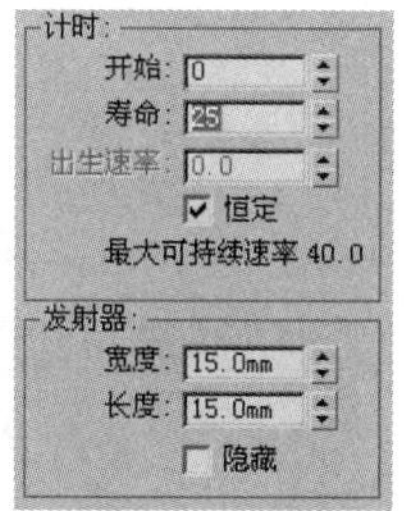

图 1-1-51　“计时”“发射器”参数设置

7. 在视图中选择圆柱体，然后单击工具栏中的【材质编辑器】按钮，打开“材质编辑器”窗口。在窗口中选择第一个示例球，单击【将材质指定给选定对象】按钮，将材质赋予圆柱体；再单击【在视口中显示贴图】按钮，将贴图效果在透视视图中显示出来。然后在“Blinn 基本参数”卷展栏中设置“高光级别”为 10、“光泽度”为 10，如图 1-1-52 所示。

8. 单击“漫反射”颜色框右边的【确定】按钮，打开“材质/贴图浏览器”对话框，选择“位图”，单击【确定】按钮，关闭该对话框并打开“选择位图图像文件”对话框，选择“福字.jpg”图像文件，如图1-1-53所示，单击【打开】按钮，关闭该对话框并返回到“材质编辑器”窗口。

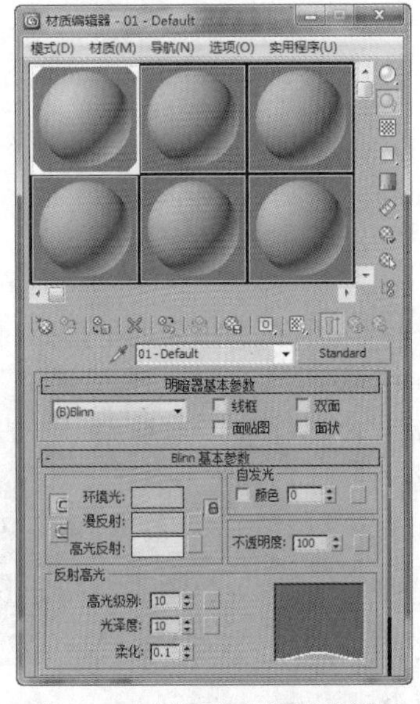

图1-1-52 “材质编辑器”参数设置

图1-1-53 “选择位图图像文件”对话框

9. 在视图中选中粒子喷射物体，在“材质编辑器”窗口中选择第二个示例球，然后单击【将材质指定给选定对象】按钮，将材质赋予粒子喷射物体。在“Blinn基本参数”卷展栏中单击“漫反射”右边的颜色框，打开“颜色选择器：漫反射颜色”对话框，设置颜色为金黄色（红255、绿192、蓝0），如图1-1-54所示，关闭该对话框；设置“高光级别”为80、“光泽度”为40。将材质ID通道设置为1，如图1-1-55所示。

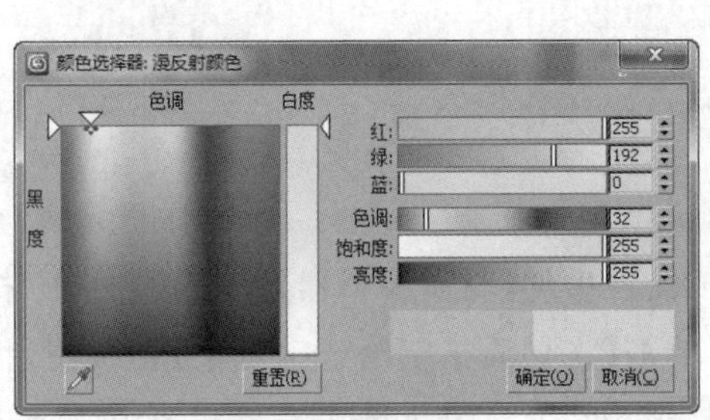

图1-1-54 设置颜色

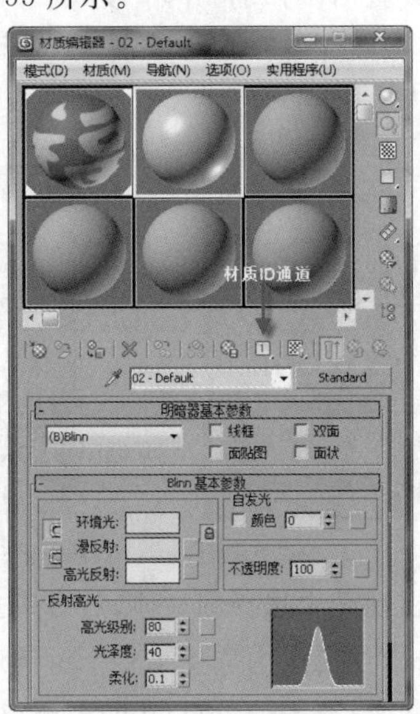

图1-1-55 编辑材质

10. 关闭"材质编辑器"窗口。单击创建面板中的【创建】→【灯光】→ 泛光 按钮，在顶视图中创建一盏泛光灯放在喷射粒子的中心，作为照亮粒子物体的灯光，再创建一盏泛光灯，用于照亮场景。调整两盏灯到合适的位置，如图 1-1-56 所示。

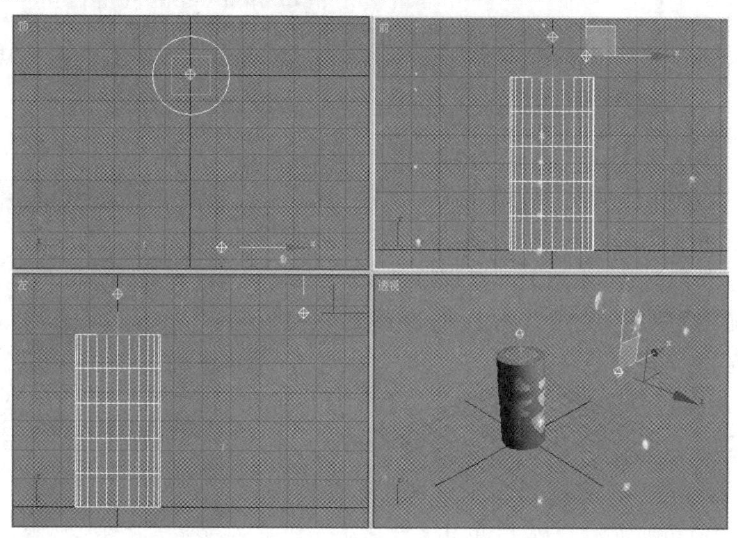

图 1-1-56　调整泛光灯位置

11. 单击创建面板中的【创建】→【摄影机】→ 目标 按钮，在顶视图中创建一个目标摄影机，把透视视图转换为摄影机视图，在左视图中调整摄影机位置，效果如图 1-1-57 所示。

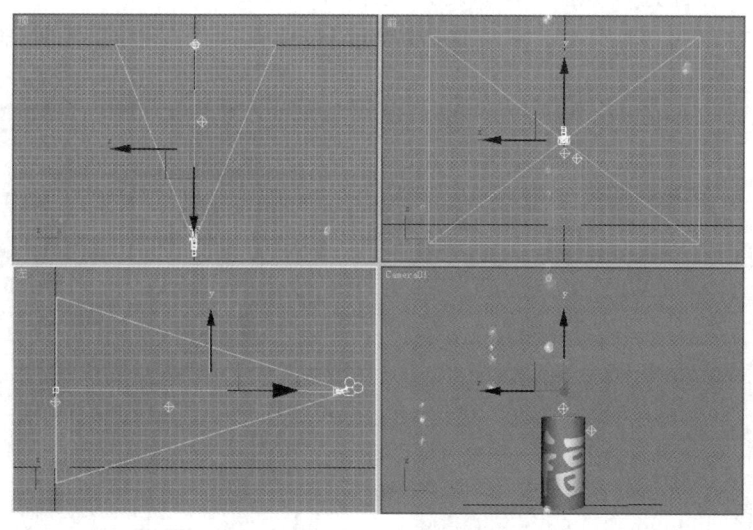

图 1-1-57　创建摄影机及调整视图位置

12. 执行"渲染"→"Video Post"菜单命令，打开 Video Post（"视频后期处理"）窗口，如图 1-1-58 所示，在窗口中单击【添加场景事件】按钮，打开"添加场景事件"对话框。

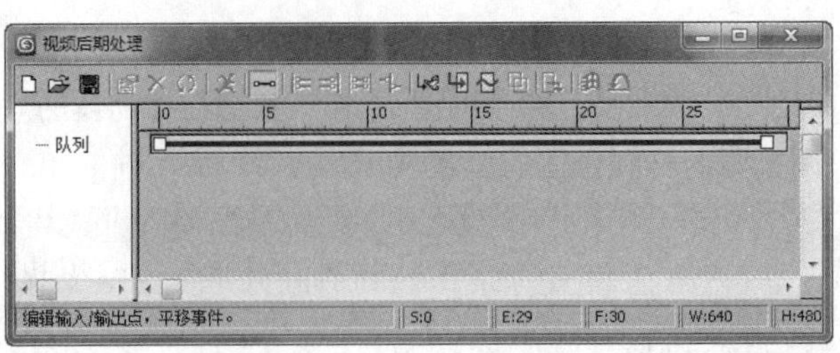

图 1-1-58 Video Post 窗口

13. 在“添加场景事件”对话框中，设置“视图”为 Camera001（摄影机）视图，设置“VP 结束时间”为 200，并勾选“启用”复选框，如图 1-1-59 所示。然后单击【确定】按钮，关闭该对话框返回到“视频后期处理”窗口。

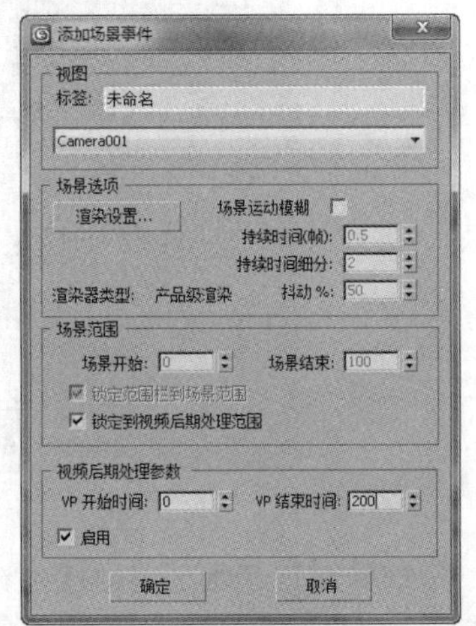

图 1-1-59 “添加场景事件”对话框设置

14. 在“视频后期处理”窗口中单击【添加图像过滤事件】按钮，打开“添加图像过滤事件”对话框，在“过滤器插件”的下拉列表中选择“镜头效果光晕”，如图 1-1-60 所示。然后单击【设置】按钮，关闭该对话框并打开“镜头效果光晕”窗口。

15. 在该窗口中，单击【预览】按钮，显示出预览效果。在“属性”选项卡中勾选“对象 ID”、“效果 ID”复选框；在“首选项”选项卡中设置效果的“大小”为 1。如图 1-1-61 所示。然后单击【确定】按钮返回到“视频后期处理”窗口。

图 1-1-60 “添加图像过滤事件”对话框设置

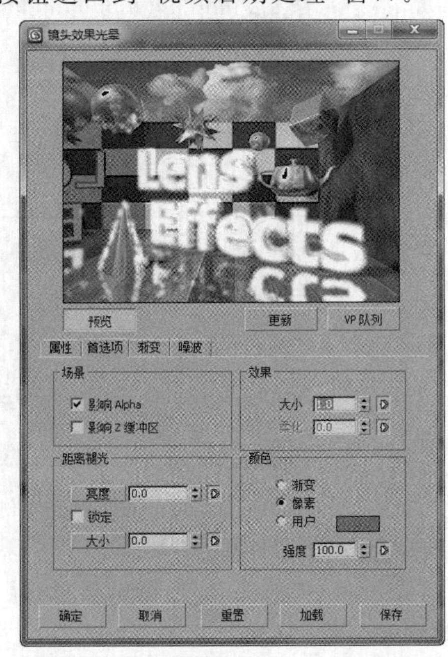

图 1-1-61 “镜头效果光晕”窗口设置

16. 在“视频后期处理”窗口中单击【添加图像输出事件】按钮，在打开的“添加图像输出事件”对话框中，单击【文件】按钮，打开输出事件对话框，选择合适的保存路径，设置文件名为“礼花”，保存类型为AVI文件格式，如图1-1-62所示。单击【保存】按钮，弹出“AVI文件压缩设置”对话框，直接单击【确定】按钮，关闭该对话框并返回到输出事件对话框，单击【确定】按钮返回到“视频后期处理”窗口。

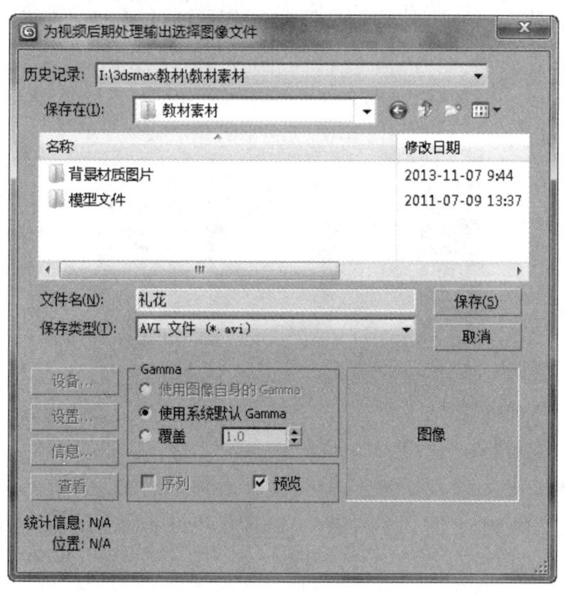

图1-1-62　输出文件设置

17. 完成后的“视频后期处理”窗口如图1-1-63所示。在该窗口中单击【执行序列】按钮，打开“执行Video Post”对话框，设置“输出大小”的“宽度”为640、“高度”为480，单击【渲染】按钮，弹出渲染窗口，开始生成视频文件。

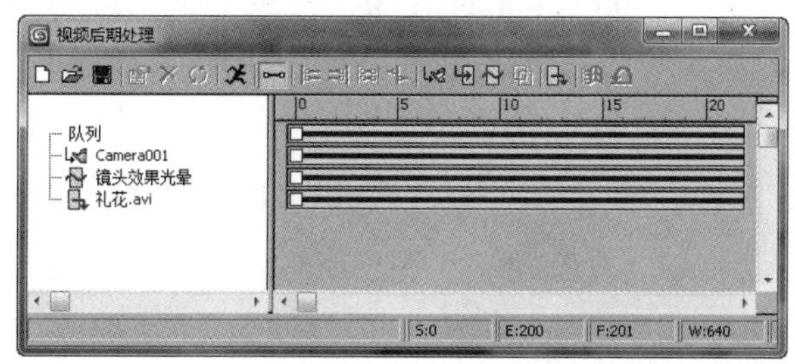

图1-1-63　完成后的“视频后期处理”窗口

思考与练习

一、思考

1. 3ds Max软件被广泛应用于哪些领域？
2. 3ds Max工作界面由哪几部分组成？
3. 3ds Max共有哪几种视图，视图转换快捷键是什么？
4. 物体缩放的三种形式有何不同？

5. 简述制作动画的一般工作流程。

二、实训

1. 在顶视图中创建一个长 400 mm、宽 100 mm、高 300 mm 的长方体，再创建一个茶壶，在不同的视图中拖动鼠标将茶壶移动到长方体的顶部。再利用绝对坐标或相对坐标重做上述要求。

2. 在顶视图中创建一个球体，再分别在顶视图、前视图、左视图中各创建一个茶壶，利用移动和旋转工具将 3 个茶壶口部向上均匀摆放在球体周围，茶壶位置如图 1-1-64 所示。

图 1-1-64　茶壶位置

3. 在任意视图中创建几个三维物体，分别为其命名。练习单击选择、范围选择、以名称选择、以颜色选择、选择过滤器、选择集的应用方法。

第2单元 3ds Max建模技术

单元导读

建模是指在场景中创建二维或三维模型。3ds Max 作为著名的三维动画软件，有多种建模方法和非常强大的建模功能，并且都很容易理解，非常适合初学者学习，使用者在建模过程中将会有较大的修改余地和想象空间。我们会通过介绍 3ds Max 的二维模型的建造方法、循序渐进的讲解及相应的实例来对 3ds Max 中的二维建模进行剖析，使读者可以比较全面地了解和掌握 3ds Max 中的二维建模方法。三维建模技术同样重要，它是三维设计的第一步，是三维设计的核心和基础。没有好的模型，其他什么好的效果都难以表现。3ds Max 具有多种建模手段。除了内置的几何体模型，对图形的挤压、车削、放样建模以及复合物体等基础建模外，还有多边形建模、面片建模、NURBS 建模等高级建模。

单元要点

- 绘制、修改二维线形
- 常用修改器的使用方法及参数设置
- 基础建模、网格与多边形建模、曲面建模
- 放样与布尔运算

2.1 绘制二维线形

2.1.1 绘制线段

首先我们选择前视图，然后使用快捷键“Alt＋W”，这样前视图就成为单个视图的最大化。下面的操作就在该视图内完成。

操作步骤：

1. 单击操作界面右侧命令面板上的【图形】按钮，使其变成黄色，随即进入了图形命令面板。

2. 单击 线 按钮，进入线编辑命令面板。

3. 单击鼠标左键，移动鼠标并连续单击出各个线段端点，然后右击便可以完成线段的创建，此时的线段是开放的，如图 1-2-1 所示。

4. 再次单击 线 按钮，进入线编辑命令面板。

5. 与前面的操作相同，单击鼠标左键，移动鼠标并且连续单击出各个线段的端点，最后将鼠标移动到起始点上单击左键，此时会出现对话框，询问是否闭合样条线，单击【是】按钮，这样一条闭合的线段就完成了，如图 1-2-2 所示。

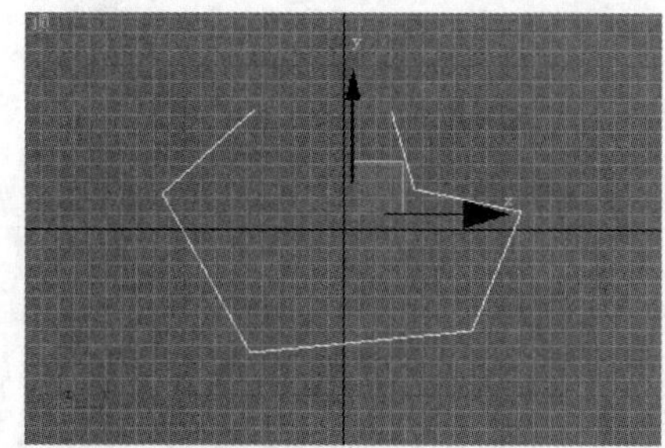

图 1-2-1　开放线段

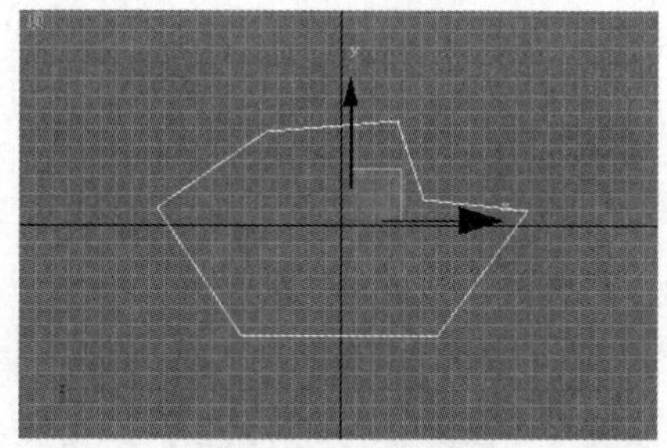

图 1-2-2　闭合线段

6. 通过改变线的创建方式，除了画线段外还可以得到平滑的线条。进入线参数设置命令面板，设置其“初始类型”和“拖动类型”，如图 1-2-3 所示，然后在视图中创建线条，得到如图 1-2-4 所示的效果。

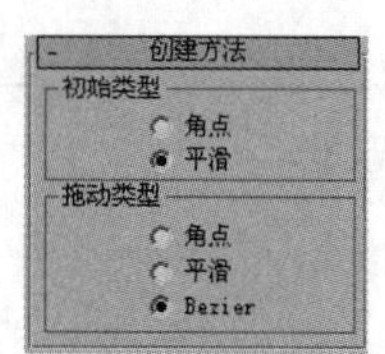

图 1-2-3　线段的创建方式

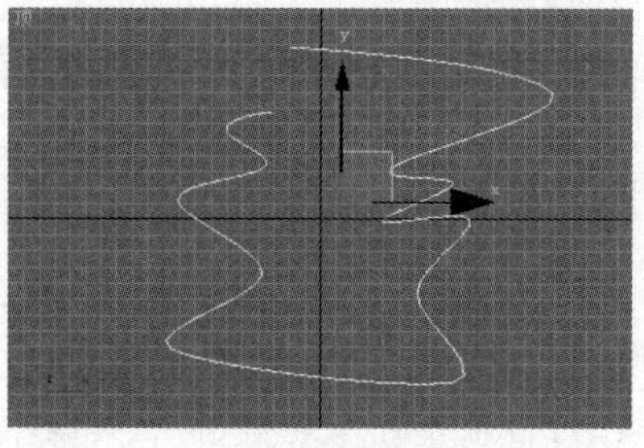

图 1-2-4　平滑的线条

2.1.2　绘制圆、椭圆、圆环、弧

1. 圆的创建很简单，单击 圆 按钮，在前视图中按住鼠标左键并拖动，拉出一个圆，松开鼠标左键以确定具体的位置，如图 1-2-5 所示。我们可以通过改变圆的创建方式来改变圆的具体位置、大小，如图 1-2-6 所示。

2. 单击 椭圆 按钮，在前视图中按住鼠标左键并拖动，就可以拉出一个椭圆，松开鼠标左键确定椭圆的大小及位置，如图 1-2-7 所示。

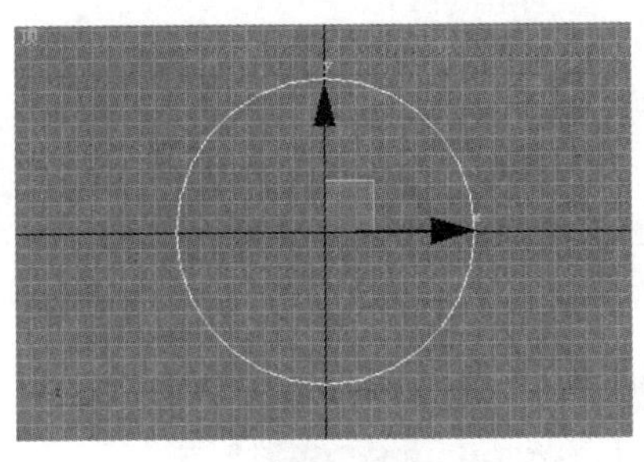

图 1-2-5　圆

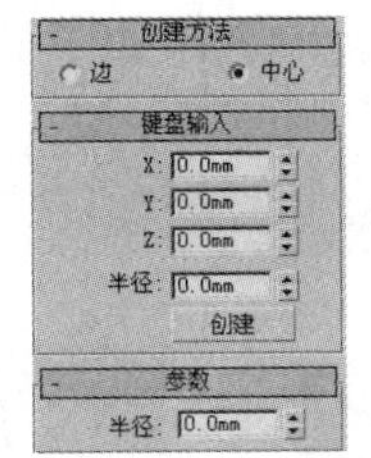

图 1-2-6　圆的创建方式

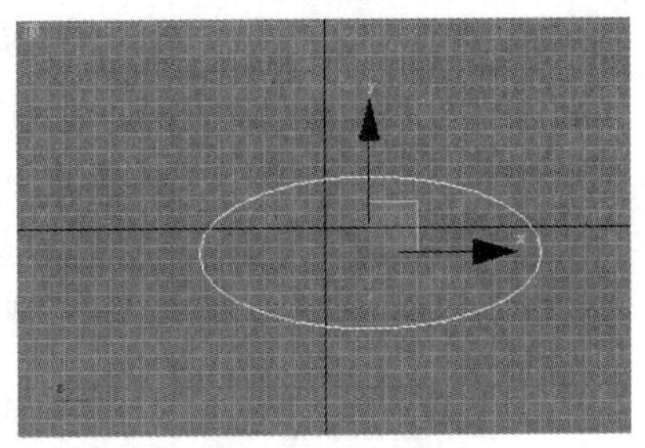

图 1-2-7　椭圆

3. 单击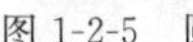按钮，在前视图中按住鼠标左键并拖动，拖出一个圆，松开左键加以确定，然后继续移动鼠标拖出一个同心圆，再单击鼠标左键确定，这样一个圆环就产生了，如图 1-2-8 所示。

4. 单击 弧 按钮，在前视图中按住鼠标左键并拖动，拉出一条直线，这条直线代表的是所要创建的弧的弦长。

在确定了弦长后松开鼠标左键，移动鼠标产生圆弧，再单击鼠标左键，确定圆弧的形状和位置，如图 1-2-9 所示。

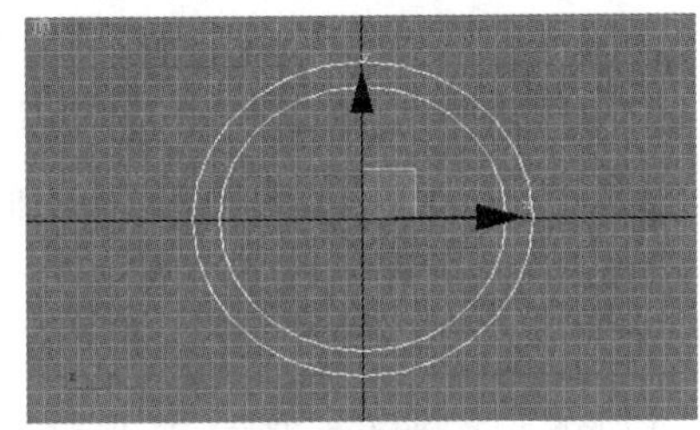

图 1-2-8　圆环

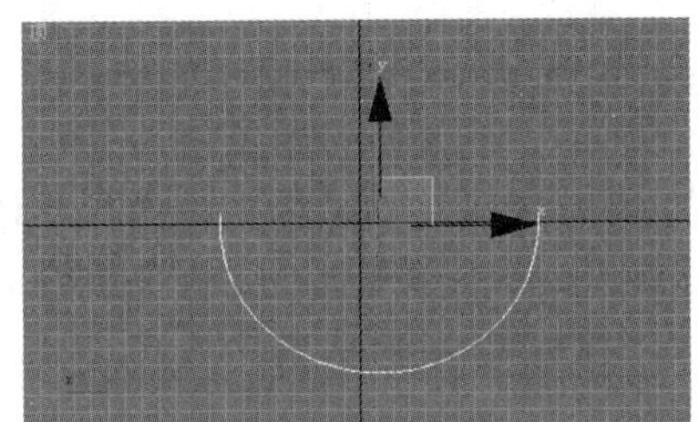

图 1-2-9　圆弧

2.1.3　绘制矩形、多边形

1. 单击 矩形 按钮，在前视图中按住鼠标左键并拖动，拉出一个矩形，松开鼠标左键确定矩形的具体位置以及大小，如图 1-2-10 所示。

2. 也可以在拖动过程中按住 Ctrl 键不放，拉出一个正方形，再松开左键加以确定，如图 1-2-11 所示。

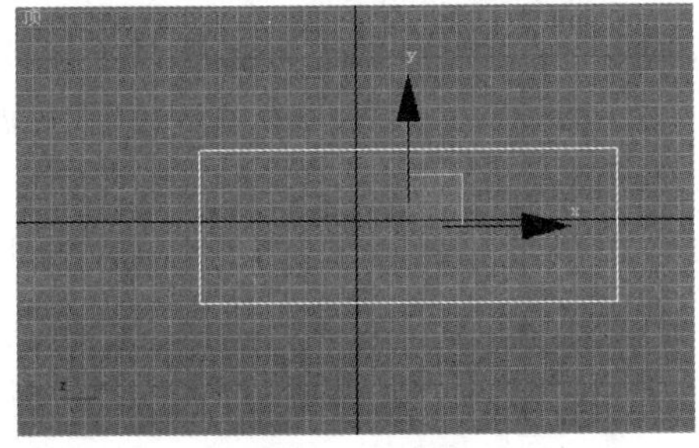

图 1-2-10　矩形

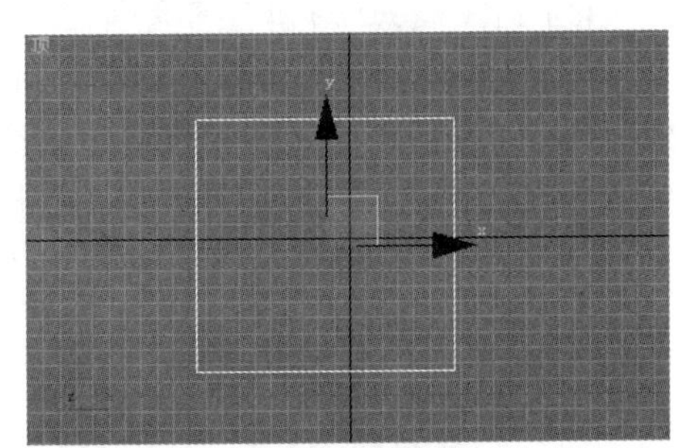

图 1-2-11　正方形

3. 在参数设置面板可以调节所建矩形的大小以及具体位置。

4. 单击 多边形 按钮，在前视图中按住鼠标左键并拖动，拉出一个正六边形，松开鼠标左键确定，如图 1-2-12 所示。

5. 我们也可以改变它的边的参数。将“参数”卷展栏中的“边数”设置为 5，这样我们就得到了正五边形，如图 1-2-13 所示。

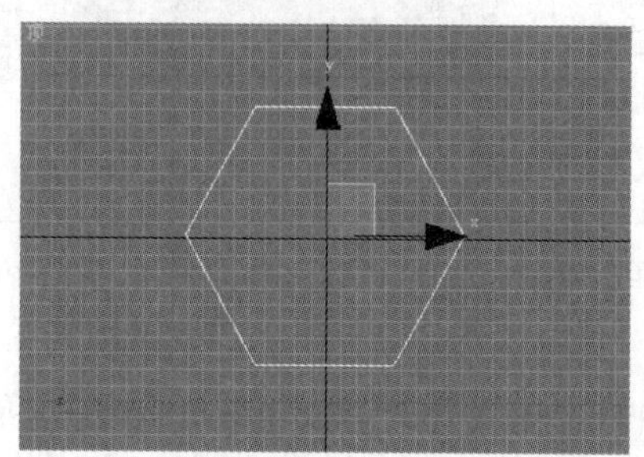

图 1-2-12　正六边形

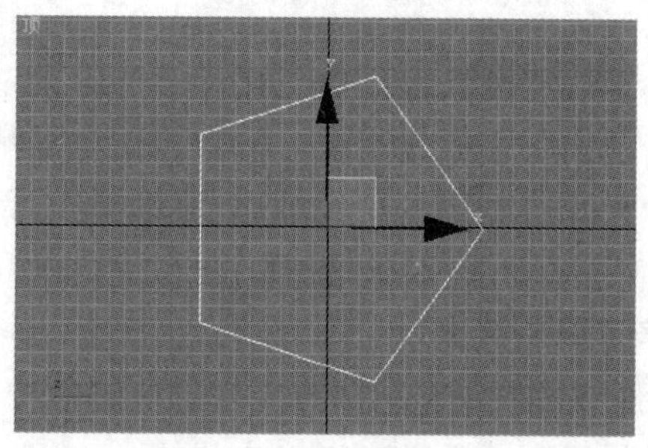

图 1-2-13　正五边形

2.1.4 绘制文本、截面

3ds Max 中的文本是以线形显示的，它的应用十分广泛，主要是出现在三维广告和海报宣传画当中，线形文本通过编辑就能制作成为 3D 文字。

1. 单击 文本 按钮，打开“参数”卷展栏，如图 1-2-14 所示。

2. 在前视图中单击鼠标左键得到如图 1-2-15 所示的二维文字效果，这里我们使用软件默认的设置。如果有其他需要，也可以在文本框中输入我们想要的文字。

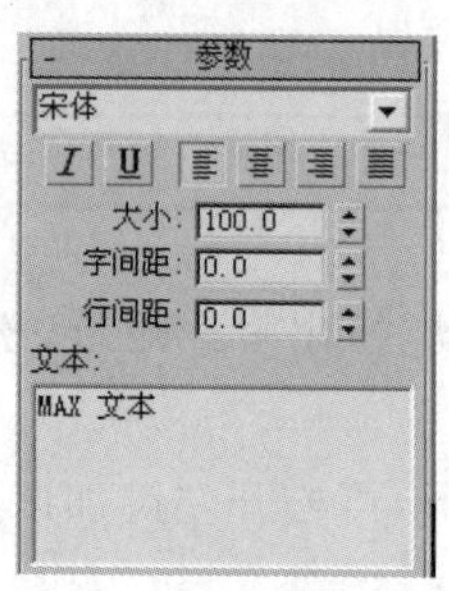

图 1-2-14　“参数”卷展栏

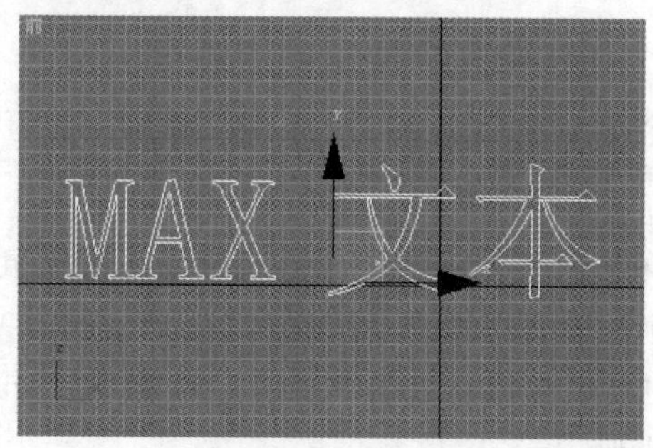

图 1-2-15　二维文字

3. 这时的二维文字还无法出现在动画渲染中，我们还要对其进行渲染设置。打开“渲染”卷展栏，如图 1-2-16 所示进行参数设置，分别勾选其中的“在渲染中启用”“在视口中启用”“生成贴图坐标”选项。此时的文字就会变成三维文字。

4. 单击工具栏上的【快速渲染】按钮，或者直接按快捷键 F9 进行渲染，得到如图 1-2-17 所示的效果。

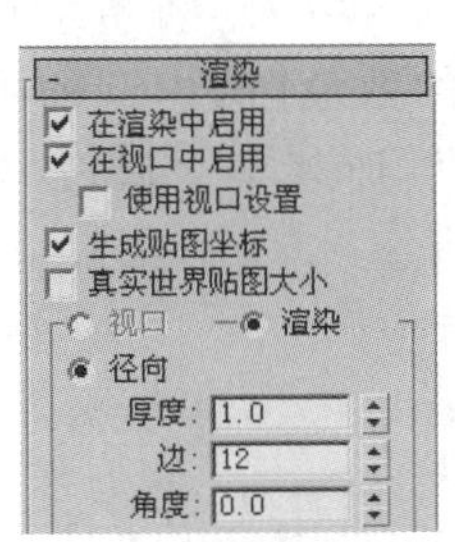

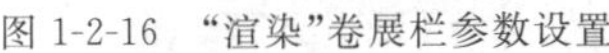
图 1-2-16　“渲染”卷展栏参数设置

图 1-2-17　渲染后的效果

5. 单击 截面 按钮，在前视图中按住鼠标左键拖动出一个截面，如图 1-2-18 所示。

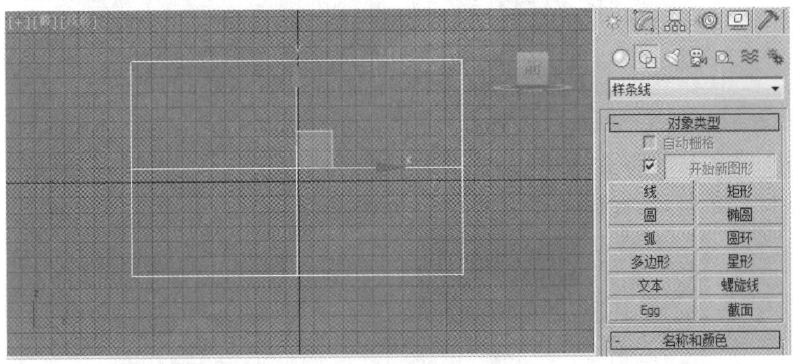

图 1-2-18　截面

3ds Max 中提供的“截面”工具主要通过截取三维造型的剖面来获得二维图形。用此工具创建一个平面，我们可以移动、旋转或者缩放它的尺寸，当它穿过一个三维造型时，会显示出截获的物体剖面，单击 创建图形 按钮，就可以将这个剖面制作成为一条新的样条线。这样一来我们就又多了一种创建样条线的方法，并且非常快捷、方便。

2.1.5　绘制星形、螺旋线

1. 单击 星形 按钮，进入前视图，按住鼠标左键并拖出一个星形，松开鼠标左键，移动鼠标进行拖动，再单击鼠标左键，这样一个星形就产生了，如图 1-2-19 所示。

2. 进入星形“参数”卷展栏，通过调整“点”的数值来创建五角星，参数设置及效果如图 1-2-20 所示。

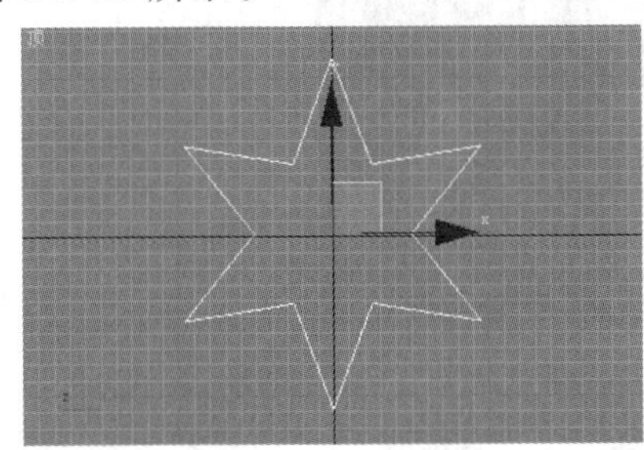
图 1-2-19　星形

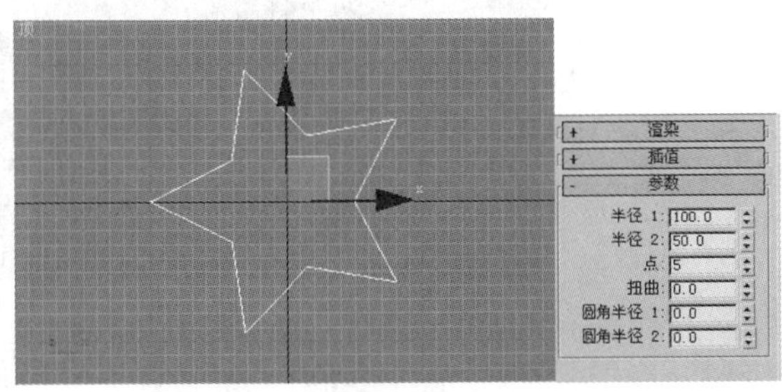

图 1-2-20　五角星及其参数设置

3.分别调整“圆角半径 1”和“圆角半径 2”的数值，增大“圆角半径 1”的数值时，外圆的尖角就会向内收缩变圆；增大“圆角半径 2”的数值时，内圆的尖角就会向外扩展变圆，同时星形也会随着两个半径的变化而变得更加复杂。修改“圆角半径”的效果及参数设置如图 1-2-21 所示。

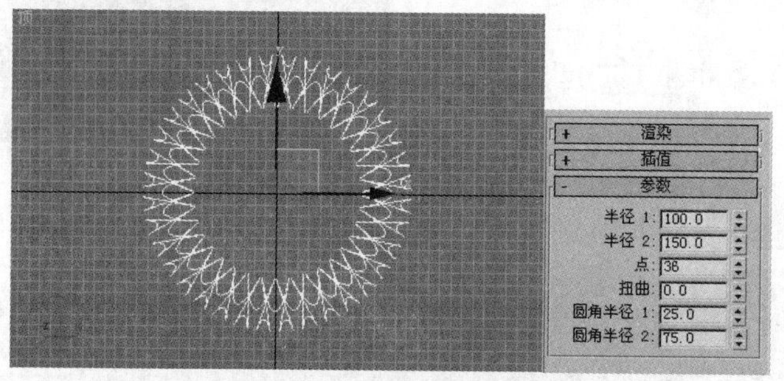

图 1-2-21 修改“圆角半径”的效果及参数设置

4.对“扭曲”值进行调整，可以使星形的尖角产生偏移，修改“扭曲”值后的效果及参数设置如图 1-2-22 所示，此时的形状就变得更加复杂了。

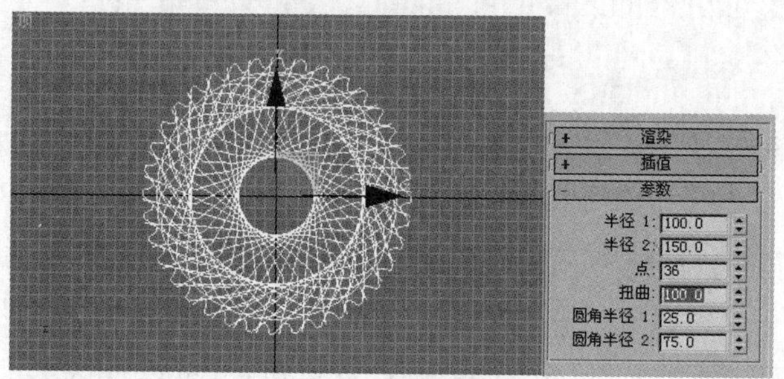

图 1-2-22 修改“扭曲”值后的效果及参数设置

5.单击 螺旋线 按钮，在前视图中按住鼠标左键并拖出一个圆形，松开鼠标左键以确定螺旋线的底面，向上移动鼠标，单击左键以确定螺旋线的高度，再向下移动鼠标，单击左键以确定螺旋线的顶面半径，最后得到如图 1-2-23 所示的效果。

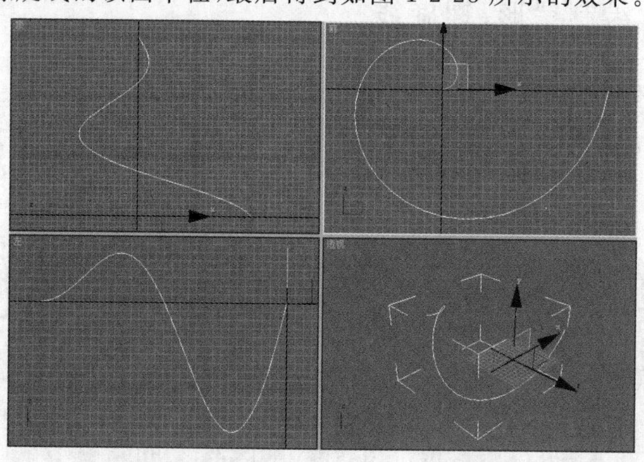

图 1-2-23 螺旋线

6. 进入“参数”卷展栏，设置“圈数”为 10，这时 4 个视图中产生了 10 圈螺旋线，如图 1-2-24 所示。

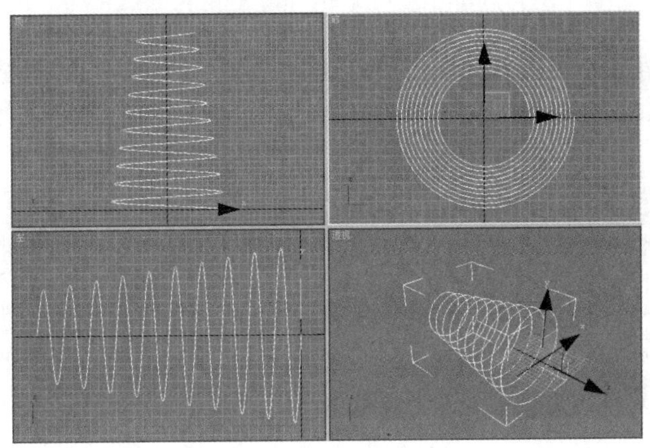

图 1-2-24　修改螺旋线“圈数”的效果

7. 对“偏移”进行设置，我们会发现当“偏移”的数值变大的时候，线圈向上集中；当“偏移”的数值变小的时候，线圈向下集中，如图 1-2-25 所示。

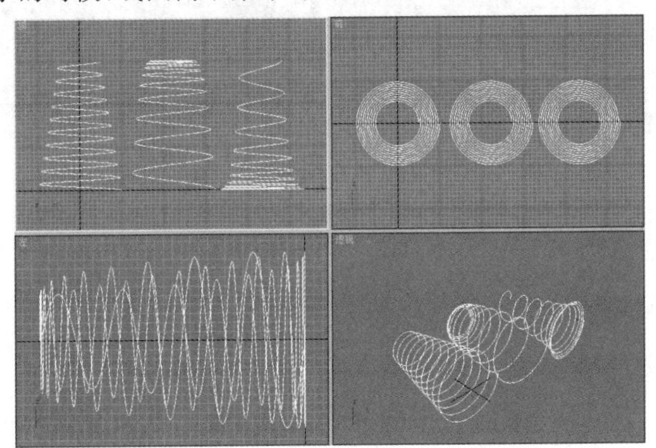

图 1-2-25　修改螺旋线“偏移”的效果

项目链接：第 2 篇任务 1、2、3、4、5 等。

2.2　修改二维线形

2.2.1　渲染二维图形

在绘制二维线形后，虽然在场景中我们可以看到二维的曲线图形，但是单击【快速渲染】按钮，我们会发现二维线形并没有渲染输出三维图形。为了能够渲染出三维图形，还必须进行一些参数的设置。这个问题我们在“2.1.4 文本”中已经提到过，但这是所有二维线形共有的问题，所以我们有必要再次强调一下。基本步骤如下：

1. 绘制完成二维曲线后，在"参数"卷展栏中勾选"在渲染中启用"和"在视口中启用"复选框。

2. 在"渲染"卷展栏中提高"厚度"值，指定样条线的厚度，生成不同厚度的图形。

3. 如果想要向样条线分配贴图材质，应勾选"生成贴图坐标"。图 1-2-26 为二维线形渲染前后比较。

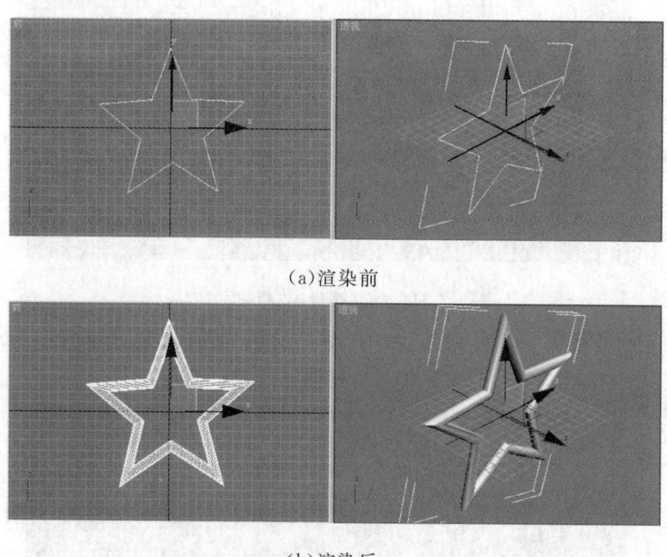

(a)渲染前

(b)渲染后

图 1-2-26 二维线形渲染前后比较

2.2.2 将直角线修改为曲线

通过设置曲线上顶点的类型，可以修改曲线的弯曲形状，下面我们做个练习。

1. 单击【创建】→【图形】→ 线 按钮。

2. 在顶视图中单击鼠标左键，创建曲线的一个顶点。

3. 向右移动鼠标，再次单击鼠标左键，创建另一个顶点，用同样的方法创建多个顶点，单击鼠标右键，结束创建工作，如图 1-2-27 所示。

4. 单击【修改】按钮，此时会看到修改面板中线的参数栏与创建面板中的参数栏不同，增加了"选择"、"软选择"和"几何体"卷展栏。

5. 单击"选择"卷展栏中的【顶点】按钮，此时这个按钮呈黄色显示，即表示进入了该条曲线的顶点编辑状态，视图中曲线的顶点效果如图 1-2-28 所示。其中黄色的符号代表曲线的起始点，右侧的白色符号代表曲线上的普通顶点。

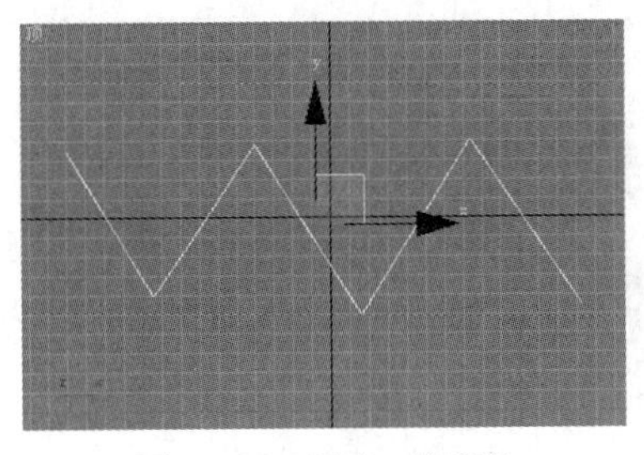

图 1-2-27　创建二维线形

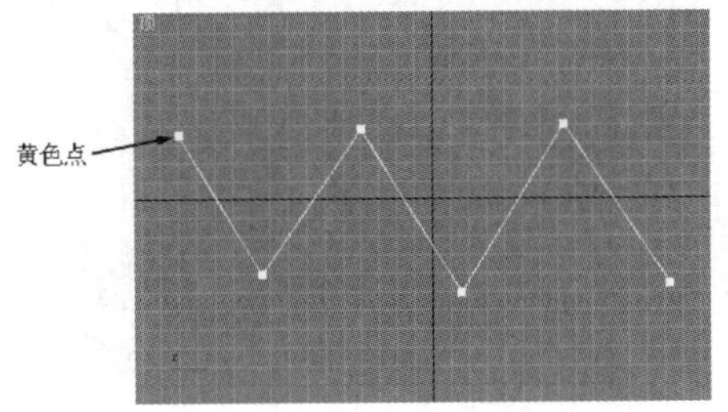

图 1-2-28　二维线形的顶点效果

6. 单击其中的一个顶点，这个顶点就会以红色显示，表示它已经被选中，并显示出这个顶点的坐标轴。

7. 在这个顶点上右击，会弹出一个快捷菜单，如图 1-2-29 所示。其中的“顶点”被勾选，表示当前的状态是顶点编辑状态，“角点”也被勾选，表示“角点”是当前的顶点类型。

8. 在这个快捷菜单中选择“Bezier”（贝塞尔）后，该顶点即被改为“Bezier”（贝塞尔）顶点类型，此时视图中的顶点显示出两个操作控制手柄，并且曲线的直角变成弯曲的效果，如图 1-2-30 所示。

9. 单击【选择并移动】按钮，用鼠标左键单击左侧操作控制手柄的绿色点，并移动它，此时右侧的手柄也相应地移动，使顶点两侧的曲线保持平滑，如图 1-2-31 所示。

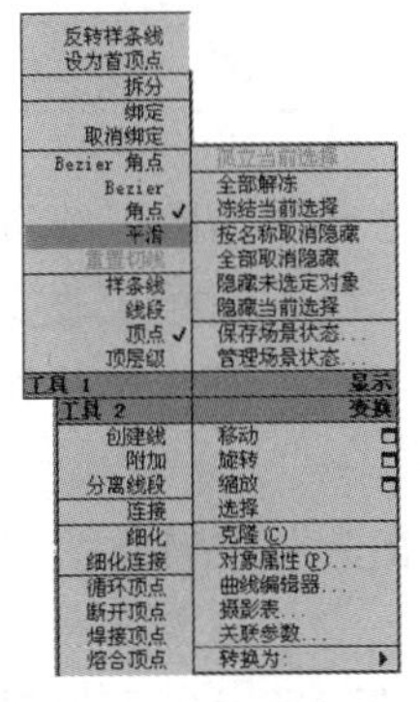

图 1-2-29　快捷菜单

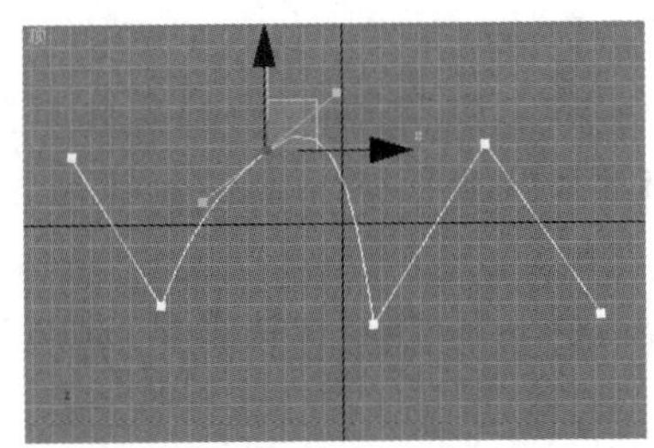

图 1-2-30　转换为“Bezier”顶点类型的效果

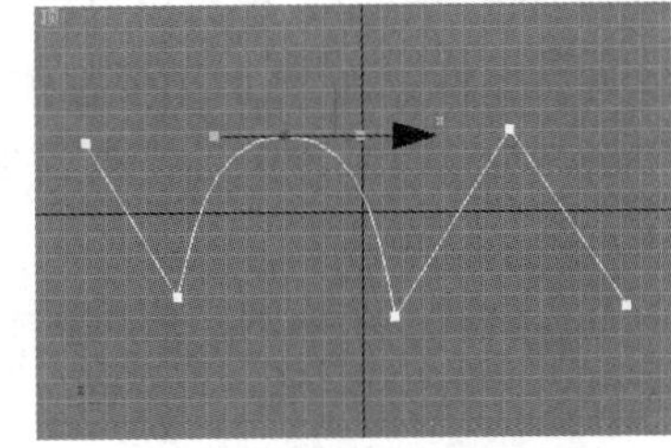

图 1-2-31　调整手柄的效果

10. 选择另一个顶点，在这个顶点上右击，在弹出的快捷菜单中选择“Bezier 角点”顶点类型，此时顶点两侧显示出控制手柄，如图 1-2-32 所示。

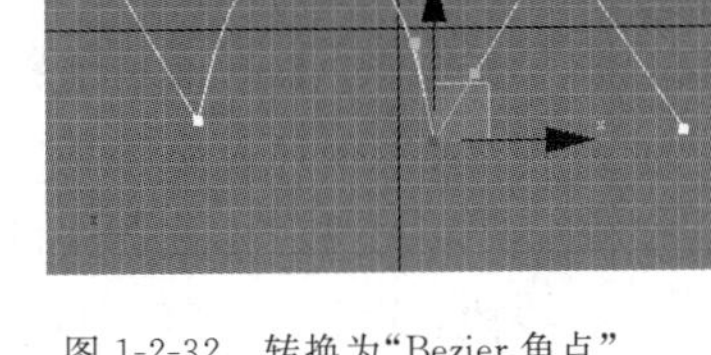

图 1-2-32　转换为“Bezier 角点”顶点类型的效果

11. 单击【选择并移动】按钮，用鼠标左键单击左侧的操作控制手柄的绿色点，并移动它，顶点左侧的曲线弧度产生变化，而顶点右侧的曲线没有变化，如图 1-2-33 所示。

12. 使用上述两种方法，我们可以对每个顶点进行调整，可将该线条修改为任意曲线。

13. 用鼠标的左键在曲线的左上端单击，并拖动到曲线的右下端，拉出一个虚线方框，松开鼠标左键后即可框选曲线内的所有顶点。

14. 单击鼠标右键，弹出快捷菜单，选择其中的“平滑”类型，此时自动将线段切换为平滑曲线，如图 1-2-34 所示。

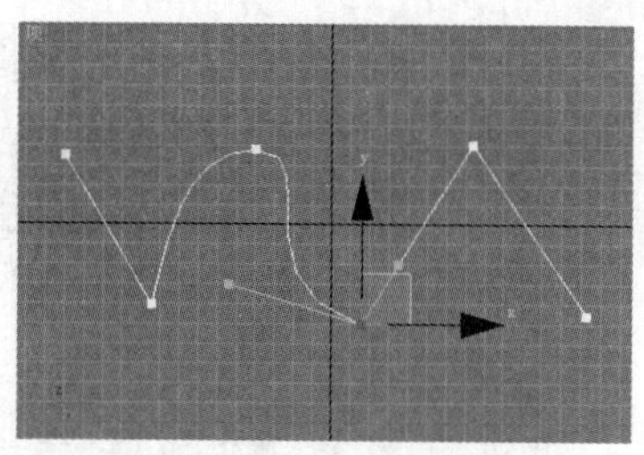

图 1-2-33 调整顶点类型手柄的效果

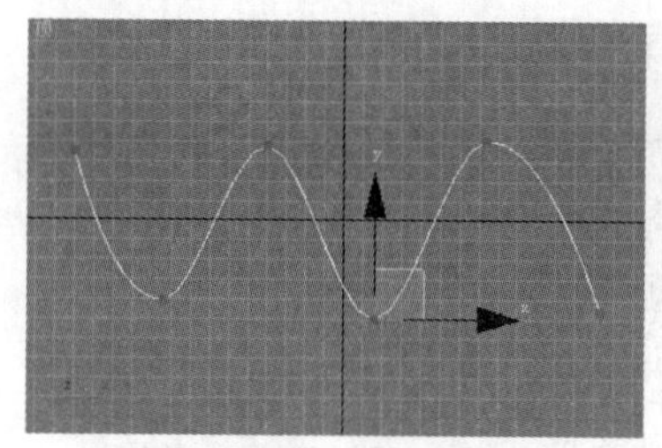

图 1-2-34 平滑曲线

15. 单击“选择”卷展栏中的【顶点】按钮，此时该按钮呈灰色，即退出曲线的顶点编辑状态。

下面总结一些曲线顶点的类型特征：

- 角点：不产生任何光滑的曲线，顶点两侧是直线。
- 平滑：无调节手柄，自动将线段切换为平滑的曲线。
- Bezier(贝塞尔)：提供两个调节的手柄，使曲线保持平滑。
- Bezier 角点：提供两个操作控制手柄，分别调节各自一侧的曲线弧度。

2.2.3 将二维线形转化为可编辑的样条曲线

创建图形样条线面板中提供的是标准的基本二维图形创建工具，这些图形除了线可以自由编辑外，其他的图形都需要利用“参数”卷展栏中的参数调整造型，不能随意改变图形。为了将二维图形修改成更加复杂的图形，可以将它们转化为可编辑样条线。下面我们来具体谈谈。

1. 绘制一个矩形。用鼠标右击这个矩形，弹出快捷菜单，选择“转化为”→“转化为可编辑样条线”。

2. 此时矩形转化为可编辑样条线，右侧的面板中会显示出修改面板，显示出可编辑样条线的修改器堆栈和“参数”卷展栏。

3. 在修改器堆栈中单击“+”，展开“可编辑样条线”项目，如图 1-2-35 所示。

- 整个对象：当选择“可编辑样条线”时，在下面的“参数”卷展栏中的操作就是针对整个样条线本身的操作。此时“参数”卷展栏中的按钮和参数有些呈灰色状态，不可操作，说明对当前的整个曲线无效。
- 顶点：当在列表中选择“顶点”时，即可进入顶点编辑状态，可以在视图中选择曲线上的顶点，在“参数”卷展栏中的操作就是针对样条线上顶点的编辑操作。
- 线段：连接两个顶点的边线，称为线段，也可称为分段。
- 样条线：一条可编辑样条线可以包含多条样条线，每条样条线可包含多条线段，是一条或多条相连线段的组合。

4. 我们可以对矩形的某一部分进行编辑，创建出任意图形，如图 1-2-36 所示。

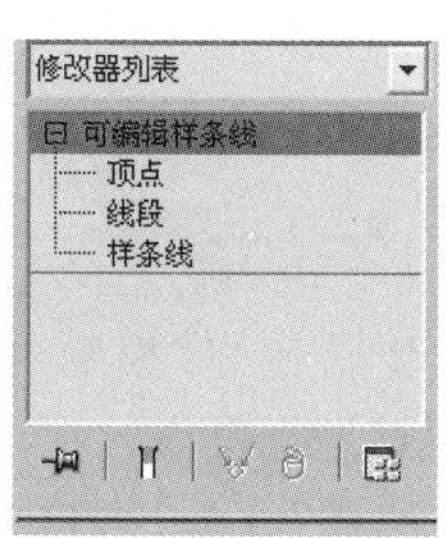

图 1-2-35　展开“可编辑样条线”

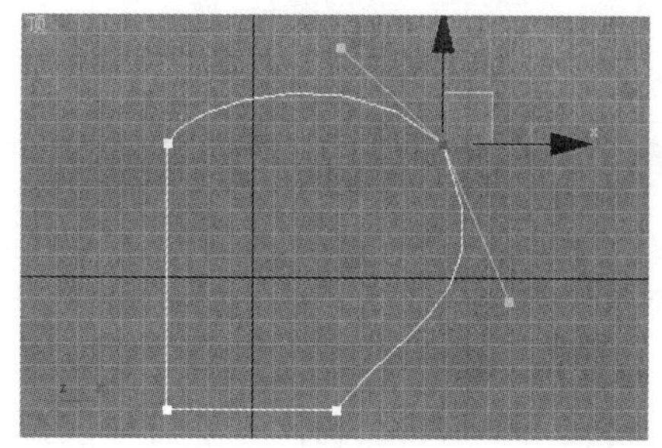

图 1-2-36　编辑矩形

5. 为了编辑出更复杂的二维图形，可以不转化为可编辑样条线，而是为二维图形添加“编辑样条线”修改器，同样可以针对曲线顶点、线段及样条线进行调整。

2.2.4　编辑曲线的整个对象

为二维图形添加“编辑样条线”修改器后，修改器堆栈中将出现带“＋”的“可编辑样条线”项目，称为整个对象。对整个对象的操作方法如下。

1. 单击【创建】→【图形】按钮，单击 圆 等按钮，在前视图中创建多个二维图形，并分别为其命名，如图 1-2-37 所示(分别以不同颜色表示)。

2. 选择视图中任意一个二维图形，单击【修改】按钮，在修改面板中单击按钮选择“编辑样条线”修改器，将所选择的二维图形修改为可编辑样条线。此时在修改面板中可以看到“几何体”卷展栏中有多个以黑色字体显示的按钮，它们为可操作状态，如图 1-2-38 所示。

3. 单击 创建线 按钮，在前视图中单击并拖动鼠标，绘制一条新的曲线，这条曲线并不是独立的二维图形，而是当前曲线物体的一部分(颜色、名称都与其相同)。

4. 单击 附加 按钮，在前视图中单击另一个二维物体，此时将它合并到了当前曲线，成为曲线物体的组成部分。

5. 单击 附加多个 按钮，打开对话框，如图 1-2-39 所示。从中选择多个二维物体的名字，单击 附加 按钮，此时被选择的二维物体已合并到当前曲线物体中。

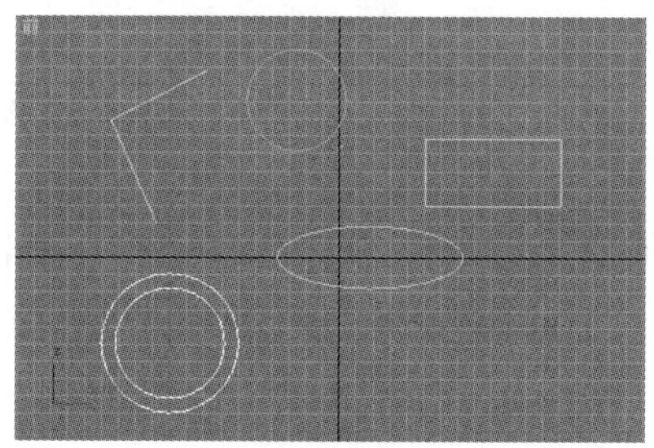

图 1-2-37　创建多个图形

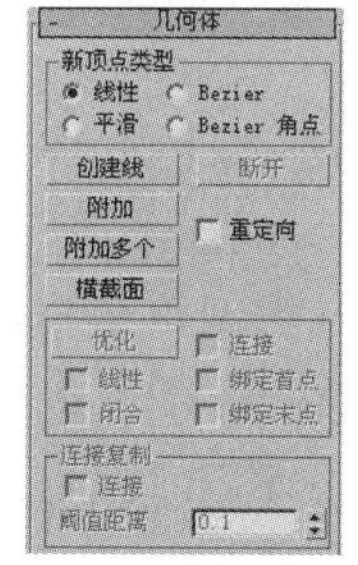

图 1-2-38　“几何体”卷展栏

图 1-2-39　“附加多个”对话框

2.2.5 编辑曲线的子对象

在前视图创建一条曲线，单击修改器堆栈中的修改器名称“编辑样条线”左侧的“+”，展开它的子对象列表，下面我们对其中的子对象顶点进行操作。

1. 单击前视图中的曲线物体。单击修改面板中的“选择”卷展栏，再单击下面的【顶点】按钮，进入顶点的编辑状态。

2. 在前视图中单击曲线的一个点，单击断开按钮，即可将该点打断。此时使用移动工具移开点的位置，可以观察到打断后的点分成了两个点。

3. 单击优化按钮，在前视图中单击曲线，此时观察到曲线被加入了一个新的点，但是线的形状没有改变。

4. 在前视图中选择曲线的两个点，利用移动工具使这两个点靠近，在“焊接”数值框中输入焊接范围值，单击焊接按钮，此时两个点焊接在一起，如图 1-2-40 所示。

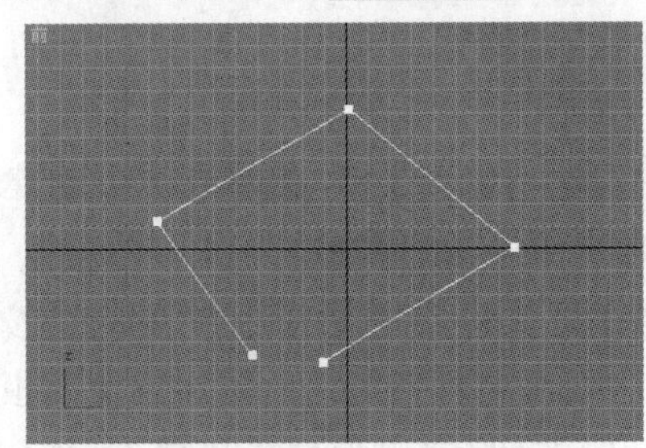

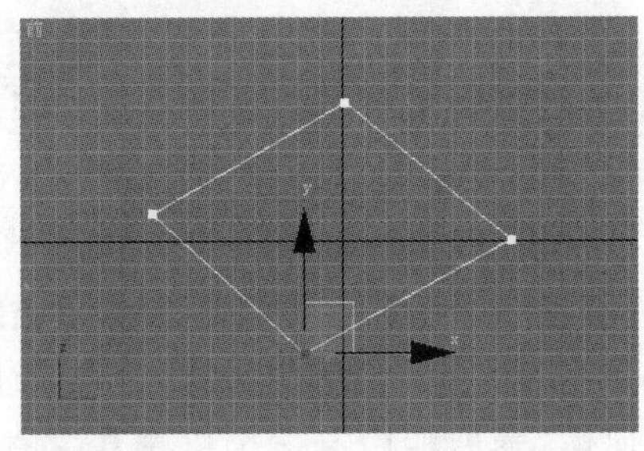

图 1-2-40 闭合线条

5. 单击连接按钮后，再单击曲线上一个断开的点，拖动到另一个断开的点后再松开鼠标，此时两个断开的点连接了起来。

6. 创建基本的二维多边形，单击【修改】按钮，在修改面板中的修改器列表下拉列表中选择“编辑样条线”修改器，将所选择的二维图形修改为可编辑样条线。单击“选择”卷展栏中的【顶点】按钮，进入顶点编辑状态，这时会发现多边形的每个角上显示一个小记号来表示顶点，其中一个角显示为黄色的点，代表第一顶点，即曲线的起始点。

7. 单击【顶点】按钮，选择一个角的顶点，此时，在该顶点处出现红色标记和两个绿色的方块及 *X*、*Y*、*Z* 三向坐标轴。

8. 红色标记是顶点，可以移动位置；绿色方块为矢量控制柄，移动它可以修改线的形状，如图 1-2-41 所示。

9. 在“几何体”卷展栏中有四种点类型可供选择，如图 1-2-42 所示。点选其中一种，即可改变当前选择点的类型。其中“线性”不产生任何光滑的曲线，顶点两侧是直线。它和前面所说的“角点”意思相同，只是名称不同。

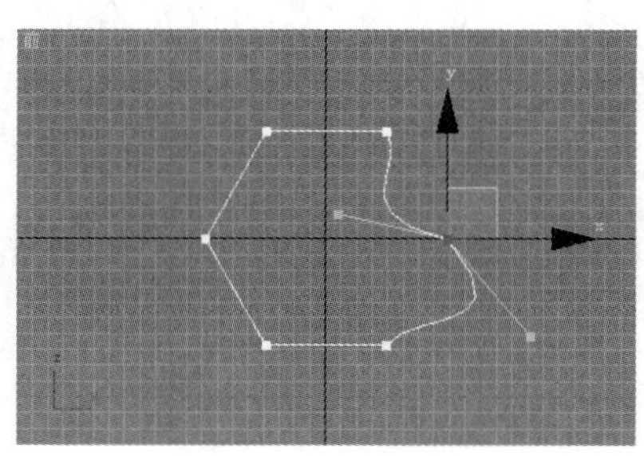

图 1-2-41　贝兹曲线

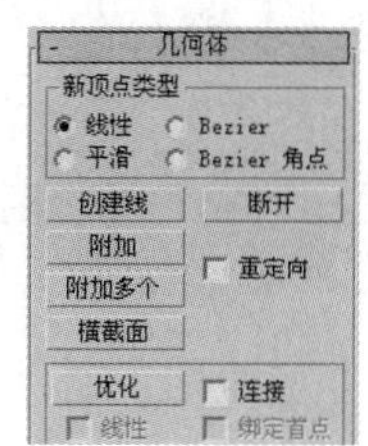

图 1-2-42　“几何体”卷展栏

10. 在视图中创建一个矩形，将其转换为可编辑样条线，单击修改面板中的【顶点】按钮，单击 圆角 按钮，然后单击矩形的一个顶点并拖动该顶点。创建的圆角效果如图 1-2-43 所示。

拖动时，圆角右侧的数字微调器将相应地更新，以指示当前的圆角量。右击结束此操作。

注意：允许在线段汇合的地方设置圆角，添加新的控制点。可以交互地（通过拖动顶点）应用此效果，也可以通过使用数字（使用“圆角”微调器）来应用此效果。如果拖动一个或多个所选顶点，所有选定顶点将以同样的方式设置圆角。如果拖动某个未选定的顶点，则首先取消选择任何已选定的顶点。可以通过拖动其他的顶点来继续使用“圆角”命令。

11. 单击 切角 按钮，拖动另一个顶点，如图 1-2-44 所示，产生切角效果。

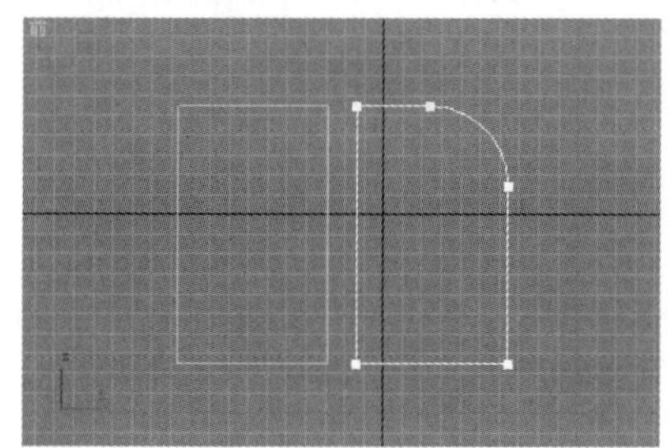

图 1-2-43　圆角效果

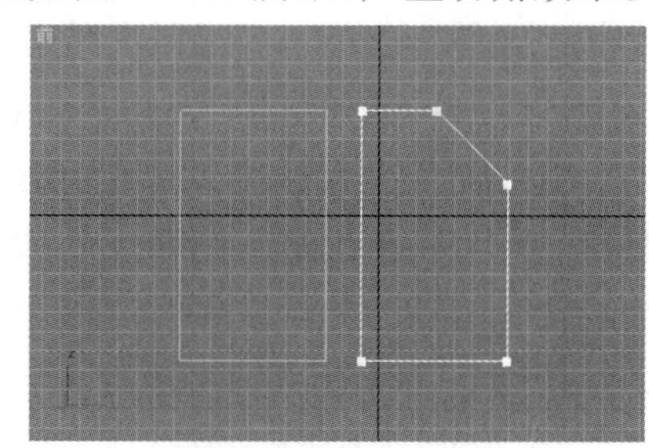

图 1-2-44　切角效果

12. 创建一条曲线，并将它转化为可编辑样条曲线，单击修改器堆栈中整个对象“可编辑样条线”左侧的“+”，展开它的次级物体列表，下面我们对其中的子对象线段进行操作。

13. 单击前视图中的曲线物体。单击【修改】按钮，在修改面板中单击“选择”卷展栏，再单击下面的【分段】按钮，进入曲线的分段编辑状态。

注意：如果是图形则应用“编辑样条线”修改器，选择子对象分段；如果是绘制的曲线，在修改器堆栈中选择线段；如果已将图形转化为可编辑样条线，选择子对象线段。这三种方法都可以编辑曲线形态，线段和分段意思相同，只是名称不同。

14. 在视图中单击曲线的一条线段，在右侧“几何体”卷展栏中，找到 拆分 按钮，在它的右侧数值框中输入想要加入点的数值 3。单击 拆分 按钮，此时一条线段被等分成 4 条线段，如图 1-2-45 所示。

15. 选择一条线段，单击 删除 按钮，该线段从曲线物体中消失，如图 1-2-46 所示。

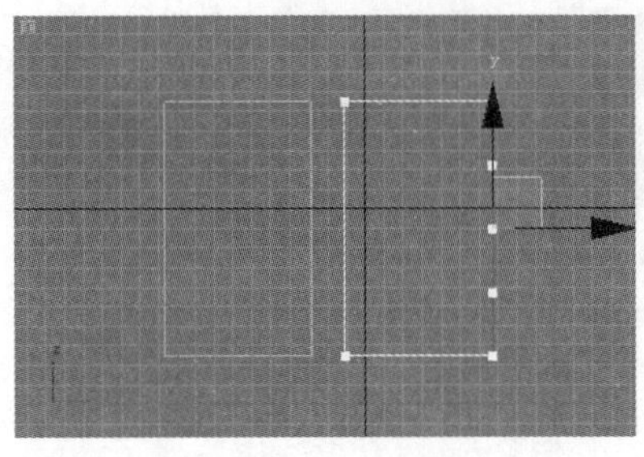
图 1-2-45 拆分线段

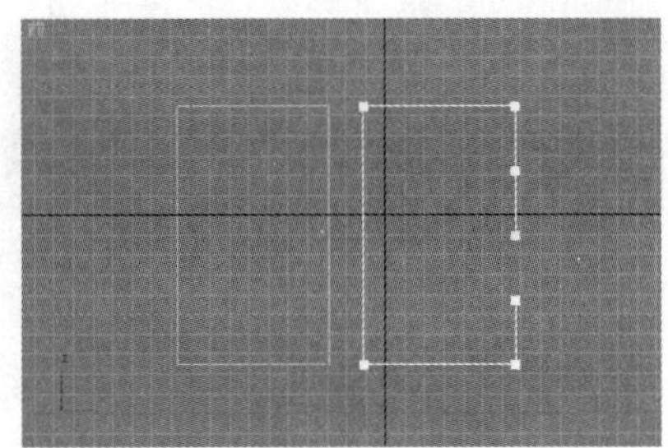
图 1-2-46 删除线段

16. 在视图中单击曲线的一条线段后，再单击 分离 按钮，打开一个对话框，从中设置分离出去的曲线名称，单击 确定 按钮，此时视图中被选择的线段分离出去成为独立的曲线，但分离出的曲线的位置不会发生改变。

2.2.6 编辑曲线子对象样条线

创建一条曲线，并将它转化为可编辑样条线，单击修改器堆栈中整个对象“可编辑样条线”左侧的“+”，展开它的次级物体列表，下面介绍次级物体曲线操作方法。

1. 选择曲线，单击【修改】按钮，单击修改面板下的“选择”卷展栏，再单击【样条线】按钮，进入样条线编辑状态。

2. 单击 轮廓 按钮，在视图中单击样条曲线后拖动鼠标到视图中的适当位置，松开鼠标左键，此时视图中的曲线加入了一个轮廓勾边，如图 1-2-47 所示。

3. 再次单击 轮廓 按钮，取消轮廓勾边命令。

下面我们对曲线进行布尔运算。

1. 单击【创建】→【图形】→ 圆 按钮，绘制一个圆，单击【创建】→【图形】→ 多边形 按钮，绘制一个多边形，如图 1-2-48 所示。

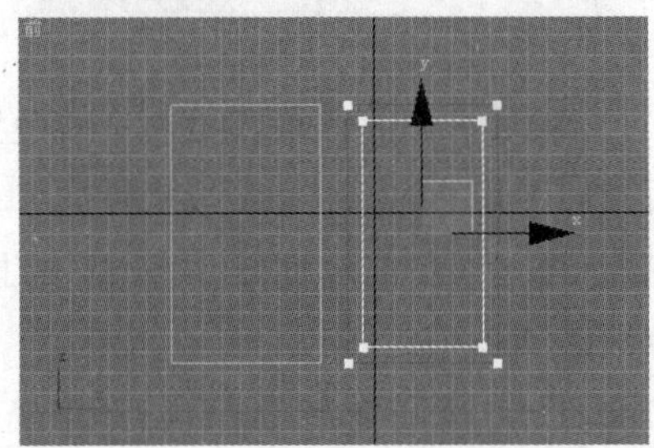
图 1-2-47 轮廓勾边效果

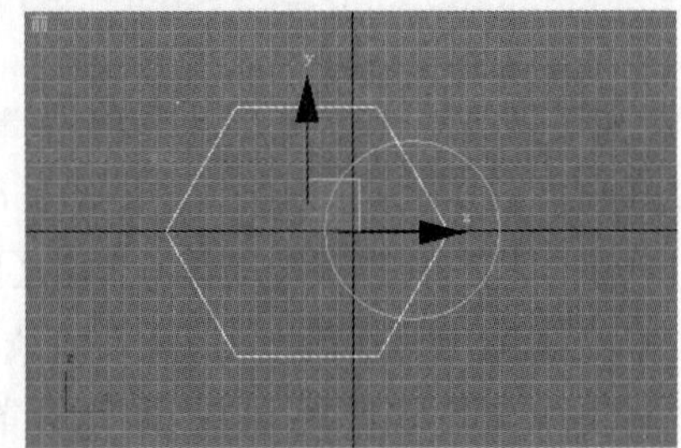
图 1-2-48 多边形和圆

2. 选择视图中的多边形，单击【修改】按钮，在修改面板中的按钮下选择“编辑样条线”修改器。此时多边形被修改为曲线物体。

3. 单击【修改】按钮，在“几何体”卷展栏中单击 附加 按钮，在视图中单击圆，此时圆与多边形组成一个整体曲线。

4. 单击修改面板下的“选择”卷展栏，单击【样条线】按钮，进入子对象样条线编辑状态。

5. 选择前视图中的多边形曲线，并单击 布尔 按钮右侧的【差集】按钮，即选定了求减运算类型，如图 1-2-49 所示。

6. 单击 布尔 按钮，移动鼠标到圆上，此时单击圆，执行布尔差集运算，效果如图 1-2-50 所示。

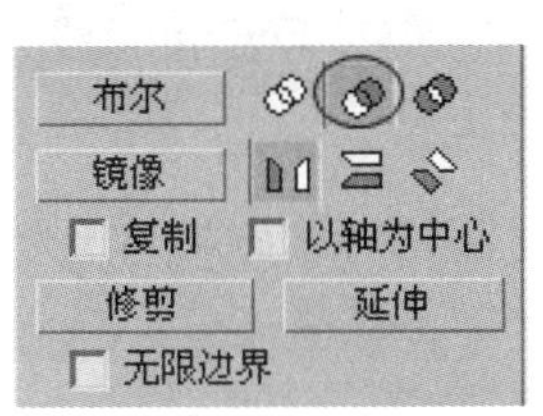

图 1-2-49　布尔运算

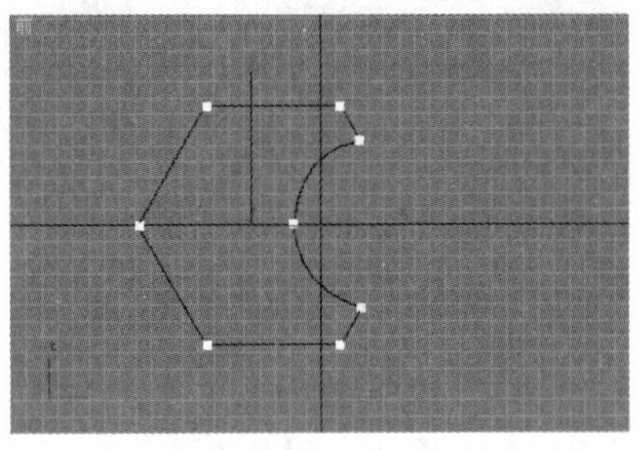
图 1-2-50　差集效果

7. 单击工具栏中的【撤销】按钮，撤销布尔差集运算操作结果。

选择前视图中的多边形曲线，并单击 布尔 按钮右侧的【并集】按钮，即选定了布尔并集运算类型，单击 布尔 按钮后单击圆，效果如图 1-2-51 所示。

8. 单击工具栏中的【撤销】按钮，撤销布尔并集运算操作结果。

选择前视图中的多边形曲线，并单击 布尔 按钮右侧的【相交】按钮，即选定了布尔相交运算类型，单击 布尔 按钮后单击圆，执行布尔相交运算，效果如图 1-2-52 所示。

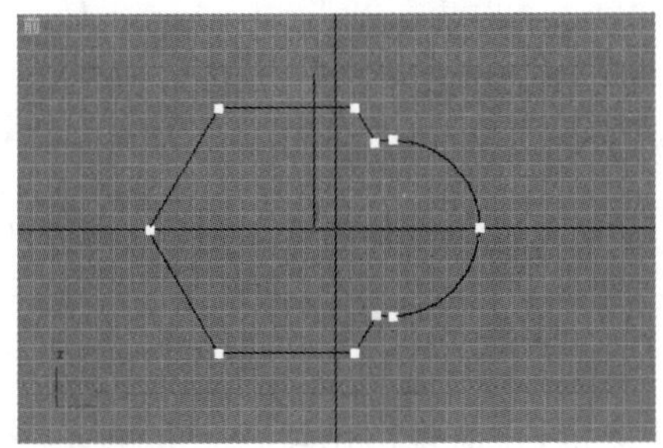
图 1-2-51　并集效果

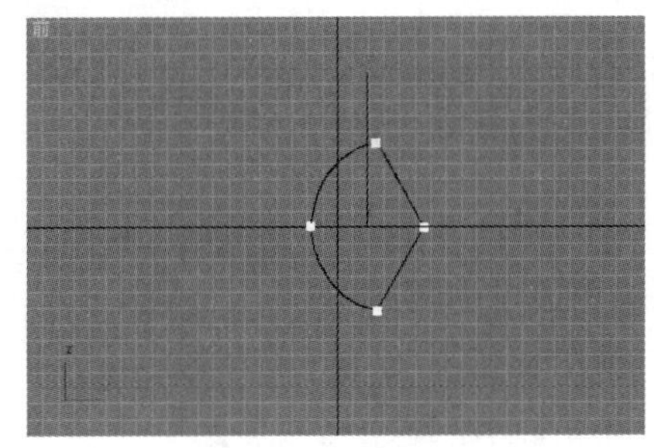
图 1-2-52　相交效果

二维图形的布尔运算包括 3 种操作：

- 并集：将两条重叠的样条线组合成一条样条线。在该样条线中，重叠的部分被删除，保留两条样条线不重叠的部分，构成一条样条线。
- 差集：从第一条样条线中减去与第二条样条线重叠的部分，并删除第二条样条线。
- 相交：仅保留两条样条线的重叠部分，删除二者的不重叠部分。

最后我们来对曲线进行镜像复制。

1. 选择全部曲线，勾选 镜像 按钮下面的“复制”选项，如图 1-2-53 所示。

2. 再次单击 镜像 按钮，此时产生一个镜像的复制品。

3. 此时复制品的中心点与原曲线相重叠，使用【选择并移动】工具改变复制品的位置，如图 1-2-54 所示。

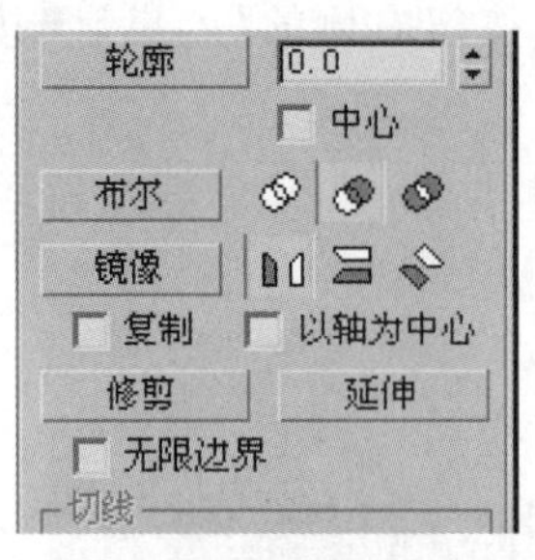

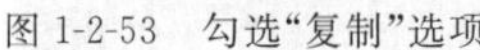
图 1-2-53 勾选“复制”选项

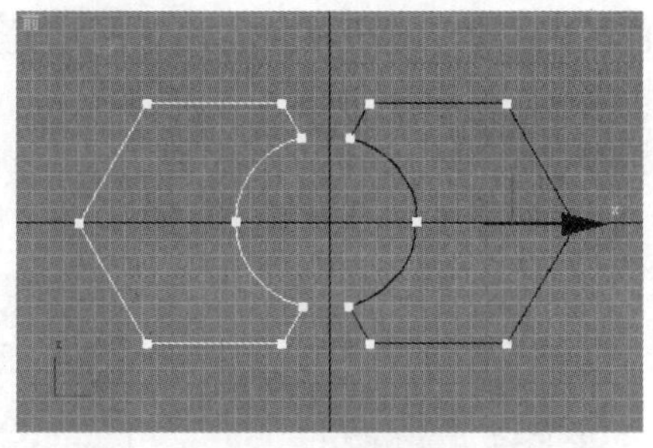
图 1-2-54 镜像效果

注意：如果同时勾选“以轴为中心”，镜像将以样条线对象的轴心点为中心镜像样条线。而如果不选择该项目，将以几何体的中心作为中心点来镜像样条线。【水平镜像】按钮是确定水平镜像操作，【垂直镜像】按钮是确定垂直镜像操作，【双向镜像】按钮是确定对角镜像操作。

项目链接：第 2 篇任务 1、2、3、4、5 等。

2.3 二维线形转三维物体编辑

2.3.1 “挤出”修改器

“挤出”修改器是将二维图形按某个坐标轴的方向进行拉伸挤压，使二维物体产生厚度，最终生成三维图形。

二维图形使用“挤出”修改器生成三维图形的操作步骤如下：

1. 单击【创建】→【图形】→ 星形 按钮，在前视图创建一个五角星，参数设置如图 1-2-55 所示。

2. 单击【修改】按钮，在修改面板中的 修改器列表 下拉列表中选择“挤出”修改器。在“参数”卷展栏中，将“数量”设置为 300 mm，拉伸后的效果如图 1-2-56 所示。

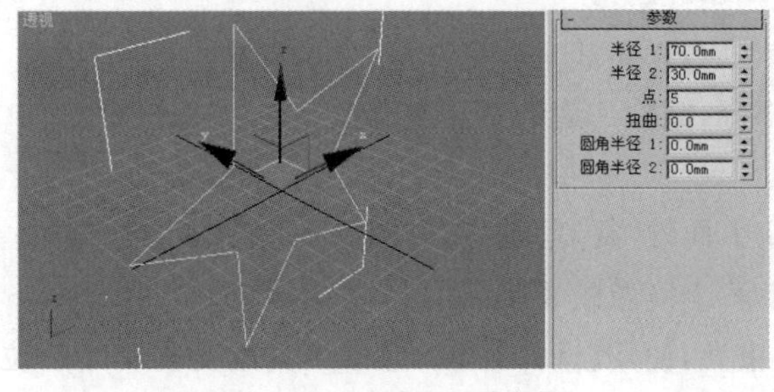

图 1-2-55 五角星及其参数

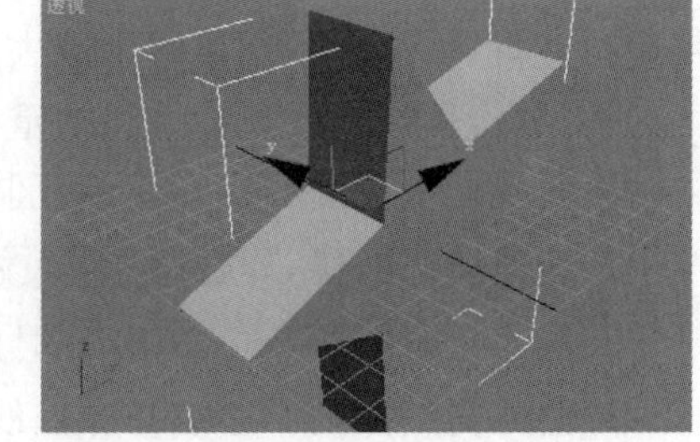

图 1-2-56 挤出

3. 取消对“封口始端”和“封口末端”复选框的勾选，此时，物体的顶部表面没有覆盖面，效果如图 1-2-57 所示。

"挤出"修改器"参数"卷展栏如图 1-2-58 所示。各参数含义如下：

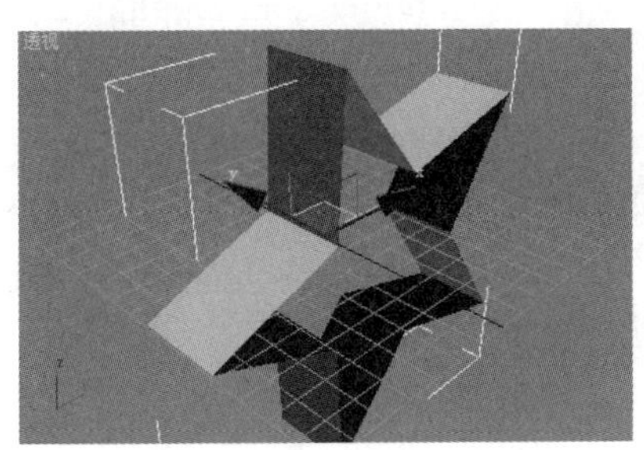

图 1-2-57　挤出改变后的效果

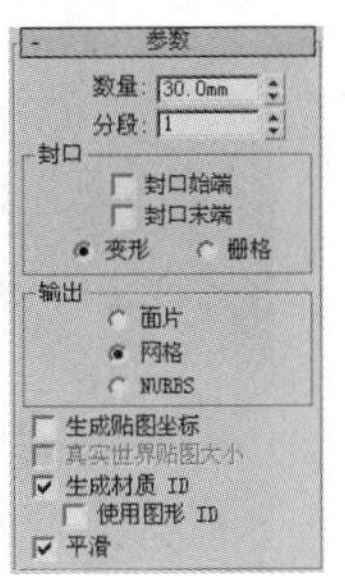

图 1-2-58　"挤出"修改器"参数"卷展栏

- 数量：设置拉伸的高度值。
- 分段：设置拉伸的段数。提高段数，有利于为该物体添加弯曲、扭曲、噪波等变形修改器，进一步编辑物体形状。
- "封口"组：设置是否为三维物体两端加覆盖面。勾选"封口始端"和"封口末端"两个复选框，生成的三维物体两端加覆盖面。下端两个选项是"变形"和"栅格"，用来设置覆盖面的类型。
- "输出"组：设置生成的三维物体类型，有 3 个选项，"面片""网格"和"NURBS"（曲面物体）。
- 生成贴图坐标：勾选此项，系统将为物体设置内部坐标。
- 生成材质 ID：勾选此项，生成的三维物体使用曲线的 ID 值。
- 平滑：勾选此项，将对生成的三维物体进行平滑处理。

挤出操作虽然简单，却是非常实用的建模工具，特别是根据物体的样条线子对象，可以挤出非常有效的造型。在制作模型时，可使用线工具绘制截面，并执行"挤出"命令，得到立体模型。

实例操作——制作凳子

1. 首先创建凳子腿的截面轮廓草图。依次单击【创建】→【图形】→ 样条线 → 矩形 按钮，这样就选择了创建矩形的工具，用键盘输入法创建一个如图 1-2-59 所示的矩形。此时系统处于创建线条的状态，利用鼠标在视图中创建一条凳子腿的截面轮廓。

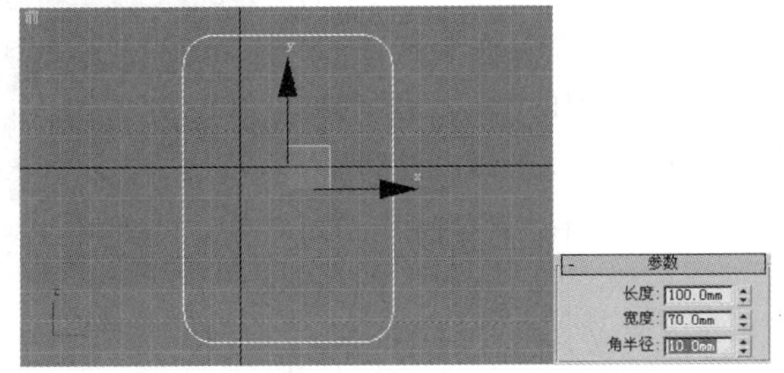

图 1-2-59　矩形及其参数

凳子模型制作

2. 在前视图中选中矩形，在修改面板中的 修改器列表 下拉列表中选择"编辑样条线"修改器，然后在修改器堆栈中单击"编辑样条线"左侧的"+"，选择下面的"样条线"子对象，再选择矩形，此时，选中的矩形线框变成红色，如图 1-2-60 所示。

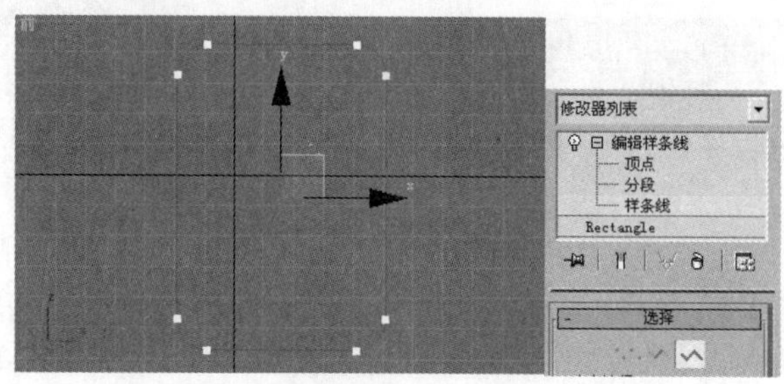

图 1-2-60 选择"样条线"子对象后选择矩形

3. 生成外截面轮廓。现在开始进一步修改凳子腿的轮廓线，选中刚才的样条线，在修改面板的"几何体"卷展栏中单击 轮廓 按钮，并在后面的文本框中输入数值－8，按回车键确认。此时，样条线如图 1-2-61 所示。

4. 进行挤出操作。完成上面的调整后，再次单击修改器中的"编辑样条线"项，关闭物体的样条线编辑状态。在 修改器列表 中选择"挤出"修改器，此时，在下方的面板上出现了"参数"卷展栏，设置其中的"数量"参数为 7.0 mm，挤出效果如图 1-2-62 所示。然后单击【视口最大化显示】按钮，调整所有的视图。

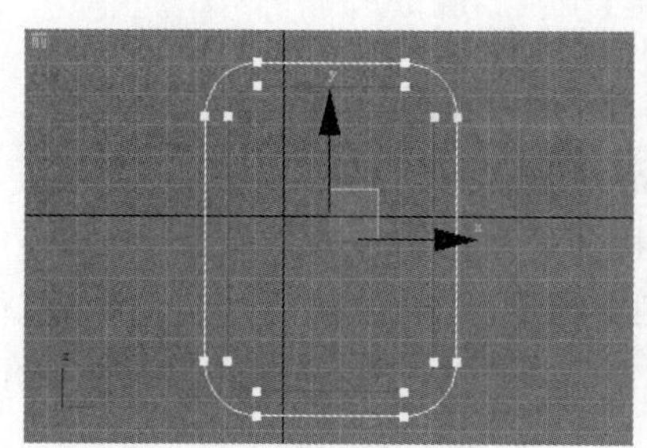

图 1-2-61 生成轮廓后的样条线

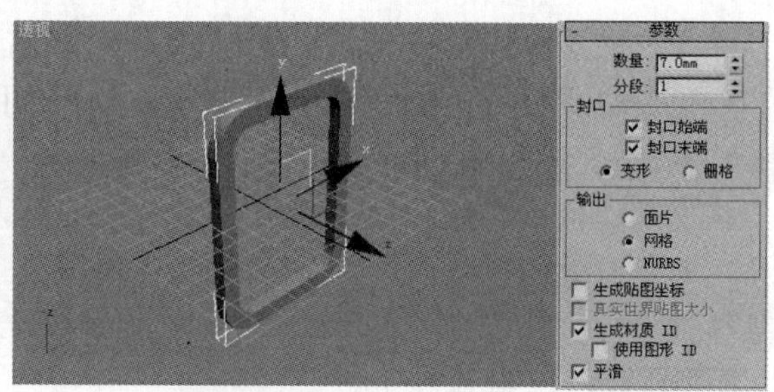

图 1-2-62 挤出效果及其参数

5. 虽然凳子腿已经基本成型，但还要进行细节的调整，需要对凳子腿的边缘进行切角操作。选择此物体，右击，在弹出的快捷菜单中依次选择"转换为"→"转换为可编辑多边形"命令，在界面右边的修改器堆栈中依次选择"可编辑多边形"→"边"，以便下一步对物体的边进行切角操作。

6. 按住鼠标左键不放，在视图中拖动鼠标选中整个物体，这时，凳子腿的所有边都被选中。在修改面板中的"编辑边"卷展栏中单击 切角 按钮后面的【设置】按钮，在弹出的"切角边"对话框中将"切角量"设置为 0.5 mm，并单击按钮，如图 1-2-63 所示。

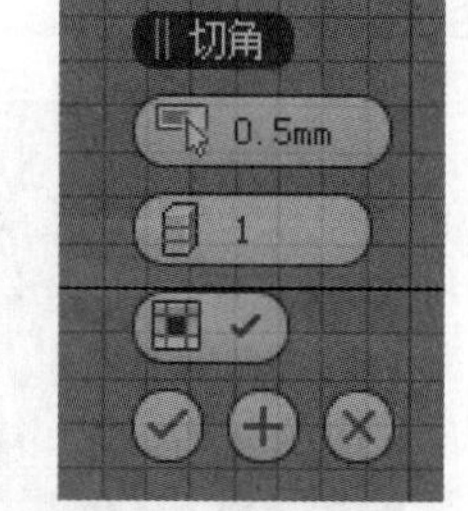

图 1-2-63 切角设置

7. 此时已经完成了凳子腿的制作。接下来，通过"复制"命令将凳子腿复制 2 个。单击工具栏上的【选择并移动】按钮，单击已创建的凳子腿，然后按 Shift 键并单击鼠标左键，弹出"克隆选项"对话框，选择"复制"项，设置"副本数"为 1。这样就得到了 2 条凳子腿，如图 1-2-64 所示。

8. 凳子腿已经基本完成，下面开始制作凳子的坐垫。依次单击【创建】→【图形】→ 矩形 按钮，这样就选择了创建矩形的工具。采用键盘输入法在顶视图中创建一个“长度”为 80、“宽度”为 94、“角半径”为 8 的矩形，作为凳子面的截面轮廓，如图 1-2-65 所示。

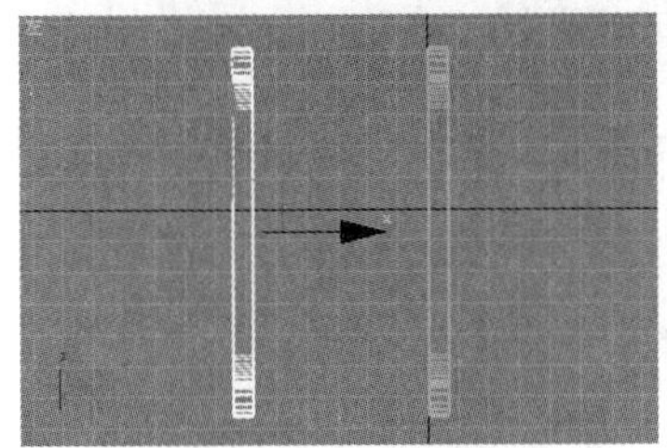

图 1-2-64　复制凳子腿

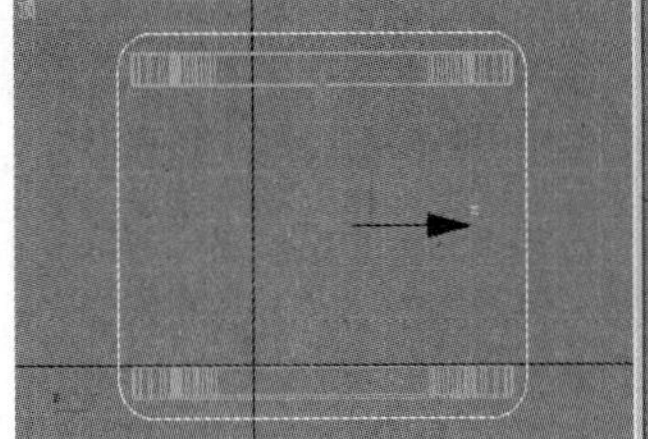
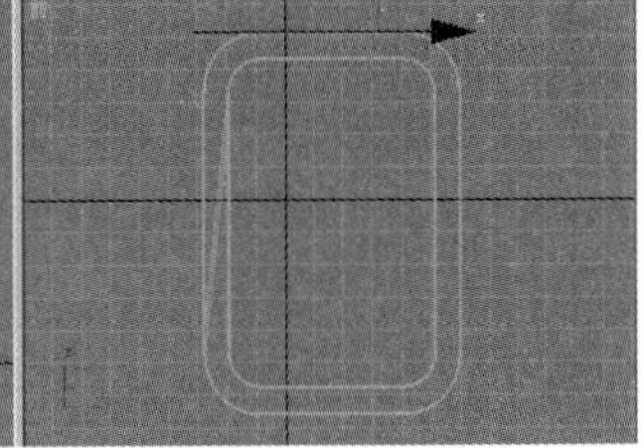

图 1-2-65　凳子面的截面轮廓

9. 对该轮廓进行挤出操作。将该曲线转换成可编辑样条线，在 修改器列表 下拉列表中选择“挤出”修改器，设置“挤出”数量为 5 mm，如图 1-2-66 所示。

10. 为凳子赋予简单的木材材质，渲染效果如图 1-2-67 所示。

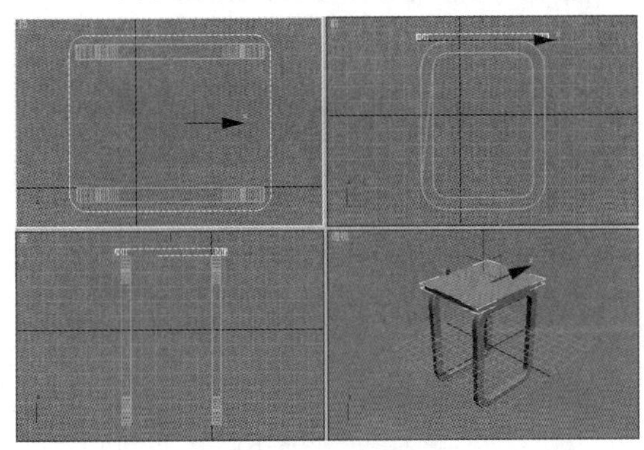

图 1-2-66　挤出凳子面

图 1-2-67　凳子渲染效果

2.3.2　“车削”修改器

“车削”修改器经常用于创建中心对称的物体，例如青铜罐、酒瓶等。通过指定某个坐标轴旋转一个二维图形产生三维造型，并且可以指定旋转的角度，创建不完整的旋转物体。使用“车削”修改器首先应当制作一个完整物体的二分之一剖面图，并且需要改变二维图形的轴心点，使它按正确的坐标轴旋转。

光滑的酒杯

实例操作——制作光滑的酒杯

1. 激活前视图，单击【最大化视口切换】按钮，将前视图最大化显示。

2. 单击【创建】→【图形】→ 线 按钮，在前视图中绘制一个二维图形，如图 1-2-68 所示。

3. 单击【修改】按钮，在修改面板中的 修改器列表 下拉列表中选择“编辑样条线”修改器，单击【顶点】按钮，进入顶点子对象编辑级别。

4. 对酒杯截面进行曲度调整，建议使用 Bezier 曲线调节方式进行调节，使杯子变得圆滑，如图 1-2-69 所示。

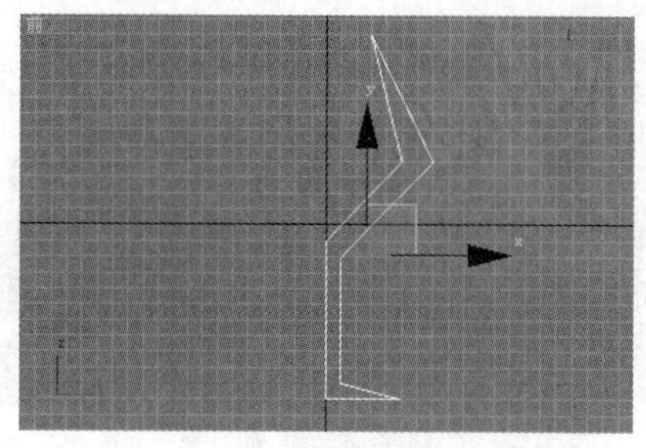

图 1-2-68 二维图形

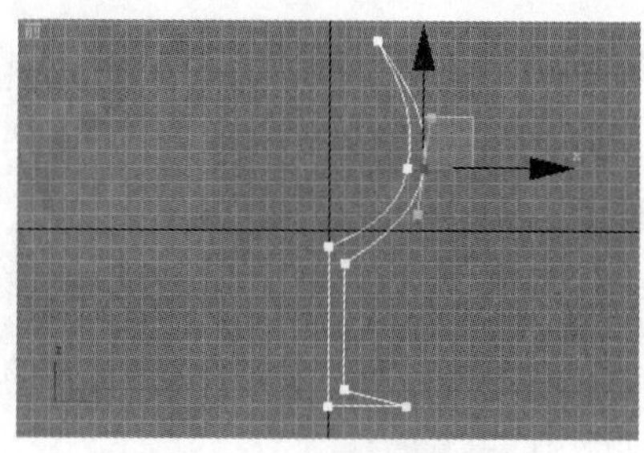

图 1-2-69 调整酒杯截面

5. 在修改面板上单击 插入 按钮，在杯脚外侧中央处单击确定插入点的位置，原地单击插入第一个点；向右移动一些距离，拉出一个小的突起，单击插入第二个点；向下移动回垂直位置，再单击插入第三个点；右击结束命令，效果如图 1-2-70 所示。

6. 调整各个点，使酒杯外壁变得圆滑，效果如图 1-2-71 所示。

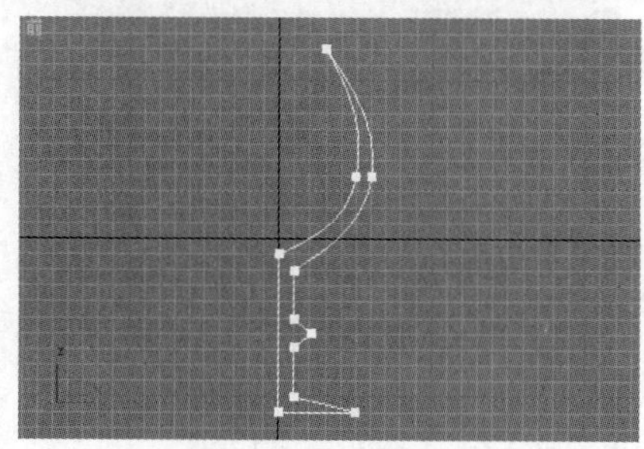

图 1-2-70 插入点

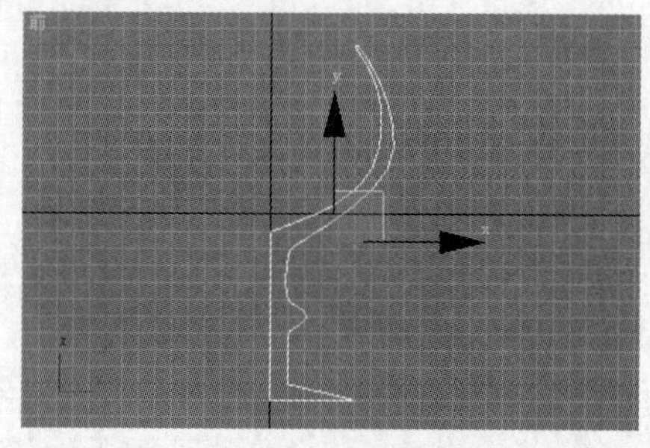

图 1-2-71 圆滑外壁

7. 单击【层次】按钮，在层次面板中单击 轴 按钮，再单击 仅影响轴 按钮。

8. 此时视图中显示出轴心点坐标，使用【选择并移动】工具将轴心点调整至如图 1-2-72 所示位置。

9. 单击【修改】按钮，在修改面板中的 修改器列表 中选择“车削”修改器，得到如图 1-2-73 所示效果。

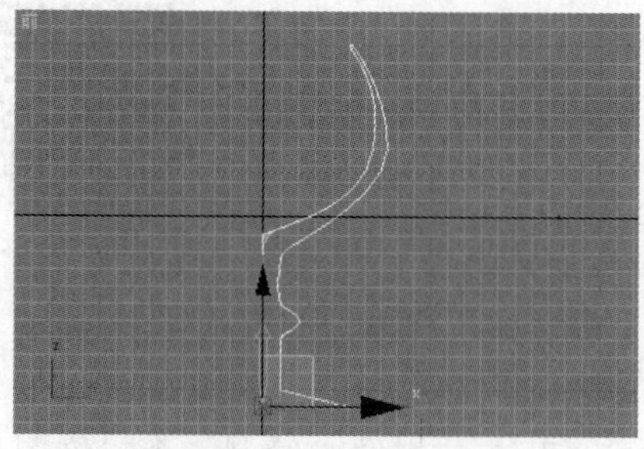

图 1-2-72 移动轴心点

图 1-2-73 车削效果

10. 如果发现制作的杯子表面有问题，可能是法线的方向反了，可勾选“参数”卷展栏中的“翻转法线”选项进行纠正。

11. 将“分段”值设置为 60，以增加酒杯的细腻度。勾选“焊接内核”，将中心处重合的点焊接在一起，中心裂缝就消失了，图 1-2-74 为修改前后效果比较。

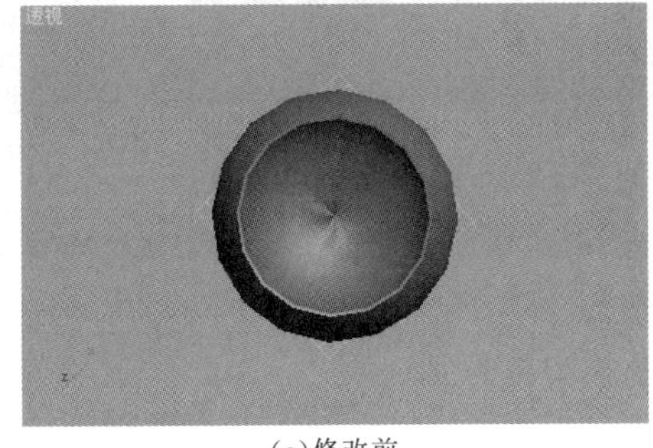

(a)修改前

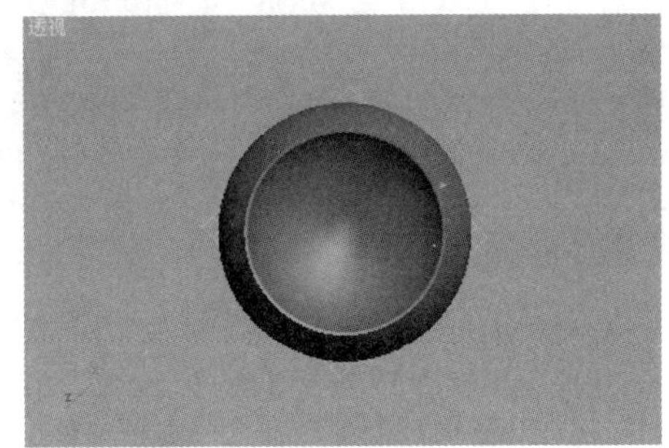

(b)修改后

图 1-2-74　修改前后效果比较

12. 可以为其赋予一种玻璃材质，添加一个背景，最后渲染效果如图 1-2-75 所示。

13. “车削”修改器的“参数”卷展栏如图 1-2-76 所示。各参数含义如下：

- 度数：设置旋转成型的角度，默认值是 360°，如果“度数”小于 360°，创建的是扇形，图 1-2-77 为 240°效果。

图 1-2-75　光滑的酒杯

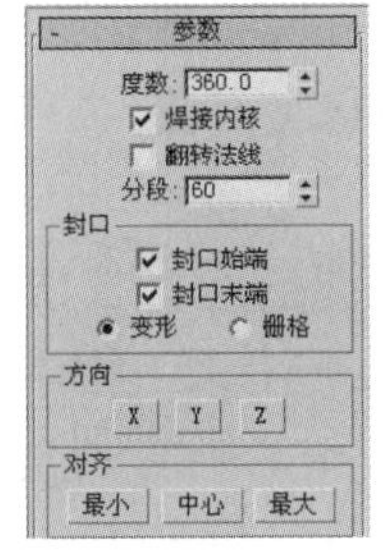

图 1-2-76　“车削”修改器的“参数”卷展栏

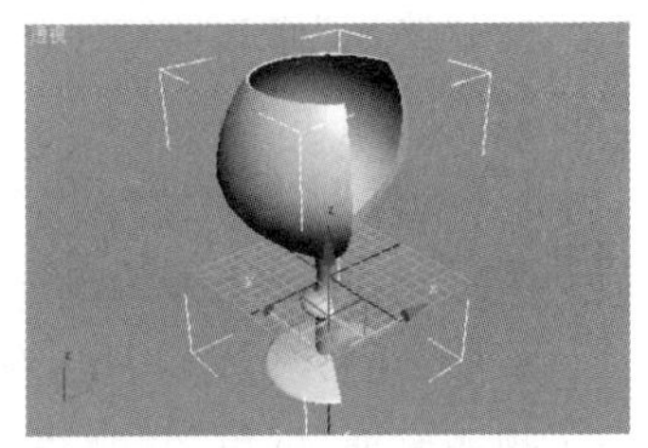

图 1-2-77　240°的酒杯效果

- 焊接内核：将轴心重合的顶点合并为一个顶点。
- 翻转法线：将模型表面的法线反向。如果旋转后看不到表面，说明法线方向错误，勾选此项可纠正错误，如图 1-2-78 所示。

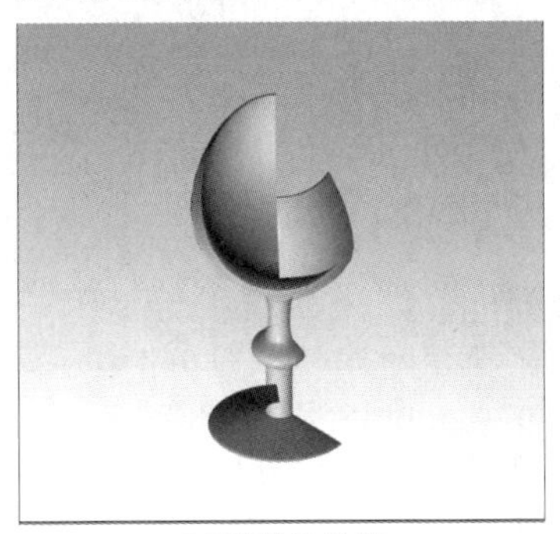

(a)翻转法线前

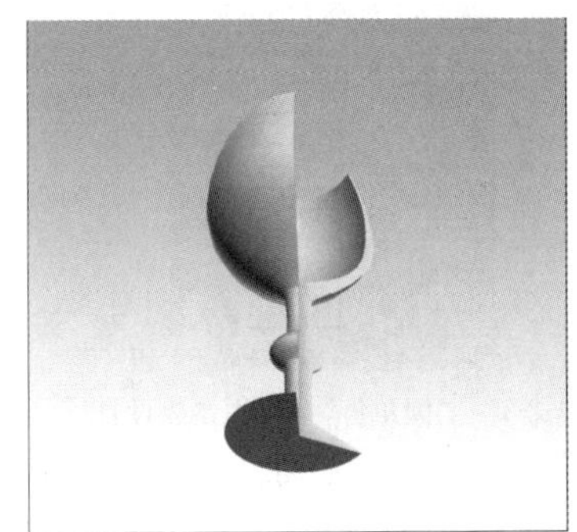

(b)翻转法线后

图 1-2-78　翻转法线前后比较

- “对齐”组：下面有三个按钮，用来设置图形与中心轴的对齐方式。不同的对齐方式产生不同的旋转效果，如图 1-2-79 所示。最大—将曲线外边界与中心轴对齐。最小—

将曲线内边界与中心轴对齐；中心—将曲线中心与中心轴对齐。

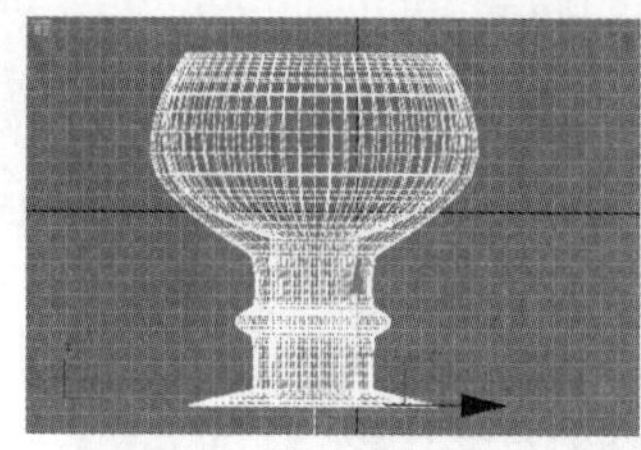

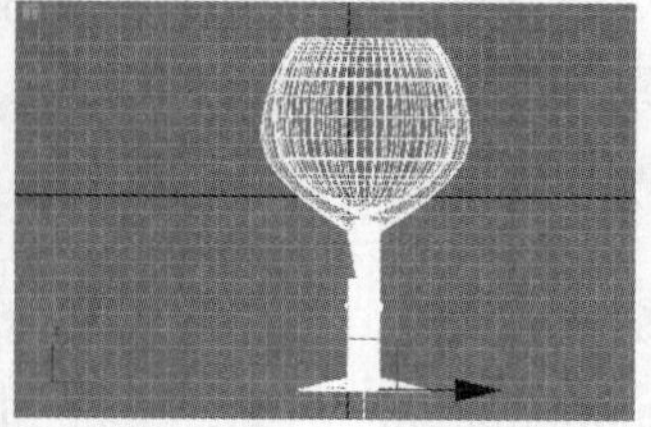

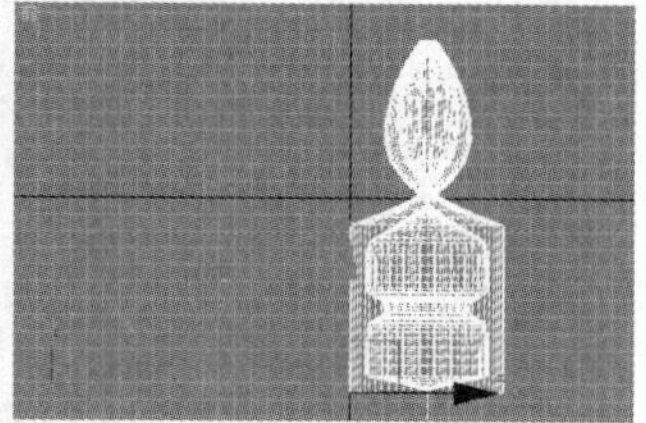

图 1-2-79　最大、中心、最小对齐方式

- 分段：设置旋转圆周上的分段数，值越高，模型越光滑。
- “方向”组：设置旋转中心轴的对齐方式。

2.3.3 “倒角”修改器

“倒角”修改器是用来制作倒角的工具，使二维图形在拉伸成三维物体的过程中产生3段，使边界产生直线或圆形倒角。一般用来制作立体文字，在文字的边缘产生倒角效果，它比“挤压”修改器产生的边缘更加富有变化。二维图形使用“倒角”修改器生成倒角三维物体的操作步骤如下。

1. 单击【创建】→【图形】→ 文本 按钮，在创建面板文字框中输入“大小”两个字，在前视图中单击鼠标左键，创建一个文字物体。

2. 单击【修改】按钮，在修改面板中的 修改器列表 中选择“倒角”修改器，为文字物体添加“倒角”修改器。

3. 在修改面板中的“倒角值”卷展栏中设置“级别 1”的“高度”值为 10、“轮廓”值为 5。勾选“级别 2”，设置“高度”值为 10、“轮廓”值为 0。勾选“级别 3”，设置“高度”值为 10、“轮廓”值为 −5，如图 1-2-80 所示。最终效果如图 1-2-81 所示。

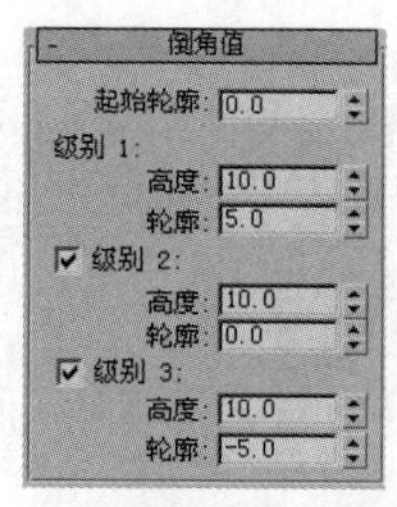

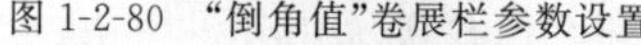

图 1-2-80　“倒角值”卷展栏参数设置

图 1-2-81　倒角效果

4. 在“曲面”组中，勾选“曲线侧面”选项，并修改下面的“分段”数值为 10，如图1-2-82 所示。文字物体的厚度呈弧状造型，曲面效果如图 1-2-83 所示。

“倒角”修改器的“参数”和“倒角值”卷展栏如图 1-2-84 所示。各参数含义如下：

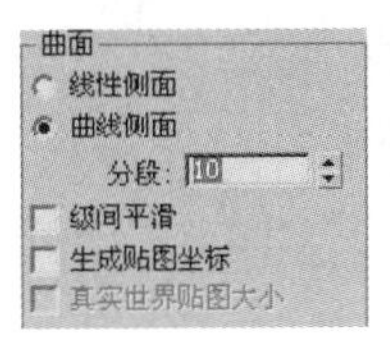

图 1-2-82　“曲面”组参数设置

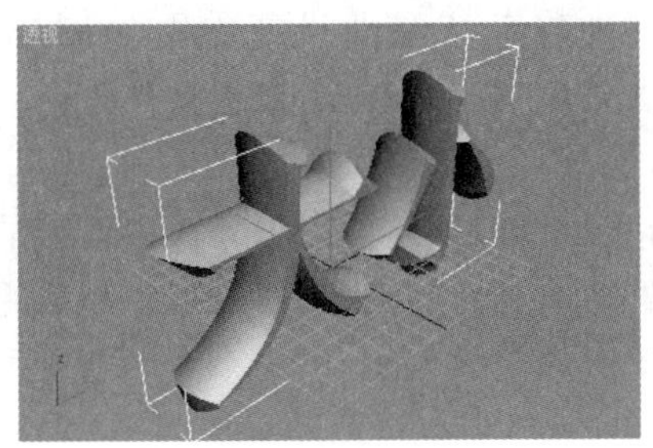

图 1-2-83　曲面效果

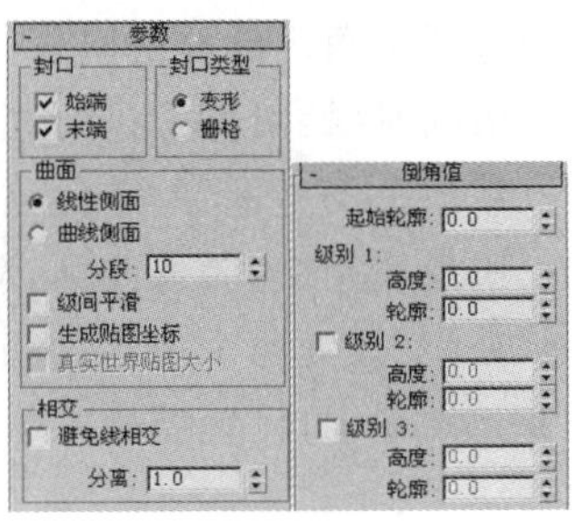

图 1-2-84　“倒角”修改器的“参数”和“倒角值”卷展栏

- “封口”组：在这个项目下有两个选项，“始端”和“末端”。勾选这两个选项时，倒角挤压的模型有顶部和底部表面，模型为封闭的实体；取消勾选，顶面和底面消失。
- “封口类型”组：在这个项目下有两个选项，“变形”和“栅格”。选择“变形”，不处理表面，更适合进行变形操作，制作变形动画。选择“栅格”，进行表面处理，产生的渲染效果要优于变形。
- 曲线侧面：设置倒角分段，使侧面为弧形。
- 分段：设置倒角的分段划分数值。分段数相同时，选择不同的“曲面”选项，效果也不同。

如图 1-2-85 所示，在选择线性边时，设置“分段”为 1，此时倒角效果如图中的左图所示，“分段”设置为 2 的倒角效果如图中的右图所示。

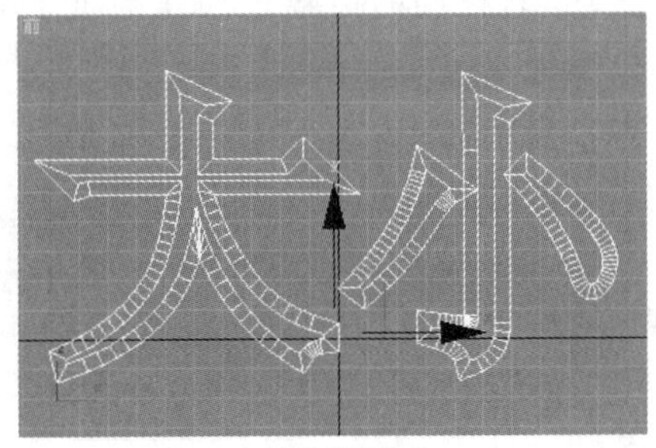

(a)“分段”为 1

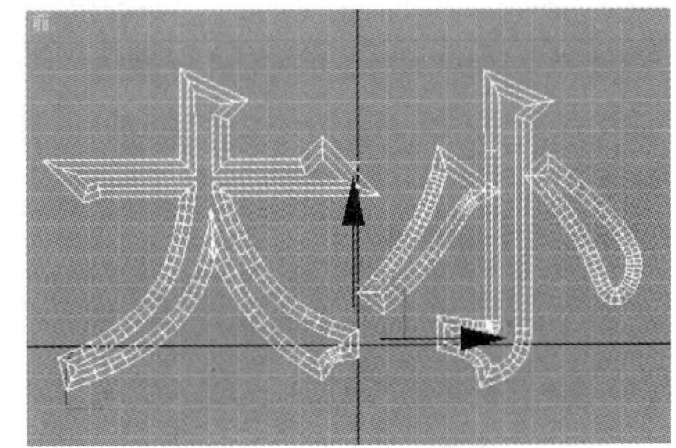

(b)“分段”为 2

图 1-2-85　“分段”为 1 和“分段”为 2 效果

如图 1-2-86 所示，在“分段”为 2 的情况下，左图是勾选“线性侧面”的效果，右图是勾选“曲线侧面”的效果。

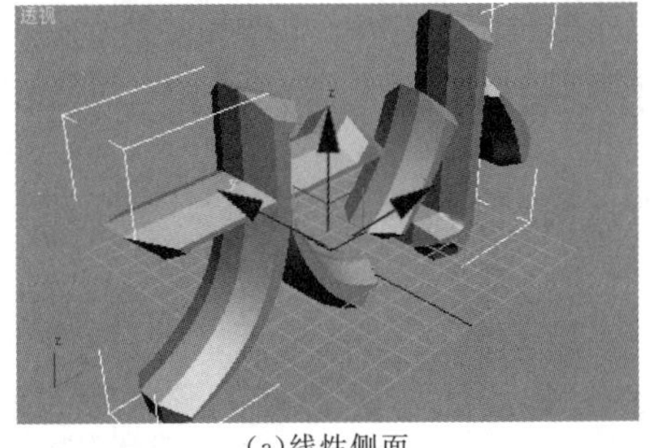

(a)线性侧面

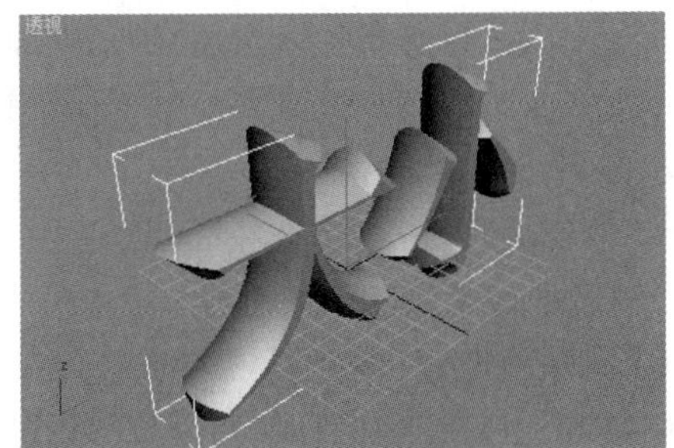

(b)曲面侧面

图 1-2-86　“线形侧面”和“曲线侧面”效果

当选择倒角为曲线的时候，提高数值，会使曲线更光滑，否则与直线倒角没有区别。

- 级间平滑：对倒角进行光滑处理，但总保持封口不被处理。
- 生成贴图坐标：勾选此项，系统将为物体设置内部坐标。
- 避免线相交：勾选此项，防止物体的折角超出边界产生错误的变形。
- 分离：设置两个边界之间的距离，能够防止物体的折角超出边界。
- 起始轮廓：设置原始二维图形的轮廓大小，值为 0 时，根据原始图形的大小进行倒角制作。
- 级别 1、级别 2、级别 3：分 3 个层级进行“高度”和“外轮廓”的大小设置。只有在勾选“级别 2”“级别 3”项目时，各自的设置才有效。

2.3.4 “倒角剖面”修改器

“倒角剖面”修改器可应用在二维图形上，在“倒角剖面”修改器中将另一个图形作为倒角剖面，挤出一个三维模型。

“倒角剖面”修改器是“倒角”修改器的一种变形。如果删除原始倒角剖面图形，则倒角剖面修改失效。与提供图形的放样对象不同，倒角剖面只是一个简单的修改器。

尽管此修改器与包含改变缩放设置的放样对象相似，但是实际上两者有区别，因为“倒角剖面”修改器使用不同的轮廓值而不是缩放值来作为线段之间的距离。“倒角剖面”修改器调整图形大小的方法更复杂，从而会导致一些层级比其他的层级包含或多或少的顶点，所以“倒角剖面”修改器更适合处理文本。

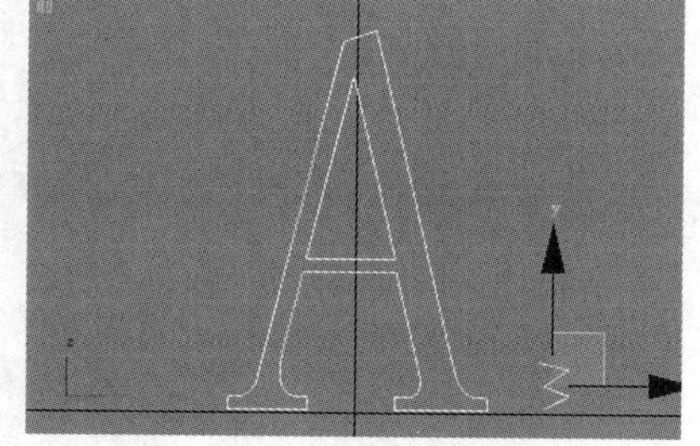

图 1-2-87 文本和开口样条线

操作方法如下。

1. 单击【创建】→【图形】→ 文本 按钮，在前视图创建文本“A”。

2. 单击【创建】→【图形】→ 线 按钮，在前视图绘制一条开口样条线，大小如图 1-2-87 所示。

3. 单击文本“A”，单击【修改】按钮，在修改面板中的 修改器列表 中选择“倒角剖面”修改器，为选择物体添加“倒角剖面”修改器。

4. 在下面的“参数”卷展栏中单击 拾取剖面 按钮，如图 1-2-88 所示。

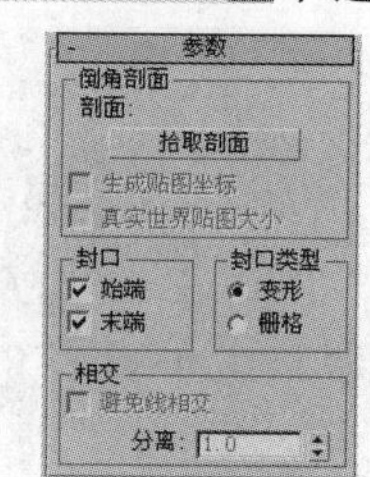

图 1-2-88 “倒角剖面”修改器的“参数”卷展栏

- 拾取剖面：单击这个按钮，可以在视图中选择一个图形或 NURBS 曲线来用于剖面路径。
- 生成贴图坐标：指定 UV 坐标。
- “封口”组：在拾取剖面为开口样条线时才有用。
- 始端：对挤出图形的底部进行封口。

●末端：对挤出图形的顶部进行封口。

●变形：选中一个确定性的封口方法，它为对象间的变形提供等数量的顶点。

●栅格：创建更适合封口变形的栅格封口。

●避免线相交：防止倒角曲面自相交，与“倒角”修改器的参数“避免线相交”功能相同。这需要更多的处理器计算，而且在复杂几何体中很消耗时间。

●分离：设定侧面为防止相交而分开的距离。

5. 在前视图中单击曲线剖面图形，文本“A”被挤压成一个三维模型，如图 1-2-89 所示。

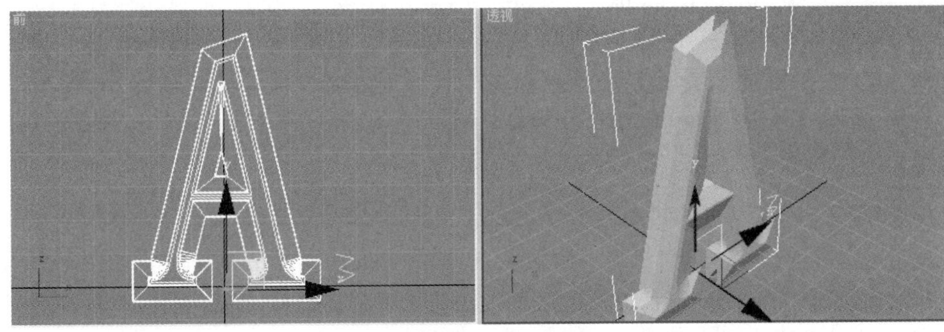

图 1-2-89　拾取剖面效果

6. 撤销上面的拾取剖面动作，单击【创建】→【图形】→ 线 按钮，在顶视图中绘制一条闭合样条线，如图 1-2-90 所示。一般情况下，倒角的剖面图形适合于在顶视图中绘制。

7. 单击【选择】按钮，选择文本“A”被挤压得到的三维模型，在右侧的修改面板中单击 拾取剖面 按钮，在顶视图中单击刚才绘制的闭合样条线。

8. 此时文本“A”的倒角剖面被修改了，在“参数”卷展栏中剖面项目右侧显示出新的剖面图形名称，对新的剖面图进行挤压，最终效果如图 1-2-91 所示。

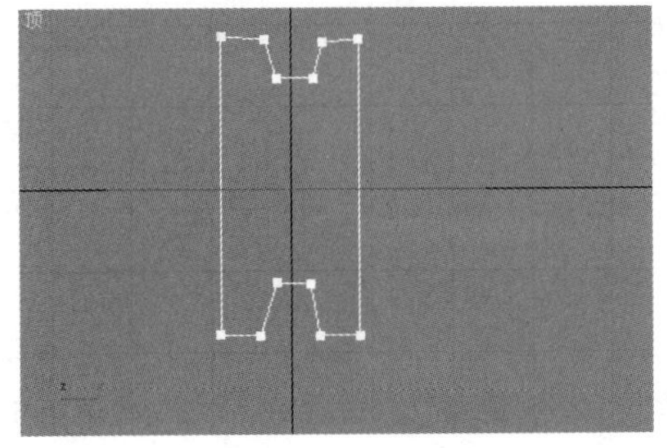

图 1-2-90　闭合样条线

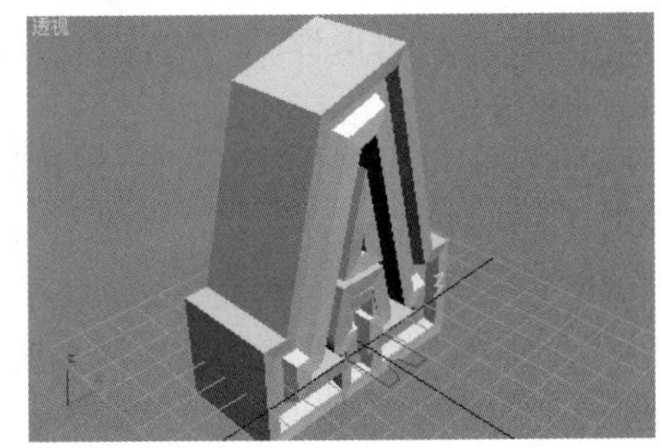

图 1-2-91　最终效果

项目链接：第 2 篇任务 4、5 等。

2.4 基础建模

2.4.1 标准几何体

在 3ds Max 中，可以用基本模型创建命令直接创建各种标准的几何体，共有 10 个标准几何体，如图 1-2-92 所示，既可以快速地创建简单的三维模型，又可以组合成复杂的三维模型。

1. 长方体

单击 长方体 按钮，它将显示为黄色，在视图中按住鼠标左键并拖动，拉出一个矩形后松开鼠标左键(如此已确定长方体的底面大小)；上下移动鼠标，在其他视图中可看到厚度变化，在适当位置再次单击鼠标左键，长方体制作完成。其各项参数如图 1-2-93 所示。

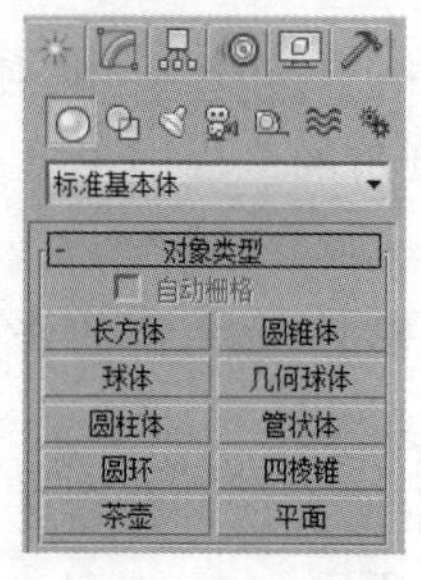

图 1-2-92 标准几何体

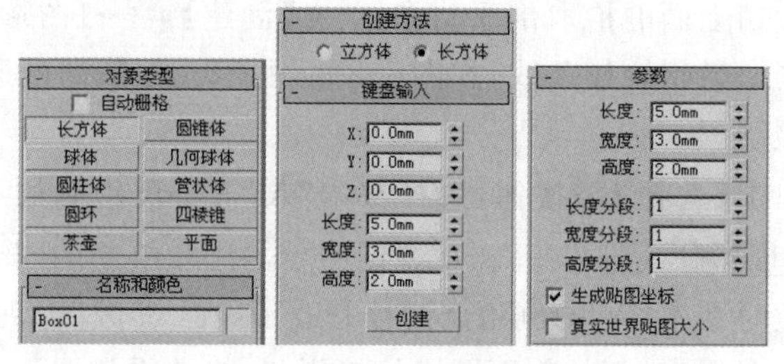

图 1-2-93 长方体参数

- “名称和颜色”卷展栏：用于设置长方体的名称和颜色。
- “创建方法”卷展栏：分为立方体和长方体两种方式。立方体即所建立的是长、宽、高相等的长方体。
- “键盘输入”卷展栏：除了可以用鼠标拖动创建长方体外，还可以通过键盘输入来创建长方体。输入“X”“Y”“Z”一组值(为其一个基面的中心坐标值)，或输入“长度”“宽度”“高度”一组值，单击 创建 按钮即可创建一个长方体。
- “参数”卷展栏：“长度”“宽度”“高度”表示创建的长方体参数，可修改其值来改变其边长。分段功能可将特殊的造型细部表现清楚，分段值越大，造型越精细，但系统的计算量也会增大。

2. 球体

单击 球体 按钮，在视图中按下鼠标左键并拖动，这时一个球体就产生了，在适当位置释放鼠标左键完成球体制作。

输入“半球”值为 0.5，勾选“切片启用”，输入“切片到”的值为－90，产生一个扇形半球，如图 1-2-94 所示。“切除”和“挤压”是指半球产生的方式。

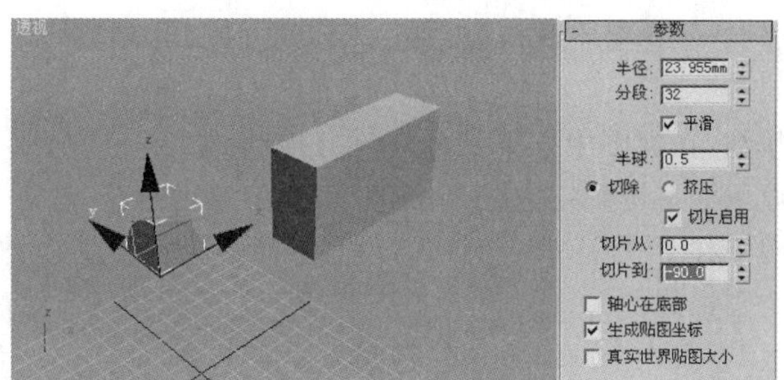

图 1-2-94　扇形半球及其参数设置

3. 圆柱体

单击 圆柱体 按钮，在视图中按下鼠标左键并拖动，拉出一个圆形，在适当位置释放鼠标左键确定截面的大小；上下移动鼠标，会拉出圆柱体的高，在适当位置单击鼠标左键生成一个圆柱体。

再创建一个圆柱体，在“参数”卷展栏中将其“边数”值改为 6，取消勾选的“平滑”选项，这时圆柱体变为六棱柱，如图 1-2-95 所示。

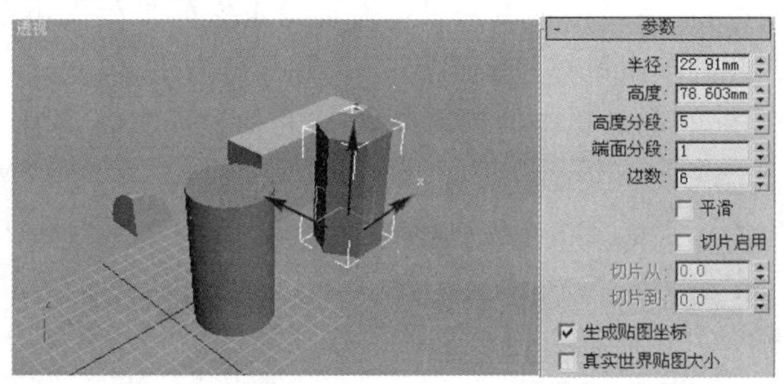

图 1-2-95　六棱柱

4. 圆环

单击 圆环 按钮，在视图中按下鼠标左键并拖动，拉出一个实体圆环，在适当位置释放鼠标左键确定它的内径大小；继续移动鼠标，在适当位置单击鼠标左键生成一个圆环，如图 1-2-96 所示。

5. 茶壶

单击 茶壶 按钮，在视图中按下鼠标左键并拖动，可轻松拉出一个茶壶，释放鼠标左键确定。在“参数”卷展栏中，“分段”的值控制茶壶的精细程度，还可以通过“茶壶部件”组选择茶壶的组成部分，如图 1-2-97 所示。

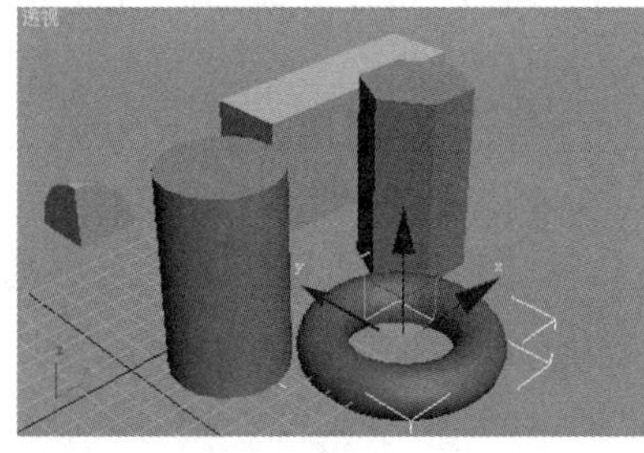

图 1-2-96　圆环

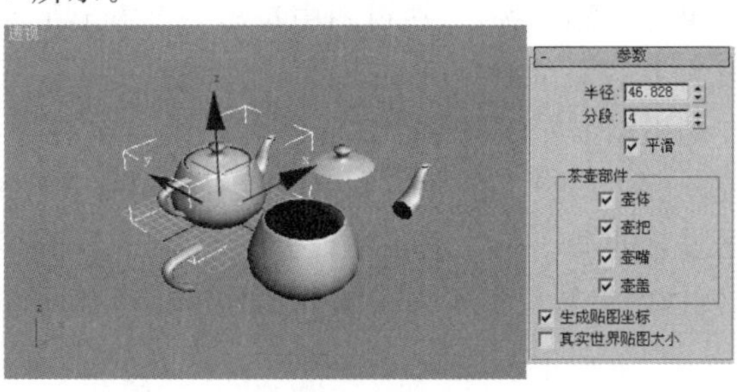

图 1-2-97　茶壶

茶壶是一种比较特殊的基本几何体，它主要应用在测试场景中。

6. 圆锥体

单击 圆锥体 按钮，在视图中按下鼠标左键并拖动，拉出一个圆形，它表示圆锥的底面，在适当位置释放鼠标左键确定它的半径大小；向上移动鼠标，拉出圆锥的高度，在适当位置单击确定；向下移动鼠标，确定圆锥的顶面半径大小，单击生成一个圆锥体。

可以更改“参数”卷展栏上的参数值将它变为棱锥或棱台、圆台等，如图1-2-98所示。

图1-2-98 圆锥体、棱锥和棱台

7. 几何球体

创建方法同一般球体一样，但其属性与一般球体有一定的差别，如图1-2-99所示。

8. 管状体

单击 管状体 按钮，在视图中按下鼠标左键并拖动，拉出一个圆形，它表示圆管的外径，在适当位置释放鼠标左键确定它的半径大小；继续移动鼠标，又会拉出一个空白的圆形，它表示圆管的内径，在适当位置单击鼠标左键确定它的半径大小；上下移动鼠标，拉出圆管的高，在适当位置单击鼠标左键确定，一个圆管就产生了。

可以试着更改“参数”卷展栏中的相关参数，将它变为棱柱管，如图1-2-100所示。

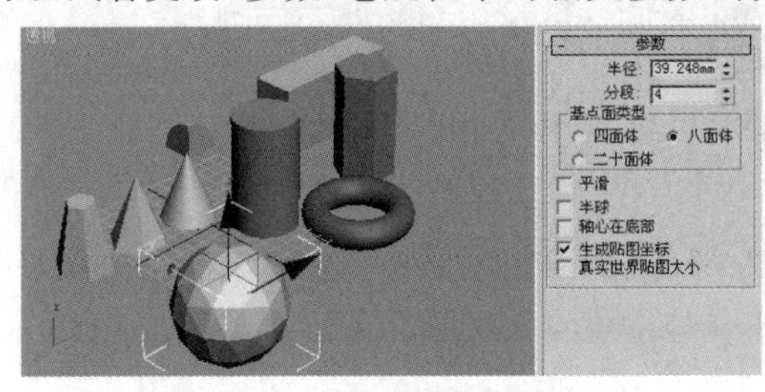

图1-2-99 几何球体及其参数设置

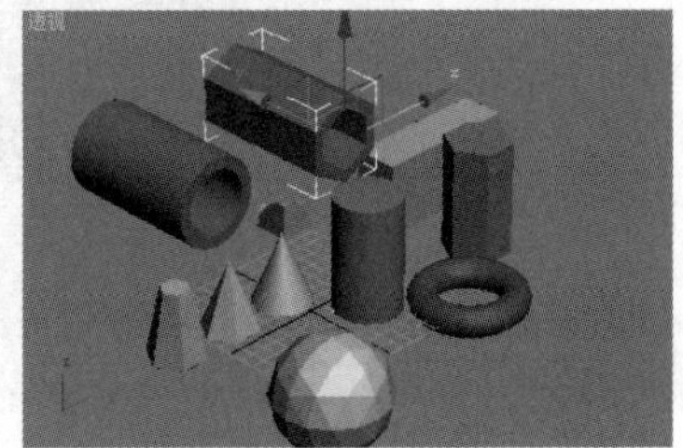

图1-2-100 棱柱管及其参数设置

9. 四棱锥

单击 四棱锥 按钮，在视图中按下鼠标左键并拖动，拉出四棱锥的底面，释放鼠标左键；再移动鼠标拉出四棱锥的高，达到满意的效果时单击鼠标左键即可。

四棱锥的参数比较简单，除了尺寸以外，基本上就是各方向上的分段数，用于细化模型。

10. 平面

单击 平面 按钮，在视图中拉出一个方形平面即可。将其“长度分段”和“宽度分段”均设为1，以精简模型。

利用以上介绍的标准几何体可以组合出各种三维造型，它们的用法简便、快捷又易于控制(参数化)。在第一步制作时不必担心其尺寸大小或位置，因为制作完成后可以立刻通过它的命令参数进行修改。一旦又新建了其他物体，或选择了其他工具行中的工具，物体的参数值将不可以调节，如需调节，必须进入修改面板。

2.4.2 扩展几何体

3ds Max 还提供了 13 种扩展几何体，它们的效果如图 1-2-101 所示。

我们仅以异面体为例介绍其创建方法，其余的扩展几何体读者可以自己尝试研究它们的创建方法。

单击【创建】→【几何体】→标准基本体，在下拉列表中选择“扩展基本体”选项。单击异面体按钮，在视图中按下鼠标左键并拖动即可建立一个异面体，具体参数如图 1-2-102 所示。

- “系列”组：主要用于设置各类型异面体的基本形状，如图 1-2-103 所示。

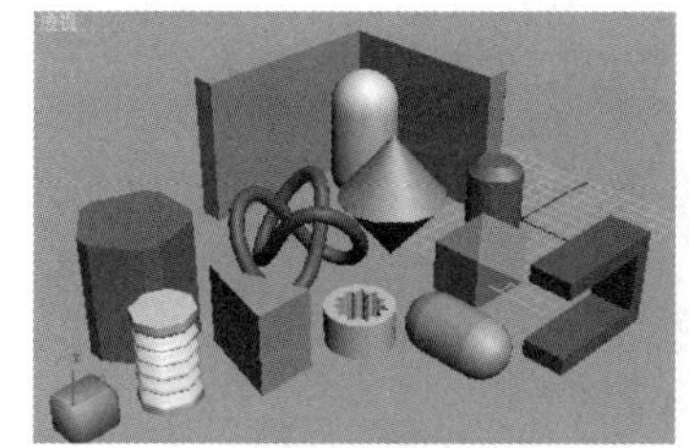

图 1-2-101　扩展几何体

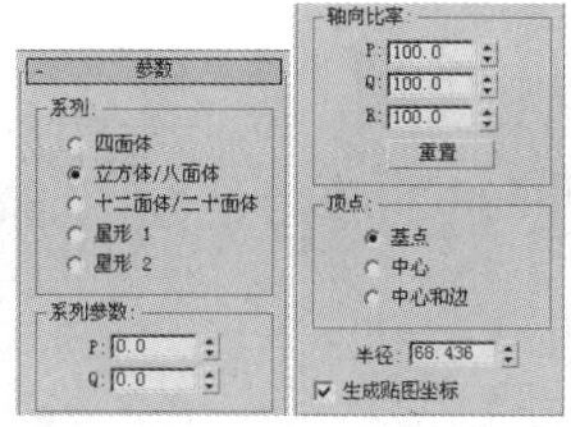

图 1-2-102　异面体参数

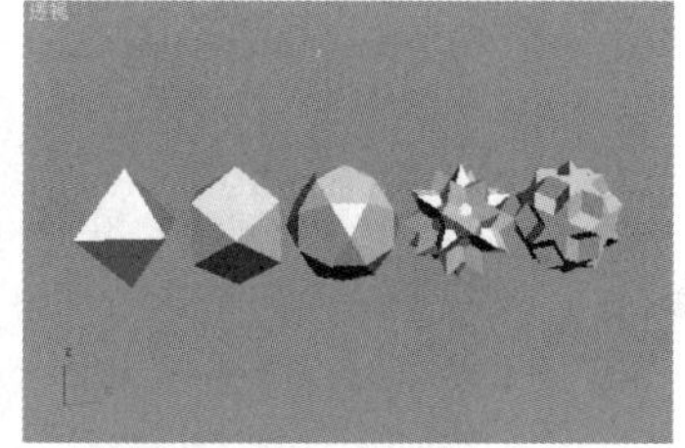

图 1-2-103　异面体基本形状

- “系列参数”组：该组中的“P”“Q”值是一组相对参数，代表异面体的顶点与面的关系。“P”“Q”值的总和小于或等于 1，即如果有一方的值等于 1，另一方的值自动为 0。图 1-2-104 为不同“P”“Q”值异面体效果。
- “轴向比率”组：用于控制面的规则或不规则，“P”“Q”“R”默认值均为 100。以十二面体为例，“P”“Q”值固定为 100，设置不同的“R”值所产生的不同的异面体效果，如图 1-2-105 所示。

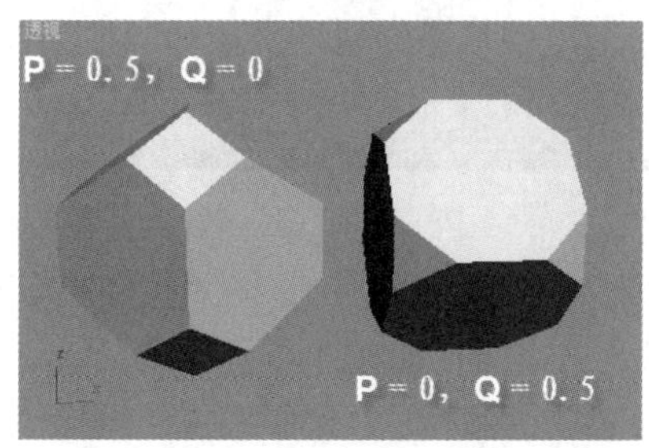

图 1-2-104　不同的“P”“Q”值异面体效果

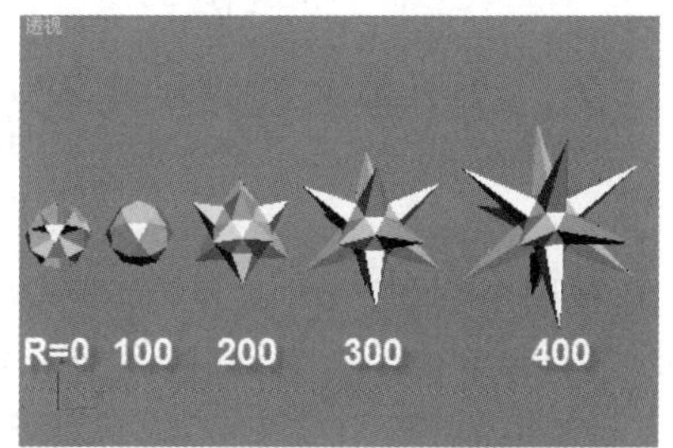

图 1-2-105　不同的“R”值异面体效果

- “顶点”组：用于设置异面体的顶点方式。
- 半径：用于设置异面体的半径大小。

前面已经介绍了标准几何体和扩展几何体的创建方法，下面就利用这几种方法来制作简单的物体。

1. 单击【创建】→【几何体】→标准基本体，在下拉列表中选择“扩展基本体”选项。单击 切角长方体 按钮，在顶视图中创建一个“长度”为 60、“宽度”为 40、“高度”为 80、“圆角”为 1.5 的切角长方体，作为写字台的底，如图 1-2-106 所示。

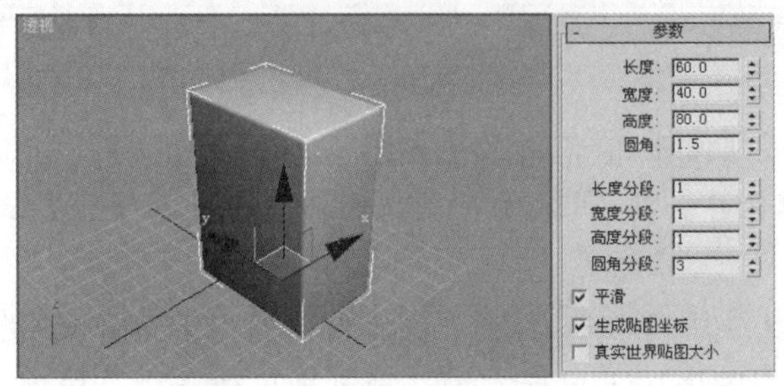

图 1-2-106 切角长方体及其参数设置

写字台模型制作

2. 再制作一个“长度”为 1.5、“宽度”为 38、“高度”为 20、“圆角”为 1.5 的切角长方体，作为写字台底的上贴面，并将其调整到合适位置，如图 1-2-107 所示。

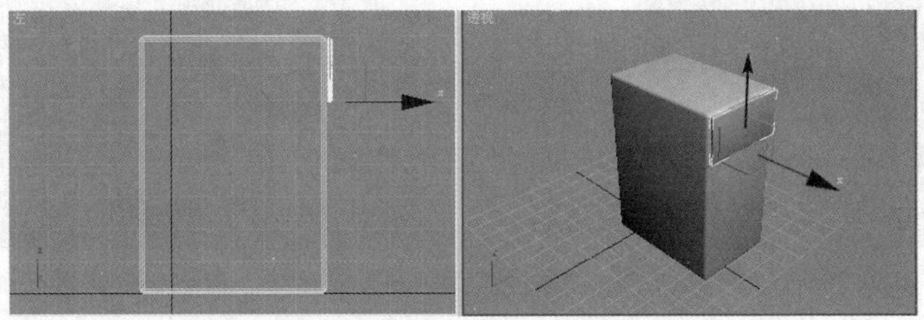

图 1-2-107 上贴面及其位置

3. 在左视图中向下复制一个贴面，并将其“高度”更改为 58，如图 1-2-108 所示。

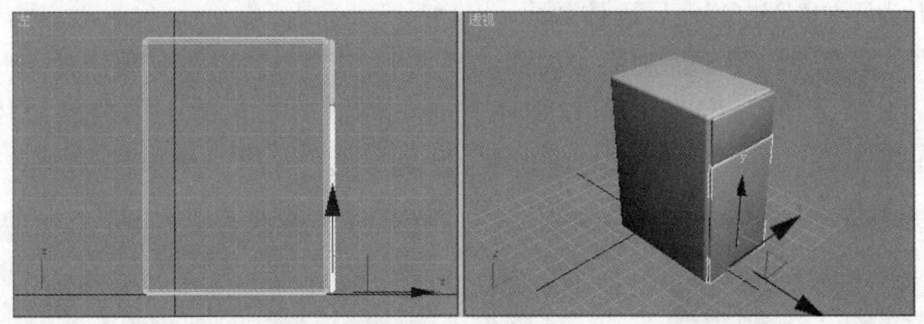

图 1-2-108 复制贴面

4. 在顶视图中制作一个“长度”为 60、“宽度”为 70、“高度”为 20、“圆角”为 1.5 的切角长方体，作为写字台的中间抽屉，并为其制作一个贴面，如图 1-2-109 所示。

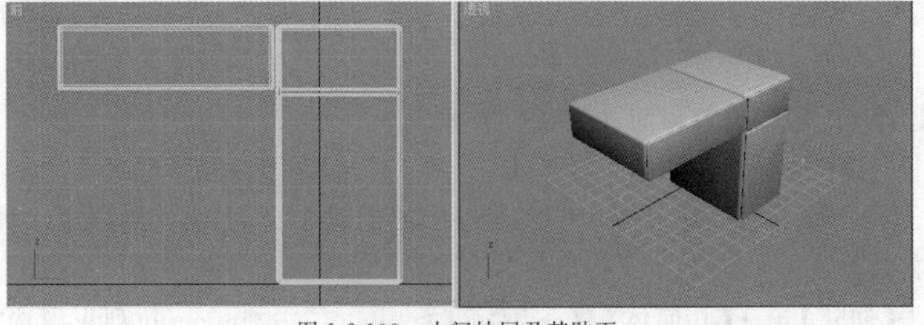

图 1-2-109 中间抽屉及其贴面

5. 单击 切角圆柱体 按钮，在前视图中创建一个“半径”为 2.5、“高度”为 2、“圆角”为 0.5的切角圆柱体，作为写字台的拉手，调整到合适位置。再复制出两个拉手，并调整到另外两个抽屉的合适位置，如图 1-2-110 所示。

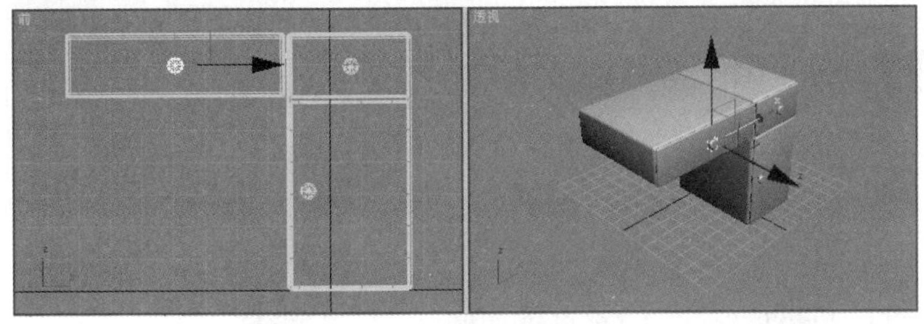

图 1-2-110　拉手及其位置

6. 切换到“标准基本体”选项，单击 圆锥体 按钮，在顶视图制作一个圆锥体，参数设置为：“半径 1”为 2.5、“半径 2”为 4、“高度”为 15，作为写字台的腿。再复制一个，调整到合适位置，如图 1-2-111 所示。

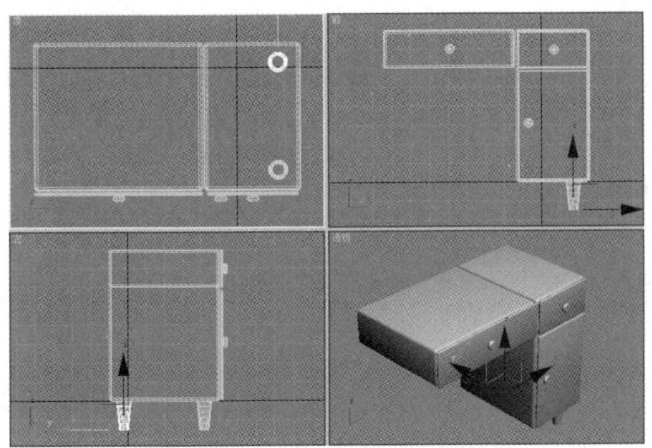

图 1-2-111　写字台的腿及其位置

7. 在前视图中框选写字台左侧的所有部分，利用“镜像克隆”功能复制出写字台右侧的部分，如图 1-2-112 所示。

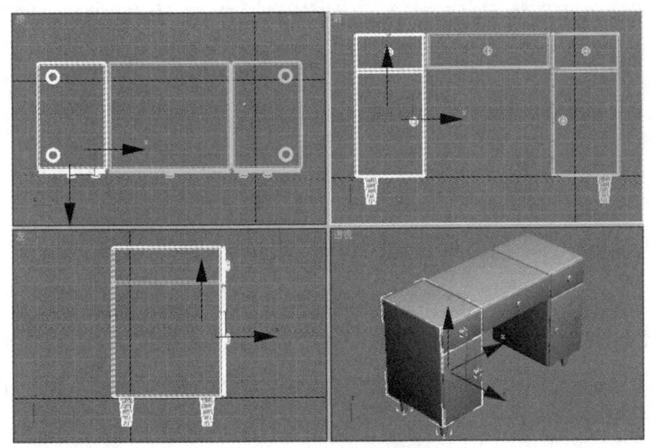

图 1-2-112　克隆右侧部分

8. 在顶视图中制作一个“长度”为65、“宽度”为160、“高度”为1.5、“圆角”为20的切角长方体，作为写字台的桌面，调整到合适位置，写字台模型制作完成，如图1-2-113所示。

9. 为其赋予简单的材质，写字台渲染效果如图1-2-114所示。

图1-2-113 写字台模型

图1-2-114 写字台渲染效果

项目链接：第2篇任务1、2、3、16等。

2.5 修改器建模

编辑一个物体往往要使用几个修改器才能够调整出理想的效果，所以如何正确使用修改器非常重要。

2.5.1 “弯曲”修改器

“弯曲”修改器的作用就是让物体在指定的轴向上发生弯曲，弯曲的程度和部位由用户自行设置。选中“弯曲”修改器后，修改面板上会出现有关的参数，如图1-2-115所示。

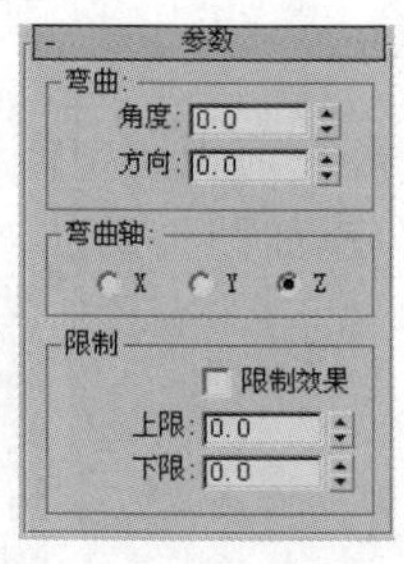

图1-2-115 “弯曲”修改器的“参数”卷展栏

- “弯曲”组中的“角度”数值代表弯曲的角度，这里的角度是指物体离选定轴向的角度。“方向”是指物体绕选定轴向旋转的角度。
- “弯曲轴”组中的3个选项：X、Y、Z，缺省为Z轴，用来设置弯曲的轴向。
- 在“限制”组中选中“限制效果”选项后，可以对物体弯曲的区域加以控制。
- “上限”数值框：此数值是指从物体中心到所选轴向正方向的弯曲程度。
- “下限”数值框：此数值是指从物体中心到所选轴向负方向的弯曲程度。

下面举例说明“弯曲”修改器的使用方法，操作步骤如下。

1. 在顶视图中创建一个圆柱体，将圆柱体设置得细长一些，同时将“高度分段”设为 20，如图 1-2-116 所示。

2. 进入 修改器列表 ，选中“弯曲”修改器。

3. 将“角度”设置为 180，效果如图 1-2-117 所示。

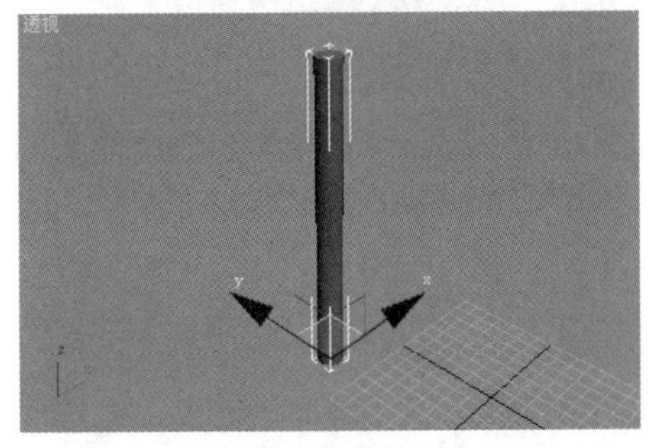

图 1-2-116　圆柱体

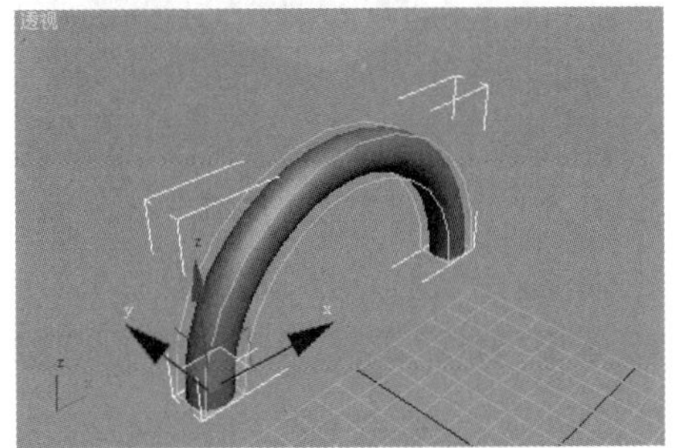

图 1-2-117　使用“弯曲”修改器的效果

2.5.2 “锥化”修改器

“锥化”修改器的作用是使物体沿某个轴向逐渐放大或缩小，“锥化”修改器的“参数”卷展栏如图 1-2-118 所示。

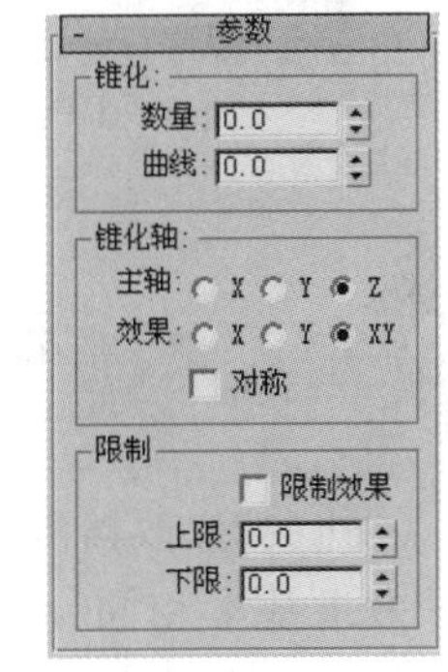

图 1-2-118　“锥化”修改器的“参数”卷展栏

- “锥化”组中的“数量”数值框用来控制锥化的程度。

“曲线”数值框用来设置物体的弯曲效果，此数值为正值时向外弯曲，为负值时向内弯曲。

- “锥化轴”组中的“主轴”有 X、Y、Z 三个轴向，用来设置渐变的 3 个轴向。“效果”中的轴向是渐变效果影响的轴向。

如果“主轴”为 X 轴，则渐变的轴向为 X 轴，但是产生的效果在 X 轴向上并没有发生变化，反而在 Y、Z 轴向上发生了变化，所以“主轴”与“效果”这两组参数是相互制约的。

选中“对称”复选框后，锥化会使图形从主轴向四周对称地变形。

- 在“限制”组中选中“限制效果”选项后，可以对物体渐变的区域加以控制。“上限”和“下限”这两个选项与“弯曲”修改器中的用法基本相同。

下面通过一个例子来说明“锥化”修改器的使用方法，操作步骤如下。

1. 在视图中创建一个球体，如图 1-2-119 所示。

2. 进入 修改器列表 ，选中“锥化”修改器。

设置“数量”参数为 1，效果如图 1-2-120 所示。

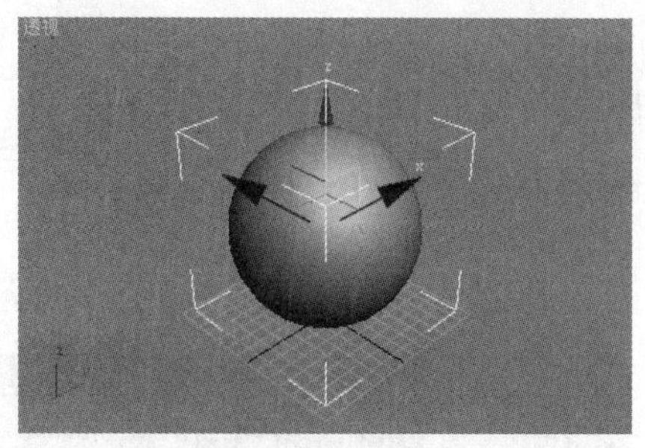

图 1-2-119 球体

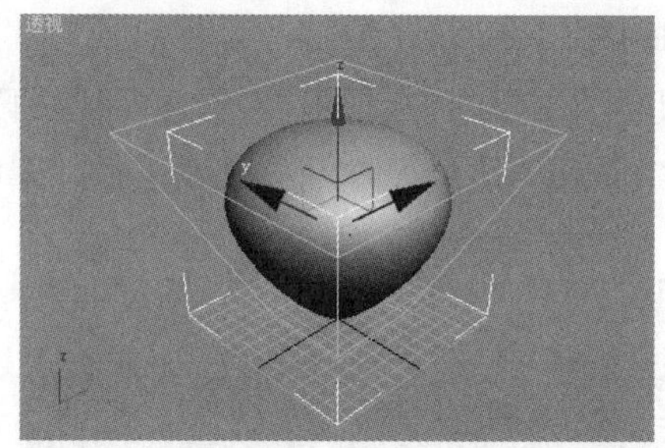

图 1-2-120 使用“锥化”修改器的效果

3. 将“曲线”设为 0.6，效果如图 1-2-121 所示。

4. 选中“对称”选项，效果如图 1-2-122 所示。

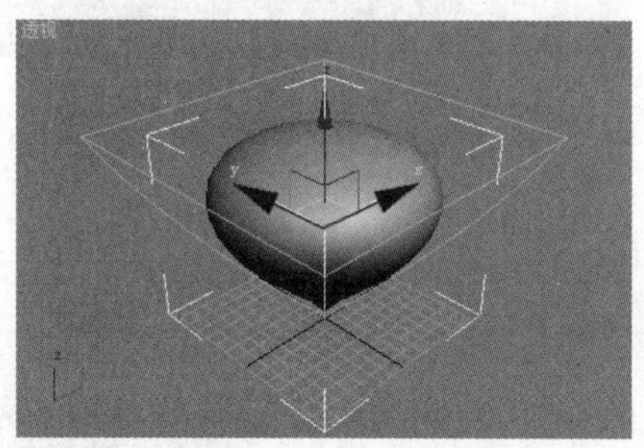

图 1-2-121 设置“曲线”参数的效果

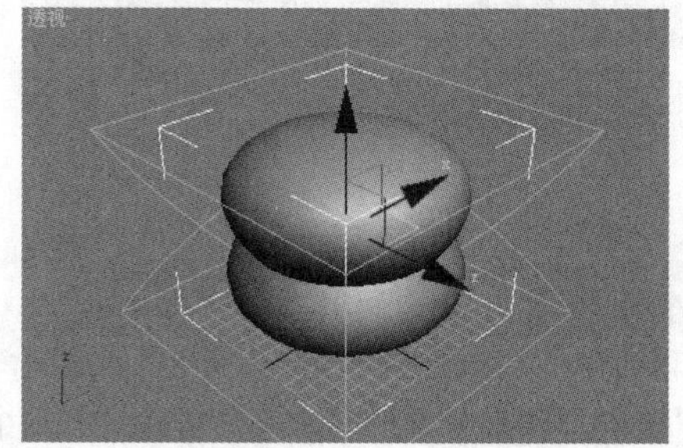

图 1-2-122 选中“对称”的效果

2.5.3 “扭曲”修改器

“扭曲”修改器实现的效果与一些几何体参数中的“扭曲”效果基本相同。“扭曲”和“弯曲”的不同之处在于“扭曲”是物体在某个轴向上产生弯曲变形。“扭曲”修改器的“参数”卷展栏如图 1-2-123 所示。

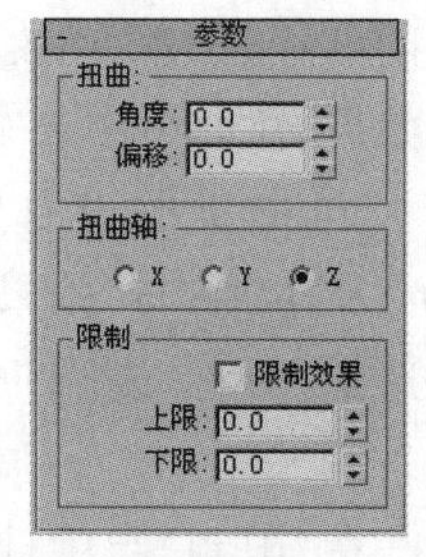

图 1-2-123 “扭曲”修改器的“参数”卷展栏

- “扭曲”组中的“角度”数值是指扭转的角度。

“偏移”用来设置扭曲的分布向哪个方向集中。

- “扭曲轴”组中 X、Y、Z 三个轴向用来设置扭转的轴向。
- 在“限制”组中选中“限制效果”，可对物体扭曲的区域加以控制。

例如：在顶视图创建一个圆柱体，并复制两个，位置关系、参数如图 1-2-124 所示。

全选 3 个圆柱体，执行“组”→“成组”菜单命令，将 3 个圆柱体组成一组。在 修改器列表 中选择“扭曲”修改器，调整参数，如图 1-2-125 所示。

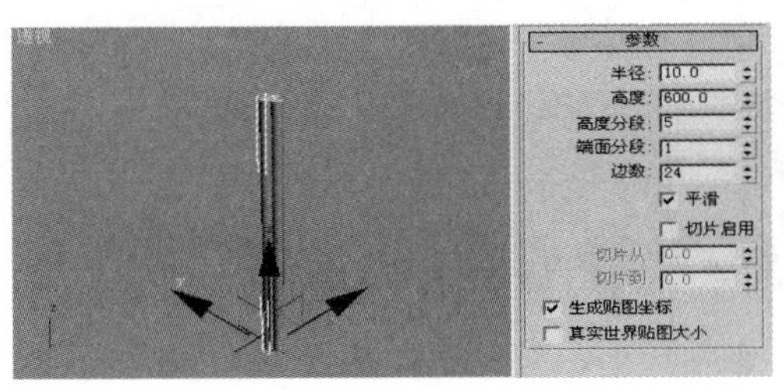

图 1-2-124　三个圆柱体及其位置关系和参数

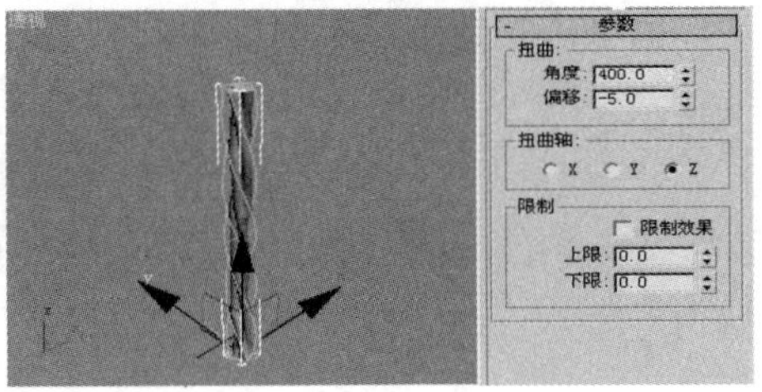

图 1-2-125　使用“扭曲”修改器的效果及其参数设置

2.5.4　“噪波”修改器

“噪波”修改器可以使物体表面呈现不规则的起伏。这种不规则起伏是由计算机随机产生的，通过设置参数对这些起伏进行控制，从而制作地形、水面等自然界中的不规则物体。“噪波”修改器的“参数”卷展栏如图 1-2-126 所示。

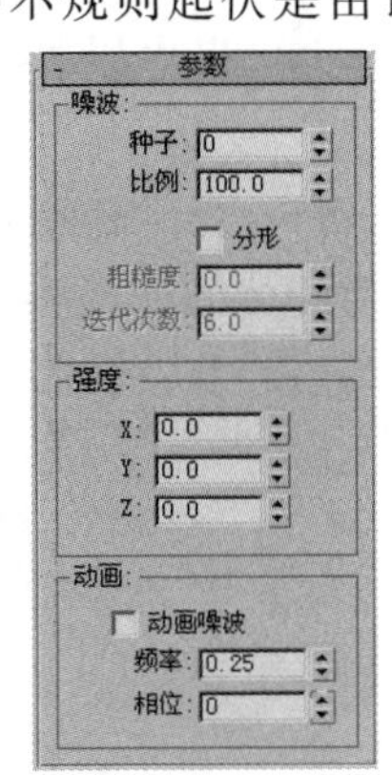

图 1-2-126　“噪波”修改器的“参数”卷展栏

- “噪波”组中的“种子”数值是“噪波”随机设置的参数。

“比例”数值用于控制起伏的程度。

“粗糙度”数值用来设置碎片的尖锐程度，最大值为 1。

- “强度”组中的参数用来设置噪波的强度，内有 X、Y、Z 三个参数，分别用来设置所在轴向起伏的强度。
- “动画”组用来设置“噪波”的动画效果。

“频率”数值用来设置“噪波”运动的频率。

“相位”数值用来指定“噪波”的开始位置。

下面通过一个具体的例子进行说明，操作方法如下。

1. 在顶视图中创建一个平面，平面及其参数设置如图 1-2-127 所示。
2. 进入修改器列表，选中“噪波”修改器。如图 1-2-128 所示。

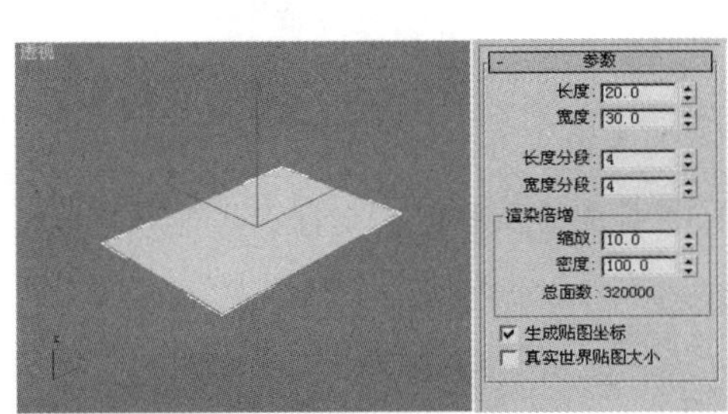

图 1-2-127　平面及其参数设置

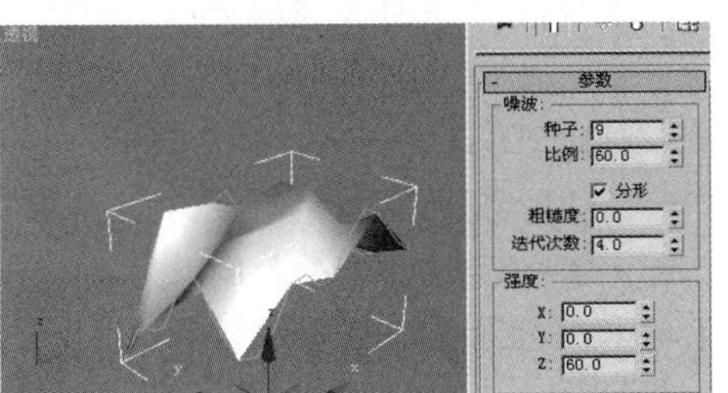

图 1-2-128　设置参数

3. 渲染透视视图可看到群山效果，如图 1-2-129 所示。

图 1-2-129 群山效果

2.5.5 “晶格”修改器

“晶格”修改器的作用是将物体的网格变为实体，并且将中间连接的多边形面取消，这种编辑对物体的外观影响很大，但对电脑本身来说，只是将构成物体的边和顶点实体化而已。“晶格”修改器的参数较多，主要涉及边和顶点的设置，如图 1-2-130 所示。

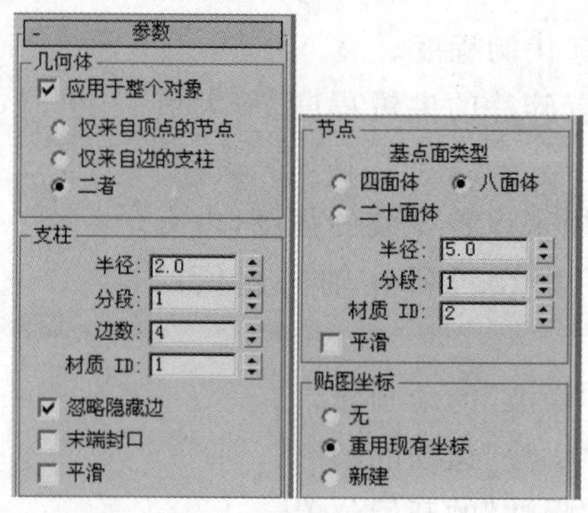

图 1-2-130 “晶格”修改器的“参数”卷展栏

- 应用于整个对象：整个几何体都被晶格化。
- 仅来自顶点的节点：只有物体的顶点被晶格化。
- 仅来自边的支柱：将物体的边转化为晶格。
- 半径：设置支柱半径的大小。
- 分段：设置支柱的分段数。
- 材质 ID：设置支架的材质 ID 号。
- 忽略隐藏边：将忽略隐藏的边，并在视图中不显示隐藏边的支柱。
- 末端封口：顶部产生封闭效果。
- 平滑：支柱会出现平滑效果。

下面通过一个例子来进行说明，操作方法如下：

1. 在顶视图中创建一个“半径”为 80 的茶壶。

2. 在修改面板上的"茶壶部件"组中只选中"壶体"，如图 1-2-131 所示。

3. 进入 修改器列表 ，选中"晶格"修改器，此时壶身效果如图 1-2-132 所示。

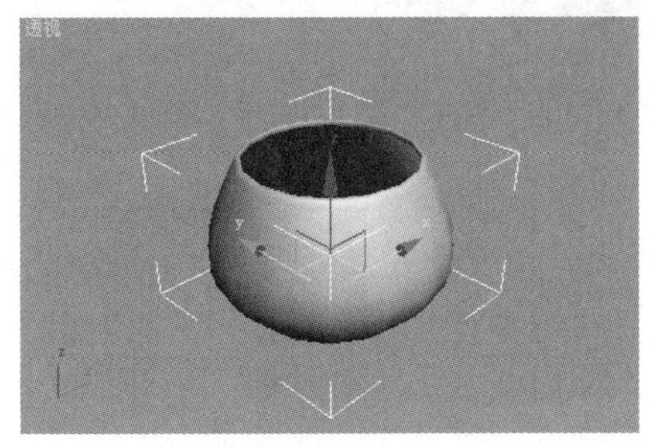

图 1-2-131　选中壶体

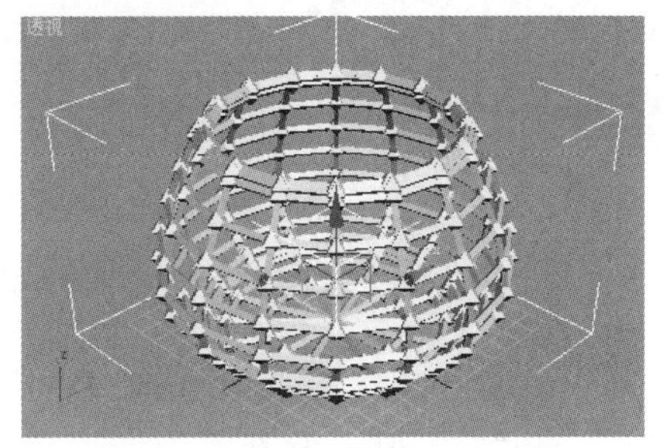

图 1-2-132　使用"晶格"修改器的效果

4. 选中"仅来自边的支柱"，支柱晶格效果如图 1-2-133 所示。

5. 选中"仅来自顶点的节点"，节点晶格效果如图 1-2-134 所示。

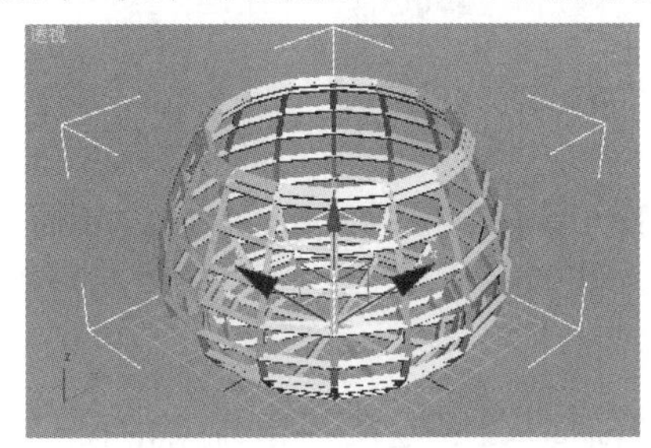

图 1-2-133　支柱晶格效果

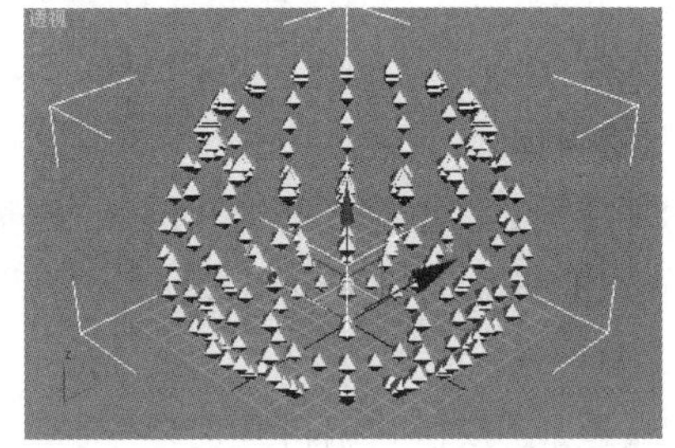

图 1-2-134　节点晶格效果

**项目链接：**第 2 篇任务 1、2、3、9、10、14、16、17、19 等。

2.6　网格与多边形建模

网格建模的方式兼容性极好，无论是从其他软件导入文件或是从 3ds Max 中导出文件，都很少发生错误。而且网格占用系统资源最少，运算速度最快。

2.6.1　编辑网格

编辑网格的修改面板如图 1-2-135 所示。

- "选择"卷展栏：包含与选择有关的选项与命令。
- "软选择"卷展栏：通过曲线控制影响范围与强弱。
- "编辑几何体"卷展栏：包含对几何体整体修改的选项及命令。
- "曲面属性"卷展栏：包含设置曲面属性的各项参数。

编辑网格有 5 种编辑模式，在"选择"卷展栏中单击进入任意编辑模式后，两个卷展栏的面板内容会随之改变。具体内容如下：

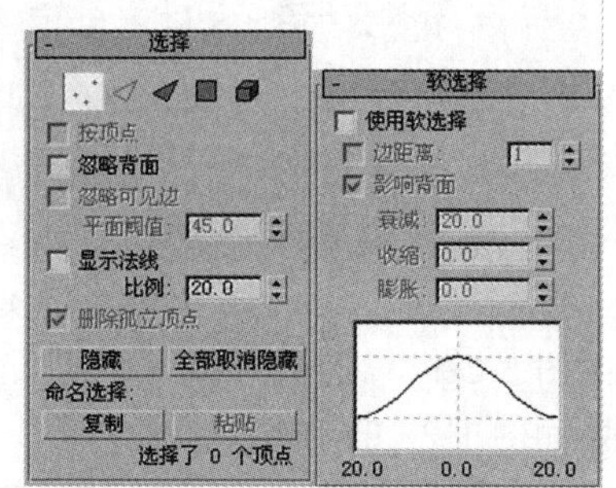

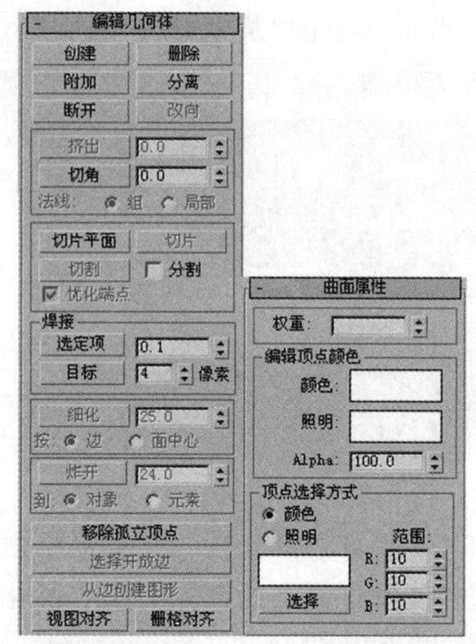

图 1-2-135 编辑网格的修改面板

- 点编辑模式

单击【顶点】按钮,“编辑几何体”卷展栏和“曲面属性”卷展栏出现新的面板内容,包含对节点的修改选项及命令按钮。

- 边编辑模式

单击【边】按钮,“编辑几何体”卷展栏和“曲面属性”卷展栏出现新的面板内容,包含对边的修改选项及命令按钮。

- 面编辑模式

单击【面】按钮,“编辑几何体”卷展栏出现新的面板内容,包含对三角面的修改选项及命令按钮。

- 多边形编辑模式和元素编辑模式

单击【多边形】按钮或【元素】按钮,“编辑几何体”卷展栏出现新的面板内容。

1. 子对象的选择

编辑网格的子对象有“顶点”、“边”、“面”、“多边形”和“元素”5个层次。添加“编辑网格”修改器后,修改面板上出现相关内容。首先是“选择”卷展栏,如图 1-2-136 所示。

- 按顶点:以顶点是否选中来判断对象是否选中。
- 忽略背面:选择对象时,不会选中视图中物体背面看不到的子对象。
- 显示法线:在视图中显示法线,法线长短由后面的“比例”数值框中的数值决定。

2. 顶点编辑

顶点的深层次编辑操作均在“编辑几何体”卷展栏中进行,如图 1-2-137 所示。在“选择”卷展栏中,单击【顶点】按钮后,进入“顶点”层次,在“编辑几何体”卷展栏上不针对顶点层次的按钮将会变成灰色,不能够使用。

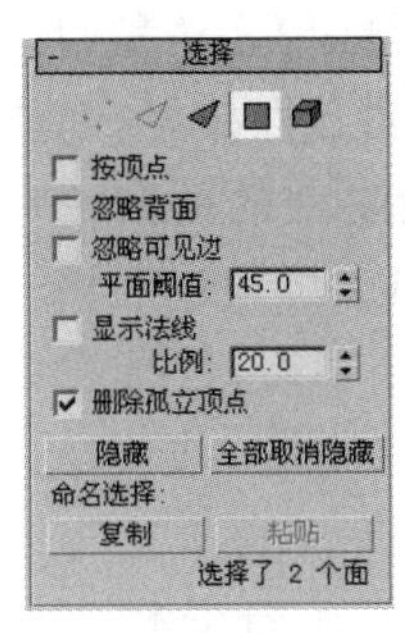

图 1-2-136　“选择”卷展栏

(a)

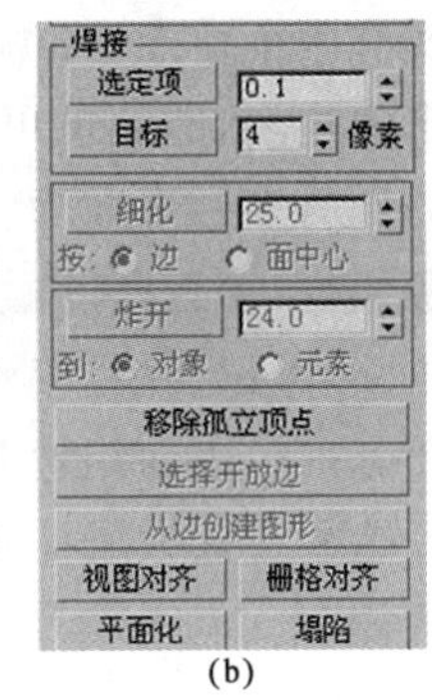

(b)

图 1-2-137　“编辑几何体”卷展栏

- 单击 创建 按钮，创建新的顶点。
- 单击 删除 按钮，删除选中的顶点。
- 单击 附加 按钮，将两个物体附加为一个物体。

“焊接”组可以设置将多个顶点焊接为一个顶点。

- 单击 移除孤立顶点 按钮，系统自动将不必要的孤立顶点删除。
- 单击 选择开放边 按钮，可以在视图中选择网格物体的边，并将其作为放样的路径。
- 单击 栅格对齐 按钮，将选中顶点与该视图中的栅格线对齐。
- 单击 平面化 按钮，将所有选中的顶点创建为一个新平面。

3. 边层次的编辑

在“边”这个编辑层次上，有很多编辑工具与“顶点”层次相同，效果不同。比如“切角”，不像顶点那样，由 1 个顶点分为 3 个，而是由 1 条边分为 2 条边。

4. 面层次的编辑

对于“面”层次的编辑，一个非常重要的手段就是 挤出 按钮，这个按钮的功能和“挤压”修改器是一样的。

倒角 按钮的作用与顶点、边层次对象的操作类似，使表面呈现出圆滑的效果。

修改面板上还提供了将子对象进行细化的功能，单击 细化 按钮后，可以将选中的子对象细化，在后面的数值框中设置细化的范围。细化的类型有两种，由后面的两个单选项决定——边和面中心。

2.6.2 多边形建模

多边形建模是最为传统和经典的一种建模方式。3ds Max 多边形建模方法比较容易理解，并且在建模的过程中使用者有更多的想象空间和修改余地。3ds Max 中的多边形建模主要有两个命令:可编辑网格和可编辑多边形。几乎所有的几何体类型都可以塌陷为可编辑多边形,曲线也可以塌陷,封闭的曲线可以塌陷为曲面,这样我们就得到了多边形建模的原料多边形曲面。编辑网格方式建模的优点在于兼容性极好,制作的模型占用系统资源最少,运行速度最快,在较少的面数下也可制作较复杂的模型。它将多边形划分为三角面,可以使用"编辑网格"修改器或直接把物体塌陷成可编辑网格。其中涉及的技术主要是推拉表面构建基本模型,最后增加"平滑网格"修改器,进行表面的平滑和提高精度。这种技法大量使用点、线、面的编辑操作,对空间控制能力要求比较高,适合创建复杂的模型。

编辑多边形是后来在编辑网格基础上发展起来的一种多边形编辑技术,与编辑网格非常相似,它将多边形划分为四边形的面,实质上和编辑网格的操作方法相同,只是换了一种模式。编辑多边形和编辑网格的面板参数大都相同,但是编辑多边形更适合模型的构建。3ds Max 每一次升级几乎都会对可编辑多边形进行技术上的提升,将它打造得更为完美。

可编辑多边形的修改面板参数用途如下:

- "选择"卷展栏:进行不同层级编辑模式的切换。
- "软选择"卷展栏:通过曲线控制影响范围与强弱。
- "编辑几何体"卷展栏:包含对几何体整体修改的选项及命令。
- "细分置换"卷展栏:包含设置细分置换的参数。

通过花篮的制作,进一步了解网格编辑的方法及其参数设置。

1. 创建一个圆柱体,作为基本形体。依次单击【创建】→【几何体】→ 标准基本体 → 圆柱体 按钮,在顶视图中创建一个圆柱体。进入修改面板,在"参数"卷展栏中设置其参数,完成后的圆柱体如图 1-2-138 所示。

2. 进一步对圆柱体进行编辑。选择圆柱体,单击【修改】按钮进入修改面板,在 修改器列表 中选择"锥化"修改器,在下方的"参数"卷展栏中,设置"锥化"的"数量"为 0.15,如图 1-2-139 所示。

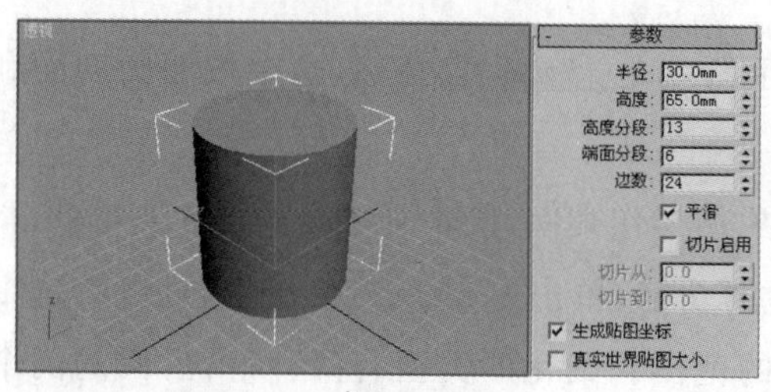

图 1-2-138 圆柱体

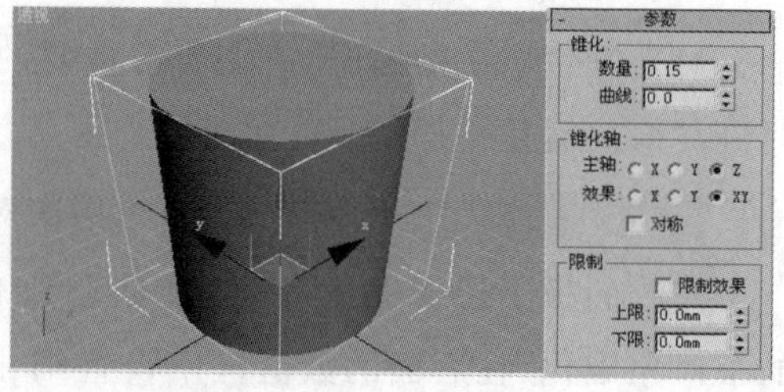

图 1-2-139 使用"锥化"

3. 删除圆柱体的上表面,修改圆柱体上端的形状。进入修改面板,在 修改器列表 中选择"编辑网格"修改器,在下方的"选择"卷展栏中单击【多边形】按钮,勾选"忽略背面"复选框。在顶视图中选择整个圆柱体的顶面,如图 1-2-140 所示,按键盘上的 Delete 键将其删除。

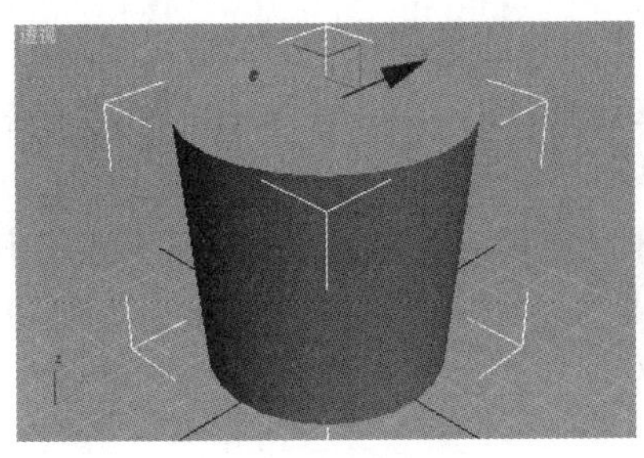
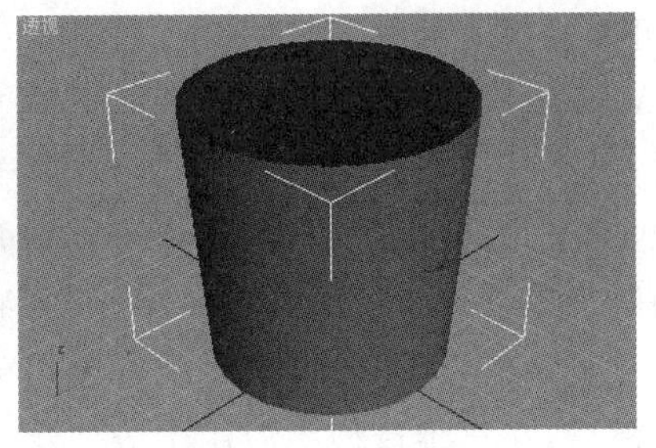

图 1-2-140　选择、删除圆柱顶面

4. 进入“编辑网格”修改器，对圆柱体进行修改。单击修改器堆栈中“编辑网格”左侧的“+”，选择“顶点”项，去掉勾选的“忽略背面”复选框，在前视图中选择最上面的一排点，利用【选择并均匀缩放】按钮拉宽顶点，如图 1-2-141 所示。

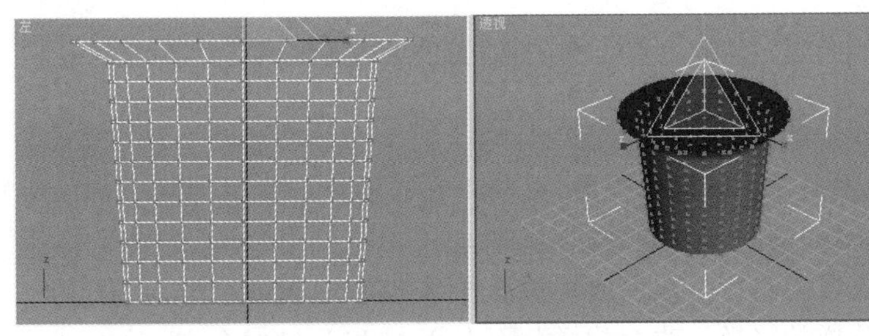

图 1-2-141　拉宽顶点

5. 对编辑对象进行晶格处理。退出顶点编辑状态，在 修改器列表 中选择“晶格”修改器。在下面“参数”卷展栏中设置各项参数，如图 1-2-142 所示。

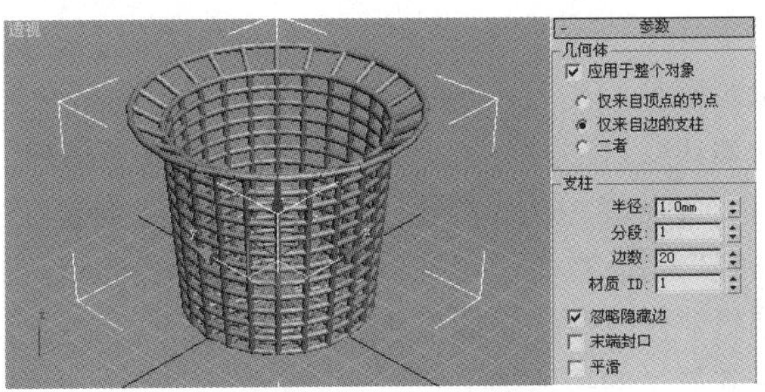

图 1-2-142　晶格参数设置

项目链接：第 2 篇任务 16、18 等。

2.7　放样与布尔运算

放样是用一个或者多个二维图形沿着路径扫描创建放样对象。它是将两个或两个以上的二维图形组合为一个三维物体，即通过一个路径对各个截面进行组合来创建三维模型，其基础技术是创建路径和截面。其中一个曲线作为路径，路径本身可以为开放的线段，也可以是封闭的图形；另一个曲线图形作为物体的切面，称之为图形。

3ds Max 中，放样至少需要两条以上的二维曲线：一条用于放样的路径，定义放样物体的深度；另一条用于放样的截面，定义放样物体的形状。路径可以是开口也可以是闭合的曲线，但必须是唯一的。截面也可以是开口或闭合的曲线，在数量上没有任何限制，更灵活的是可以是一条或是一组各不相同的曲线。在放样过程中，通过截面和路径的变化可以生成复杂的模型，而挤压是放样建模的一种特例。放样建模技术可以创建极为复杂的三维模型，在三维造型中应用十分广泛。

放样有两种方法：一种是先选择截面，单击 放样 按钮，再单击 获取路径 按钮，选择路径，生成放样三维模型；另一种是先选择路径，单击 放样 按钮，再单击 获取图形 按钮，选择图形，生成放样三维模型。

2.7.1　放样编辑器

3ds Max 提供了 5 种放样编辑器，可利用它们创建形状更为复杂的三维物体。编辑器在修改面板最下面的“变形”卷展栏中。

- 缩放：在放样的路径上改变放样截面在 X 轴和 Y 轴两个方向的尺寸。
- 扭曲：在放样的路径上改变放样截面在 X 轴和 Y 轴两个方向的扭曲角度。
- 摇摆：在放样的路径上改变物体的角度，以达到某种变形效果。
- 倒角：使物体的转角处圆滑。
- 拟合：不是利用变形曲线控制变形程度，而是利用物体的顶视图和侧视图来描述物体的外表形状。

创建放样的一般步骤是：

首先创建一条原始曲线，作为路径；其次创建另一条或多条曲线，作为图形；在下拉列表中选择“复合对象”选项，单击 放样 按钮；然后在“创建方法”卷展栏中选择“获取图形”或者“获取路径”方式；在视图中选中要与其进行放样运算的曲线图形；最后使用“变形”卷展栏下的编辑器修改放样物体形状。

放样面板中各个卷展栏的用途如下：

- “曲面参数”卷展栏：控制放样物体的属性。
- “路径参数”卷展栏：控制切面在路径上放样的位置。
- “蒙皮参数”卷展栏：控制放样物体表皮的属性。
- “变形”卷展栏：在放样物体基础上通过控制曲线进一步修改它的形状。

窗帘

下面通过一个例子进行说明，操作方法如下：

1. 执行“文件”→“重置”菜单命令，重新设置系统。
2. 单击【创建】→【图形】→ 线 按钮，在顶视图中绘制一条曲线作为放样图形，在前视图中绘制一条直线作为放样的路径，如图 1-2-143 所示。

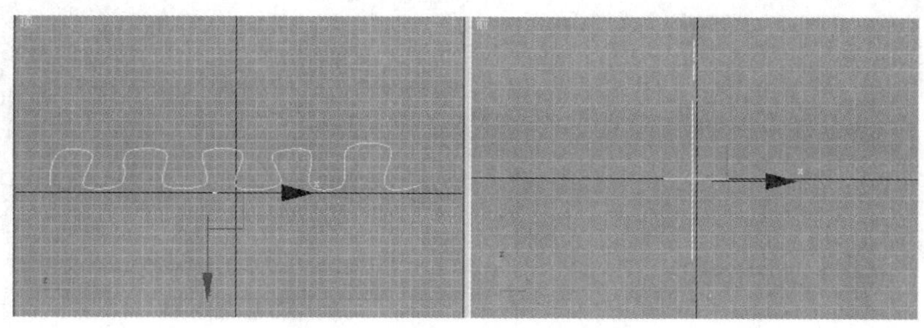

图 1-2-143　放样图形及路径

3. 在顶视图中选择放样曲线，进入创建面板，在下拉列表中选择“复合对象”，在面板中单击 放样 按钮，弹出放样面板，如图 1-2-144 所示。

4. 单击放样面板中的 获取路径 按钮，在前视图中拾取直线路径，生成一个窗帘造型，如图 1-2-145 所示。

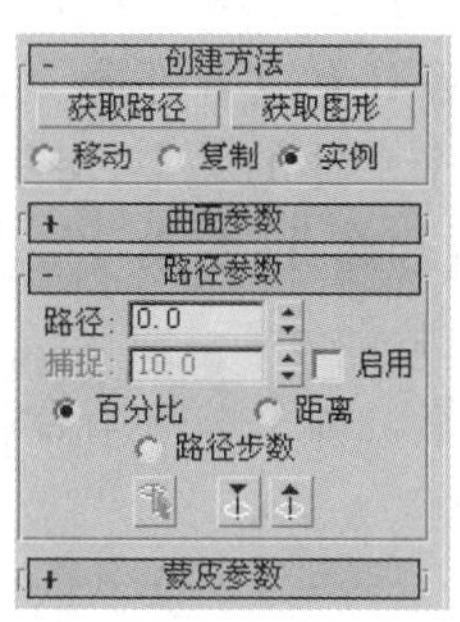

图 1-2-144　放样面板

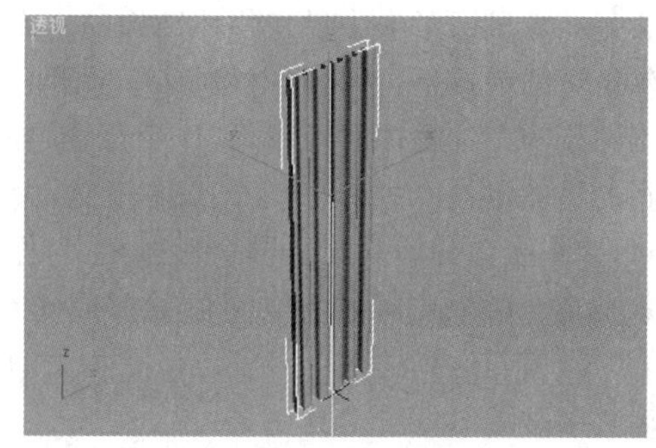

图 1-2-145　窗帘造型效果

5. 如果生成的窗帘不够长，可以修改放样路径的长度，这将直接影响模型长度。

6. 进入修改面板，在“变形”卷展栏中单击 缩放 按钮，弹出“缩放变形”窗口，在该窗口中，单击【插入角点】按钮，添加控制点，再单击【选择并移动】按钮调整控制点的形态，如图 1-2-146 所示。

7. 关闭“缩放变形”窗口，缩放变形效果如图 1-2-147 所示。

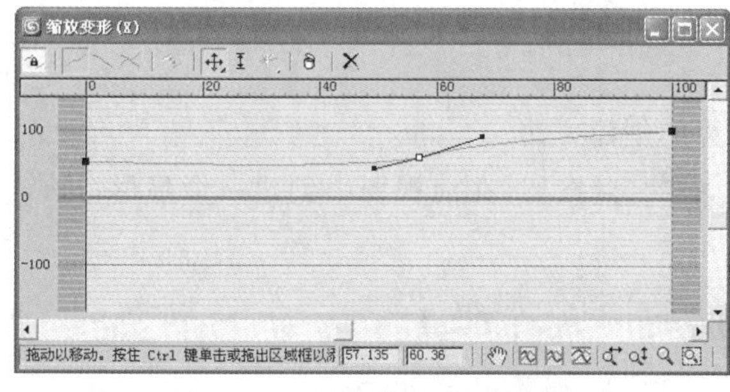

图 1-2-146　调整“缩放变形”控制点

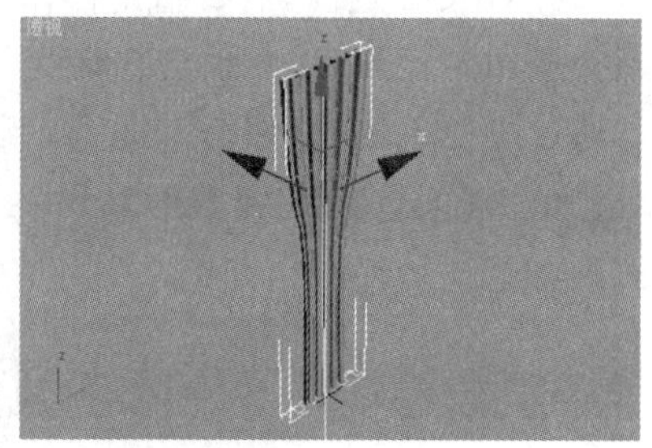

图 1-2-147　缩放变形效果

8. 在修改器堆栈中进入“图形”子对象层级，在顶视图中选择窗帘造型，在“图形命令”卷展栏中单击 右 按钮，变形后的窗帘形态如图 1-2-148 所示。

9. 利用镜像克隆的方法复制另一边，窗帘最终效果如图 1-2-149 所示。

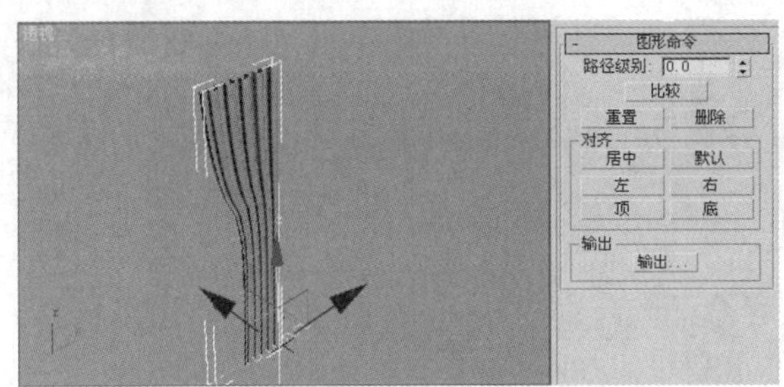

图 1-2-148 窗帘形态及其参数设置

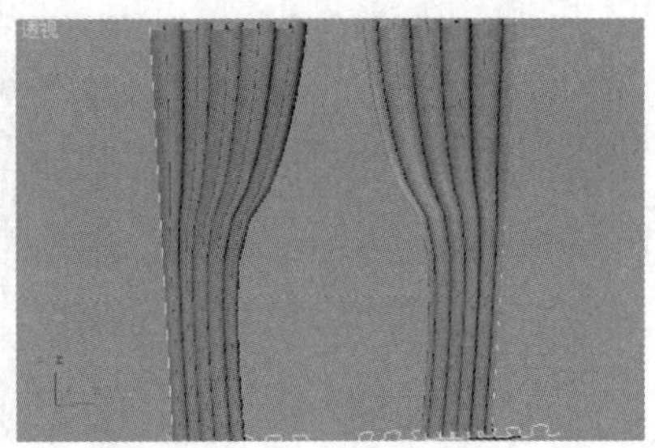

图 1-2-149 窗帘最终效果

2.7.2 布尔运算

布尔运算是计算机图形学中描述物体结构的一个重要方法，也是一种特殊的图形生成形式。布尔运算的前提是：两个形体必须是封闭曲线，且具有重合部分。布尔运算可以在创建二维图形和三维物体时运用，其作用是通过对两个形体的并集、交集、差集进行运算而产生新的物体形态。并集—两个形体相交，去掉重合部分；差集——一个形体减去另一个形体，保留剩余部分。交集—两个形体相交，保留重合部分。

布尔对象是结合两个几何体的空间位置形成的新对象。每个参与结合的对象被称为运算对象。通常参与运算的两个对象应该有相交的部分。

在布尔运算中常见的 3 个工具如下：

- 并集：两个对象的总体。
- 差集：从一个对象上减去与另一个对象相交的部分。
- 交集：两个对象相交的部分。

要创建布尔运算，需要先选择一个运算对象，然后通过“复合对象”面板访问布尔工具。

在用户界面中运算对象被称为 A 或 B。当使用布尔运算时，首先选择的对象被当作运算对象 A，后加入的对象则作为运算对象 B。

选择对象 B 之前，需要指定操作类型是并集、差集还是交集。一旦选择了对象 B，就自动完成布尔运算，视图也会自动更新。

通过齿轮的制作，熟练掌握布尔运算的创建方法。

1. 单击【创建】→【图形】→ 星形 按钮，在前视图中创建一个星形，进入修改面板，设置星形参数，如图 1-2-150 所示。

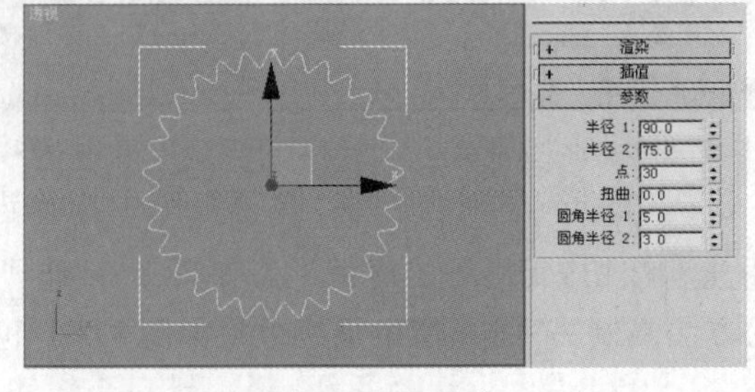

图 1-2-150 星形

齿轮模型制作

2. 在 修改器列表 中选择“倒角”修改器，使用“倒角”修改器的效果及其参数设置如图 1-2-151 所示。

3. 在创建面板中单击 圆柱体 按钮，在前视图中创建一个圆柱体，设置其“半径”为 55、“高度”为 5，如图 1-2-152 所示。

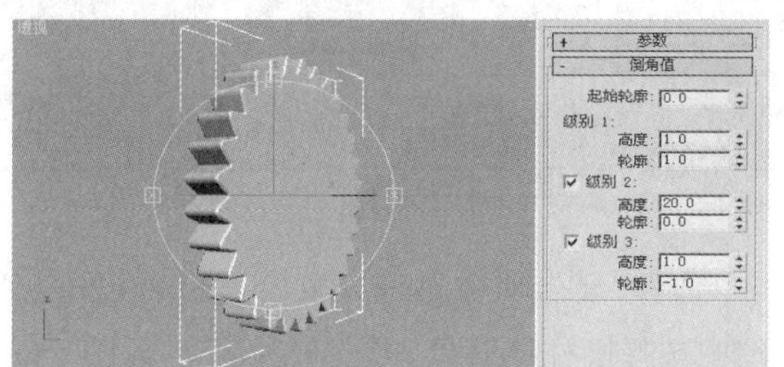

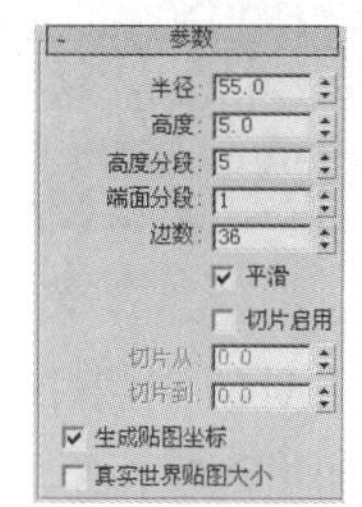

图 1-2-151　使用“倒角”修改器的效果及其参数设置　　图 1-2-152　圆柱体参数

4. 单击【对齐】按钮，鼠标变成对齐图标，在视图中单击星形，在弹出的“对齐当前选择”对话框中设置“当前对象”的“中心”和“目标对象”的“中心”在 X、Y 轴方向上对齐，如图 1-2-153 所示。

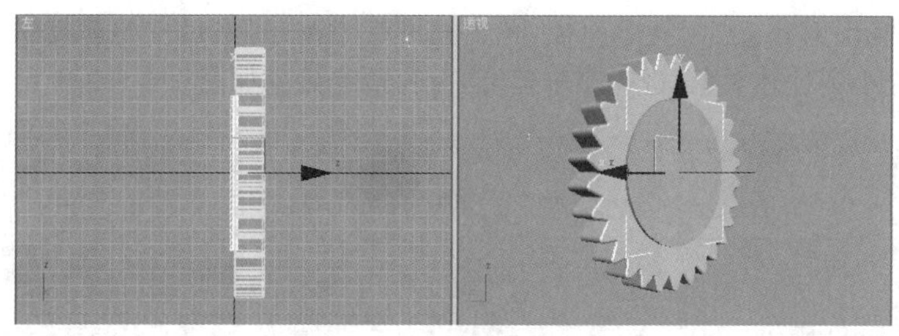

图 1-2-153　两对象对齐

5. 选择星形对象，在创建面板的下拉列表中选择“复合对象”，单击 布尔 按钮，然后单击 拾取操作对象 B 按钮，在视图中选择圆柱体对象，进行布尔运算，如图 1-2-154 所示。6. 在创建面板中单击 圆柱体 按钮，在前视图中创建圆柱体，圆柱体参数设置如图 1-2-155 所示。

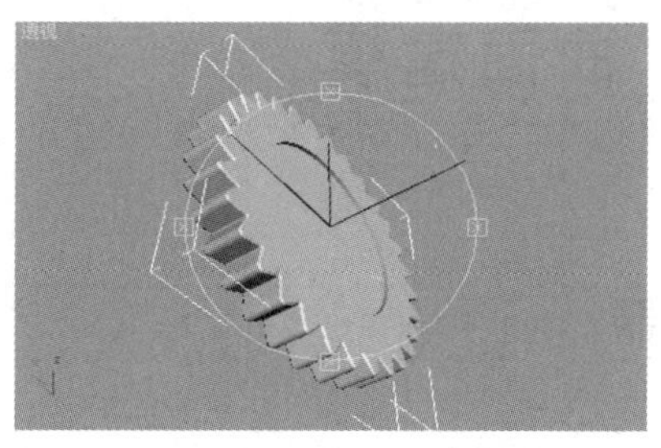

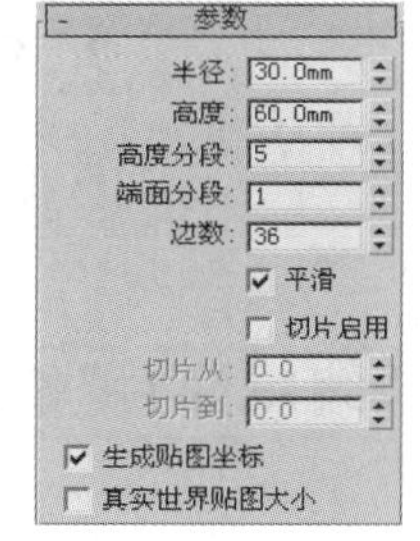

图 1-2-154　布尔运算效果 1　　图 1-2-155　圆柱体参数设置

7. 单击【对齐】按钮，在视图中选择星形，在弹出的“对齐当前选择”对话框中设置“当前对象”的“中心”和“目标对象”的“中心”在 X、Y 轴上对齐，如图 1-2-156 所示。

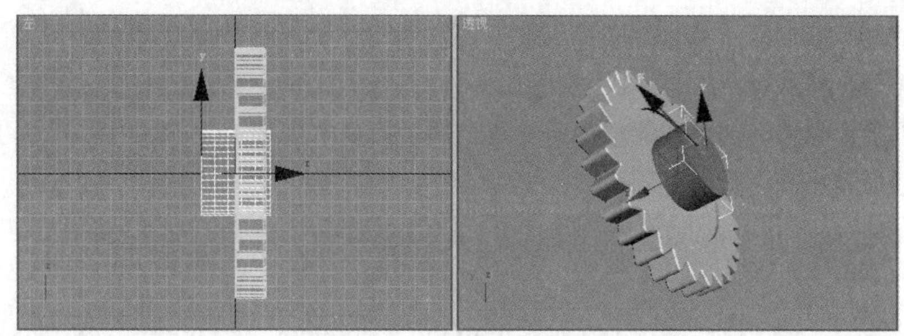

图 1-2-156 两对象对齐效果 2

8.选择星形对象,在下拉列表中选择“复合对象”,进入复合面板,单击 布尔 按钮,然后单击 拾取操作对象 B 按钮,在视图中选择圆柱体对象,进行布尔运算,如图 1-2-157所示。

9.在创建面板中单击 圆柱体 按钮,在前视图中创建一个圆柱体,执行“阵列”菜单命令,制作出 6 个小圆柱体,如图 1-2-158 所示。

10.选择一个小圆柱体,选择“编辑网格”修改器,单击 附加 按钮,然后依次单击其余小圆柱体,使其变为一个整体。

11.选择星形对象,进入复合面板,单击 布尔 按钮,然后单击 拾取操作对象 B 按钮,在视图中选择小圆柱体对象,进行布尔运算,齿轮最终效果如图 1-2-159 所示。

图 1-2-157 布尔运算效果 2

图 1-2-158 制作 6 个小圆柱体

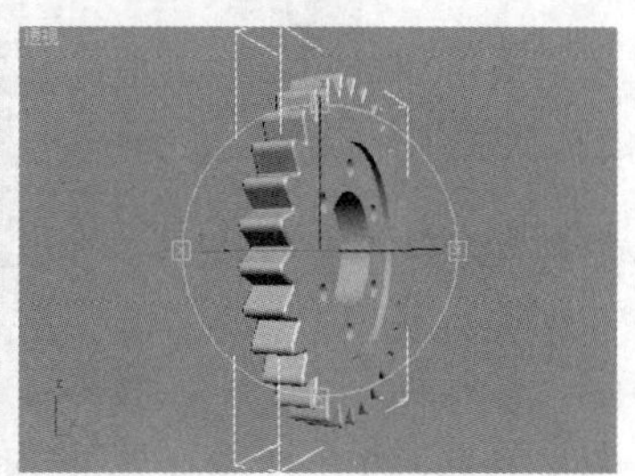

图 1-2-159 齿轮最终效果

项目链接:第 2 篇任务 2、8、18 等。

2.8 曲面建模

2.8.1 “编辑面片”修改器

1.子对象层次

对面片物体使用“编辑面片”修改器后,在修改面板中会出现“选择”卷展栏,如图 1-2-160 所示。在这个卷展栏中可以选择编辑的层次,面片的子对象分为“顶点”、“控制柄”、“边”、“面片”和“元素”。

2. 顶点编辑

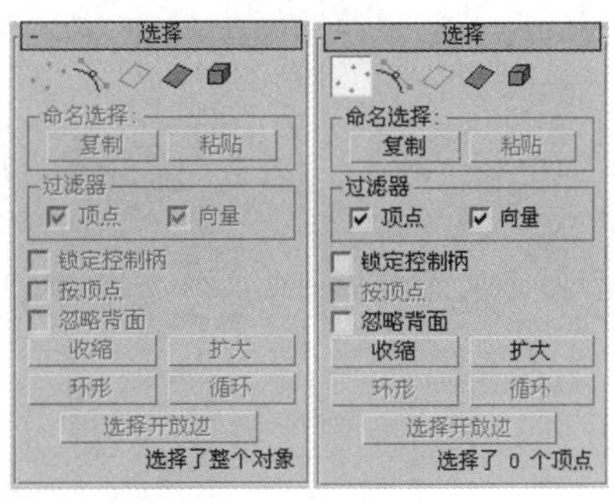

图 1-2-160　“选择”卷展栏

单击修改面板上的【顶点】按钮后，修改面板上的内容是有关“顶点”子对象层次的参数。顶点的编辑主要通过移动、删除、焊接顶点或者调整顶点的控制句柄来编辑面片的外观形状。

3. 边的编辑

对边的编辑多了一些功能，主要针对边的细分和增加面。单击“细分”组中的 细分 按钮后，将选中的边一分为二。单击 添加三角形 和 添加四边形 按钮后，分别以选中的边为基础，来增加相应的多边形面。

4. 面片编辑

在面片编辑过程中，经常用到“挤出”“倒角”“细分”等操作，通过这些操作可以制作出非常复杂的模型。单击修改面板上的 创建 按钮，然后在视图中连续单击鼠标即可创建新的面片。

2.8.2　曲面建模的方法

“编辑面片”修改器中，“几何体”卷展栏如图 1-2-161 所示。其“样条线曲面”组及“曲面”组部分选项用途如下：

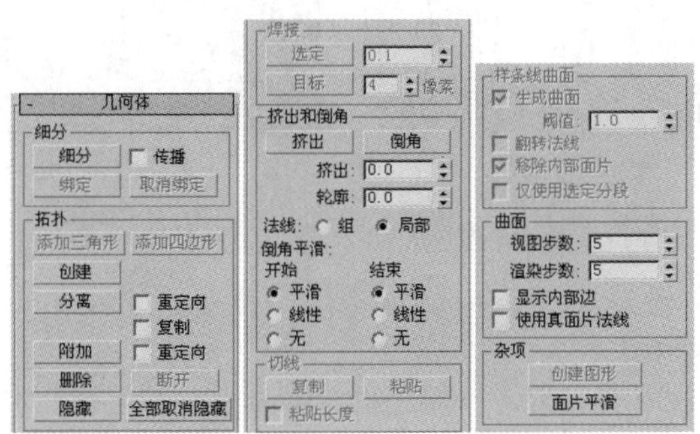

图 1-2-161　“几何体”卷展栏

- 阀值：决定曲线将如何生成曲面。
- 翻转法线：用来翻转曲面的法线。
- 移除内部面片：如截面节点为 3～4 个，可选择是否保留截面曲线所生成的面片。
- 仅使用选定分段：只在被选择的曲线上生成曲面。
- 视图步数和渲染步数：决定生成曲面的分割度，值越大生成的曲面越圆滑。

下面通过一个例子进行说明，操作方法如下。

1. 依次单击【创建】→【几何体】→ 面片栅格 → 四边形面片 按钮，在顶视图中拖动鼠标创建一个四边形面片，然后单击【修改】按钮进入修改面板，设置面片参数，这样就在视图中创建了一个四边形面片，它将作为整个模型的基础，如图 1-2-162 所示。

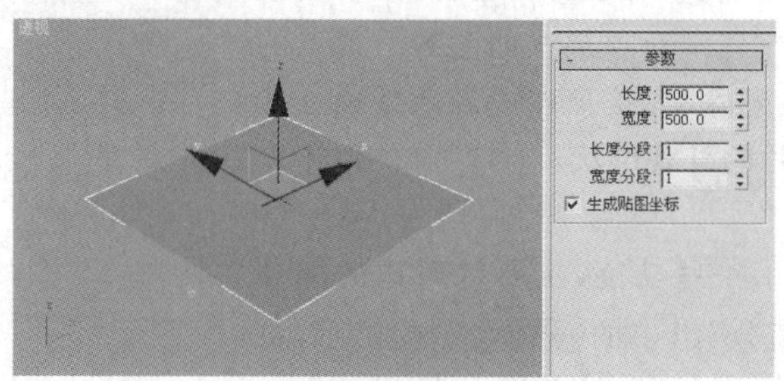

图 1-2-162　四边形面片及其参数设置

2. 细分面片。选择创建的四边形面片，在修改器列表中选择“编辑面片”修改器，然后激活“面片”子对象，选择整个面片。在“几何体”卷展栏中进行细分操作。单击细分按钮 3 次，将整个面片细分。图 1-2-163 所示的面片细分效果便是切换到“顶点”子对象状态后观察到的控制点的分布情况。

3. 移动控制点，产生山峰的模型。在“顶点”子对象下，利用移动工具在前视图中上下移动顶点，就可以产生简单的山峰模型，如图 1-2-164 所示。

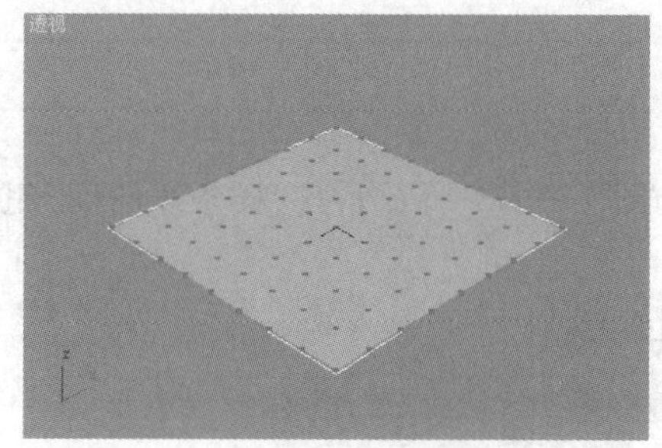

图 1-2-163　面片细分效果

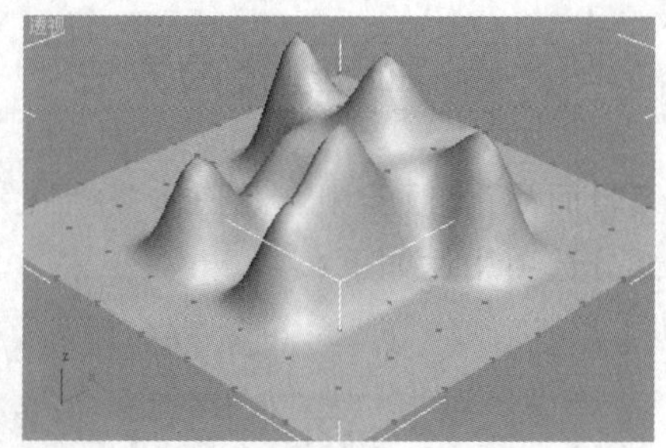

图 1-2-164　山峰模型效果

项目链接：第 3 篇任务 10、14 等。

第3单元 3ds Max材质与贴图技术

单元导读

材质在三维模型创建过程中是至关重要的一环。我们要通过它来丰富模型的细节，体现出模型的质感。材质对建立对象模型有着直接的影响。

在3ds Max中材质与贴图的建立和编辑都是在“材质编辑器”面板中完成的，并且通过最后的渲染把它们表现出来，使物体表面显示出不同的质地、色彩和纹理。

本模块介绍如何使用“材质编辑器”，如何使用3ds Max中提供的多种材质，并通过渲染为最终的作品加入特殊效果。

单元要点

- 常规材质的设置
- 反射与折射材质、渐变材质的制作
- 材质类型与贴图坐标的使用方法
- 凹凸贴图材质、混合材质的设置

3.1 材质的调节

单击工具栏中的按钮或按键盘上的M键即可进入“材质编辑器”窗口。3ds Max 2013提供了两种材质编辑器模式——“Slate材质编辑器”和“精简材质编辑器”，“Slate材质编辑器”是一个具有多种元素的图形界面，如果不习惯可切换到“精简材质编辑器”模式。材质编辑器窗口是浮动的，可将其拖曳到屏幕的任意位置，这样便于观看场景中材质赋予对象的结果。

精简材质编辑器分为两大部分：上部分为固定不变区，包括示例显示、材质效果和垂直的工具列与水平的工具行一系列功能按钮；下半部分为可变区，从“明暗器基本参数”卷展栏开始包括各种参数卷展栏。

在材质编辑器上方区域为示例窗，在示例窗中可以预览材质和贴图。缺省状态下示例显示为球体，每个窗口显示一个材质。可以使用材质编辑器的控制器改变材质，并将它赋予场景的物体。最简单的赋予材质的方法就是用鼠标将材质直接拖曳到视窗中的物体上。

单击可以激活示例框，被击活的示例窗被白框包围着。在选定的示例窗内单击鼠标右键，弹出属性菜单。在菜单中选择排放方式，在示例窗内显示6个、15个或24个示例框，如图1-3-1所示。双击示例窗放大选项，可以将选定的示例框放置在一个独立浮动的窗口中。

图1-3-1 选择排放方式

3.1.1 设定基本材质

在3ds Max中基本材质赋予对象一种单一的颜色，基本材质和贴图与复合材质不同。在虚拟三维空间中，材质是用于模拟物体表面的反射特性，与真实生活中对象反射光线的特性有所区别。

在材质编辑器中，基本材质使用三种颜色构成对象表面，如图1-3-2所示。

环境光颜色：对象阴影处的颜色，它是环境光比直射光强时对象反射的颜色。

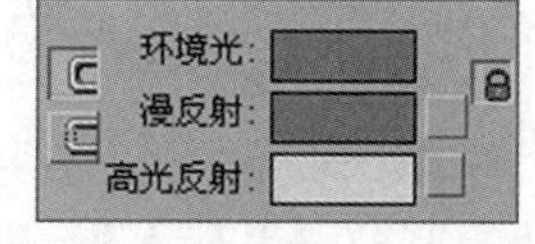

图1-3-2 基本材质的三种颜色

漫反射颜色：光照条件较好，比如在太阳光和人工光直射情况下，对象反射的颜色。又称作对象的固有色。

高光反射颜色：反光亮点的颜色。高光颜色看起来比较亮，而且高光区的形状和尺寸可以控制。根据不同质地的对象来确定高光区范围的大小以及形状。

使用三种颜色及对高光区的控制，可以创建出大部分基本反射材质。这种材质相当简单，但能生成有效的渲染效果。同时基本材质同样可以模拟发光对象，及透明或半透明对象。

这三种颜色在边界的地方相互融合。在环境光颜色与漫反射颜色之间，融合根据标准的着色模型进行计算，高光和环境光颜色之间，可使用材质编辑器来控制融合数量。被赋予同种基本材质的不同造型的对象边界融合程度不同，如图 1-3-3 所示。

图 1-3-3　基本材质效果

3.1.2　基本参数的设定

对材质的基本参数的设置主要通过“明暗器基本参数”卷展栏来完成，如图 1-3-4 所示。

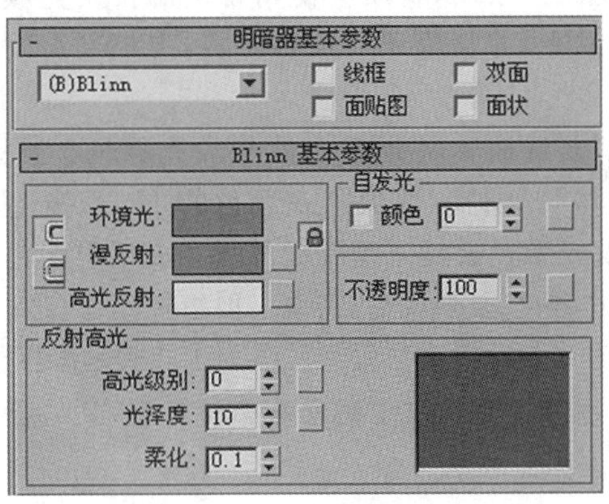

图 1-3-4　基本参数卷展栏

1. 首先根据我们创建的对象要求在“明暗器基本参数”卷展栏“着色清单” (B)Blinn 中，选择材质的着色类型，在 3ds Max 中有 8 种着色类型：(A)各向异性、(B)Blinn、(M)金属、(ML)多层、(O)Oren-Bayar-Blinn、(P)Phong、(S)Strauss、(T)半透明明暗器，每一种着色类型确定在渲染一种材质时着色的计算方式。

这几种着色方式的选择取决于场景中所构建的角色需求。当你需要创建玻璃或塑料物体时，可选择“(P)Phong”或“(B)Blinn”着色方式，如果要使物体具有金属质感，则选择“(M)金属”着色方式。在完成着色类型的选择后，“明暗器基本参数”卷展栏下与着色方式相应的“Blinn 基本参数”卷展栏，可对材质部件颜色：漫反射颜色、反射高光、自发光、不透明度进行设置。

2. 在“明暗器基本参数”卷展栏中，另外有4个选项：线框、双面、面贴图、面状。通过对这4种选项的设置，可使同一材质实现不同的渲染效果。

3. 对于高度透明的三维对象如以单线条生成的面片物体，可以看到法线指向观察对象表面后面的几何体。如果勾选了双面选项，3d Studio Max将渲染那些对象不透明时被挡住的面，包括后部表面的高光。渲染双面材质比渲染正向的面要耗费更多时间。

3.1.3 创建自发光材质

自发光材质使用漫反射颜色替换曲面上的阴影，从而创建白炽效果。当增加自发光值时，自发光颜色将取代环境光。在设置为100时，材质没有阴影区域，虽然它可以显示反射高光。

自发光界面如图1-3-5所示。

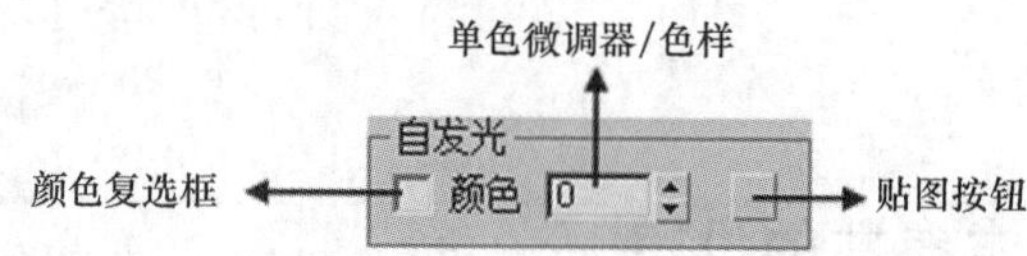

图1-3-5 自发光界面

• 颜色复选框：启用此选项后，材质会使用特定的自发光颜色；禁用此选项后，材质会使用漫反射颜色来自发光，并且显示一个微调器，来控制自发光的量。默认设置为禁用状态。

• 色样：勾选“颜色”复选框后，色样会显示自发光颜色。要更改颜色，请单击贴图按钮，然后使用“颜色选择器”。调整“数值”（在颜色的HSV描述中）会调整自发光的量。随着“数值”的增大，自发光颜色会越来越支配环境和漫反射颜色组件。

• 单色微调器：禁用“颜色”复选框后，将漫反射组件用作自发光颜色，并且该微调器可以调整自发光的量。值为0表示没有自发光。值为100表示漫反射颜色取代环境光颜色。

注意：自发光材质不能显示投射到它表面的阴影，且不受场景光源的影响。

项目链接：第2篇任务6、7、8等。

3.2 材质类型与贴图坐标

材质制作在3ds Max中占有十分重要的地位，是能否成功模拟三维世界的关键，而丰富的材质种类将使我们的选择余地更丰富并且起到决定性作用。因此3ds Max很重视材质编辑器中材质类型的开发，在原有版本的基础上，又增加了两种，总共16种各具特色的材质类型。

3.2.1　材质类型介绍

打开“材质编辑器”，单击水平工具行右侧的材质类型选择按钮 Standard ，弹出“材质/贴图浏览器”对话框，如图 1-3-6 所示。

图 1-3-6　材质类型

16 种材质类型分别为：DirectX Shader、Ink’n Paint、光线跟踪、双面、变形器、合成、壳材质、外部参照材质、多维/子对象、建筑、无光/投影、标准、混合、虫漆、顶/底、高级照明覆盖。

其中标准（基本）材质已经讲过，相对标准材质来说，其余 15 种材质类型可统称为复合材质，由若干材质通过一定方法组合而成的材质统称为复合材质，复合材质包含两个或两个以上的子材质，子材质可以是标准材质也可以是复合材质。下面重点介绍除标准材质以外的几种重要的材质类型。

1. 混合材质

混合材质的效果是将两种材质混合为一种材质。打开材质编辑器，单击【材质类型】 Standard 按钮，出现“材质/贴图浏览器”对话框，选择“混合”，单击【确定】按钮退出，弹出如图 1-3-7 所示的对话框，单击【确定】按钮继续。最后“混合基本参数”卷展栏出现在材质编辑器的下半区，如图 1-3-8 所示。

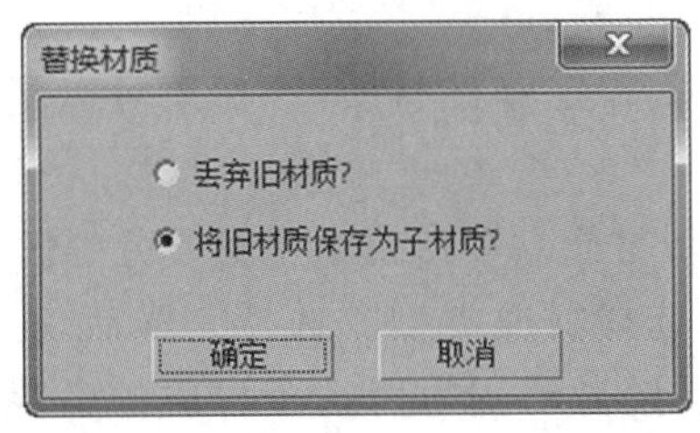

图 1-3-7　询问是否将旧材质保存为子材质

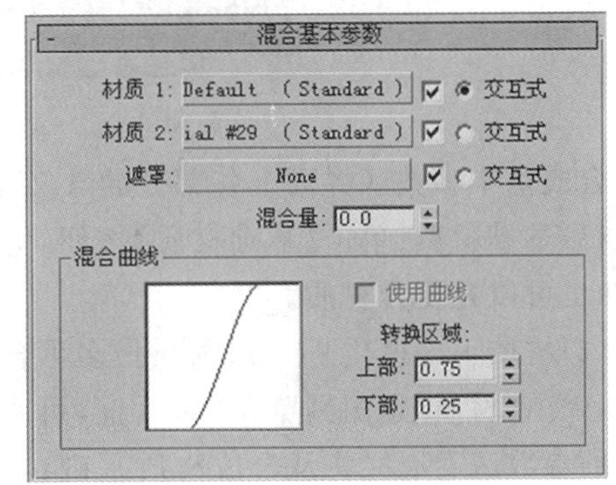

图 1-3-8　“混合基本参数”卷展栏

混合材质基本参数区卷展栏各部分含义是：

（1）材质 1：单击按钮将弹出第一种材质的材质编辑器，可设定该材质的贴图、参数等。

（2）材质 2：单击按钮会弹出第二种材质的材质编辑器，调整第二种材质的各种属性。

（3）遮罩：单击按钮将弹出“材质/贴图浏览器”对话框，选择一张贴图作为遮罩，对上面两种材质进行混合调整。

(4)交互式:在材质1和材质2中选择一种材质展现在物体表面,主要在以实体着色方式进行交互渲染时运用。

(5)混合量:调整两种材质的混合百分比。当数值为0时只显示第一种材质,为100时只显示第二种材质。当“遮罩”选项被激活时,混合量数值为灰色不可操作状态。

(6)混合曲线:此选项以曲线方式来调整两种材质混合的程度。下面的曲线将随时显示调整的状况。

(7)使用曲线:以曲线方式设置材质混合开关。

(8)转换区域:通过更改“上部”和“下部”的数值达到控制混合曲线的目的。

2. 合成材质

合成材质效果是将两种或两种以上的子材质叠加在一起。注意,如果没有为子材质指定Alpha通道的话,则必须降低上层材质的输出值才能起到合成的效果。

单击材质编辑器的【材质类型】 Standard 按钮,在弹出的“材质/贴图浏览器”对话框中选择“合成”,单击【确定】按钮退出,材质编辑器的参数区卷展栏变为如图1-3-9所示的“合成基本参数”卷展栏。

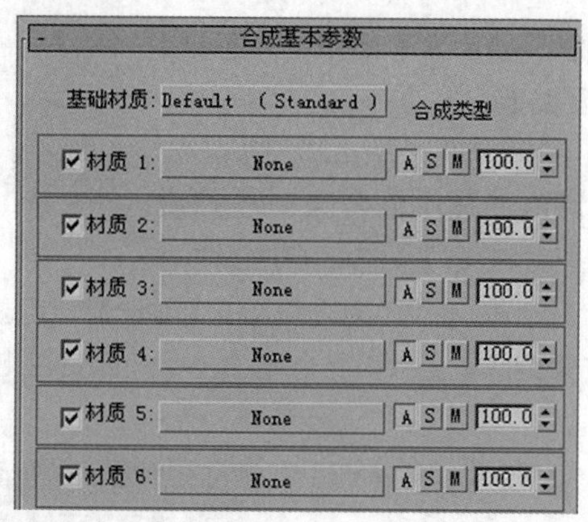

图1-3-9 “合成基本参数”卷展栏

合成基本参数区界面上各部分的含义是:

(1)基础材质:单击【基础材质】按钮,为合成材质指定基础材质,该材质可以是标准材质,也可以是复合材质。

(2)材质1～材质9:合成材质最多可合成9种子材质。单击每个子材质旁的【None】按钮,弹出“材质/贴图浏览器”对话框,可为子材质选择材质类型。选择完毕后,材质编辑器的参数区卷展栏将从合成材质基础参数区卷展栏自动变为所选子材质的参数区卷展栏,编辑完成后可单击水平工具行的“回到父层级”命令返回。

3. 双面材质

双面材质在需要看到背面材质时使用。单击材质编辑器的【材质类型】 Standard 按钮,在弹出“材质/贴图浏览器” 对话框中选择“双面”,单击【确定】按钮退出,进入“双面基本参数”卷展栏,如图1-3-10所示。

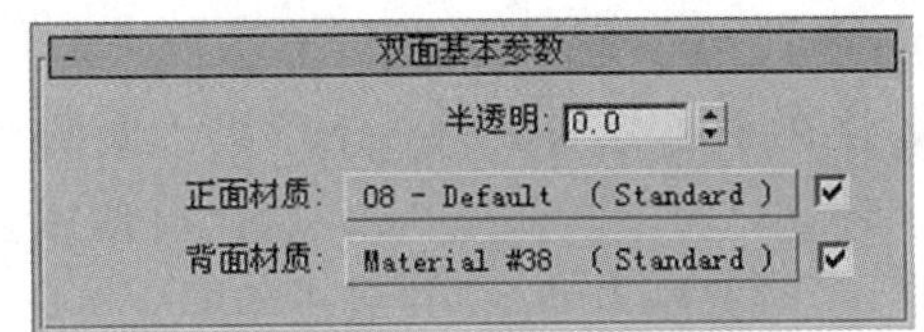

图 1-3-10　“双面基本参数”卷展栏

各部分按钮含义为：

(1)半透明：决定正面、背面材质显现的百分比。当数值为 0 时，第二种材质不可见，当数值为 100 时第一种材质不可见。

(2)正面材质：单击旁边的【材质类型选择】按钮挑选正面材质的类型。

(3)背面材质：决定双面材质的背面材质的类型。方法同正面材质的设定。

4. 无光/投影材质

无光/投影通过为场景中的对象增加投影效果使物体真实地融入背景，避免投影的物体在渲染时见不到，不会遮挡背景。打开投影材质的方法与上述材质类型相同，它的参数区卷展栏如图 1-3-11 所示 。

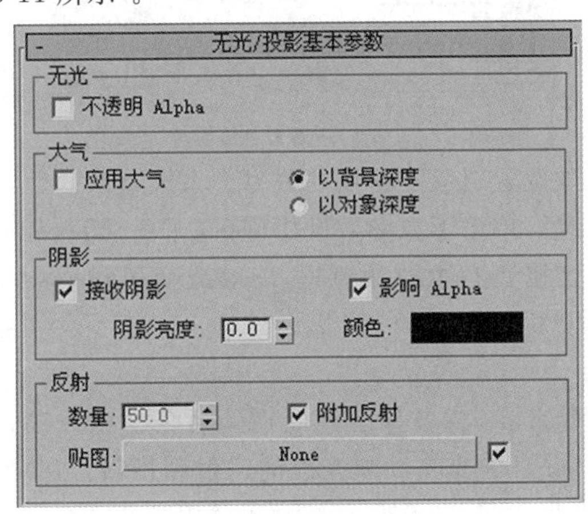

图 1-3-11　“无光/投影基本参数”卷展栏

(1)天光：是否勾选“不透明 Alpha”决定是否将不可见的物体渲染到不透明的 Alpha 通道中。

(2)大气：是否勾选“应用大气”，将决定不可见物体是否受场景中的大气设置的影响；“以背景深度”是二维效果，场景中的雾不会影响不可见物体，但可以渲染它的投影；“以对象深度”是三维效果，雾将覆盖不可见物体表面。

(3)阴影：“接收阴影”决定是否显示所设置的投影效果。在勾选“不透明 Alpha”复选框情况下“影响 Alpha”为灰色不可用状态，将上方“不透明 Alpha”项关闭便开启此选项，其作用是将不可见物体接收的阴影渲染到 Alpha 通道中产生一种半透明的阴影通道图像；“阴影亮度”可调整阴影的亮度，阴影亮度随数值增大而变得越亮越透明；“颜色”设置阴影的颜色，可通过单击旁边的颜色框选择颜色。

(4)反射：决定是否设置反射贴图，系统默认为关闭。需要打开时，单击贴图旁的【None】按钮指定所需贴图即可。

5. 多维/子对象材质

多维/子对象的神奇之处在于能分别赋予对象子级不同的材质。例如制作一本书，其封面和封底有不同的装饰图案，而中间部分是书页，此时使用多维/子对象材质对三个部分分别设置材质。“多维/子对象基本参数”卷展栏如图 1-3-12 所示。

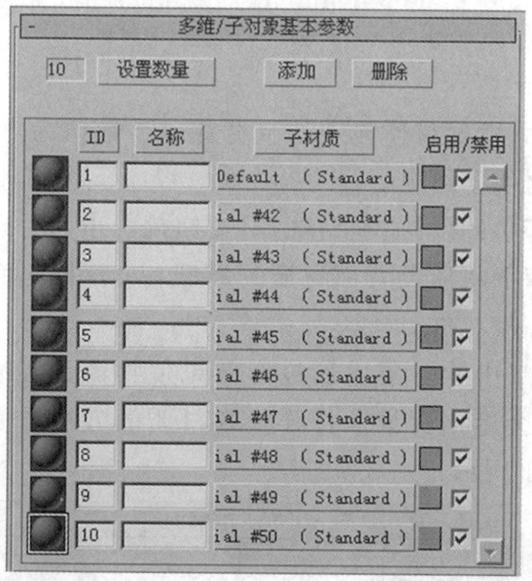

图 1-3-12 “多维/子对象基本参数”卷展栏

(1)设置数量:在这里设置对象子材质的数目。系统默认的数目为 10 个。

(2)子材质数目设定后，单击下方参数区中间的【子材质】按钮进入子材质的编辑层，对子材质进行编辑。单击按钮右边的颜色框，能够改变子材质的颜色，而最右边的复选框决定是否使当前子材质发生作用。

6. 光线跟踪材质

光线跟踪材质功能非常强大，参数区卷展栏的命令也比较多，它的特点是不仅包含了标准材质的所有特点，并且能真实反映光线的反射和折射。尽管光线跟踪材质效果很好，但需要较长的渲染时间。图 1-3-13 所示为“光线跟踪基本参数”卷展栏。

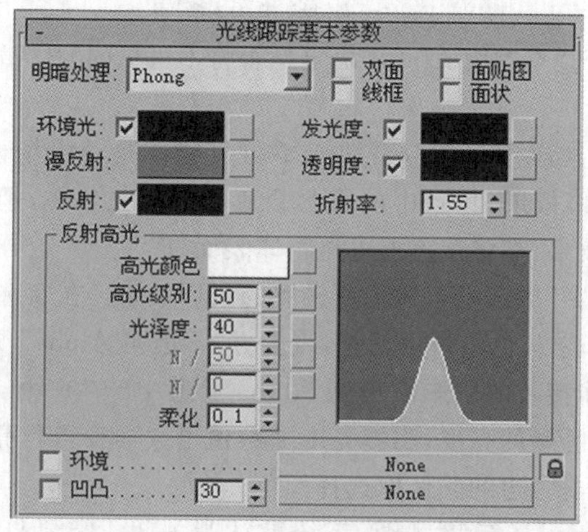

图 1-3-13 “光线跟踪基本参数”卷展栏

参数区各部分的含义是：

(1)明暗处理：光线跟踪材质提供了 4 种渲染方式。

(2)双面：打开此项，光线跟踪计算内外表面上均进行渲染。

(3)面贴图：该项决定是否将材质赋予对象的所有表面。

(4)线框：将对象设为线架结构。

(5)面状：使用强烈凹凸贴图并且需要高分辨率的渲染计算时打开此项，或发现高光处有一些锯齿或毛边时设置此项，将使反射的高光特别光滑，但渲染时间会成倍增长。

(6)环境光：与标准材质不同，此处的阴影色将决定光线跟踪材质吸收环境光的多少。

(7)漫反射：决定物体的固有色的颜色，当反射为 100％时固有色将不起作用。

(8)反射：决定物体高光反射的颜色。

(9)发光度：依据自身颜色来规定发光的颜色。同标准材质中的自发光相似。

(10)透明度：光线跟踪材质通过颜色过滤表现出的颜色。黑色为完全不透明，白色为完全透明。

(11)折射率：决定材质折射率的强度。准确调节该数值能真实反映物体对光线的不同折射率。数值为 1 时，表示空气的折射率；数值为 1.55 时，是玻璃的折射率；数值小于 1 时，对象沿着它的边界进行折射。

(12)高光颜色：决定对象反射区反射的颜色。“高光颜色”决定高光反射灯光的颜色；“高光强度”决定反光的强度，数值在 0～1000；“光泽度”决定反射光区域的范围；“柔化”将反光区进行柔化处理。

(13)环境：不开启此项设置时，将使用场景中的环境贴图。当场景中没有设置环境贴图时，此项设置将为场景中的物体指定一个虚拟的环境贴图。

(14)凹凸：打开对象的凹凸贴图。

7. 虫漆材质

虫漆材质是将两种材质进行重合，并且通过虫漆颜色对二者的混合效果做出调整。“虫漆基本参数”卷展栏如图 1-3-14 所示。

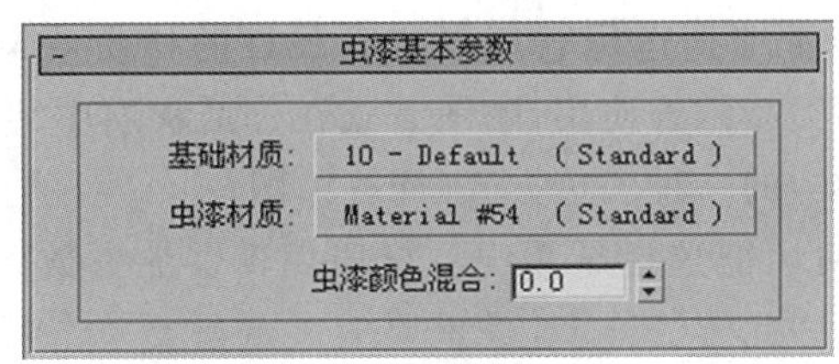

图 1-3-14　“虫漆基本参数”卷展栏

各部分参数的含义是：

(1)基础材质：单击旁边的按钮进入标准材质编辑栏。

(2)虫漆材质：单击旁边的按钮进入虫漆材质编辑栏。

(3)虫漆颜色混合：通过百分比控制上述两种材质的混合度。

8. 顶/底材质

顶/底材质是为对象顶部和底部分别赋予不同材质。图 1-3-15 所示为“顶/底基本参数”卷展栏，各部分参数的含义是：

(1)顶材质：单击其右侧的按钮将直接进入标准材质卷展栏，可以对顶材质进行设置。

(2)底材质：单击其右侧的按钮将直接进入标准材质卷展栏，可以对底材质进行设置。

(3)交换：单击此按钮可以把两种材质进行颠倒。即将顶材质置换为底材质，将底材质置换为顶材质。

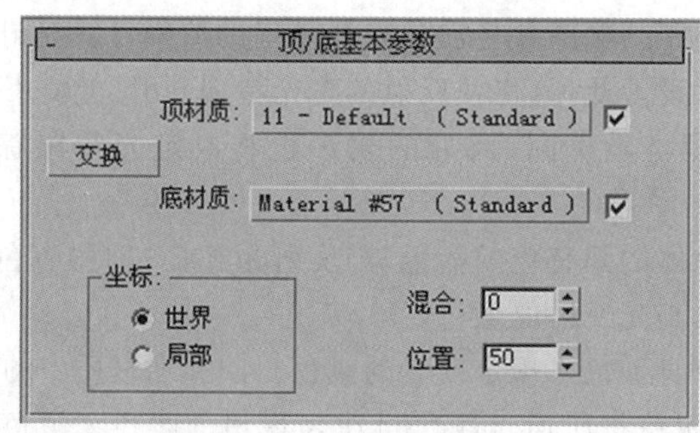

图 1-3-15 “顶/底基本参数”卷展栏

(4)坐标：选择坐标轴。当设定为“世界”后，对象发生变化(如旋转)时，物体的材质将保持不变。当设定为“局部”时，进行旋转等变化时将带动物体的材质一起旋转。

(5)混合：决定上、下材质的融合程度。数值为 0 时，不进行融合；为 100 时将完全融合。

(6)位置：决定上、下材质的显示状态。数值为 0 时，显示第一种材质；为 100 时，显示第二种材质。

上述 8 种类型已大致做了介绍，Ink′n paint、DirectX Shader 材质、变形器、高级照明覆盖、建筑、壳材质、外部参照材质暂不做介绍。

3.2.2 贴图类型与贴图坐标

3ds Max 中的贴图类型不包括最常用的“位图”，共有 35 种之多，每个贴图都有各自的特点，在三维制作中经常综合运用它们以达到最好的材质效果。一个贴图材质的制作，需要贴图方式与贴图类型结合使用，贴图方式在标准材质中共有 12 种。所谓贴图方式，是指对贴图类型(图案)的一种表达方式，简称贴图。

如何打开贴图类型对话框选择贴图呢？材质编辑器的参数区卷展栏随操作和层级的改变而随时发生变化，因此方法很多，最重要的一点是要单击可以指定贴图的【None】按钮，之后选择图形文件即可。

如果赋予物体的材质中包含任何一种二维贴图，物体就必须具有贴图坐标。这个坐标可以确定二维的贴图以何种方式映射在物体上。它不同于场景中的 XYZ 坐标系，而使用的是 UV 或 UVW 坐标系。每个物体自身属性中都有“生成贴图坐标”的复选项，此选项可使物体在渲染效果中显示贴图。

我们可以通过【修改】中的“UVW 贴图”修改命令为物体调整二维贴图坐标。不同的对象要选择不同的贴图投影方式。在“UVW 贴图”修改命令面板中可以选择以下几

种坐标：

(1)平面：平面映射方式，贴图从一个平面被投下，这种贴图方式在物体只需要一个面有贴图时使用，如图 1-3-16 所示。

(2)柱形：柱面坐标，贴图投射在一个柱面上，环绕在圆柱的侧面。这种坐标在物体造型近似柱体时非常有用。在缺省状态下柱面坐标系会处理顶面与底面的贴图，如图 1-3-17 所示。只有在选择了“封口”选项后才会在顶面与底面分别以平面式进行投影，如图 1-3-18 所示。

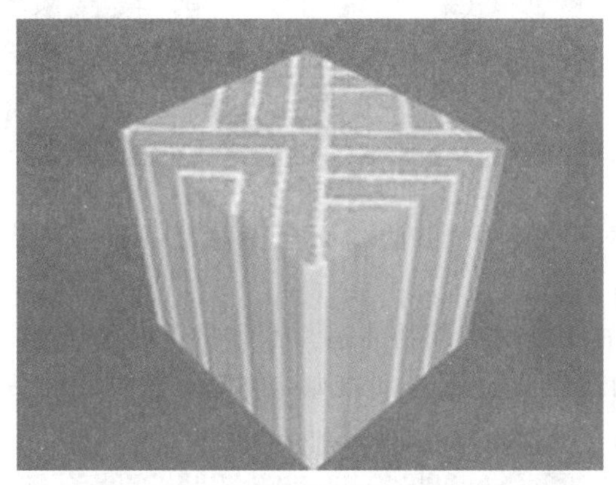

图 1-3-16　平面贴图坐标

图 1-3-17　缺省柱面贴图坐标

注意：顶面与侧面不呈直角，封顶贴图将和侧面融合。

(3)球形：贴图坐标以球面方式环绕在物体表面，这种方式用于造型类似球体的物体，如图 1-3-19 所示。

图 1-3-18　选择“封口”设置后柱面贴图坐标

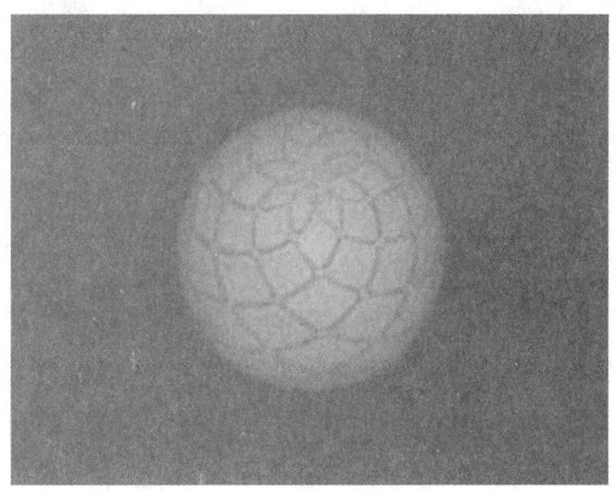

图 1-3-19　球面贴图坐标

(4)收缩包裹：这种坐标方式也是球形的，但收紧了贴图的四角，使贴图的所有边聚集在球的一点。可以使贴图不出现接缝，如图 1-3-20 所示。

(5)长方体:立方体坐标是将贴图分别投射在六个面上,每个面是一个平面贴图,如图 1-3-21 所示。

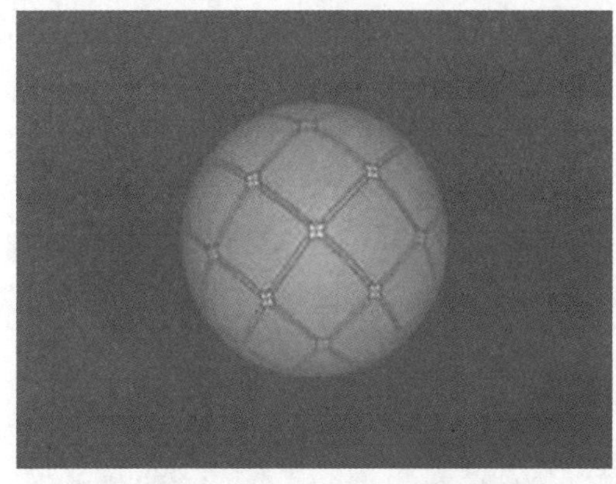
图 1-3-20 收紧包裹贴图坐标

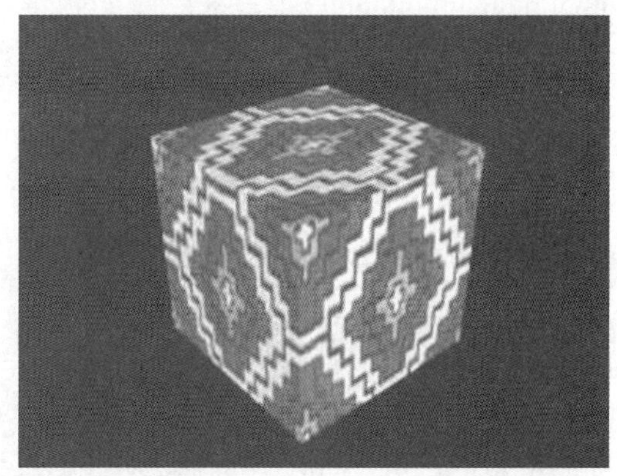
图 1-3-21 立方体坐标

(6)面:以物体自身的面为单位进行投射贴图,两个共边的面会投射为一个完整贴图,单个面会投射为一个三角形,如图 1-3-22 所示。

(7) XYZ 到 UVW:贴图坐标的 XYZ 轴会自动适配物体造型表面的 UVW 方向。这种贴图坐标可以自动选择适配物体造型的最佳贴图形式,不规则物体适合选择此种贴图方式,如图 1-3-23 所示。

图 1-3-22 面坐标

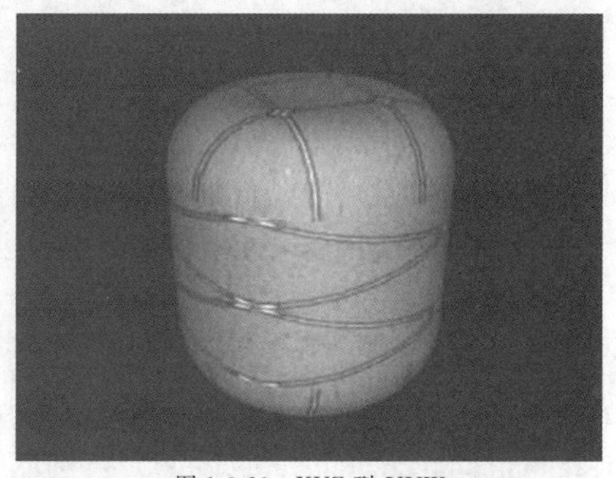
图 1-3-23 XYZ 到 UVW

在"UVW 贴图"修改命令中可以利用"对齐"控制器,如图 1-3-24 所示,对"UVW 贴图"的 Gizmo 物体进行变形修改。

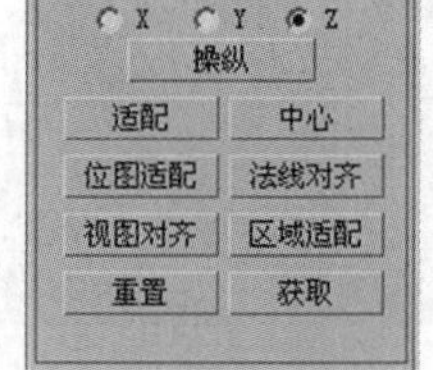

图 1-3-24 对齐控制器

"位图"是较为常用的一种二维贴图。在三维场景制作中大部分模型的表面贴图都需要与现实中相吻合,而这一点通过其他程序贴图是很难实现的,也许一些程序贴图可以模拟出部分纹理,但这也与真实的纹理有一定差距。在这时候我们大多会选择以拍摄、扫描等手段获取的位图来作为这些对象的贴图。

下面利用"车削"修改器制作陶瓷罐模型,为模型指定位图贴图,比较添加贴图坐标后的不同效果,进一步熟练掌握位图贴图的使用方法及不同的应用环境。如图 1-3-25 所示。

图 1-3-25　陶瓷罐

1. 建立如图 1-3-26 所示的场景。

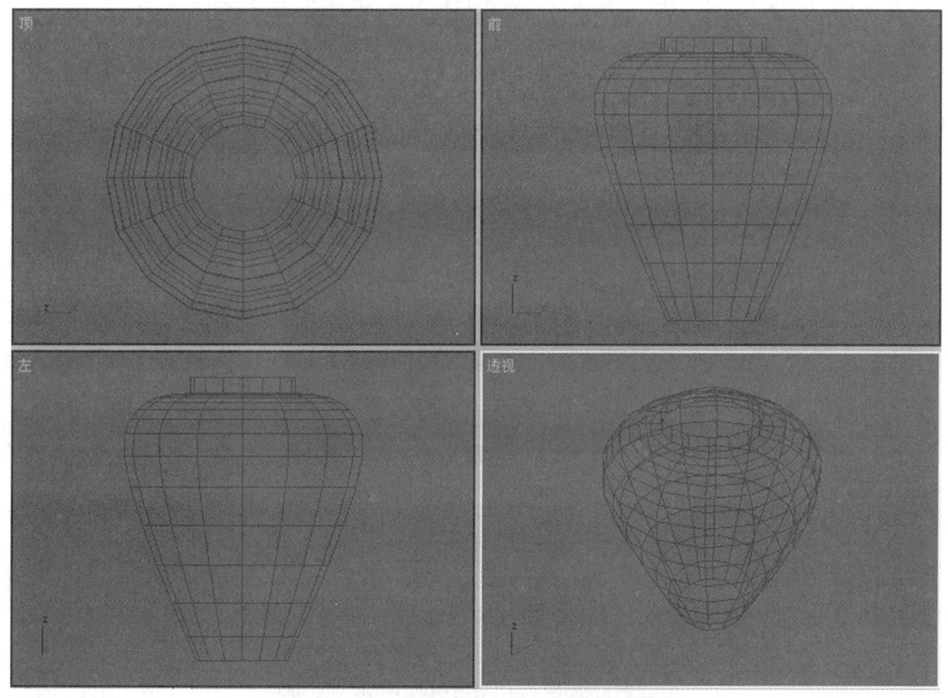

图 1-3-26　场景

2. 进入“材质编辑器”中选择一个缺省的示例球，“指定”给场景中的物体。

3. 确认在“明暗器基本参数”卷展栏中，为默认的“(B)Blinn”着色方式。

4. 在“Blinn 基本参数”卷展栏“反射高光”选项中设定“高光级别”为 103；“光泽度”为 41。

5. 打开“贴图”卷展栏，单击“漫反射颜色”后的【None】按钮，在弹出的“材质/贴图浏览器”对话框中选择“位图”选项，单击【确定】按钮退出。

6. 在随后弹出的“选择位图图像文件”对话框中，从配套资源中选择一个图形文件作为瓷罐的表面贴图，如图 1-3-27 所示。渲染效果如图 1-3-28 所示。

7. 场景中瓷罐的贴图与罐不匹配，下面我们要对贴图坐标进行调整，使“位图”适配物体。进入修改面板，在修改器列表中为瓷罐添加“UVW 贴图”修改命令。

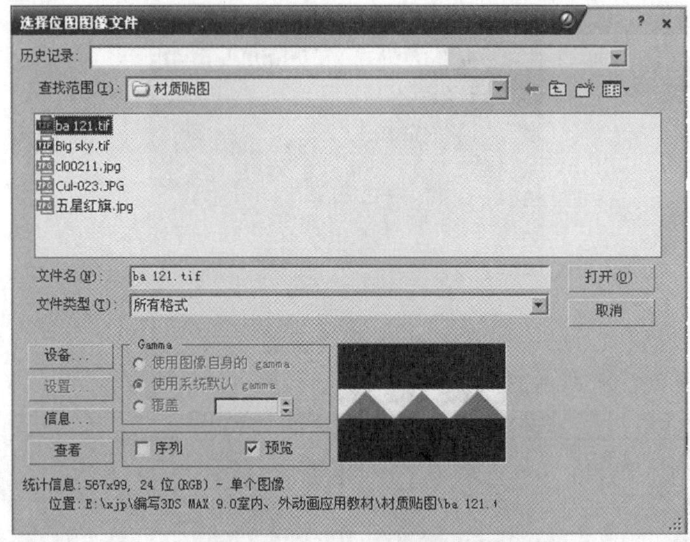

图 1-3-27 “选择位图图像文件”对话框

图 1-3-28 渲染场景效果

8. 在“UVW 贴图”修改面板中勾选“柱形”坐标，并选择 X 轴方向贴图。单击【适配】按钮使贴图坐标与瓷罐相适配。使整张贴图完整地投射在瓷罐上，如图 1-3-29 所示。

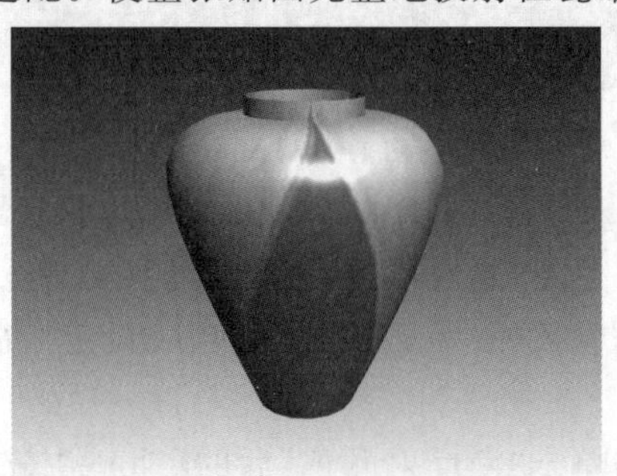

图 1-3-29 使用贴图坐标后效果

9. 当需要快速渲染，不要求精度的情况下，可以使用“位图”作为反射和折射贴图，模拟自动反射和折射的效果。进入“材质编辑器”，在“贴图”卷展栏中单击“反射”选项后的【None】按钮，在弹出的“材质/贴图浏览器”对话框中选择“位图”，在配套资源中选择一张天空的图片作为反射贴图。

10. 返回上一层级，降低“反射”值为 25。使用低强度的反射贴图以提高瓷罐的真实质感，如图 1-3-30 所示。

图 1-3-30　低强度反射贴图与漫反射贴图的混合效果

项目链接：第 2 篇任务 4、5、6、7、8、9、10、14、17、18 等。

思考与练习

思考题

1. 简述材质编辑器的使用方法。
2. 简要介绍 3ds Max 的 16 种材质类型。
3. 简述贴图坐标有什么用途。
4. 混合材质在使用时应注意哪些问题？

操作题

1. 创建几个简单的模型，为它们赋予木材、金属、半透明玻璃等材质效果。
2. “混合”材质类型练习。创建苹果模型，利用“混合”材质类型，调整“噪波”“泼溅”参数为其赋予适当材质，果盘参考效果如图 1-3-31 所示。

图 1-3-31　果盘参考效果

第4单元 灯光与摄影机

单元导读

灯光是场景构成的一个重要组成部分，在造型及材质已经确定的情况下，场景灯光的设置将直接影响到整体效果。灯光本身并不能被渲染，只能在视图操作时看到，但它却可以影响周围物体表面的光泽、色彩和亮度。

摄影机是场景中必不可少的组成单位，最后完成的静态和动态图像都要在摄影机视图中表现。通过灯光可以让场景产生恰到好处的色彩和明暗对比，通过摄影机则可以方便地观察场景的角度和距离等，从而使三维作品更具有立体感和真实感。

单元要点

- 灯光的基本设置与表现
- 泛光灯、目标聚光灯
- 光晕设置、环境光源
- 光能传递
- 摄影机的基本设置与控制

4.1 灯光设置

当 3ds Max 场景中没有灯光时，使用默认的照明着色或渲染场景。默认照明包含两个不可见的灯光：一个灯光位于场景的左上方，另一个位于场景的右下方。可以添加灯光使场景的外观更逼真，如图 1-4-1 所示。照明增强了场景的清晰度和三维效果。除了获得常规的照明效果之外，灯光还可以用来投射图像。

一旦创建了一个灯光，那么默认的照明就会被禁用。如果在场景中删除所有的灯光，则重新启用默认照明。

图 1-4-1　使用人工照明的夜间场景

4.1.1 灯光类型

3ds Max 提供两种类型的灯光：标准灯光和光度学灯光。所有类型在视口中显示为灯光对象。它们共享相同的参数，包括阴影生成器。

将光度学灯光与光能传递解决方案结合起来，可以生成物理精确的渲染或执行照明分析。

4.1.2 标准灯光

1. 标准灯光是基于计算机的对象，属于模拟灯光，如家用或办公室灯，舞台和电影工作时使用的灯光设备，以及太阳光本身。不同种类的灯光对象可用不同的方式投射灯光，用于模拟真实世界不同种类的光源。与光度学灯光不同，标准灯光不具有基于物理的强度值。

2. 以下是 8 种标准灯光对象类型：目标聚光灯、自由聚光灯(Free Spot)、目标平行光、自由平行光、泛光、天光、mr 区域泛光灯(mr Area Omni)、mr 区域聚光灯(mr Area Spot)，如图 1-4-2 所示。

图 1-4-2　标准灯光对象

(1) 目标聚光灯：目标聚光灯的形状，如图 1-4-3、图 1-4-4 所示。

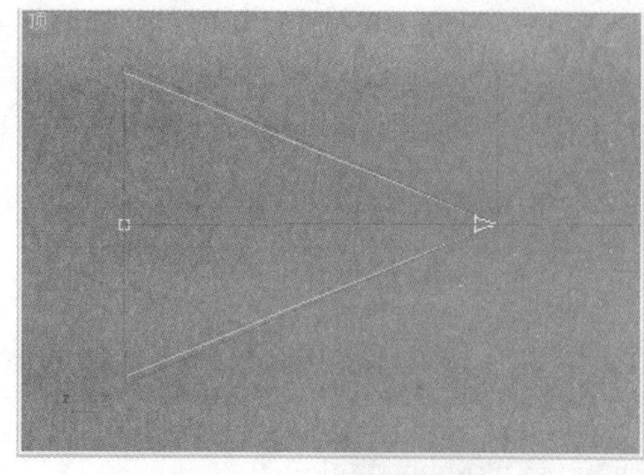

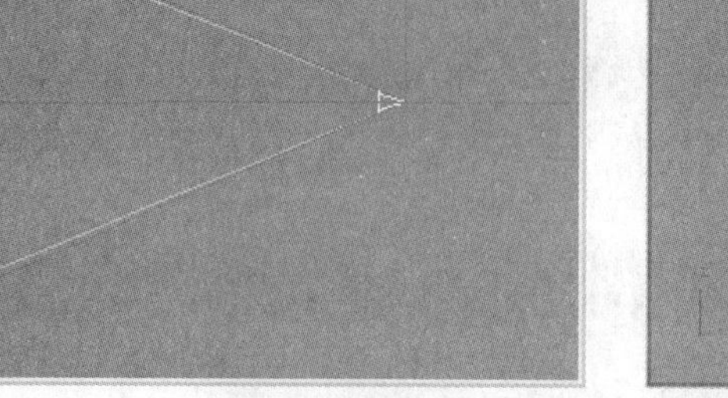

图 1-4-3　目标聚光灯的顶视图

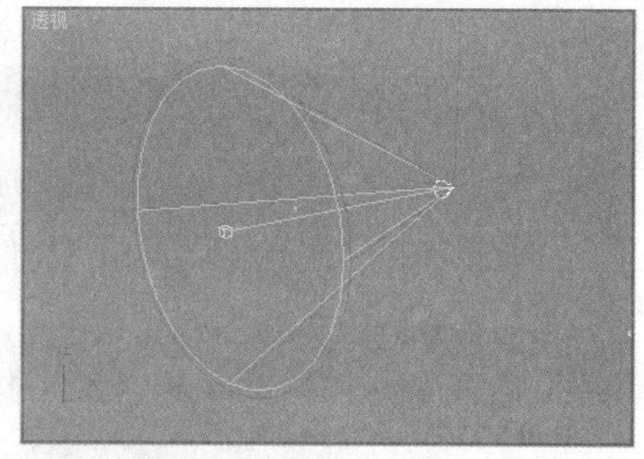

图 1-4-4　目标聚光灯的透视视图

当添加目标聚光灯时，软件将为该灯光自动指定注视控制器，灯光目标对象指定为“注视”目标。可以使用“运动”面板上的控制器设置将场景中的任何其他对象指定为“注视”目标。

(2)自由聚光灯：自由聚光灯的形状，如图 1-4-5、图 1-4-6 所示。

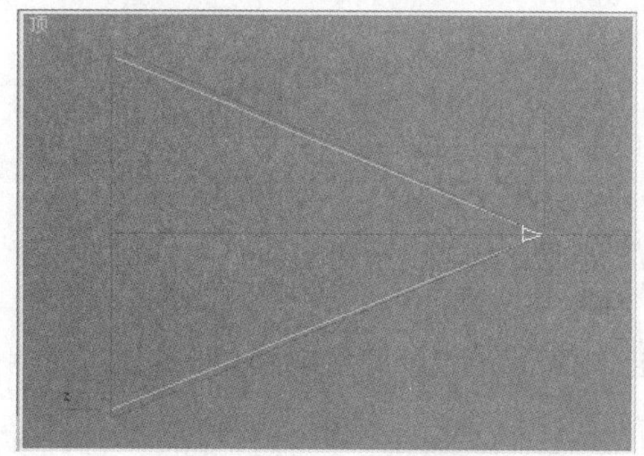

图 1-4-5　自由聚光灯的顶视图

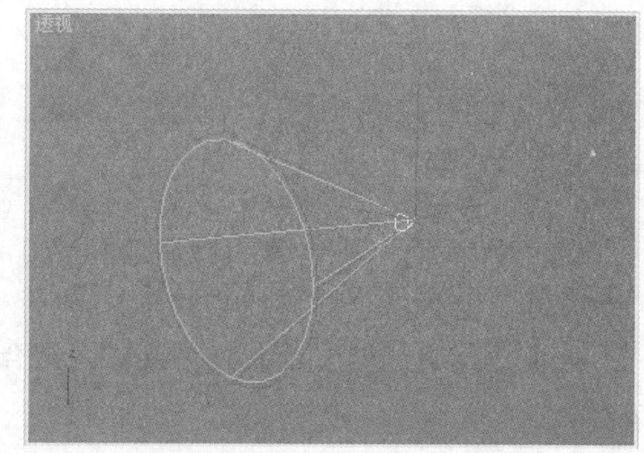

图 1-4-6　自由聚光灯的透视视图

聚光灯像闪光灯一样投射聚焦的光束，这是在剧院中或桅灯下的聚光区。与目标聚光灯不同，“自由聚光灯”没有目标对象。可以移动和旋转自由聚光灯以使其指向任何方向。

(3)目标平行光：目标平行光的形状，如图 1-4-7、图 1-4-8 所示。

图 1-4-7　目标平行光的顶视图

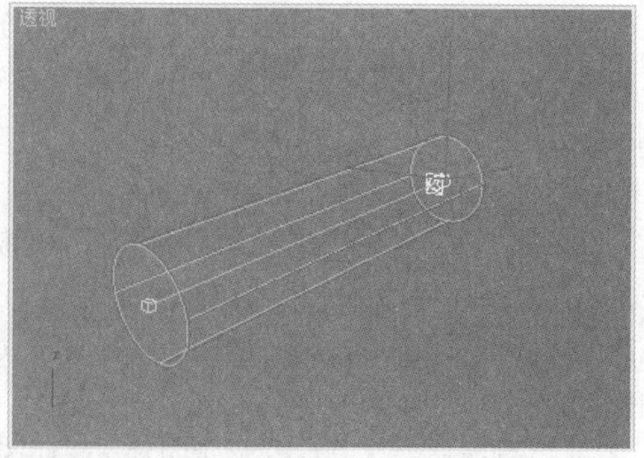

图 1-4-8　目标平行光的透视视图

由于平行光线是平行的，所以平行光线呈圆形或矩形棱柱而不是“圆锥体”。当添加目标平行光时，软件将自动为该灯光指定注视控制器，灯光目标对象指定为“目标”对象。

可以使用“运动”面板上的控制器设置将场景中的任何其他对象指定为“注视”目标。

(4)自由平行光：自由平行光的形状，如图 1-4-9、图 1-4-10 所示。

图 1-4-9　自由平行光的顶视图

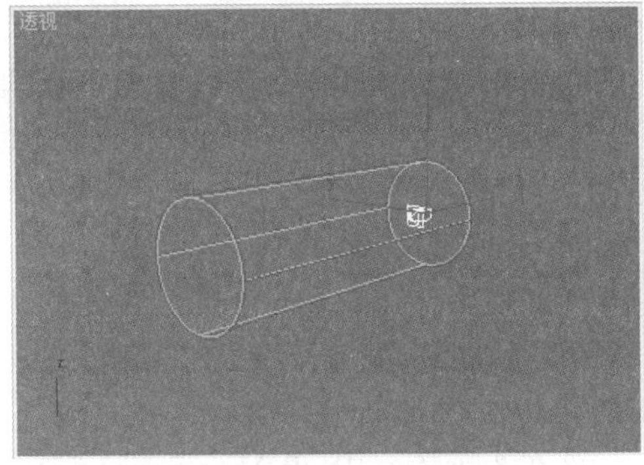

图 1-4-10　自由平行光的透视视图

平行光主要用于模拟太阳光，可以调整灯光的颜色并移动目标点改变其方向。与目标平行光不同，自由平行光没有目标对象。移动和旋转灯光对象以在任何方向将其指向。由于平行光线是平行的，所以平行光线呈圆形或矩形棱柱而不是“圆锥体”。

(5)泛光：泛光的形状，如图 1-4-11、图 1-4-12 所示。

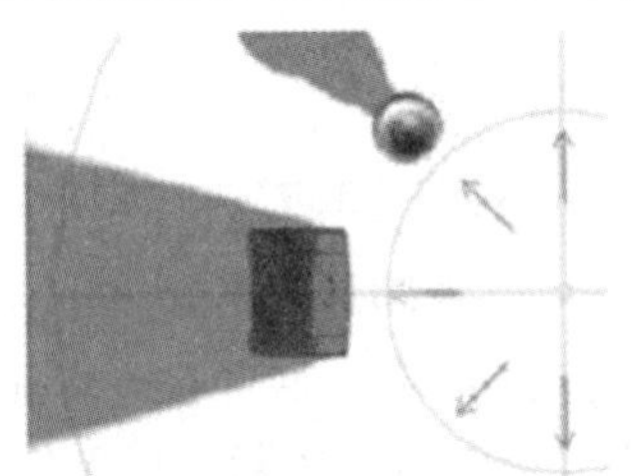

图 1-4-11　泛光的顶视图

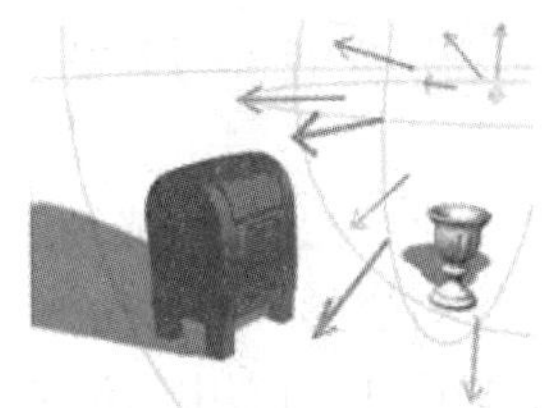

图 1-4-12　泛光的透视视图

“泛光”从单个光源向各个方向投射光线。泛光灯用于将“辅助照明”添加到场景中，或模拟点光源，泛光灯可以投射阴影和投影。单个投射阴影的泛光灯等同于 6 个投射阴影的聚光灯，从中心指向外侧。

(6)天光：“天光”建立日光的模型，意味着与光跟踪器一起使用。

①可以设置天空的颜色或将其指定为贴图。对天空建模作为场景上方的圆屋顶，如图 1-4-13 所示。天光的效果如图 1-4-14 所示。

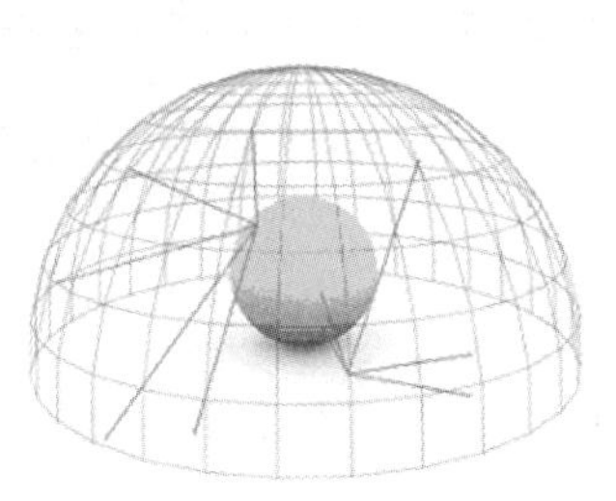

图 1-4-13　建立天光模型

图 1-4-14　天光的效果

②当使用默认扫描线渲染器渲染时，天光使用高级照明最佳：“光跟踪器”或者光能传递。

③使用带有天光的贴图：对于光跟踪，确保使用足够的采样。从经验规则上来看，最好使用至少 1 000 个采样，将“初始采样间距”设置为 8×8 或 4×4，并且将“过滤器大小”的值增加到 2。

④使用天光的渲染元素：如果使用渲染元素输出场景中天光的照明元素，该场景使用光能传递或光跟踪器，不可以分离灯光的直接、间接和阴影通道。天光照明的 3 个元素输出到“间接光”通道。

(7)mr 区域泛光灯：

①当使用 mental ray 渲染器渲染场景时，区域泛光灯从球体或圆柱体体积发射光线，而不是从点源发射光线。使用默认的扫描线渲染器，区域泛光灯同其他标准的泛光灯一样发射光线。

②在 3ds Max 中，由 Max Script 脚本创建和支持区域泛光灯，只有 mental ray 渲染器才可使用“区域光源参数”卷展栏上的参数。区域灯光的渲染时间比点光源的渲染时间要长。要创建快速测试(或草图)渲染，可以使用“渲染场景”对话框的“公用参数”卷展栏中的“区域/线光源视作点光源”切换，以便加快渲染速度。

4.1.3 光度学灯光

光度学灯光使用光度学(光能)值，通过这些值可以更精确地定义灯光，就像在真实世界一样。可以创建具有各种分布和颜色特性的灯光，或导入照明制造商提供的特定光度学文件。光度学灯光使用平方反比衰减持续衰减，并依赖于实际使用单位的场景。

在 3ds Max 2009 之前，如果从阴影的灯光图形来看，则存在多种类型的光度学灯光，如：目标点光源、自由点光源、目标线光源、自由线光源、目标面光源、自由面光源等。但是现在，光度学灯光仅有目标灯光和自由灯光两种类型，并且无须根据灯光类型来选择阴影投射的图形。

当打开 3ds Max 早期版本创建的场景时，该场景的光度学灯光会转换为新版本中各自相对应的灯光。例如，采用等距分布的目标线光源会转换为采用线性阴影和统一球形分布的目标灯光。这样不会丢失任何信息，并且灯光的表现形式与以前版本中的相同。

通过“创建”面板创建灯光时，显示的默认灯光为光度学灯光。如图 1-4-15 所示。

图 1-4-15 光度学灯光对象

1. 目标灯光

单击“目标灯光”，在视口中拖动即可创建目标灯光。拖动的初始点是灯光的位置，释放鼠标的点就是目标位置。现在灯光成为场景的一部分，通过使用移动变换，可调整灯光的位置和方向。

目标灯光具有用于指向灯光的目标子对象，如图 1-4-16 所示。当添加目标灯光时，3ds Max 会自动为其指定注视控制器，且灯光目标对象指定为“注视”目标。可以使用

“运动”面板上的控制器设置将场景中的任何其他对象指定为“注视”目标。

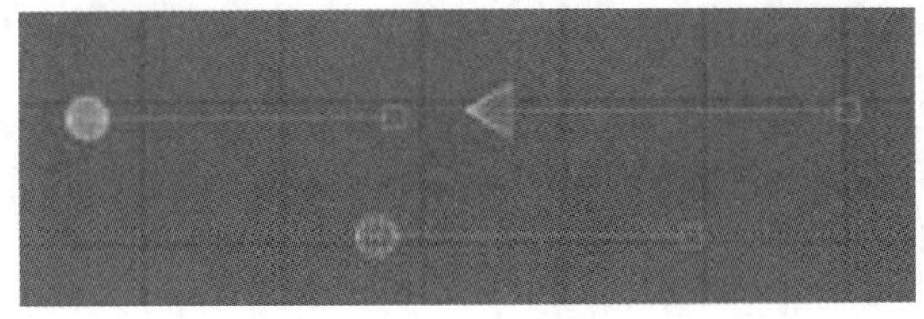

图 1-4-16 球形分布、聚光灯分布及 Web 分布的目标灯光

2. 自由灯光

单击“自由灯光”,单击放置灯光的视口位置即可创建自由灯光。现在灯光成为场景的一部分。最初,在单击的视口中,它指向相反方向(沿视口的负 Z 轴向下),可以使用变换工具或“灯光”视口定位灯光对象或调整其方向,也可以使用放置高光命令调整灯光的位置。

自由灯光不具备目标子对象,可以通过使用变换瞄准目标,如图 1-4-17 所示。

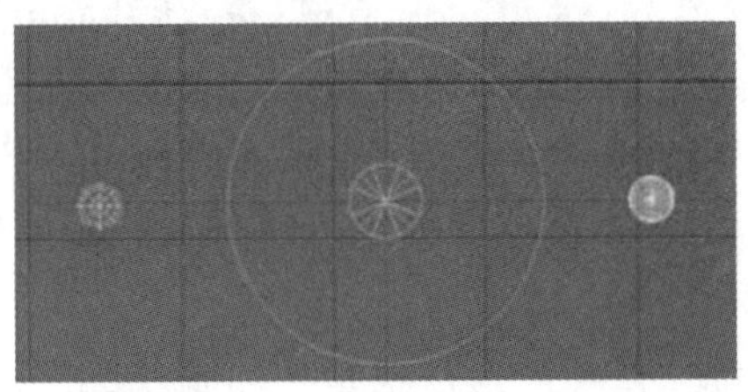

图 1-4-17 球形分布、聚光灯分布及 Web 分布的自由灯光

3. mr 天空门户

mr (mental ray) 天空门户对象提供了一种“聚集”内部场景中的现有天空照明的有效方法,无须高度最终聚集或全局照明设置(这会使渲染时间过长)。实际上,门户就是一个区域灯光,从环境中导出其亮度和颜色。为使 mr 天空门户正确工作,场景必须包含天光组件。此组件可以是 IES 天光、mr 天光,也可以是天光。

4.1.4 设置太阳光束

创建一个带窗户的简单场景,利用“目标平行光”模拟透光光束,用“体积光”营造尘埃效果,用“泛光灯”照亮环境,最终完成太阳光束透射到室内的光照效果,如图 1-4-18 所示。

图 1-4-18 太阳光束

1. 从配套资源中打开范例场景3ds Max文件“阁楼-1”，如图1-4-19所示。本场景非常简单，是一个阁楼的效果，墙壁与地板、天花板都可以用长方体来做。用布尔运算挖出窗户，再创建几个长方体作为简单护窗，为墙壁等赋予合适的材质。如果要模拟窗外的景色，可以用背景贴图去做。

2. 单击【创建】→【灯光】→ 目标平行光 按钮，在顶视图中创建一盏目标平行光，目标平行光及其在场景中的位置如图1-4-20所示。

图1-4-19 范例场景文件“阁楼-1max”

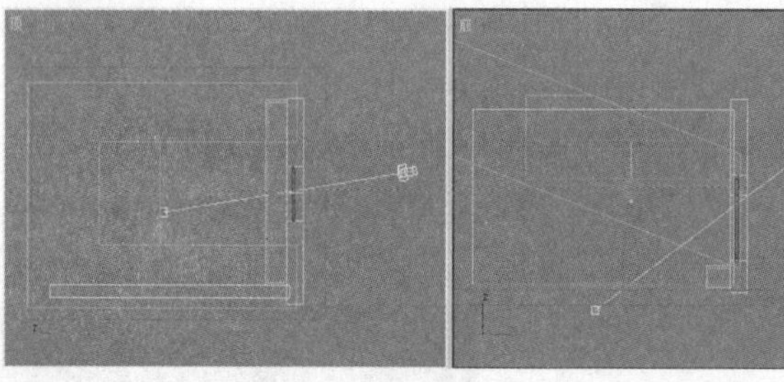

图1-4-20 目标平行光及其在场景中的位置

3. 对创建的目标平行光，在其修改面板上“常规参数”卷展栏中进行设置，如图1-4-21所示。

4. 打开“强度/颜色/衰减”卷展栏，对“倍增”“近距衰减”“远距衰减”进行参数设置，如图1-4-22所示。

5. 打开“平行光参数”卷展栏，对目标平行光的“光锥”进行参数设置，如图1-4-23所示。

6. 打开“阴影贴图参数”卷展栏，对目标平行光的阴影质量进行参数设置，如图1-4-24所示。

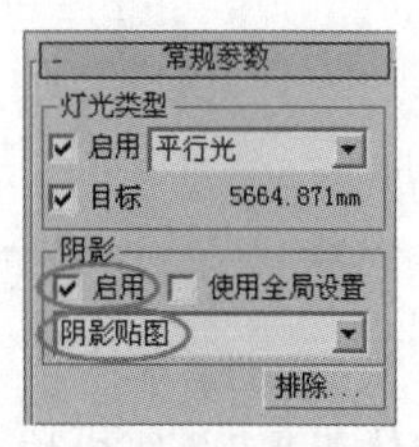

图1-4-21 设置“常规参数”卷展栏

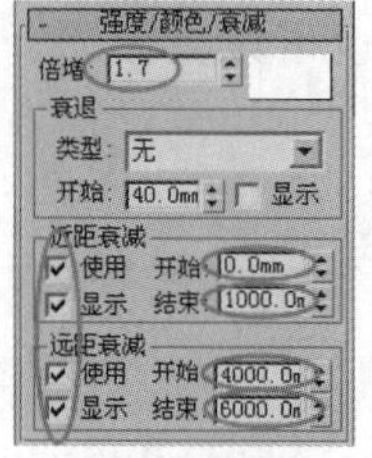

图1-4-22 设置“强度/颜色/衰减”卷展栏1

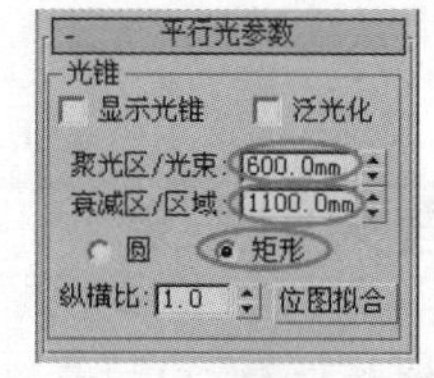

图1-4-23 设置“平行光参数”卷展栏

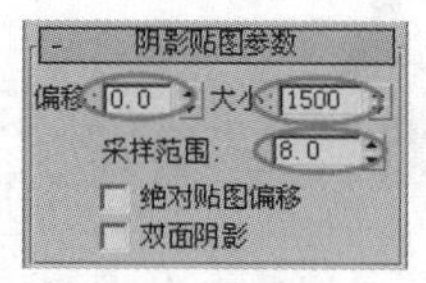

图1-4-24 设置“阴影贴图参数”卷展栏

7. 打开“大气和效果”卷展栏，单击【添加】按钮，在弹出的对话框中选择“体积光”，然后再选中“体积光”后单击【设置】按钮，这时会弹出“环境和效果”窗口，这里主要对“体积光参数”卷展栏进行参数设置，如图1-4-25所示。

8. 到目前为止，用来模拟“太阳光束”的体积光特效已基本设置完成，渲染摄影机视图观察效果，如图1-4-26所示。

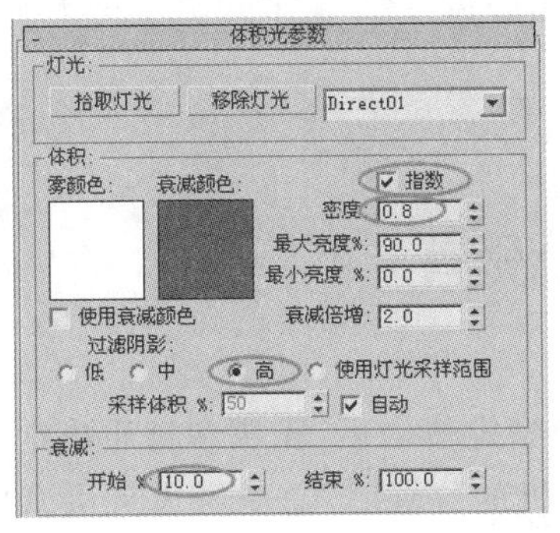

图 1-4-25　设置“体积光参数”卷展栏

图 1-4-26　模拟“太阳光束”的体积光效果

9. 通过渲染观察，现在的室内仍是一片漆黑，所以还要在室内添加一盏辅助光，辅助光用泛光灯创建就可以。在顶视图创建一盏泛光灯，泛光灯及其在场景中的位置如图 1-4-27所示。

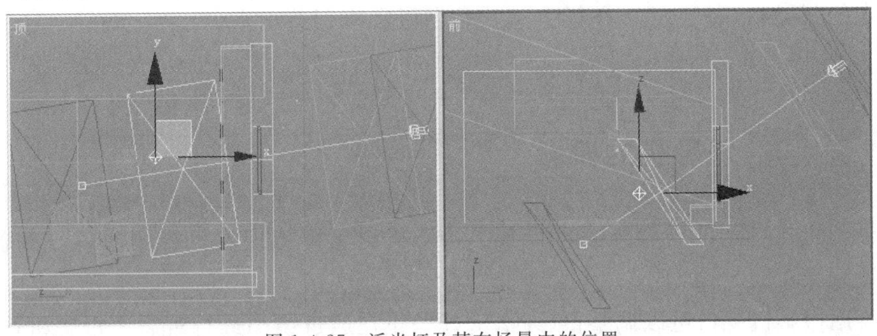

图 1-4-27　泛光灯及其在场景中的位置

10. 在修改面板上打开“强度/颜色/衰减”卷展栏，对“倍增”“远距衰减”进行参数设置，如图 1-4-28 所示。

11. 通过以上两个灯光的设置和调整，就完成了模拟“太阳光束”和“室内光环境”的效果。再次渲染摄影机视图，得到最终想要的效果，如图 1-4-29 所示。

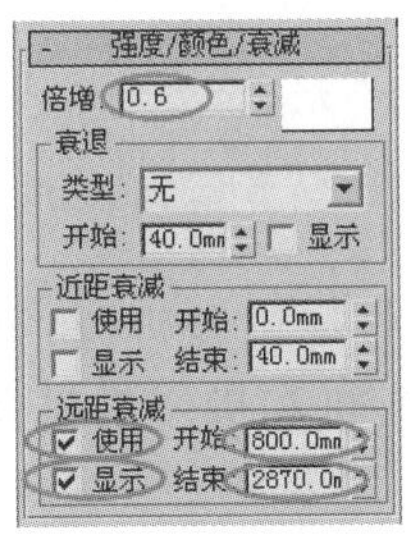

图 1-4-28　设置“强度/颜色/衰减”卷展栏 2

图 1-4-29　模拟“太阳光束”的最终效果

12. 再通过调整“近距衰减”的“开始”与“近距衰减”的“结束”等参数，把体积光的灯芯部分去掉，这样会更真实。还可以调整体积光的参数，加入“噪波”效果来模拟飘动的灰尘。还可以用体积光模拟手电筒、探照灯、舞台追光灯等灯光特效。

指导要点：

使用“噪波”或“置换”修改器来制作山峰场景，用“混合”材质作为山石泥土的颜色，用“顶/底”材质类型来模拟一部分雪已经消融的雪山效果。

项目链接：第 2 篇任务 11、12、19 等。

4.2 摄影机设置

一幅渲染出来的图像其实就是一幅画面。在模型定位之后，光源和材质决定了画面的色调，而摄影机决定了画面的构图。在确定摄影机的位置时，总是考虑到大众的视觉习惯，在大多数情况下视点不应高于正常人的身高，也会根据室内的空间结构，选择是采用人蹲着的视点高度、坐着的视点高度或是站立时的视点高度，这样渲染出来的图像就会符合人的视觉习惯，看起来也会很舒服。在使用站立时的视点高度时，目标点一般都会在视点的同一高度，也就是平视。这样墙体和柱子的垂直廓线才不会产生透视变形，给人稳定的感觉，这种稳定感和舒适感就是靠摄影机营造出来的。

4.2.1 摄影机的概念

1. 摄影机从特定的观察点表现场景。摄影机对象模拟现实世界中的静止图像、运动图片或视频摄影机。

2. 使用摄影机视口可以调整摄影机，就好像正在通过镜头进行观看。摄影机视口对于编辑几何体和设置渲染的场景非常有用。多个摄影机可以提供相同场景的不同视图。

3. 如果要设置观察点的动画，可以创建一个摄影机并设置其位置的动画，例如，飞过一个地形或走过一个建筑物。可以设置其他摄影机参数的动画，例如，可以设置摄影机视野的动画以获得场景放大的效果。

4.2.2 摄影机对象

1. 目标摄影机：查看目标对象周围的区域。创建目标摄影机时，看到一个两部分的图标，该图标表示摄影机及其目标（一个白色框）。摄影机和摄影机目标可以分别设置动画，以便当摄影机不沿路径移动时，容易使用摄影机。

2. 自由摄影机：查看注视摄影机方向的区域。创建自由摄影机时，看到一个图标，该图标表示摄影机及其视野。摄影机图标与目标摄影机图标看起来相同，但是不存在要设置动画的单独的目标图标。当摄影机的位置沿一个路径被设置动画时，适合使用自由摄影机，如图 1-4-30 所示，对摄像机视图进行渲染能产生比较真实的效果，如图 1-4-31 所示。

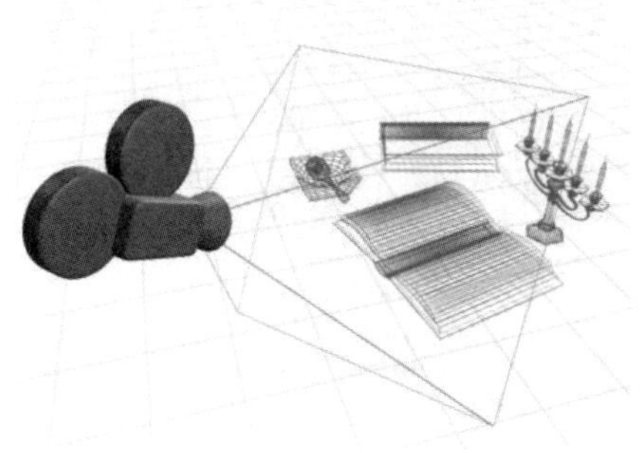
图 1-4-30　场景中摄影机的示例

图 1-4-31　通过摄影机渲染之后的效果

4.2.3 创建摄影机的步骤

1. 要使用摄影机渲染场景，请执行以下操作：

(1)创建摄影机并使其面向要成为场景中对象的几何体。要面向目标摄影机，则拖动目标使其位于摄影机观看的方向上。要面向自由摄影机，则应旋转和移动摄影机图标。

(2)选定一个摄影机，或如果场景中只存在一个摄影机，则可以激活视口，然后按键盘上的 C 键为该摄影机设置"摄影机"视口。如果存在多个摄影机并且已选定多个摄影机，则该软件将提示您选择要使用的摄影机。

(3)右击视口标签，然后选择"视图"并选择摄影机，也可以更改为"摄影机"视口。

(4)使用"摄影机"视口的导航控件调整摄影机的位置、旋转和参数。只激活该视口，然后使用【平移】、【摇移】和【推位摄影机】按钮。另外，可以在另一个视口中选择摄影机组件并使用移动或旋转图标。

2. 控制摄影机对象的显示：转到【显示】面板并在"按类别隐藏"卷展栏中，勾选或取消勾选"摄影机"，来显示或隐藏视图中的摄影机。

3. 将摄影机与视口匹配：选择一个摄影机，激活"透视"视口，如果没有选定摄影机，3ds Max 将创建一个新目标摄影机，其视野与视口相匹配。如果首先选择摄影机，将移动摄影机与"透视"视图相匹配。3ds Max 也将视口更改为摄影机对象的摄影机视口，并使摄影机成为当前选定对象。

4.2.4 摄影机参数

调整摄影机参数的界面，如图 1-4-32 所示。

1. 镜头：以毫米为单位设置摄影机的焦距。使用"镜头"微调器来指定焦距值，而不是指定在"备用镜头"组中按钮上的预设"备用"值。

(1)在"渲染场景"对话框中更改"光圈宽度"值后，也可以更改"镜头"微调器字段中

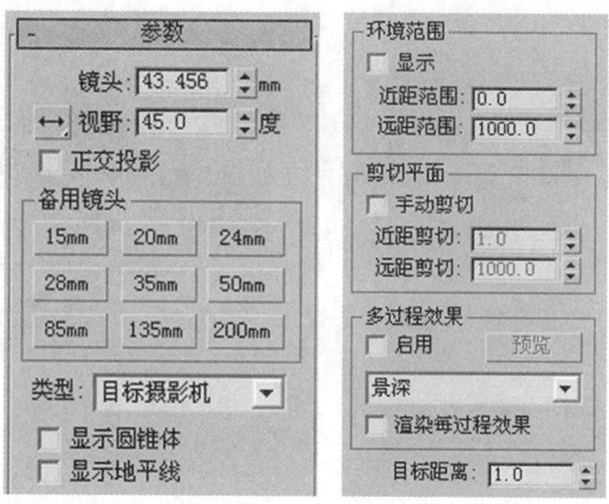

图 1-4-32　摄影机参数界面

的值。这样并不通过摄影机更改视图，但将改变“镜头”值和 FOV 值之间的关系，也将更改摄影机锥形光线的纵横比。

(2)FOV 方向弹出按钮，可以选择怎样应用视野(FOV)值：水平—(默认设置)水平应用视野。这是设置和测量 FOV 的标准方法。垂直—垂直应用视野。对角线—在对角线上应用视野，从视口的一角到另一角。

2.视野：决定摄影机查看区域的宽度(视野)。当“视野方向”为水平(默认设置)时，视野参数直接设置摄影机的地平线的弧形，以度为单位进行测量。也可以设置“视野方向”来垂直或沿对角线测量 FOV。也可以通过使用 FOV 按钮在摄影机视口中交互地调整视野。

3.正交投影：启用此选项后，摄影机视图看起来就像“用户”视图。禁用此选项后，摄影机视图可看作标准的透视视图。当“正交投影”有效时，视口导航按钮的行为如同平常操作一样，“透视”除外。“透视”功能仍然移动摄影机并且更改 FOV，但“正交投影”取消执行这两个操作，以便禁用“正交投影”后可以看到所做的更改。

4.“备用镜头”组：15 mm、20 mm、24 mm、28 mm、35 mm、50 mm、85 mm、135 mm、200 mm。这些预设值设置摄影机的焦距(以毫米为单位)。

5.类型：将摄影机类型从“目标摄影机”更改为“自由摄影机”，反之亦然。

注意：当从目标摄影机切换为自由摄影机时，将丢失应用于摄影机目标的任何动画，因为目标对象已消失。

6.显示圆锥体：显示摄影机视野定义的锥形光线(实际上是一个四棱锥)。锥形光线出现在其他视口但是不出现在摄影机视口中。

7.显示地平线：显示地平线。在摄影机视口中的地平线层级显示一条深灰色的线条。

8.“环境范围”组：

(1)近距范围和远距范围：确定在“环境”面板上设置大气效果的近距范围和远距范围限制。在两个限制之间的对象消失在远端 % 和近端 % 值之间。

(2)显示：显示在摄影机锥形光线内的矩形以显示近距范围和远距范围的设置。

9.“剪切平面”组：设置选项来定义剪切平面。在视口中，剪切平面在摄影机锥形光线内显示为红色的矩形(带有对角线)。

(1)手动剪切：启用该选项可定义剪切平面。禁用“手动剪切”后，不显示与摄影机距离小于 3 个单位的几何体。要覆盖该几何体，请使用“手动剪切”。

(2)近距剪切和远距剪切：设置近距和远距平面。对于摄影机，比近距剪切平面近或比远距剪切平面远的对象是不可视的。“远距剪切”值的限制为 10 到 32 的幂值之间。启用手动剪切后，近距剪切平面可以接近摄影机 0.1 个单位，如图 1-4-33 所示。

注意：极大的“远距剪切”值可能产生浮点错误，该错误可能引起视口中的 Z 缓冲区问题，如对象显示在其他对象的前面，而这是不应该出现的。

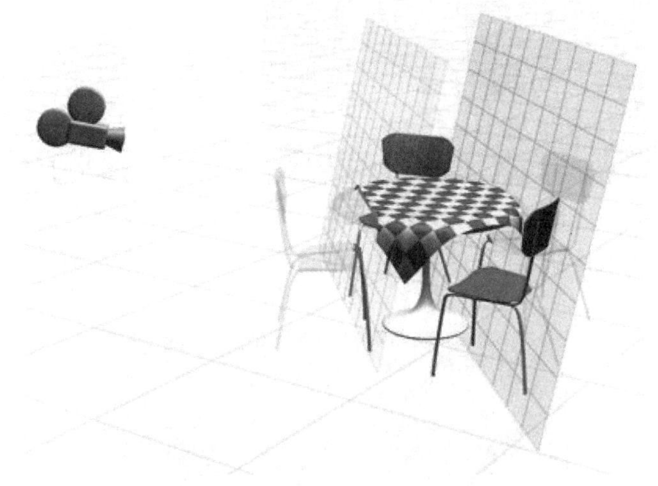

图 1-4-33　近距剪切平面和远距剪切平面的概念图像

10.“多过程效果”组：使用这些控件可以指定摄影机的景深或运动模糊效果。当由摄影机生成时，通过使用偏移以多个通道渲染场景，这些效果将生成模糊。它们增加渲染时间。

(1)启用：启用该选项后，使用效果预览或渲染。禁用该选项后，不渲染该效果。

(2)预览：单击该选项可在活动摄影机视口中预览效果。如果活动视口不是摄影机视图，则该按钮无效。

(3)“效果”下拉列表：使用该选项可以选择生成哪类多重过滤效果，景深或运动模糊。这些效果相互排斥。默认设置为“景深”。使用该列表可以选择景深 (mental ray)，其中可以使用 mental ray 渲染器的景深效果。

注意：默认情况下，在“参数”卷展栏之后，将出现所选效果的卷展栏。

(4)渲染每过程效果：启用此选项后，如果指定任何一个，则将渲染效果应用于多重过滤效果的每个过程(景深或运动模糊)。禁用此选项后，将在生成多重过滤效果的通道之后只应用渲染效果。默认设置为禁用状态。禁用“渲染每过程效果”可以缩短多重过滤效果的渲染时间。

(5)目标距离：使用自由摄影机，将点设置为不可见的目标，以便可以围绕该点旋转摄影机。使用目标摄影机，表示摄影机及其目标之间的距离。

4.2.5 制作光影茶壶

创建一把茶壶，利用聚光灯营造光影效果，创建摄影机、调整摄影机角度，观察光影效果，如图 1-4-34 所示。

图 1-4-34 光影茶壶

光影茶壶

1. 单击【创建】按钮，在视图中创建一个长、宽各 200 的平面和一半径为 25 的茶壶，如图 1-4-35 所示。

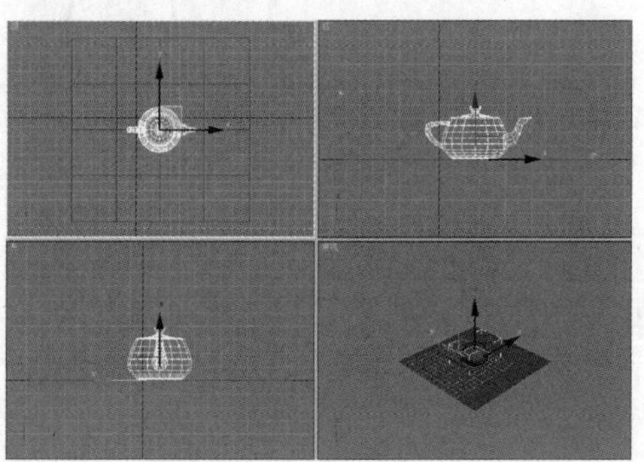

图 1-4-35 创建场景

2. 单击【灯光】按钮，进入系统默认的标准灯光创建面板，单击 目标聚光灯 按钮，在前视图中创建一盏目标聚光灯，并调整其位置，如图 1-4-36 所示。

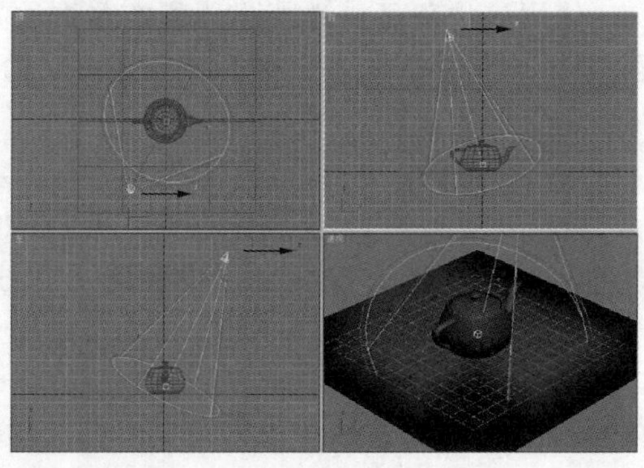

图 1-4-36 创建目标聚光灯 1

3. 再单击 目标聚光灯 按钮，在前视图中创建另一个目标聚光灯，并调整其位置，如图 1-4-37 所示。

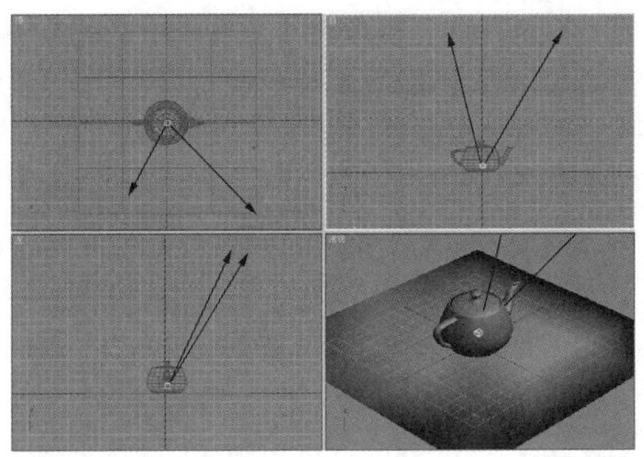

图 1-4-37　创建目标聚光灯 2

4. 单击【创建】按钮，进入创建命令面板，单击【摄影机】按钮，进入摄影机创建面板。单击 目标 按钮，在视图中创建一架目标摄影机。激活透视图，然后按 C 键将透视图转换为摄影机视图，调整摄影机位置，如图 1-4-38 所示。

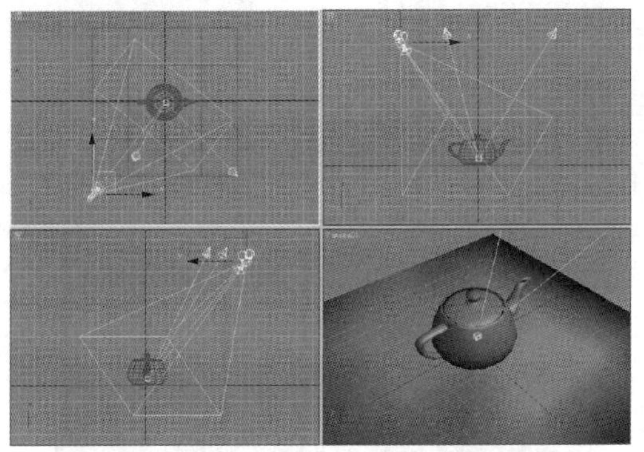

图 1-4-38　创建并调整摄影机位置

5. 选择“目标聚光灯 1”，单击【修改】按钮进入灯光修改命令面板。在“常规参数”卷展栏中勾选阴影“启用”并选择“光线跟踪阴影”类型，如图 1-4-39 所示。渲染摄影机视图，如图 1-4-40 所示。

图 1-4-39　参数设置

图 1-4-40　带“阴影”的渲染效果

6. 由效果图 1-4-40 可看出，灯光与阴影的边缘生硬，没有光影感，颜色也较为单调。选择“目标聚光灯 1”，单击【修改】按钮进入灯光修改命令面板。在“强度/颜色/衰减”

卷展栏中设置灯光颜色为 RGB＝207、109、98，并在“聚光灯参数”卷展栏中设置“聚光区/光束”为 1.1，设置“衰减区/区域”为 35，其他参数设置如图 1-4-41 所示。

7. 选择“目标聚光灯 2”，进入灯光修改命令面板。在“强度/颜色/衰减”卷展栏中设置灯光颜色为 RGB＝89、96、182，并在“聚光灯参数”卷展栏中设置“聚光区/光束”为1.1，设置“衰减区/区域”为 20，其他参数设置如图 1-4-42 所示。

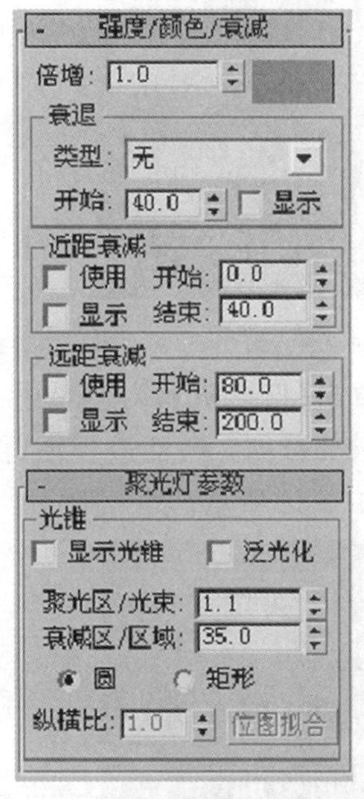

图 1-4-41 目标聚光灯 1 参数设置

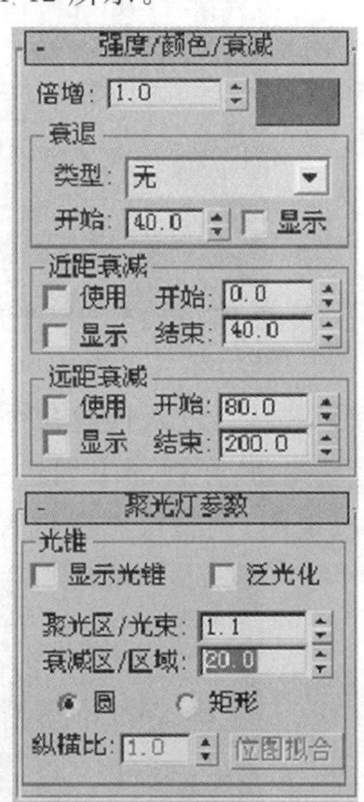

图 1-4-42 目标聚光灯 2 参数设置

8. 渲染摄影机视图，光影茶壶渲染效果如图 1-4-43 所示。

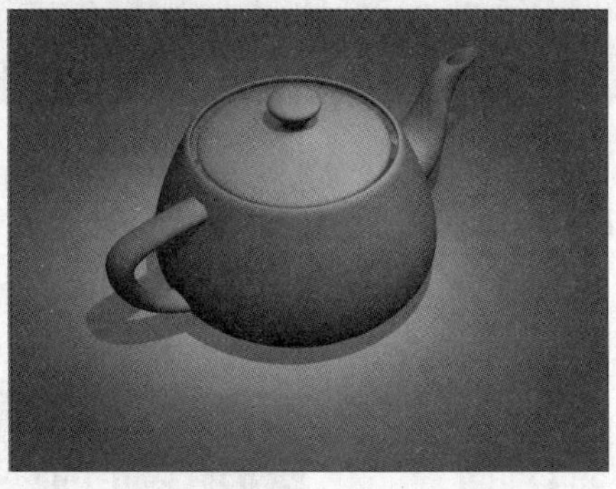

图 1-4-43 光影茶壶渲染效果

项目链接：第 2 篇任务 11、13 等。

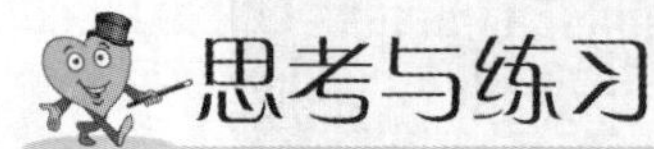

思考

1. 3ds Max 有哪几种灯光？

2. 简述 3ds Max 的常用布光方式。

3. 简述创建摄影机的几个步骤。

操作题

1. 创建一些大的场景，如房间或户外建筑的效果图，尝试用不同的灯光阵列给场景布光，并且创建摄影机。

2. 通过对灯光、摄影机的设置调整出如图 1-4-44 所示的阴影效果。

图 1-4-44　阴影效果

3. 通过对目标聚光灯、目标摄影机、体积光、辅助泛光灯的设置，创建如图 1-4-45 所示的体积光效果。

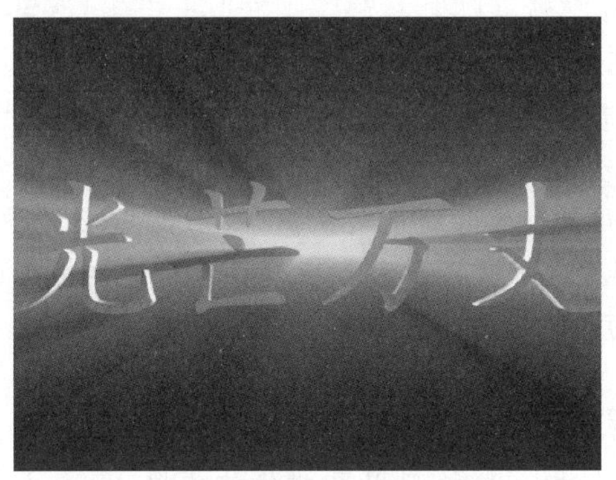

图 1-4-45　体积光效果

光束字体

第5单元 环境特效和渲染输出

单元导读

在 3ds Max 中主要使用环境来增加场景效果和气氛。环境设置在动画制作中是很重要的一个环节，如果忽视了场景的环境设置，动画作品就会缺乏艺术表现力、没有真实感或缺少足够的气氛。

场景要显得比较真实，就需要在场景中添加一些效果，在 3ds Max 中有 3 种类型的环境特效最常用：一是雾，根据场景的不同要求，可分成多种类型；二是体积光，其主要呈现一种灯光洒过某种介质后在物体周围所形成的一种光泽，它能够产生非常有形的光束，可以用来制作光芒放射的效果，虽然其渲染速度较慢，但效果很好；三是火焰，它产生真实的动态燃烧效果，主要用于产生火焰、烟雾和水雾特效。通过这些特殊的大气环境效果，可以再现雾朦胧或线性渐变的分层雾的自然效果。还可以利用大气虚拟雾与局部体积雾，来实现云烟流动的特效。

在动画和场景制作完成之后，要把动画和场景进行渲染输出，以表现其效果。在渲染效果图时，可以指定渲染器的类型，共分 3 种：默认扫描线渲染器、mental ray 渲染器、VUE 文件渲染器，并且可以设置图像的品质、精度及品质与渲染速度的关系等。

单元要点

- 环境和大气设置
- 雾和体积雾
- 体积光
- 火效果
- 渲染输出
- Video Post 视频合成器

5.1　环境和大气设置

“环境和效果”窗口位置:执行菜单“渲染” →“环境”,打开“环境和效果”窗口,如图 1-5-1 所示。“环境和效果”窗口中有“环境”和“效果”两个选项卡。

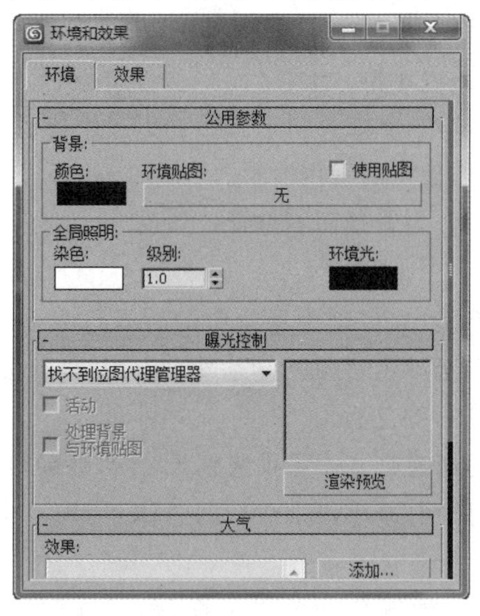

图 1-5-1　“环境和效果”窗口

1. “环境”面板:使用“环境”面板,可以完成以下操作。

(1)设置背景颜色和设置背景颜色动画。

(2)在视口和渲染场景的背景(屏幕环境)中使用图像,或使用纹理贴图作为球形环境、柱形环境或收缩包裹环境。

(3)全局设置染色和环境光,并设置它们的动画。

(4)在场景中使用大气插件(例如体积光)。大气是创建照明效果的插件组件,例如火焰、雾、体积雾和体积光。

(5)将曝光控制应用于渲染。

2. “公用参数”卷展栏,如图 1-5-2 所示。

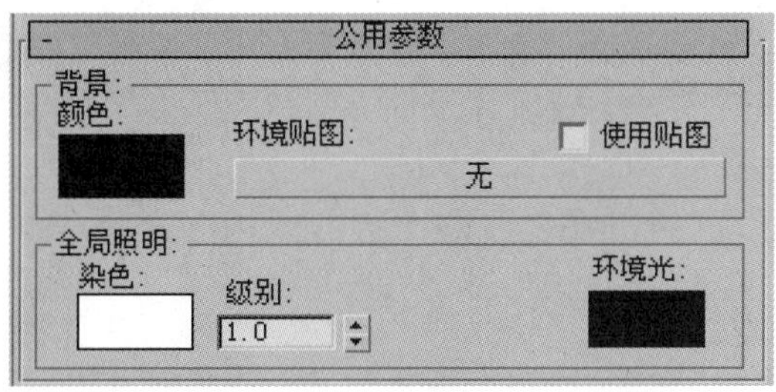

图 1-5-2　“公用参数”卷展栏

(1)“背景”组

①颜色:设置场景背景的颜色。单击色样,然后在“颜色选择器”中选择所需的颜色。通过在启用“自动关键点”选项的情况下更改非零帧的背景颜色,设置颜色效果动画。

②环境贴图:环境贴图的按钮会显示贴图的名称,如果尚未指定名称,则显示“无”。贴图必须使用环境贴图坐标(球形、柱形、收缩包裹和屏幕)。要指定环境贴图,请单击该按钮,使用“材质/贴图浏览器”对话框选择贴图,或将“材质编辑器”中示例窗或【贴图】按钮上的贴图拖放到【环境贴图】按钮上。此时会出现一个对话框,询问您是否希望环境贴图成为源贴图的副本(独立)或示例。

③要调整环境贴图的参数,例如要指定位图或更改坐标设置,请打开“材质编辑器”,将【环境贴图】按钮拖放到未使用的示例窗中。

④使用贴图:使用贴图作为背景而不是背景颜色。

(2)“全局照明”组

①染色:如果此颜色不是白色,则为场景中的所有灯光(环境光除外)染色。单击色样显示“颜色选择器”,用于选择色彩颜色。通过在启用“自动关键点”选项的情况下更改非零帧的色彩颜色,设置色彩颜色动画。

②级别:增强场景中的所有灯光。如果级别为 1.0,则保留各个灯光的原始设置。增大级别将增强总体场景的照明,减小级别将减弱总体照明。此参数可设置动画。默认设置为 1.0。

③环境光:设置环境光的颜色。单击色样,然后在“颜色选择器”中选择所需的颜色。通过在启用“自动关键点”选项的情况下更改非零帧的环境光颜色设置灯光效果动画。

3. “大气”卷展栏,如图 1-5-3 所示。

(1)效果:显示已添加的效果队列。在渲染期间,效果在场景中按线性顺序计算。根据所选的效果,“环境和效果”窗口添加适当效果参数的卷展栏。

(2)名称:为列表中的效果自定义名称。

例如,不同类型的火焰通过自定义设置,可以命名为“火花”和“火球”。

(3)添加:显示“添加大气效果”对话框(所有当前安装的大气效果)。选择效果,然后单击【确定】按钮将效果指定给列表,如图 1-5-4 所示。

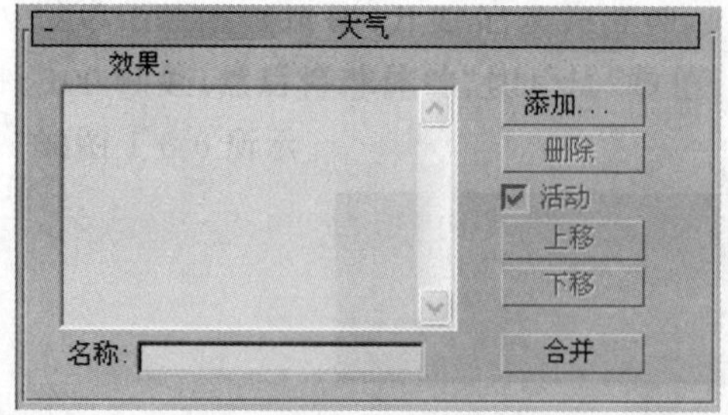

图 1-5-3 “大气”卷展栏

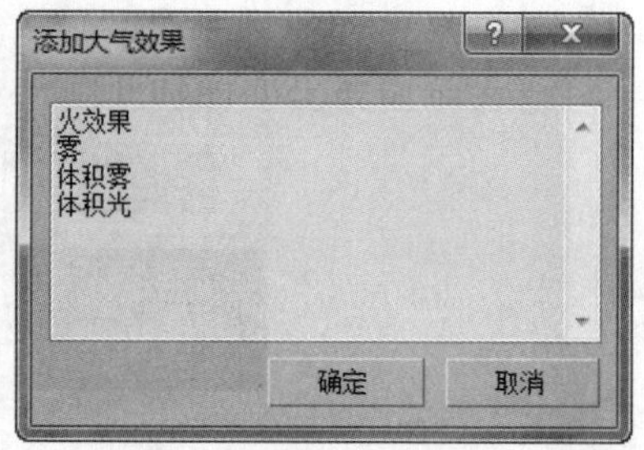

图 1-5-4 “添加大气效果”对话框

(4)删除:将所选大气效果从列表中删除。

(5)活动:为列表中的各个效果设置启用/禁用状态。这种方法可以方便地将复杂的大气功能列表中的各种效果孤立。

(6)上移/下移:将所选项在列表中上移或下移,更改大气效果的应用顺序。

(7)合并:合并其他 3ds Max 场景文件中的效果。

单击【合并】按钮后,将出现"合并大气效果"对话框。选择 3ds Max 场景,然后单击【打开】按钮。"合并大气效果"对话框会列出场景中可以合并的效果。选择一个或多个效果,然后单击【确定】按钮将效果合并到场景中。

4."效果"面板和卷展栏。使用"效果"面板可以执行以下操作。

(1)指定渲染效果插件。

(2)应用图像处理但不使用 Video Post。

(3)以交互方式调整和查看效果。

(4)为参数和对场景对象的参考设置动画。

5."效果"面板和卷展栏界面,如图 1-5-5 所示。"效果"面板中有一个主卷展栏"效果",包含以下选项:

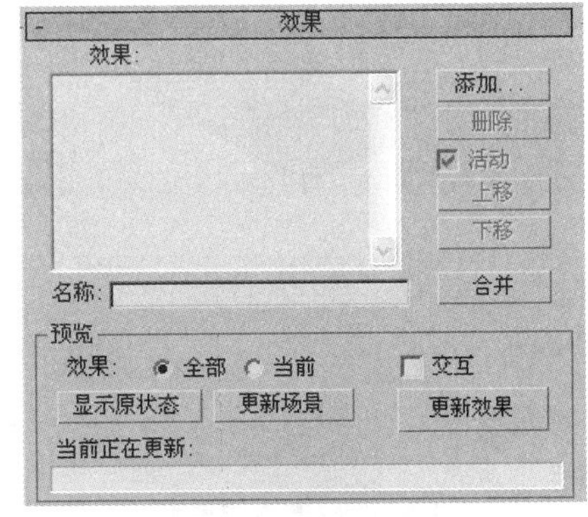

图 1-5-5　"效果"面板和卷展栏界面

(1)效果:显示所选效果的列表。

(2)名称:显示所选效果的名称,编辑此字段可以为效果重命名。

(3)添加:显示一个列出所有可用渲染效果的对话框。选择要添加到窗口列表的效果,然后单击【确定】按钮。

(4)删除:将高亮显示的效果从窗口或场景中移除。

(5)活动:指定在场景中是否激活所选效果。默认设置为启用。可以通过在窗口中选择某个效果,禁用"活动",取消激活该效果,而不必真正移除。

(6)上移:将高亮显示的效果在窗口列表中上移。

(7)下移:将高亮显示的效果在窗口列表中下移。

(8)合并:合并场景(.max)文件中的渲染效果。单击【合并】按钮将显示一个文件对话框,从中可以选择 .max 文件。然后会出现一个对话框,列出该场景中所有的渲染效果。

6."预览"组效果:选中"全部"时,所有活动效果将应用于预览。选中"当前"时,只有高亮显示的效果应用于预览。

(1)交互:启用时,在调整效果的参数时,更改会在渲染帧窗口中交互进行。没有激活"交互"时,可以单击【更新效果】按钮来预览效果。

(2)"显示原状态/显示效果"切换:单击【显示原状态】按钮显示未应用任何效果的原渲染图像。单击【显示效果】按钮显示应用了效果的渲染图像。

(3)更新场景:使用在渲染效果中所做的所有更改以及对场景本身所做的所有更改

来更新渲染帧窗口。

(4)更新效果:未启用“交互”时,手动更新预览渲染帧窗口。渲染帧窗口中只显示在渲染效果中所做的所有更改的更新。对场景本身所做的所有更改不会被渲染。

下面利用简单场景,添加“雾效果”,通过摄影机的远距、近距控制雾的表现以及参数的调整,分别制作白色雾效果、蓝紫色雾效果、黑色雾效果、背景雾效果、透明贴图雾效果和彩色雾效果,对比各种不同色彩的雾效果所产生的视觉差异,如图 1-5-6 所示。

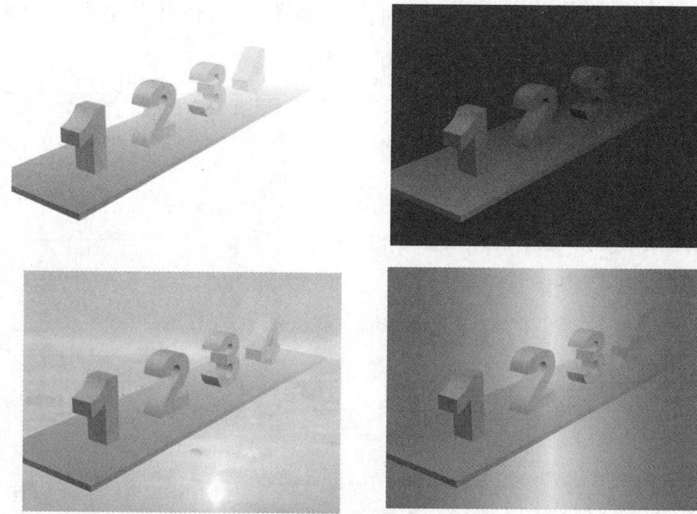

图 1-5-6 雾效果

1. 创建一个简单模型场景,并设置摄影机,如图 1-5-7 所示。

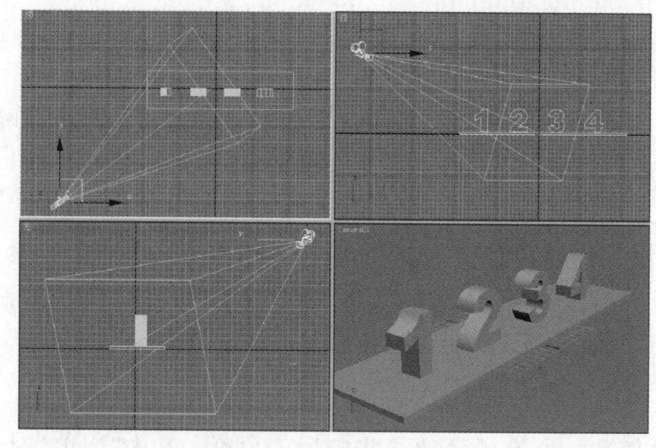

图 1-5-7 创建场景

雾效果

2. 单击【渲染】按钮进行渲染,如图 1-5-8 所示。观察 4 个远近不同的数字,它们的清晰度相同,无法辨别纵深效果。

3. 选择摄影机,在修改面板的参数卷展栏,勾选环境范围的“显示”选项,并设置“近距范围”为 350,“远距范围”为 700,如图 1-5-9 所示。可以观察到黄色和褐色两个线圈,分别代表近处和远处的两个点,用以控制雾效果。从数字 2 开始,到数字 3 达到最浓。

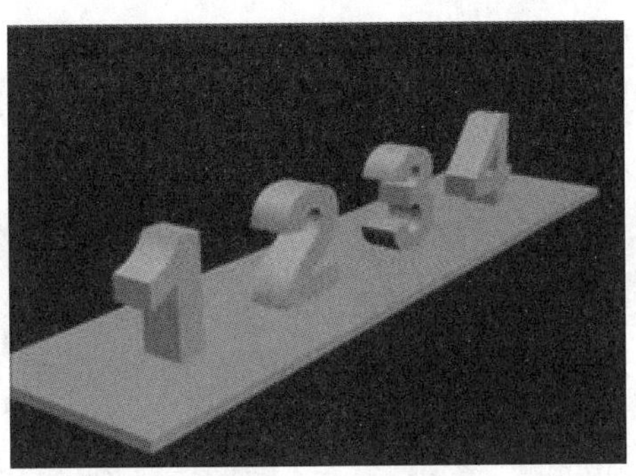

图 1-5-8　渲染效果

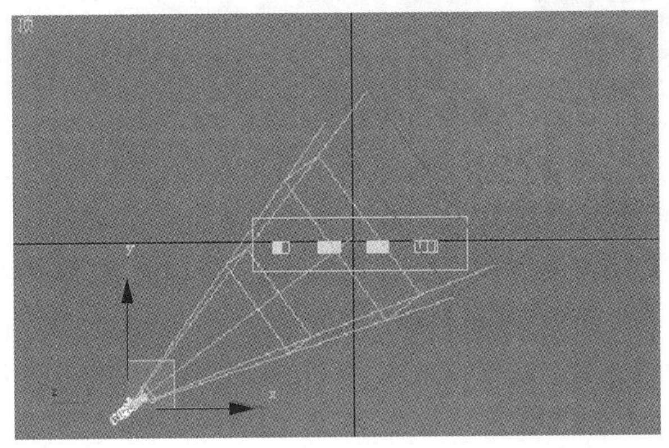

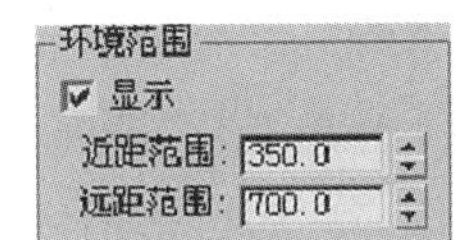

图 1-5-9　调整摄影机参数

4. 执行主菜单"渲染"→"环境"命令，在弹出的"环境和效果"窗口的"大气"卷展栏中单击【添加】按钮，在弹出的"添加大气效果"对话框中选择"雾"，单击【确定】按钮关闭对话框。

5. 渲染摄影机视图，效果如图 1-5-10 所示。图中数字 1 可以清晰地看到，而 4 却淹没在浓雾中。

图 1-5-10　雾效果

6. 默认的雾效果为白色浓雾，现在将其改为蓝色浓雾，制造一种恐怖气氛。执行主菜单"渲染"→"环境"命令，在弹出的"环境和效果"窗口的"大气"卷展栏中，选择"雾"选项，单击"雾参数"卷展栏中的白色色块，在弹出的色彩对话框中选择蓝紫色(RGB、70，0，

130)，关闭对话框可见渲染效果，如图 1-5-11 所示。

7. 通常将雾色设为黑色，可以产生一种视景的纵深效果。以同样的方法，将雾颜色改为纯黑色(RGB:0,0,0)，黑色雾效果如图 1-5-12 所示，数字逐渐消失在黑暗中。

图 1-5-11　蓝紫色雾效果

图 1-5-12　黑色雾效果

8. 背景雾效果。现在为场景添加一张背景图片，并将雾效设淡，使它作用于背景，以产生雾状背景效果。

9. 执行主菜单“渲染”→“环境”命令，在弹出的“环境和效果”窗口中，将雾颜色改为纯白色，将“标准”参数下的“远端”设置为 70，使得最浓的雾效变为 70%，以产生半透明效果。在“公用参数”卷展栏，单击【无】按钮，在弹出的“材质/贴图浏览器”对话框中选择“位图”，选择一张合适的图片作为背景，如图 1-5-13 所示。

10. 确认“雾化背景”为勾选状态，渲染摄影机视图，背景效果如图 1-5-14 所示。现在背景和物体都受到了雾效的影响。

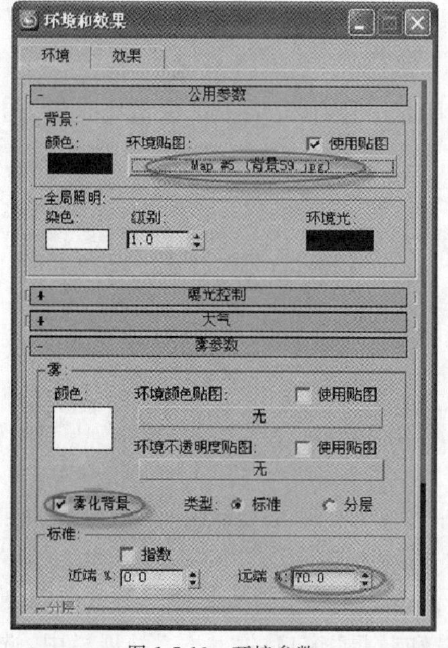

图 1-5-13　环境参数

图 1-5-14　背景雾效果

11. 透明贴图雾效。现在为雾指定一个透明色块贴图，利用“噪波”贴图材质产生一

种破碎雾团的效果。

12. 在“环境和效果”窗口中，单击“环境不透明度贴图”的【无】按钮，在弹出的浏览器中选择“噪波”，单击【确定】按钮。

13. 打开材质编辑器，将上一步加入的不透明贴图按钮 Map #6 (Noise) 拖动到材质编辑器的示例球上释放，认可“实例”，这时就可以对贴图进行编辑了。在“噪波参数”卷展栏，设置“大小”为10，噪波类型为“分形”，如图1-5-15所示。

14. 透明贴图雾效果如图1-5-16所示。可以看到一团一团的雾效，通过噪波材质，黑色部分变得透明，白色部分保持雾效。

15. 彩色雾效。可以使用一种红黄渐变材质用于雾的色彩贴图，以产生一种奇幻的彩色云雾。在“环境和效果”窗口的“雾参数”卷展栏中，单击“环境颜色贴图”的【无】按钮，在弹出的浏览器中选择“渐变坡度”，单击【确定】按钮。取消“环境不透明度贴图”右侧的“使用贴图”勾选，使刚才的噪波贴图失效，如图1-5-17所示。

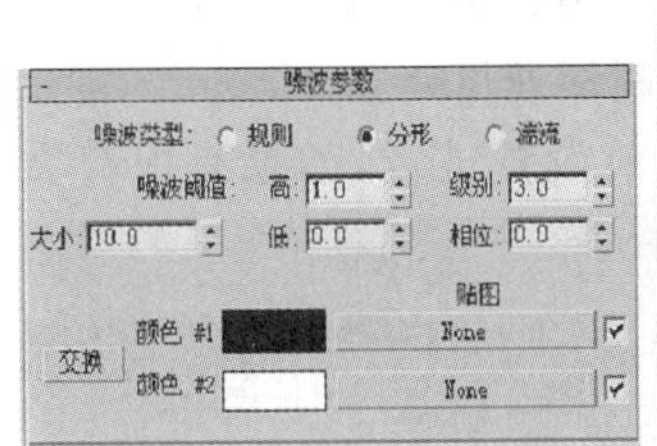

图1-5-15　噪波参数

图1-5-16　透明贴图雾效果

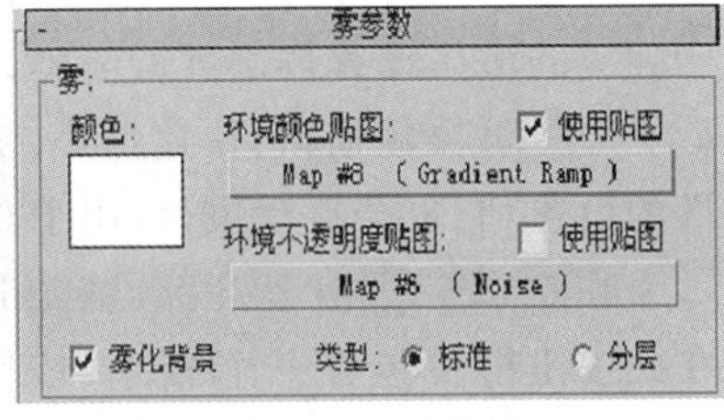

图1-5-17　雾参数设置

16. 打开材质编辑器，将上一步加入的“环境颜色贴图” Map #8 (Gradient Ramp) 按钮拖动到材质编辑器的示例球上释放，认可“实例”。将默认的环境贴图方式由“球形环境”改为“屏幕”，将渐变色改为两端为红色，中间为黄色，如图1-5-18所示。

17. 彩色雾效果如图1-5-19所示。

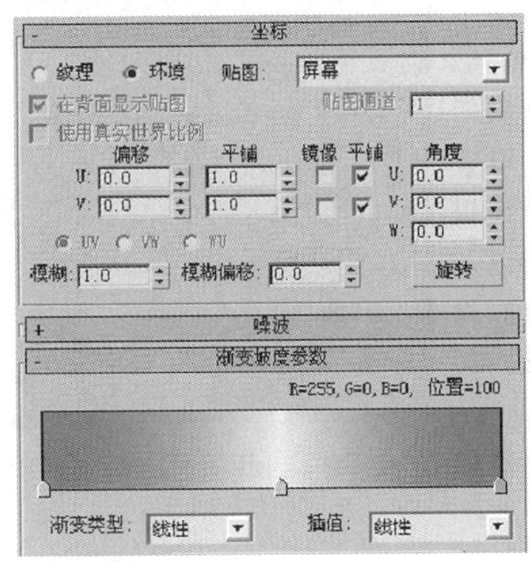

图1-5-18　贴图参数

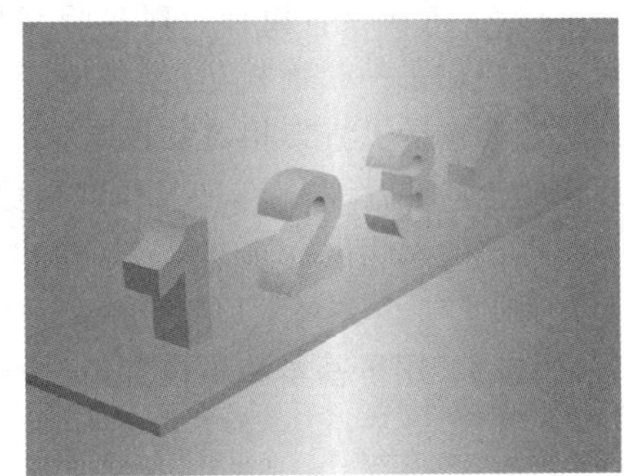
图1-5-19　彩色雾效果

项目链接：第2篇任务11、13、14、15等。

5.2 渲染输出

渲染是三维制作中关键的一个环节，不一定是在最后完成时才需要。创作中从建模开始，就会不断地使用它，一直到材质、环境、动作的调节，通过渲染可以不断查看作品的细节，为最终的渲染输出做准备。

在3ds Max工具行右侧提供了几个用于渲染的按钮，主要用于渲染和输出工作。

1. 渲染设置：这是最标准的渲染工具，单击它会弹出渲染设置框，进行各项渲染设置。设置完毕单击【渲染】按钮可以基于3D场景创建2D图像或动画，从而使用所设置的灯光、所应用的材质及环境设置（如背景和大气）为场景的几何体着色。一般对一个新场景进行渲染时，应使用此工具，以便进行渲染设置，此后再使用另外两个工具，并按照已完成的渲染设置再次进行渲染，从而跳过设置环节，以加快制作速度。

2. 渲染帧窗口：快速渲染。不经过渲染设置，直接按当前设置进行，如果有保存文件的设置，它也会自动执行，用于查看当前窗口效果。

3. / / 渲染产品/渲染迭代/ActiveShade。在此按钮组中包含三个命令（按钮），渲染产品使用“渲染场景”中的所有当前设置进行渲染，用于对场景进行产品级别的快速渲染。渲染迭代用于简单渲染，忽略网络渲染、多帧渲染、文件输出、导出等。ActiveShade（实时渲染）提供预览渲染，可查看场景中更改照明或材质的效果。调整灯光和材质时，ActiveShade窗口交互地更新渲染效果。

单击【渲染设置】按钮可以直接打开“渲染场景”窗口。3ds Max在第6版中对渲染设置框做了很大的调整，并进行了重新整合设计。现在所有相关的设置都被统一集成在了一个面板里，操作性能得到很大提高。此次整合包括了渲染相关的设定、高级照明以及光线跟踪的全局设置等内容，使操作变得更加方便，软件的操作也更加人性化。“渲染场景”窗口如图1-5-20所示。

图1-5-20 “渲染场景”窗口

“公用参数”用于基本渲染设置，对任何渲染器都适用：

1.“时间输出”组：确定将要对哪些帧进行渲染。

• 单帧：只对当前帧进行渲染，得到静态图像。

• 活动时间段：对当前活动的时间段进行渲染，当前时间段来自屏幕下方时间滑块的显示。

• 范围：手动设置渲染的范围，还可以指定为负数。

• 帧：特殊指定单帧或时间段进行渲染，单帧用“，”号隔开，时间段之间用“—”连接。例如1，3，5—12表示对第1帧、第3帧、第5～12帧进行渲染。

• 每N帧：设置间隔多少帧进行渲染。例如输入3，表示每隔3帧渲染1帧，即渲染1、4、7、10等帧。对于较长时间的动画，可以使用这种方式来简略观察动作是否完整。

• 文件起始编号：设置起始帧保存时文件的序号。对于逐帧保存的图像，会按照自身的帧号增加文件序号，例如第2帧为File0002。如果想更改这个序号，可以在此进行基础序号的重新设定。

2.“输出大小”组，确定渲染图像的尺寸大小。

●宽度/高度：分别设置图像的宽度和高度，单位为像素。可以直接输入或调节上、下按钮，也可以从右侧的4种固定尺寸中选择。还可以对4种固定尺寸进行重新定义。在任意按钮上单击鼠标右键，弹出“配置预设”对话框，如图1-5-21所示。这里可以对当前按钮的尺寸重新设定。【获取当前设置】按钮可以直接将当前已设定的长宽尺寸和比例值读入，作为当前按钮的设置。

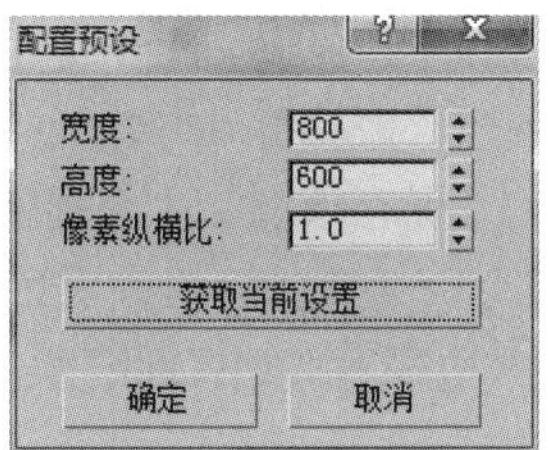

图1-5-21　配置预设

●图像纵横比：设置图像长宽的比例，当长宽值指定后，它也会自动计算出来。如果单击它右侧的锁定按钮，则会使图像的纵横比固定，这时对高度值的调节也会影响宽度值。

●像素纵横比：为其他的显示设备设置像素的形状。有时渲染后的图像在其他显示设备上播放时，可能会发生挤压变形，这时可以通过调整像素纵横比值来修正。

●光圈宽度(毫米)：针对当前摄影机视图的摄影机设置，确定它渲染输出的光圈宽度。它的改变将改变摄影机的“镜头”值，但不会影响视图中的观察效果。

●其他尺寸类型：除了“自定义”类型外，3ds Max还提供了其他的固定尺寸类型，以方便有特殊要求的用户。

3.“选项”组，对场景中的特殊设置进行渲染选择。

●大气：是否对场景中的大气效果进行渲染，如“雾”“体积光”等。

●效果：是否对场景中设置的特殊效果进行渲染，如“光学效果”等。

●置换：是否对场景中的置换贴图进行渲染计算。

●视频颜色检查：检查图像中是否有像素的颜色超过了NTSC制或PAL制电视的阈值，如果有，将对它们做标记或转化为允许的范围值。

●渲染为场：当为电视创建动画时，设定渲染到电视的场，而不是帧。如果将来要输出到电视，一定要将此项开启，否则会出现抖动现象。

●渲染隐藏几何体：如果将它开启，将会对场景中所有的对象进行渲染，包括被隐藏的对象。

●区域光源/阴影视作点光源：开启这个选项后可以使场景中的所有面光源和面阴影都暂时使用点光源和阴影贴图的方式进行渲染，这样的好处是在做测试渲染时能加快渲染的速度，节省调节渲染的时间。因为毕竟面光源和面阴影的渲染是耗时的，为节省时间在测试时关闭它，在最终渲染时再打开。

●强制双面：对对象内外表面都进行渲染。这样虽然会减慢渲染速度，但能够避免因法线错误而造成表面渲染不正确。如果发现有法线异常的错误（镂空面、闪烁面），最简单的解决方法就是将这个设置项目打开。

●超级黑：限制视频压缩时对几何体渲染的黑色，一般情况下不要将它打开。

4.“高级照明”组：

●使用高级照明：开启这个选项，3ds Max 就会调用高级照明系统进行当前的渲染。默认状态下它是打开的，一般不用专门设置。

●需要时计算高级照明：开启这个选项可以判断是否需要重复进行高级照明的光线分布计算，默认状态是关闭。

5.“渲染输出”组：

●保存文件：设置渲染后文件的保存方式，通过“文件”按钮设置要输出的文件名称和格式。一般包括两种文件类型，一种是静帧图像，另一种是动画文件。对于广播级录像带或电影的制作，都要求进行逐帧的静态图像输出，在选择了文件格式后输入文件名称，系统会自动为其添加 0001、0002 等序列后缀名称。

●使用设备：用于选择视频输出设备，以便直接进行输出操作。

●渲染帧窗口：打开此选项，将在渲染过程中显示一个渲染窗口，在其中显示出图像的渲染情况。

●网络渲染：允许进行网络渲染，选择此选项后，在渲染时将看到工作任务分配对话框。

●跳过现有图像：如果发现存在与渲染图像名称相同的文件，将保留原来的文件，不进行覆盖。

下面利用“车削”创建剑柄，用圆柱体创建剑身，通过视频后期处理，为其“添加场景事件”和“添加图像过滤事件”，完成激光剑的制作，如图 1-5-22 所示。

图 1-5-22 激光剑

1. 单击【创建】→【几何体】按钮，进入几何体创建面板，单击【图形】按钮，单击【线】按钮，在视图中绘制一条线 line01，并运用“Bezier”曲线修改其光滑性，如图 1-5-23 所示。

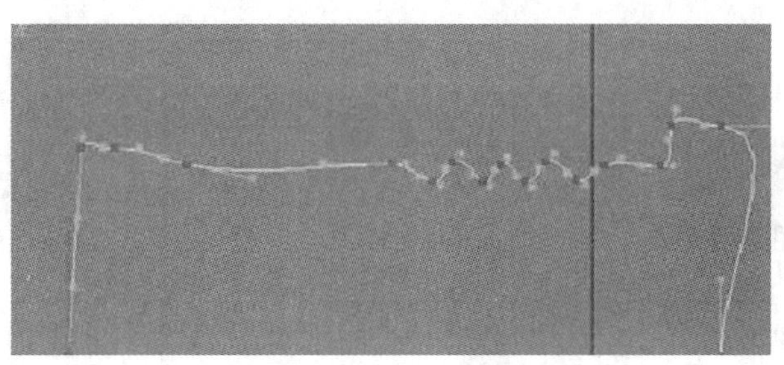

图 1-5-23　创建剑柄的样条线

2. 选中 line01，单击“修改”命令面板，在下拉列表中选择“车削”项并进入其属性面板，修改其参数，如图 1-5-24 所示。

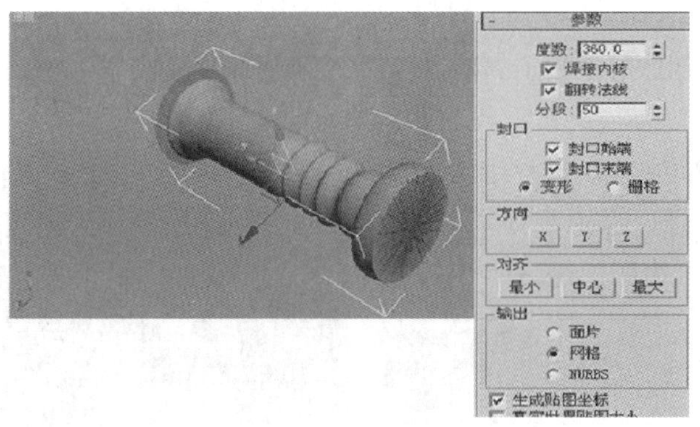

图 1-5-24　车削建模

3. 单击【创建】→【几何体】按钮，单击【圆柱体】按钮，在前视图中拖动鼠标绘制一圆柱体作为剑身，修改其参数，如图 1-5-25 所示。

4. 选中圆柱体，单击鼠标右键，在弹出菜单中选择“属性”命令进入其属性面板，修改其参数，如图 1-5-26 所示。这里定义对象 ID，是为了将来在编辑特效时能够通过 ID 进行控制。

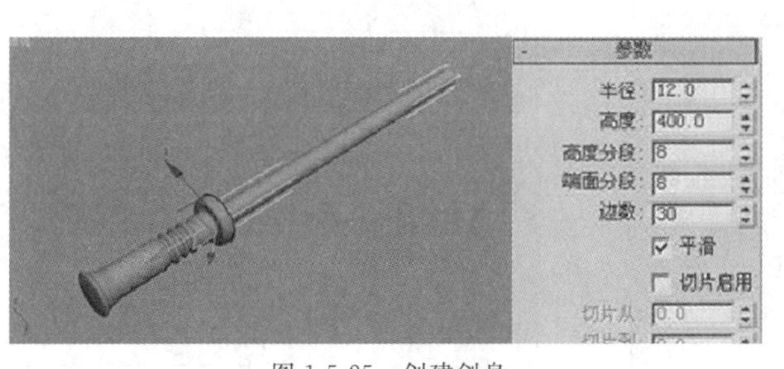

图 1-5-25　创建剑身

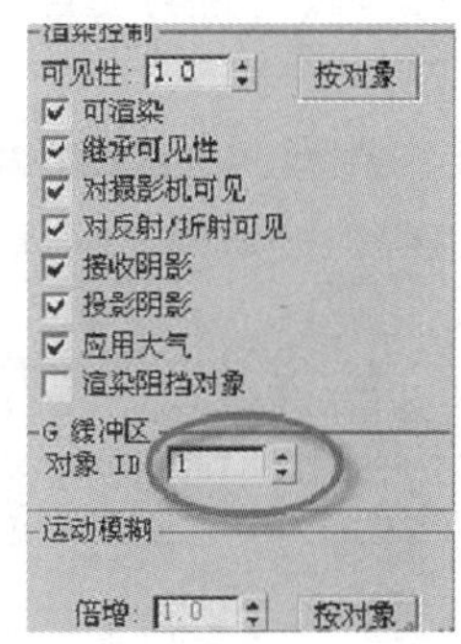

图 1-5-26　渲染控制

5. 赋材质。单击工具栏上的【材质编辑器】按钮，打开其面板，选择第一个示例球，单击“漫反射”后的小方框按钮，打开“材质/贴图浏览器”对话框，选择“新建”单选项，然后在左边列表中双击“位图”贴图，为其指定图片，如图 1-5-27 所示。

6. 选择第二个示例球，调整漫反射、环境光的颜色及反射高光参数，如图 1-5-28 所示。

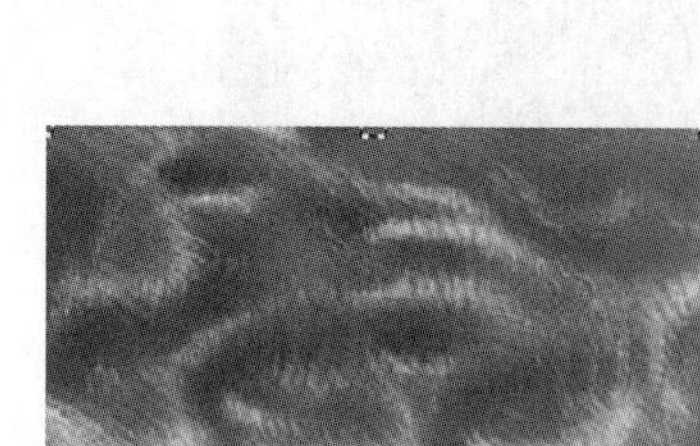

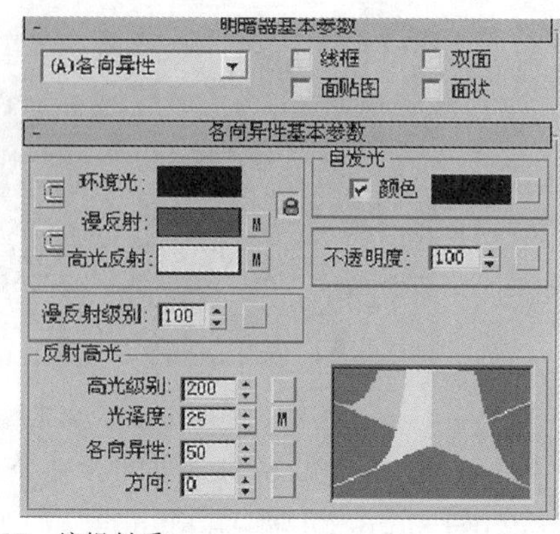

图 1-5-27　编辑材质

7. 将第一个示例球材质赋予剑柄，将第二个示例球材质赋予剑身，材质效果如图1-5-29所示。

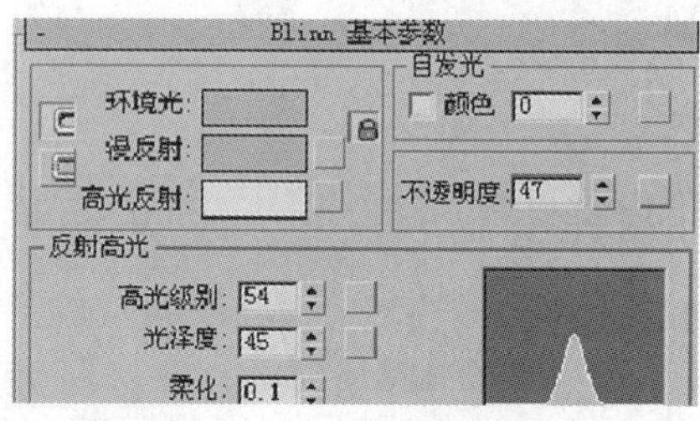

图 1-5-28　剑身材质参数

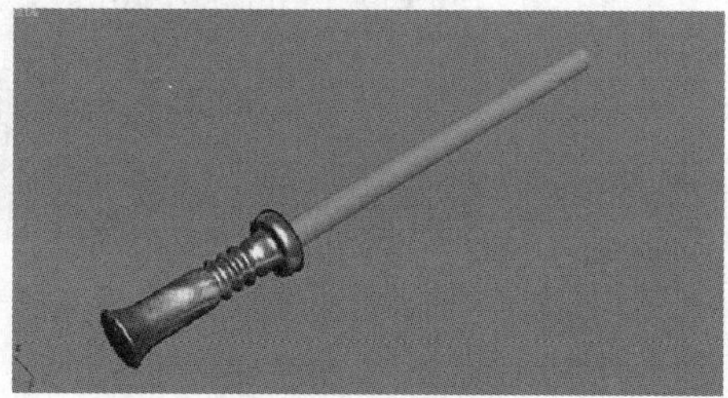

图 1-5-29　材质效果

8. 单击“渲染”菜单中的“Video Post”命令，打开其视频合成器窗口，单击【添加场景事件】按钮，在“视图”下拉列表中选择“透视”项，单击【确定】按钮，如图 1-5-30 所示。

9. 单击【添加图像过滤事件】按钮，在“过滤器插件”下拉列表中选择“镜头效果光晕”项，单击【确定】按钮，如图 1-5-31 所示。

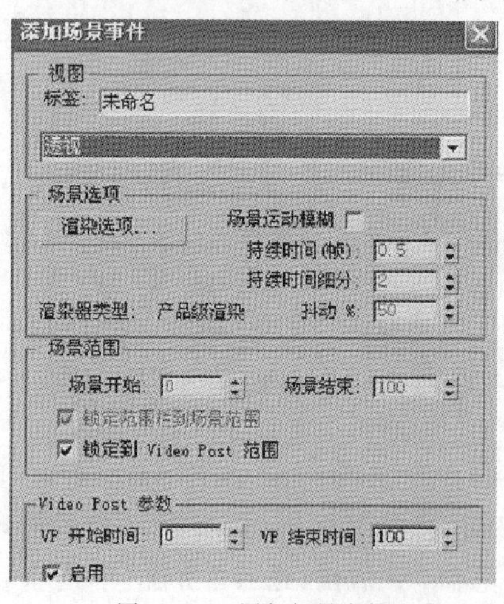

图 1-5-30　添加场景事件

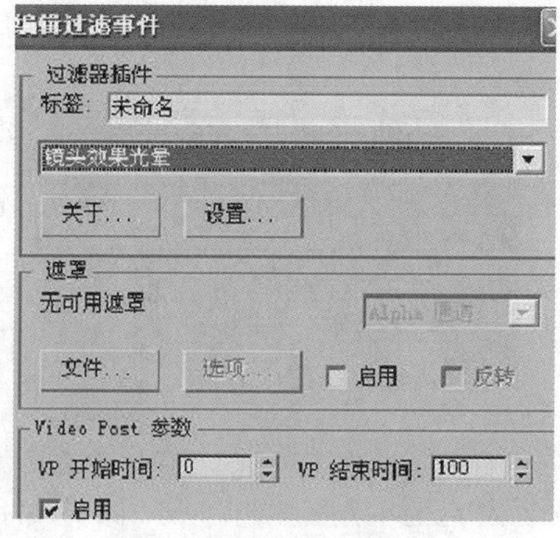

图 1-5-31　添加图像过滤事件

10. 双击“Video Post”窗口中的“镜头效果光晕”项，打开过滤事件窗口，单击【设置】按钮，打开“镜头效果光晕”窗口，修改对象 ID 值等参数，如图 1-5-32 所示。

11. 单击“首选项”选项卡，修改其“大小”为 10，如图 1-5-33 所示。

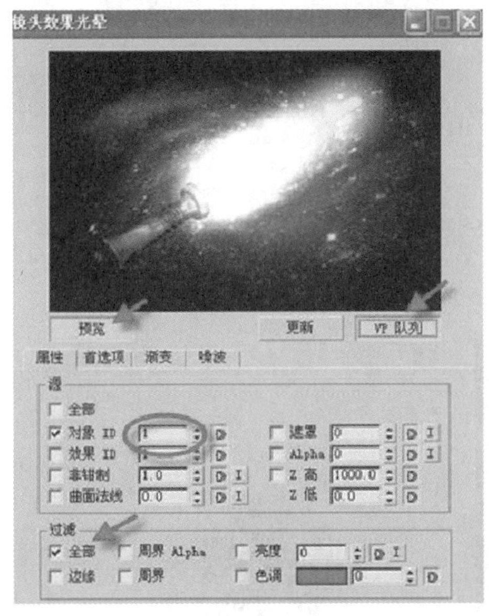

图 1-5-32　设置镜头效果光晕

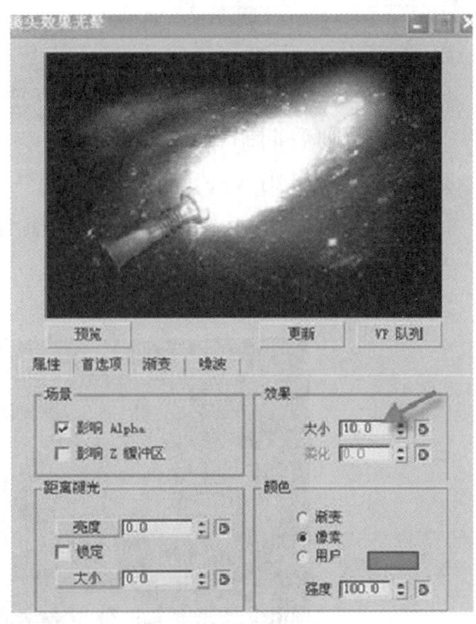

图 1-5-33　修改效果值

12. 为场景添加背景图片，单击“Video Post”窗口中的【执行序列】按钮进行渲染，如图 1-5-34 所示。

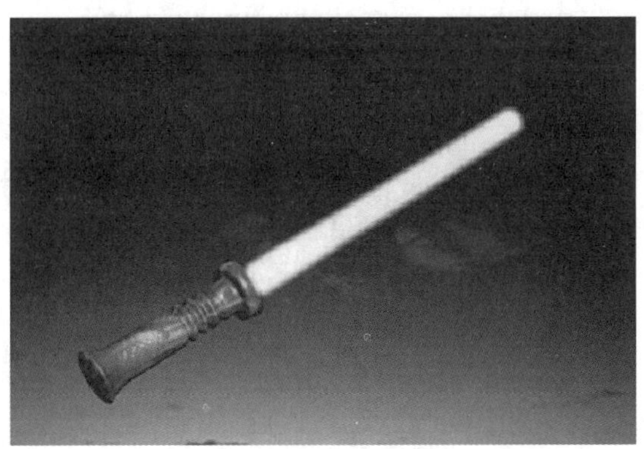

图 1-5-34　最终效果图

指导要点：

1. 风力参数的设置及导向器的使用方法。

2. 放样建模的方法及网络编辑的使用技巧，“UVW 贴图”的设置方法。

知识点链接：第 2 篇任务 11、19 等。

思考与练习

思考

1. 3ds Max 中有哪些环境设置的方法？

2. 简述动画后期制作工具 Video Post 的使用方法。

3. 简述如何启用 V-Ray 渲染插件。

4. 对比 V-Ray 标准材质与其他材质有什么不同。

实训

1. 利用火焰效果制作火焰特效——油灯，参考效果如图 1-5-35 所示。

图 1-5-35　燃烧的油灯

油灯

2. 利用“体积光”和“雾”特效制作如图 1-5-36 所示的投射效果。

图 1-5-36　投射效果

第6单元 3ds Max动画技术

单元导读

随着科技的不断发展，动画艺术已由传统的手工绘制，演变至如今的电脑绘制，也由于电脑为动画制作者提供了更好的发挥空间，因此，动画制作这个充满希望的行业已被视为未来社会中经济发展不可缺少的重要角色。

3ds Max 以其强大的动画制作技术，在广告、媒体、影视娱乐、建筑装饰、工业设计与制造、医疗卫生、军事科技及教育等方面都有广泛的应用。利用 3ds Max 制作三维动画，只需制作出静态的模型或场景，然后再根据运动学原理加入动画效果，就会形成三维动画了。其制作流程大致可分为 5 个步骤：建立模型、编辑模型、指定材质、设定灯光和渲染合成。

3ds Max 制作动画的种类大致可以分为：

(1)基本变换动画：对物体进行移动、旋转和缩放的动画变化。

(2)参数动画：几乎所有的可以调节数值的参数都可以记录成动画，如弯曲度、灯光的强弱、摄影机的焦距、材质的光泽度等。

(3)角色动画：主要根据人物或动物制作带有拟人色彩的动画效果，它涉及了骨骼、皮肤、表情变形、正向反向动力学、约束等概念，是一套完整的制作流程。

(4)粒子动画：使用粒子系统制作动画效果，可用于一些特殊效果的制作，如礼花、水流、喷泉、雨雪等。

(5)动力学动画：直接使用基于物理算法的特性进行物体的受力、碰撞、液体流动等动态模拟，可以很容易并且精确地制作出仿真运动效果，如下落、碰撞、变形等，使用的物理参数包括弹力、摩擦力、阻力、最大静摩擦力、重力、风力、螺旋力等。

单元要点

- 常用动画控制器的使用方法
- 关键帧的设置技巧
- 基本和高级粒子系统的功能及参数设置
- 风、涟漪、波浪等空间扭曲物体及其参数设置

6.1 关键帧动画

动画是以人类视觉的原理为基础的。如果在一定时间内观看一系列连续的静止图片，我们就会感觉它们是连续的运动，这就是动画了，而每一幅静止图片就是连续的帧。

在3ds Max中我们几乎可以为任何想要的对象设置变换的参数以创建动画，也可以创建关键帧来完成动画，只要我们创建了关键帧，中间的帧可以由计算机完成，这要比传统动画的制作方便快捷很多。

通常一分钟的动画大概需要720到1800个单独的图像，如果作为传统动画来制作，一部动画就需要几百位的动画师绘制原画，浪费许多的时间和精力，使用三维软件则只需要动画师将第一帧、关键帧和最后一帧画出来，中间的帧就由计算机自动生成了，这样动画的制作就变得十分简单了。

在3ds Max中，时间的运用对制作动画来说是十分重要的，3ds Max中的默认动画长度为100帧，可以根据我们自己的需要对其进行调整，在“时间配置”对话框中操作时间控制器完成调节。单击状态框中的按钮，此时就会弹出如图1-6-1所示的“时间配置”对话框。

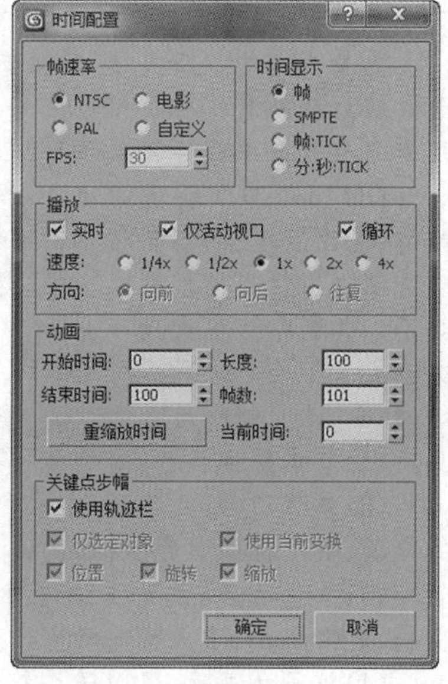

图1-6-1 “时间配置”对话框

在“时间配置”对话框中我们可以设置其时间显示格式。

“帧速率”选项中有4个选项按钮，分别是“NTSC”“电影”“PAL”和“自定义”，可在每秒帧数(FPS)字段中设置帧速率。前3个按钮可以强制使用FPS，使用“自定义”按钮可以通过调整微调器来指定自己的FPS。

NTSC：美国和日本使用的时间制式，为每秒30帧。

PAL：我国和欧洲使用的时间制式，为每秒25帧。

电影：电影所使用的时间制式，为每秒24帧。

自定义：自定义帧速率，可以通过设置下面的FPS数值来定义。

“时间显示”指定在时间滑块及整个程序中显示时间的方法，可以选择帧数、分钟数、秒数和刻度数。

实时：可使视口跳过帧播放，以便与当前的“帧速率”设置保持一致。在下方有5种播放速度可供选择，其中1x代表正常的速度，1/2x是半速等。

如果未选择“实时”，视口播放时会显示所有的帧。

仅活动视口：可以使播放只在活动视口中进行。如果未选中该选项，所有视口都将显示动画。

循环：选择该选项将使动画反复循环播放。在启用“循环”之前，必须禁用“实时”。

启用"循环"后,播放将按照循环的方向设置。同时禁用"实时"和"循环"之后,动画播放一次之后即停止。单击"播放一次"将倒回第一帧重新播放。

方向:将动画设置为向前播放、反转播放或往复播放,可以在下方选项中进行选择。该选项只影响在交互式渲染器中的播放,并不适用于渲染到任何图像输出文件的情况。只有禁用"实时"后才可以使用这些选项。

开始时间:设置动画的开始时间。

结束时间:设置动画的结束时间。

长度:设置动画的时间长度。

帧数:设置所创建的动画中的帧数。

当前时间:指定时间滑块的当前帧。

重缩放时间:拉伸或收缩活动时间段的动画,以适应新指定的时间段。重新定位轨迹中全部关键点的位置。将在较大或较小的帧数上播放动画,以使其更快或更慢,单击此按钮将弹出如图 1-6-2 所示的对话框,我们可以在其中调节重缩放时间。

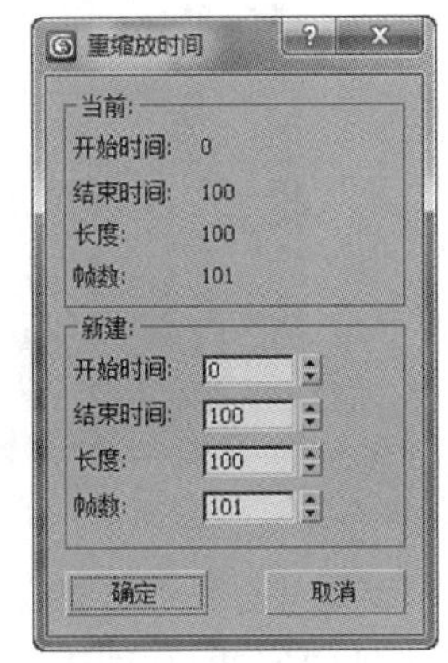

图 1-6-2　重缩放时间对话框

关键点步幅:该选项中的参数命令可用来配置启用关键点模式时所使用的方法。

使用轨迹栏:使关键点模式能够遵循轨迹栏中的所有的关键点。其中包括除变换动画之外的任何参数动画。

仅选定对象:在使用"关键点步幅"模式时只考虑选定对象的变换。禁用此选项,则将考虑场景中所有(未隐藏)对象的变换。

使用当前变换:选择该选项将禁用"位置""旋转"和"缩放",并在"关键点步幅"中使用当前变换。

位置、旋转、缩放:指定"关键点步幅"所使用的变换。如果未选择"使用当前变换",即可使用"位置""旋转"和"缩放"复选框。

在 3ds Max 中创建一个简单的关键帧动画一般有以下几个步骤:

1. 单击自动关键点按钮,打开动画记录。

2. 将关键帧拖动到想要创建的时间点上。

3. 将场景中想要创建动画的物体进行变换,变换参数或是形状都可以。

下面通过一个实例制作,掌握动画的简单设置方法及效果应用。创建一个球体,利用"切片"模拟由一个半月形的切片逐步成长为一个球体的过程。效果如图 1-6-3 所示。

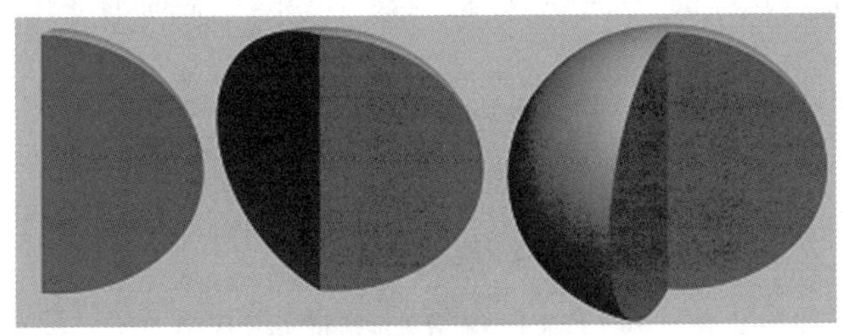

图 1-6-3　球体的形成

1. 单击“创建” →“球体”，创建球体。如图 1-6-4 所示。可以为球体赋予简单材质。

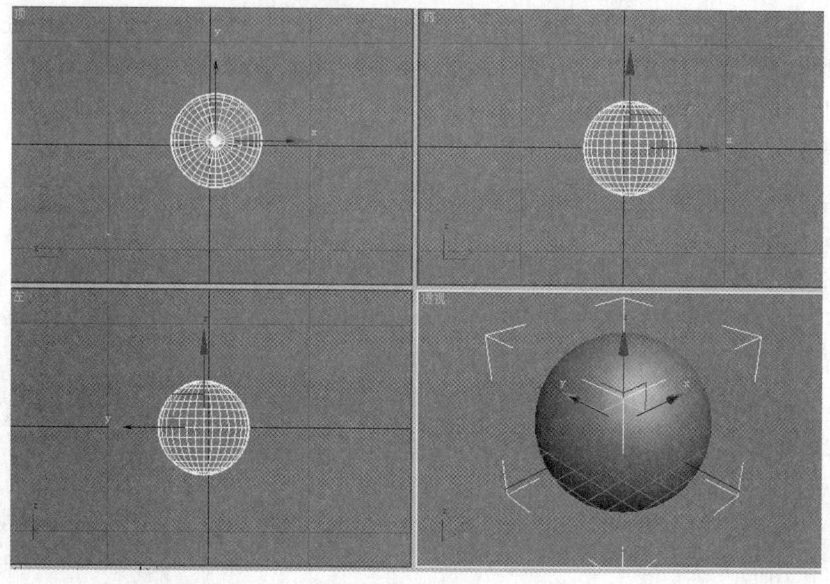

图 1-6-4 创建球体

2. 单击→“参数”面板，勾选“切片启用”，可以设置从局部 X 轴的零点开始围绕局部 Z 轴的度数，如图 1-6-5 所示。

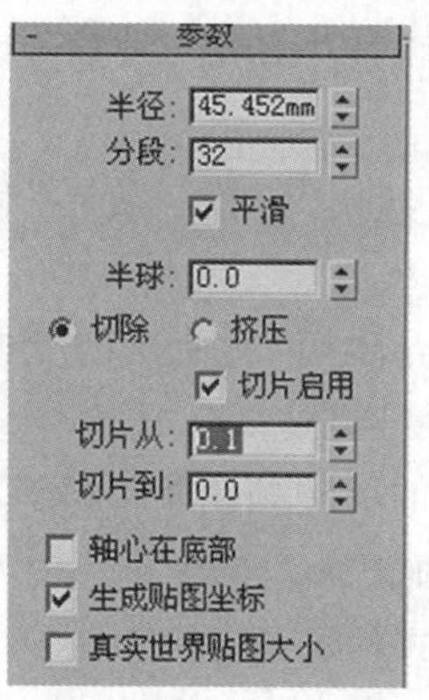

图 1-6-5 设置切片参数

3. 单击自动关键点按钮，开始记录关键帧，此时的第一帧就是半圆形的切片。将滑块拖动至 100 帧处，然后将球体的“切片从”数值调整为 360，则此时的变化被记录为动画关键帧。如图 1-6-6 所示。

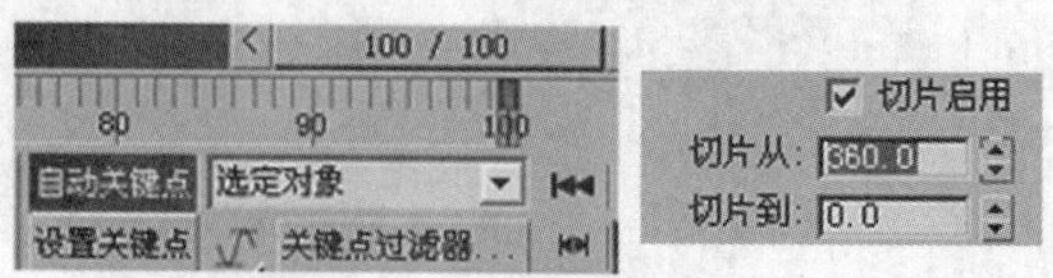

图 1-6-6 设置 100 帧处关键帧和“切片从”参数

4. 再次单击自动关键点按钮退出关键帧动画的设置，完成关键帧动画，单击【动画开始】按钮，可以看到球体由一个半圆形的切片旋转变形成一个完整的球体。效果如图 1-6-7 所示。

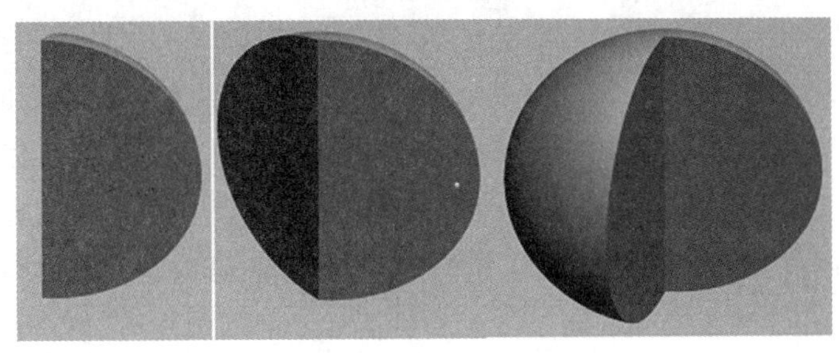

图 1-6-7　切片效果

项目链接：第 2 篇任务 11 等。

6.2　约束动画

约束动画用于帮助动画过程自动化。它们可用于通过与其他对象的绑定关系，控制对象的位置、旋转或缩放。

约束需要一个对象及至少一个目标对象。目标对受约束的对象施加了特定的限制。例如，如果要迅速设置飞机沿着预定跑道起飞的动画，应该使用路径约束来限制飞机向样条线路径的运动。与其目标的约束绑定关系可以在一段时间内启用或禁用动画。

约束的常见用法如下：

1. 在一段时间内将一个对象链接到另一个对象，如角色的手拾取一个棒球拍。
2. 将对象的位置或旋转链接到一个或多个对象。
3. 在两个或多个对象之间保持对象的位置。
4. 沿着一个路径或在多条路径之间约束对象。
5. 沿着一个曲面约束对象。
6. 使对象指向另一个对象的轴点。
7. 控制角色眼睛的“注视”方向。
8. 保持对象与另一个对象的相对方向。

约束有下面 7 种类型：

1. 附着点约束是将对象的位置附着到另一个对象的面上。
2. 曲面约束是将沿着另一个对象的曲面限制对象的位置。
3. 路径约束将沿着路径约束对象移动。
4. 位置约束可使受约束的对象跟随另一个对象的位置。

5. 链接约束将一个对象中的受约束对象链接到另一个对象。

6. 注视约束约束对象的方向，以使其始终注视另一个对象。

7. 方向约束可使受约束的对象旋转跟随另一个对象的旋转。

要想使一个物体沿一个指定的路径运动，在早期的版本中是通过指定路径控制器的方法来实现的，现在我们可以通过菜单指定给物体的路径约束，也可以使用以前提到的指定路径约束控制器的方法得到，二者所得到的效果是一样的，即都可以是物体被一曲线控制并沿曲线方向运动，或者在多条曲线的位置加权平均值处运动。路径曲线可以是任何类型的曲线，并且其自身可以制作任何标准动画，还可以对其子物体添加动画。所有的效果都会作用于约束物体。正是由于其灵活多变的动画能力，使得在很多的动画中都会用到这种方法。

下面通过一个实例制作过程，利用路径约束的设置动画，掌握控制器的设置方法及效果应用。创建粉笔模型和一个平滑路径，将粉笔约束到路径上，并通过“路径选项”中的“倾斜”参数，使粉笔沿路径摇摆移动，效果如图 1-6-8 所示。

图 1-6-8 摇摆的粉笔

1. 单击→→圆柱体，在顶视图中创建一个圆柱体。如图 1-6-9 所示。

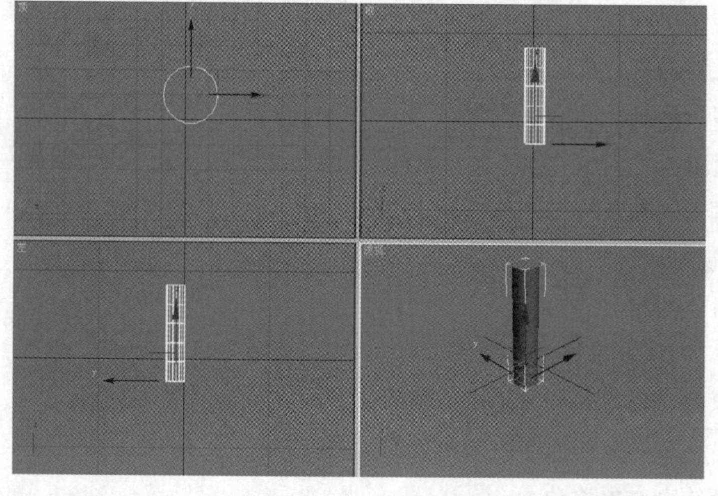

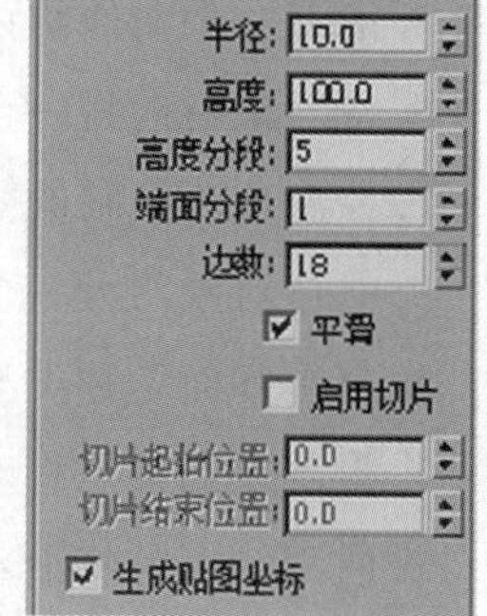

图 1-6-9 创建圆柱体

2. 单击【修改】按钮，在修改器列表 修改器列表 中选择锥化，设置参数。如图 1-6-10 所示。

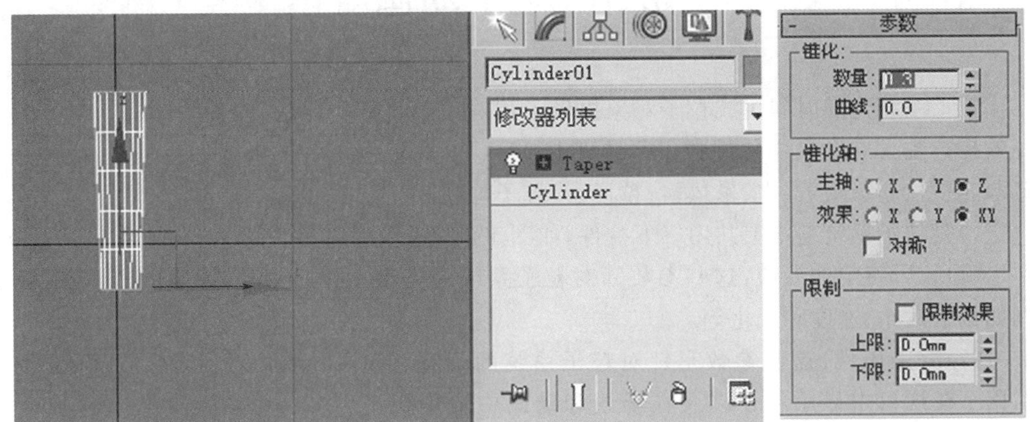

图 1-6-10　锥化修改器参数

3. 单击“创建”→“图形”→“线”，在顶视图中绘制一条粉笔运动的路径。

4. 选择圆柱体，单击运动按钮，在“指定控制器”卷展栏中将“位置”选项激活成黄色。如图 1-6-11 所示。

5. 单击【指定控制器模块】按钮，弹出“指定位置控制器”对话框，选择“路径约束”，单击【确定】按钮。如图 1-6-12 所示。

6. 在“路径参数”卷展栏，单击 添加路径 按钮，然后在顶视图中单击绘制的线路径，并在“路径选项”中设置参数。如图 1-6-13 所示。

图 1-6-11　指定控制器

7. 单击【动画开始】按钮，通过修改“跟随”“倾斜”参数，观察粉笔运动的变化。

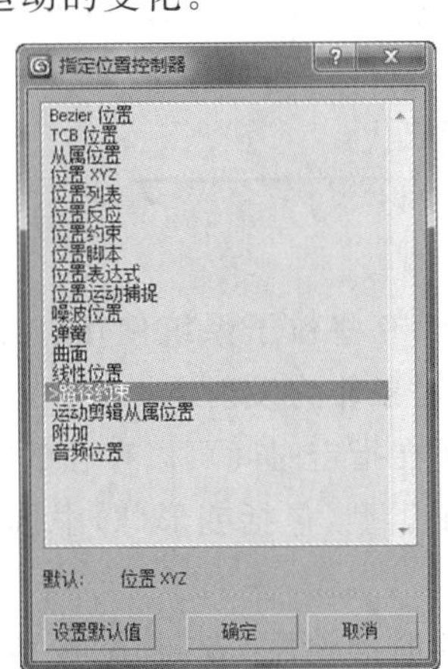

图 1-6-12　指定位置控制器

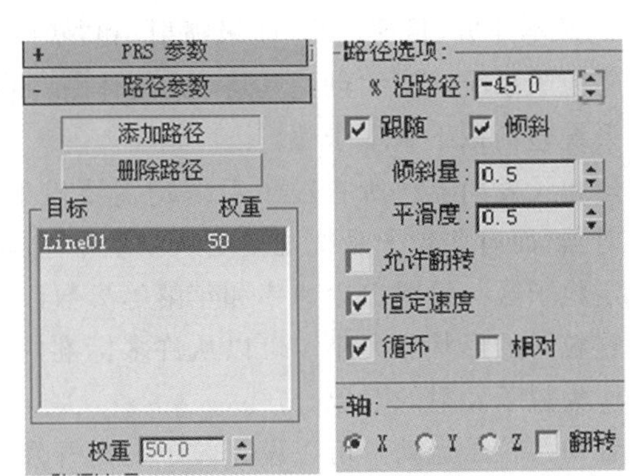

图 1-6-13　添加路径和路径选项参数

项目链接：第 2 篇任务 12、13 等。

6.3 粒子动画

粒子系统为随时间生成粒子对象提供了相对简单直接的方法，以便模拟雪、雨、尘埃等效果。主要在动画中使用粒子系统，3ds Max 2013 提供了 7 个内置的粒子系统：粒子流源、喷射、超级喷射、雪、暴风雪、粒子云、粒子阵列。

内置粒子系统基本上共用以下控件，如图 1-6-14 所示。

(1)粒子特定的参数：这些参数针对粒子系统的类型。例如粒子大小、速度和变化等。

(2)渲染属性：这些参数是针对粒子系统的类型。包括用于在视口中显示粒子以及在场景和动画中渲染粒子的选项。渲染中显示的粒子不必与视口中显示的粒子相同。

(3)计时：计时参数控制粒子在系统中的动态效果。这些参数指定粒子出现的速度、消失的速度、发射速率是否恒定等。

(4)发射器：指定场景中生成粒子的位置。发射器是粒子系统主要的子对象。发射器不会渲染。粒子出现在发射器的曲面上，从发射器沿着特定方向下落（或漂移、滴落、飘动、喷射）。

可以修改粒子系统参数并设置参数的动画。还可以使用空间扭曲影响粒子系统的行为。此外，可以使用网格化复合对象使粒子系统变形；粒子可以参与动态模拟。

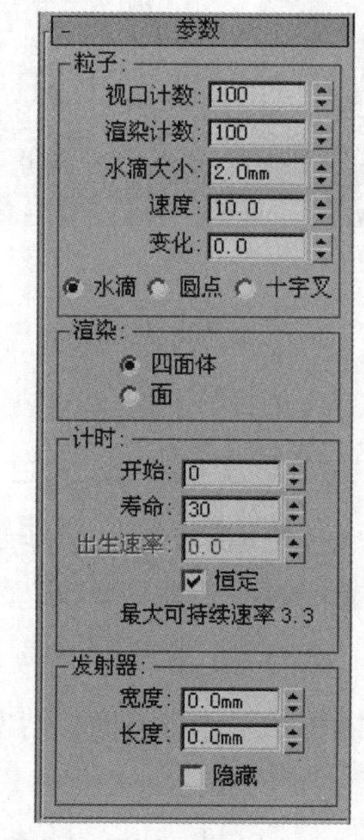

图 1-6-14 内置粒子系统共用的控件

在“创建”面板上，单击“粒子流源”“喷射”“超级喷射”“雪”“暴风雪”“粒子云”或“粒子阵列”以创建粒子系统。“喷射”和“雪”主要是为了与 3ds Max 以前的版本兼容，目前已由“超级喷射”和“暴风雪”取代。

要创建粒子系统，选择“创建”→几何体→标准基本体→“粒子系统”，创建粒子系统包括以下基本步骤：

①创建粒子发射器。所有粒子系统均需要发射器。有些粒子系统使用粒子系统图标作为发射器，而有些粒子系统则使用从场景中选择的对象作为发射器。

②确定粒子数。设置出生速率和年龄等参数以控制在指定时间可以存在的粒子数。

③设置粒子的形状和大小。可以从许多标准的粒子类型（包括变形球）中选择，也可以选择要作为粒子发射的对象。

④设置初始粒子运动。可以设置粒子在离开发射器时的速度、方向、旋转和随机性。发射器的动画也会影响粒子。

⑤修改粒子运动。可以通过将粒子系统绑定到“力”组中的某个空间扭曲（例如“路

径跟随”),进一步修改粒子在离开发射器后的运动,也可以使粒子从“导向板”空间扭曲组中的某个导向板(例如“通用导向器”)反弹。注:如果同时使用力和导向板,一定要先绑定力,再绑定导向板。

如果要建立不同对象或效果的模型,就要用描述方式类似于对象或效果的粒子系统。如:

(1)雨和雪

应使用“超级喷射”和“暴风雪”创建雨和雪。这两个粒子系统针对水滴(超级喷射)和翻滚的雪花(暴风雪)效果进行优化。添加“风”等空间扭曲,创建春雨或冬雪。雪花动画如图 1-6-15 所示。

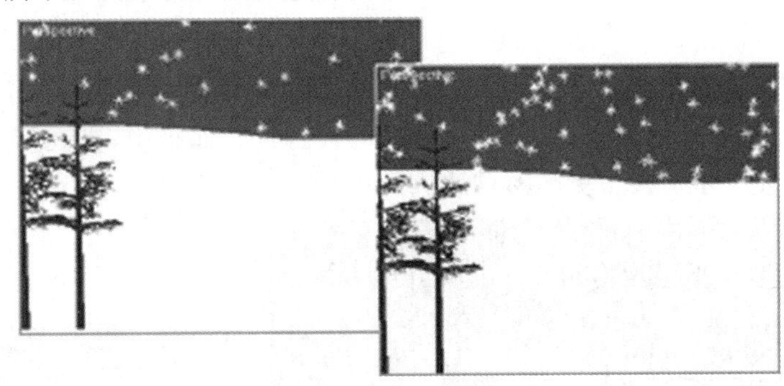

图 1-6-15　飘落的雪花

(2)气泡

应使用“超级喷射”的“气泡运动”选项创建气泡。如果需要较快的渲染速度,应考虑使用圆片粒子或四面体粒子。如果需要气泡细节,应考虑使用不透明贴图的面片状粒子、实例球体或变形球粒子。

(3)流水

通过设置“超级喷射”生成密集的变形球粒子,可以生成流体效果。变形球粒子水滴聚在一起,形成水流。添加“路径跟随”空间扭曲,使水流沿着水槽移动。

(4)爆炸

“粒子阵列”使用另一个对象作为粒子发射器。可以通过设置粒子类型,使用发射器对象的碎片模拟对象爆炸效果。

(5)体积效果

“粒子云”将粒子限制在指定的体积内。可以使用“粒子云”在汽水瓶中生成气泡,或在坛子中生成一群蜜蜂。

(6)群体

“超级喷射”“暴风雪”“粒子阵列”和“粒子云”可以使用实例几何体作为粒子类型。使用实例几何体粒子可以创建一窝蚂蚁、一群鸟或一簇蒲公英种子。

下面使用“喷射”粒子系统,模拟八一电影制片厂片头动画,了解掌握镜头光晕效果对粒子系统的影响。创建一个八一电影制片厂片头场景,利用粒子系统生成向外的粒子喷射,再为粒子添加镜头效果“光晕”,产生发光效果,最终效果如图 1-6-16 所示。

图 1-6-16 闪闪的红星

1. 单击“创建”命令面板，单击“图形”按钮，在绘图工具面板中单击“星形”项。在前视图中绘制出一个六角星的图形 star01，进入“修改”面板中，修改其“点”数为 5，并调整半径大小，使得星形显得更硬朗，如图 1-6-17 所示。

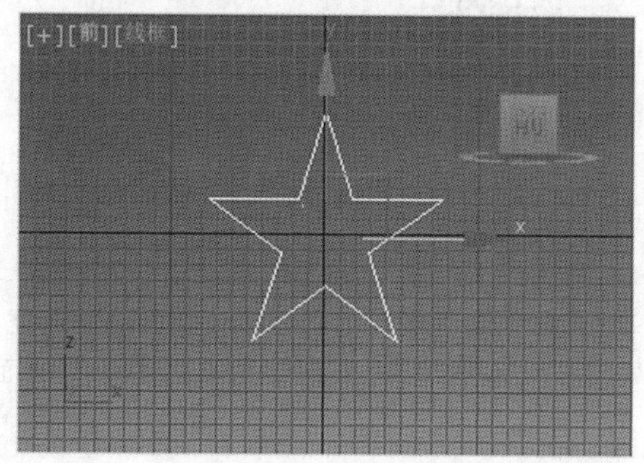

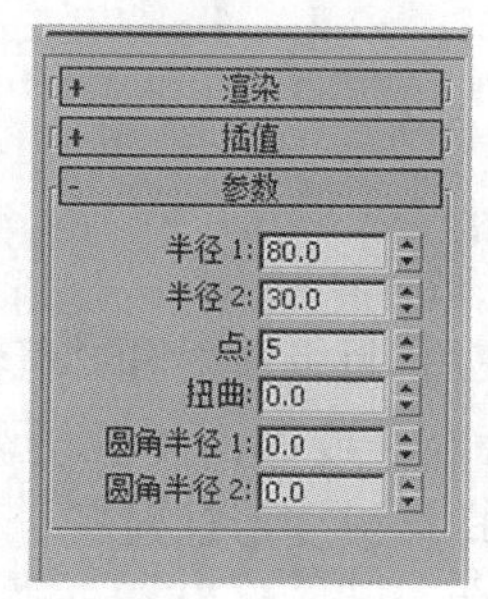

图 1-6-17 创建五角星

2. 单击“修改”面板中的“修改器列表”下拉列表框，选择“挤出”项，调整“参数”卷展栏下的“数量”值为 24，并再次选中“修改器列表”下拉列表中“锥化”项，修改相关参数，如图 1-6-18 所示。

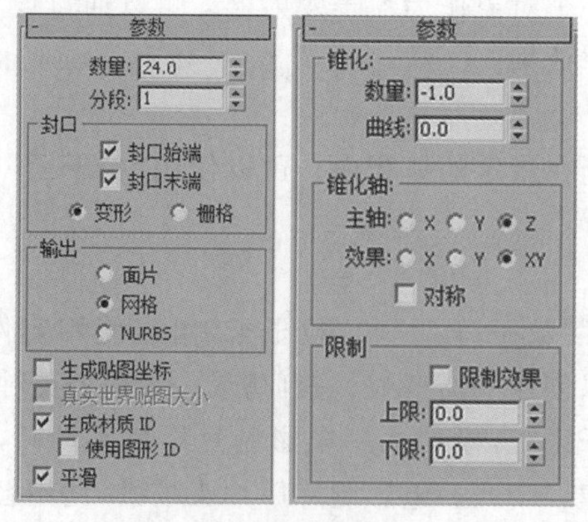

图 1-6-18 “挤出”和“锥化”参数

3. 单击“图形”按钮，在绘图工具面板中单击“文本”项。在前面视图中添加一行文字“中国人民解放军八一电影制片厂”，并在“修改”面板中修改其大小，协调与五角星的关系，如图 1-6-19 所示。

图 1-6-19　添加文本

4. 选择文字，单击“修改”面板的“修改器列表”下拉列表中的“倒角”项，勾选“倒角值”卷展栏下的“级别 2”与“级别 3”项，并调整相应值，如图 1-6-20 所示。

图 1-6-20　对文字添加修改器

5. 单击“创建”命令面板，单击“几何体”按钮，在下拉列表中选择“粒子系统”。进入其面板，单击“喷射”按钮，在前视图的五角星中心附近绘制一喷射系统 spray01，如图 1-6-21 所示。播放动画查看粒子喷射方向，在最初状态下，粒子喷射的方向可能朝后，单击工具栏上的“镜像”按钮，选择“Y”即可向前了。

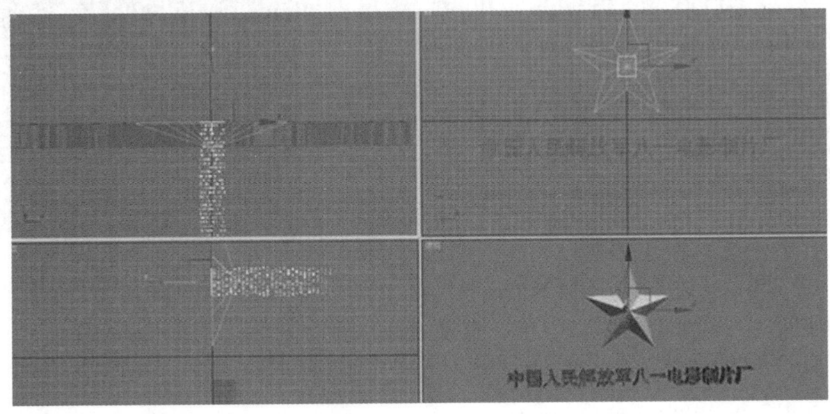

图 1-6-21　创建喷射系统

6. 调整粒子的参数、计时数等数值，如图 1-6-22 所示。

7. 分别为五角星、文字、粒子赋予相应的材质（红色、白色、金黄色），只需要修改“漫反射”的“颜色值”即可。

8. 单击“渲染”菜单中的“环境”命令，在“效果”选项卡中，单击“添加”按钮，添加“镜头效果”项，如图 1-6-23 所示。

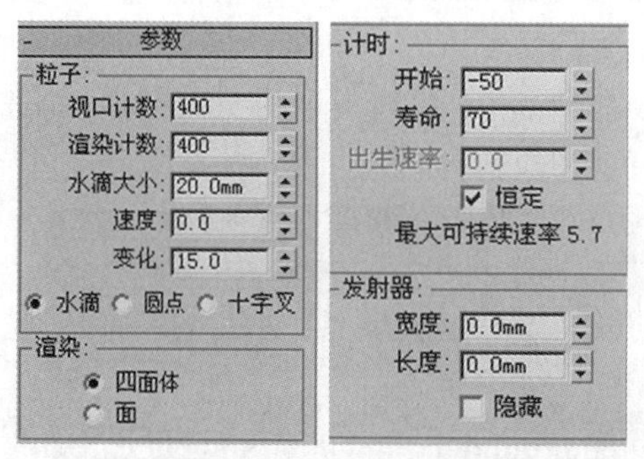

图 1-6-22　粒子参数设置

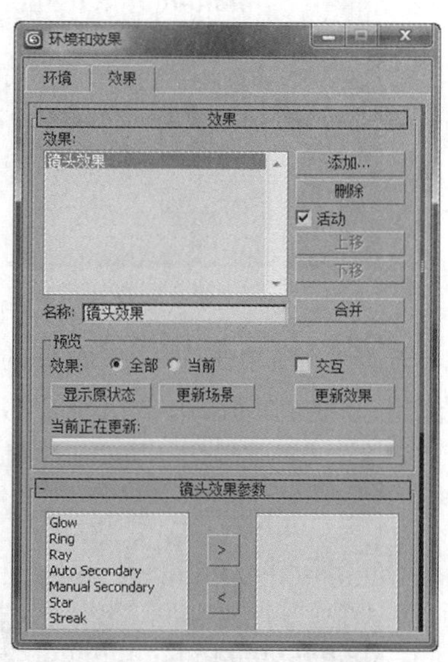

图 1-6-23　添加“镜头效果”

9. 在“环境和效果”窗口中选中“镜头效果参数”卷展栏下的“Glow”加入右侧区域。在视图中右键单击粒子系统，选择“对象属性”命令，将“对象 ID”由 0 改为 1，这样就能找到发光源了。在“光晕元素”卷展栏下，同样将“对象 ID”改为 1。在“参数”选项卡下修改“大小”为 0.2，“使用源色”为 100，如图 1-6-24 所示。

10. 单击“预览”按钮，即可预览。单帧渲染效果图如图 1-6-25 所示。

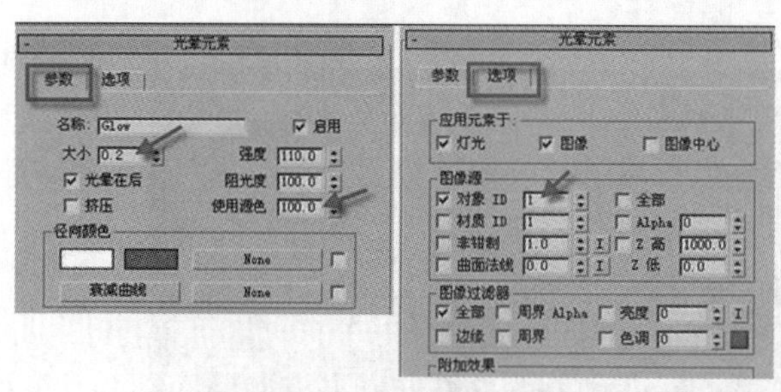

图 1-6-24　光晕元素参数设置

图 1-6-25　单帧效果图

项目链接：第 2 篇任务 14，第 3 篇项目 10 等。

6.4　动力学动画

“动力学”工具是动力学模拟的主要控制中心。可以指定模拟中使用的对象、对象之间的交互以及在场景中的效果。此后，可以对模拟进行“求解”，以便生成关键帧。

对象之间的碰撞效果取决于对象的速度及其属性。为了让两个对象产生碰撞，每个对象必须拥有为碰撞分配的其他对象。例如，反弹球时，地面和球是分配的碰撞对象。

使用材质编辑器中的“动力学属性”卷展栏，可以为对象的曲面分配动态属性，如摩擦和反弹。使用多维/子对象材质时，任何对象的曲面层可以具有不同的曲面属性。

注意：使用“动力学”工具“编辑对象”对话框中的控件，可以覆盖材质曲面的动态属性。

特殊对象（如弹簧和阻尼器）、控件扭曲力（“重力”和“风”）以及控件扭曲导向板（如PDynaFlect）都会影响动力学模拟。在动力学模拟中使用这些对象和空间扭曲之前，必须先在 3ds Max 的其他区域对其进行创建。

设置对象的关键帧，使其可以与动力学模拟中的其他对象进行交互，方法是为关键帧对象勾选“编辑对象”对话框中的“该对象不能弯曲”复选框。例如，对象可以从关键帧球体处反弹。

对动力学模拟进行求解时，将会创建新的列表控制器。该控制器拥有生成的动力学关键点和原始关键点。为此，用户可以根据需要恢复原始关键点。动力学控制器不支持撤销操作。

例如，如果球体是在动力学模拟中反弹的，且该球体已经包含上一动画中的位置关键点，则跟踪视图中将会显示下列跟踪：变换、位置、动态位置控制器、旧位置、旋转、动态旋转控制器、旧旋转。

要设置动力学，请执行下列操作：

(1)为模拟中包含的对象分配材质，然后在材质编辑器的“动态属性”卷展栏中调整曲面特性。(对反弹球而言，要使用此选项创建类似于橡皮的曲面)

(2)如果使用的是链接的层次，请在“层次/链接信息”面板中设置“移动”和“旋转”锁定，以便限制链接对象的运动和旋转。

(3)根据需要在场景中创建空间扭曲效果。(对反弹球而言，需要使用“重力”空间扭曲)

(4)使用“动力学”工具创建新的模拟。指定模拟中包含哪些对象、哪些效果会影响哪些对象以及哪些对象应该与哪些对象发生碰撞。(对反弹球而言，因为球与地面相互碰撞，所以它们都位于场景中。用户可以为球分配要相互碰撞的地面和重力效果)

(5)使用“动力学”工具，可以指定要生成关键点的帧范围，还可以计算动画并生成关键点。(如果是反弹球，将会为该球生成很多位置和旋转关键点)

(6)播放动画，以便查看效果是否符合要求。如果一个或多个对象脱落到空间，或穿过应该反弹的对象，可能需要增加“每帧计算间隔”值。

“动力学”卷展栏包含所有的曲面动力学控件，如图 1-6-26 所示。

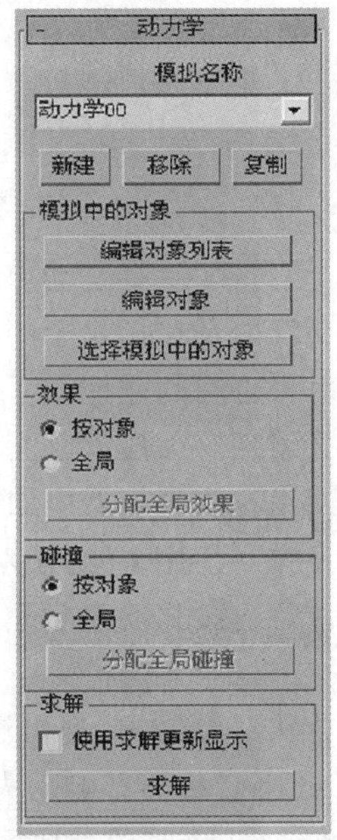

图 1-6-26 “动力学”卷展栏

(1)模拟名称：显示当前模拟的名称。用户可以对该名称进行编辑，以便重命名现有的任何模拟，可以在场景中创建任何数目的模拟。每种模拟的名称必须唯一，且存储在 .max 文件中。

(2)列出：显示当前动力学模拟的名称，并列出场景中的全部模拟。如果下拉列表包含两个或多个模拟，请从中选择一个模拟，使其成为当前模拟。其余所有面板设置都是针对当前模拟而言的。

(3)新建：创建新的模拟。其名称由单词“Dynamics”和后面以 00 开始的数字组成。对每个新模拟而言，该数字将逐一递增。

(4)移除：删除当前的模拟。动态模拟可能会占用很多内存。如果删除旧的或不使用的模拟，可以减小 .max 文件。删除模拟后，将会删除所有的计时和其他设置。但是，将会保留该模拟生成的所有关键点。

(5)复制：创建当前动力学模拟的副本。副本的所有设置与原始模拟的相同，除了名称后面添加“01”之外。

(6)“模拟中的对象”组：

用于向模拟中添加对象，并从模拟中删除对象，还用于编辑模拟中对象的属性。

①编辑对象列表：显示“编辑对象列表”对话框，该对话框用于指定模拟中要包含哪些场景对象。

②编辑对象：显示“编辑对象”对话框。

“编辑对象”对话框是用于设置对象动态属性的主界面。使用该对话框，可以为模拟中的每个对象设置碰撞、效果、曲面属性和质量。

③选择模拟中的对象：向当前选择集中添加模拟中的所有对象。此功能的一种用法是，向轨迹视图中添加选定对象，以供进一步操作和减少关键帧时使用。

(7)“效果”组：

指定动态计算中包含哪些效果。

①按对象：计算中只考虑通过“编辑对象”对话框【>】(分配对象效果)按钮为特定对象分配的效果。

②全局：计算中只包含“分配全局效果”对话框(单击相同名称的按钮进行访问)中包括的效果。

③分配全局效果：单击以显示“分配全局效果”对话框。

在左侧的列表中选择效果(空间扭曲)，然后使用【>】按钮将其移至右侧的列表中。这样，选定的效果将会影响模拟中的所有对象，不能弯曲的对象除外。

“分配全局效果”对话框与“编辑对象列表”对话框的作用相似。

(8)“碰撞”组

指定动态计算中包含哪些碰撞。

①按对象：计算中考虑通过“编辑对象”对话框【>】(“分配对象碰撞”)按钮为特定对象分配的碰撞。

②全局：计算中包含“分配全局碰撞”对话框(单击相同名称的按钮进行访问)中包括的碰撞。

③分配全局碰撞：显示“分配全局碰撞”对话框。

在左侧的列表中选择所需的对象，然后使用【>】按钮将其移至右侧的列表中。这样，选定的所有对象将会与模拟中的每个对象发生碰撞。

“分配全局碰撞”对话框与“编辑对象列表”对话框的作用相似。

(9)“求解”组

①使用求解更新显示：在计算过程中显示线框视口中每个解决方案帧。这样，将会降低计算速度。

②求解：计算动态解决方案，从而在“计时”区域中指定的帧范围内生成关键点。此时，状态/提示行中将会显示进度栏。按 Esc 键取消计算。

“计时和模拟”卷展栏，用于指定计算中包含的范围、模拟中 IK 的包含方式以及模拟时的空气密度，如图 1-6-27 所示。

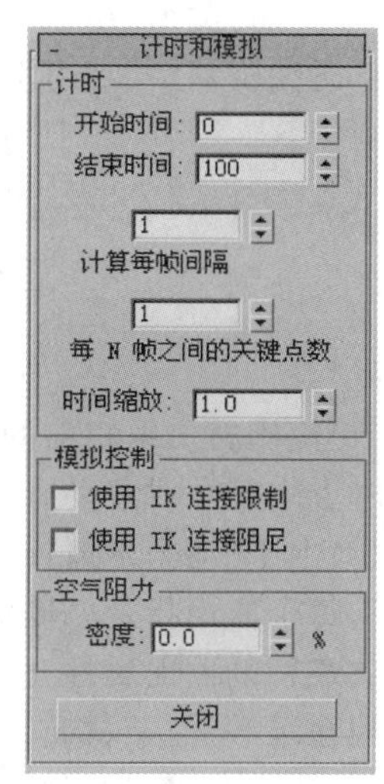

图 1-6-27　“计时和模拟”卷展栏

(1)“计时”组：控制关键点随时生成的方式。

①开始时间：指定生成关键点的第一帧，即解决方案要考虑的第一帧。默认值为 0。

②结束时间：指定解决方案考虑的最后一个关键点。创建新模拟时，可以对该微调器进行设置，使其成为活动段的最后一帧。例如，如果活动段的最后一帧是 200，单击【新建】按键创建新模拟时，“结束时间”将会设置为 200。

③计算每帧间隔：指定为模拟时间范围内的每帧执行的计算次数。范围为 1 至 160。

为该微调器找到正确的数字是一个试验过程。通常，对象在模拟中移动得越快，应该将该值设置得越高。

④每 N 帧之间的关键点数：指定为每个对象生成关键点的频率。如果设置为 2，将会为其他每帧生成关键点。

⑤时间缩放：减缓或加速模拟的整体效果。使用此选项，可以将线性缩放因子应用于影响每个对象的外力(重力和风等)。

默认为 1，可以获得正常速度。可以使用小于 1 的值(介于 0.1 到 1 之间)缩小模拟(减慢速度)，也可以使用大于 1 的值(介于 1 到 100 之间)放大模拟(加快速度)。如果加快模拟速度，且对象的行为开始表现异常(例如，穿越对象)，请增大“计算每帧间隔”值，以进行补偿。

(2)“模拟控制”组:与 IK 设置和动量转换有关。

①使用 IK 连接限制:使用当前的 IK 连接限制设置,以其作为模拟中层次的约束。

②使用 IK 连接阻尼:使用 IK 阻尼设置,以其作为模拟中层次的约束。

(3)“空气阻力”组 :

密度:设置模拟时的空气密度。100%代表的是位于海平面的空气密度。0%代表的是完全真空。

任何对象在移动时,都会产生空气阻力(在太空中除外)。移动速度越快,与速度的平方相关的空间阻力就越大。因此,空气阻力可以影响受重力作用下落的物体的速度上限,也可以使对象因每个对象曲面上的空气阻力效果而跌落。

(4)关闭:关闭“动力学”工具。

材质编辑器中“动力学属性”卷展栏，如图 1-6-28 所示。

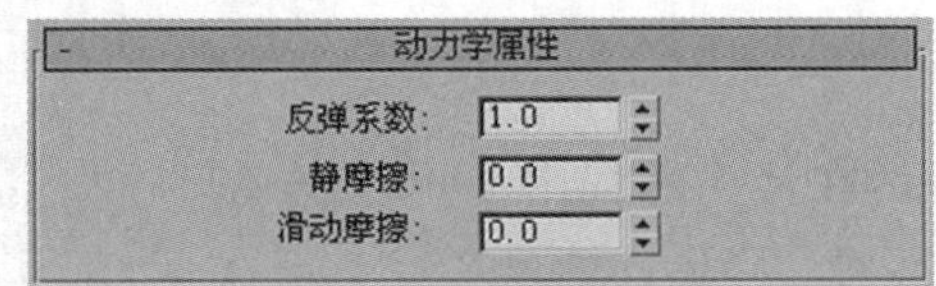

图 1-6-28 材质编辑器中“动力学属性”卷展栏

(1)使用材质编辑器的“动力学属性”卷展栏中的三个微调器,可以指定与其他对象碰撞时影响某个对象动画的曲面属性。如果模拟中没有碰撞,则这些设置无效。

(2)由于“动力学属性”卷展栏可以处于任何材质(包括子材质)的顶级,因此,可以为对象的每个曲面指定不同的曲面动态属性。另外,也可以使用“动力学”工具中的控件调整对象级别的曲面属性,但只有使用“材质编辑器”,才能改变子对象级别的曲面属性(通过使用多维/子对象材质)。

(3)作为“动力学属性”卷展栏中的默认值,提供类似于用特氟纶涂层的硬质钢的曲面。其中,反弹系数为 1,而静摩擦和滑动摩擦为 0。

①反弹系数:确定压下曲面时对象的反弹距离(值越大,反弹越高)。值为 1 表示反弹时没有损失动能。

②静摩擦:确定对象沿着曲面开始移动的难易程度(该值越大,移动就越困难)。如果物体重 10 磅,并放置在特氟纶(静摩擦接近 0)上,则几乎没有力可以使其向侧面移动。另一方面,如果将其放置在砂纸上,则静摩擦可能非常高,介于 0.5 到 0.8 之间。

③滑动摩擦:确定对象在曲面上保持移动的难易程度(该值越大,对象就越难保持运动状态)。如果两个对象发生相对滑动,则静摩擦将会消失,而产生滑动摩擦。通常,滑动摩擦低于静摩擦,这是由于曲面张力的效果。例如,如果钢开始滑向黄铜(静摩擦值可能从 0.05 变为 0.2),则滑动摩擦值会明显减少,介于 0.01 到 0.1。

下面使用空间扭曲中的风力、重力系统,模拟红旗飘扬的动画,了解掌握动力学的基本设置及应用。利用贴图创建旗子场景,添加风力使旗子飘动起来,添加重力模拟旗子轻微下坠的效果,并利用导向器使旗子的飘扬更逼真,最终效果如图 1-6-29 所示。

图 1-6-29 飘扬的旗帜

任务解析：

1. 创建旗帜模型。选择创建→几何体中的“平面”，在前视图中创建平面，设置它的长度为160，宽度为220，然后设置它的长度和宽度的分段数各为10，如图1-6-30所示。

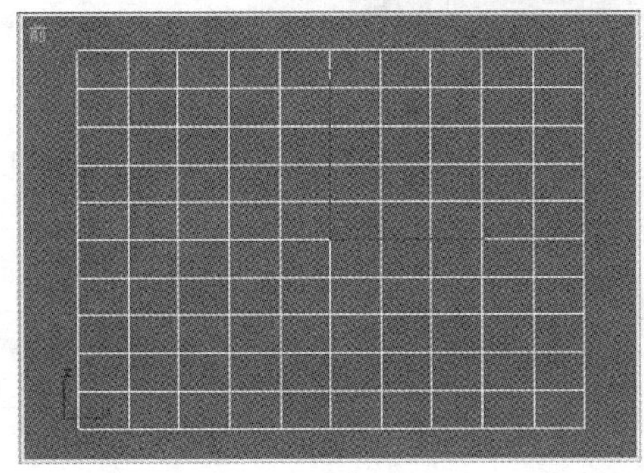
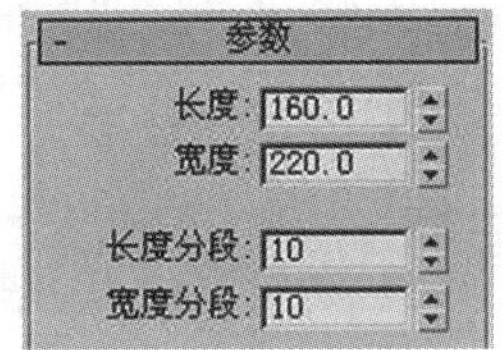

图1-6-30　“平面”的参数设置

2. 在顶视图中，在平面的左侧创建圆柱体，作为旗杆并附上模拟金属效果的材质。

3. 创建风力、重力。选择创建→空间扭曲→重力，在顶视图中创建一个垂直向下的重力；再单击【风】按钮，将左视图改为右视图，创建风力系统，如图1-6-31所示。

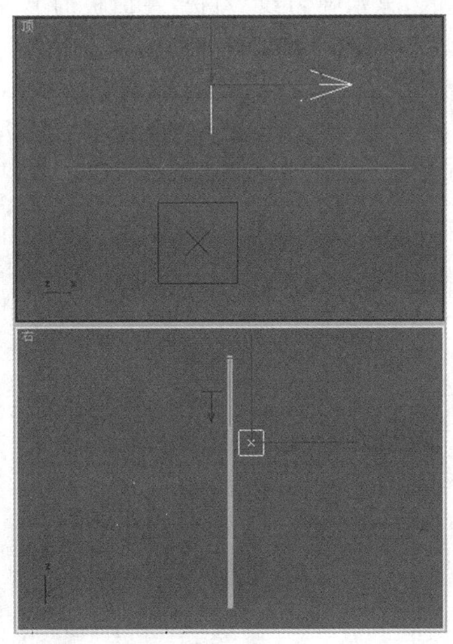

图1-6-31　风力、重力所在视图位置

4. 指定软变形修改。选择旗帜模型，在修改面板中为其添加一个“网格选择”修改命令，单击“顶点”的次物体层级，在前视图中框选顶点，只排除靠近旗杆的一列顶点不选，如图1-6-32所示。

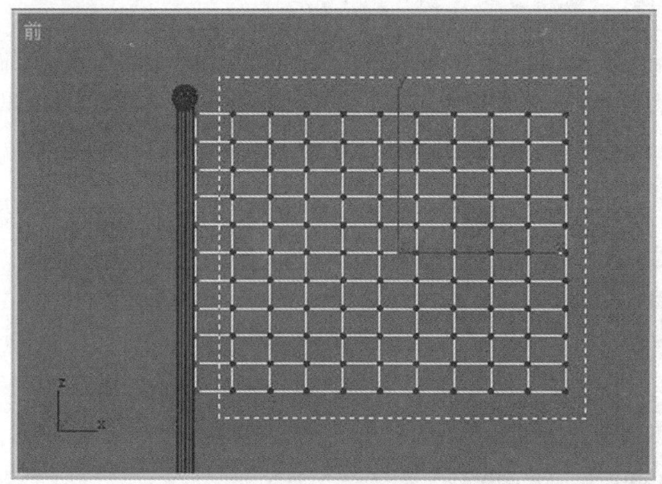
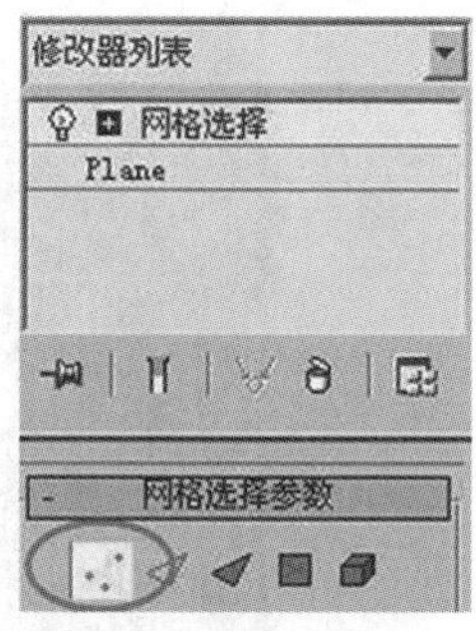

图 1-6-32 平面图形网格修改及顶点选择范围

5. 在选中的顶点基础上再添加一个“柔体”修改命令，在这一命令面板的下方有“力和导向器”的设置。单击“添加”按钮，在视图中单击“风”的图标，将其引入设置面板中，如图 1-6-33 所示。

6. 将设置面板最下方的“显示弹力线”勾选，在面板的上方单击“创建简单软体”按钮，进入权重和弹力线层级，在视图中可看到密密麻麻的红色弹力线，如图 1-6-34 所示。最后取消勾选“显示弹力线”。

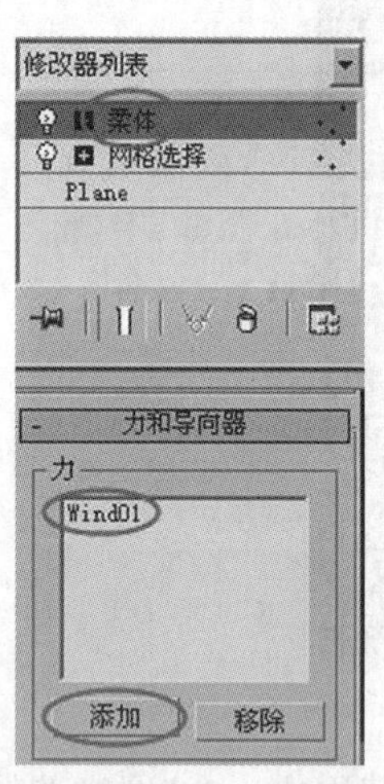

图 1-6-33 柔体修改力的导向器设置

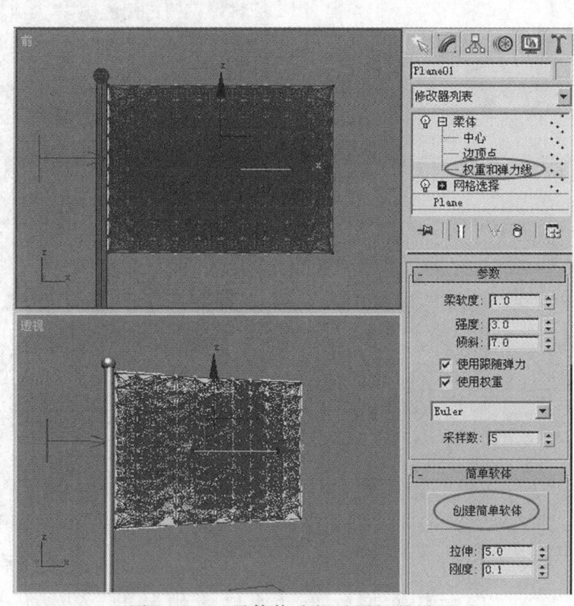

图 1-6-34 柔体修改权重层级的设置

7. 设置飘动效果。将修改面板顶部的“使用跟随弹力”和“使用权重”两个勾选项取消。然后播放动画进行观察，会发现物体拉伸强度很大，设置其“拉伸”的参数为 1.0，“刚度”参数为 6.0，播放动画，观察效果。在视图中选中“风力”图标，设置力“强度”值为0.1，风“湍流”值为 1.0，播放动画观察效果，如图 1-6-35 所示。

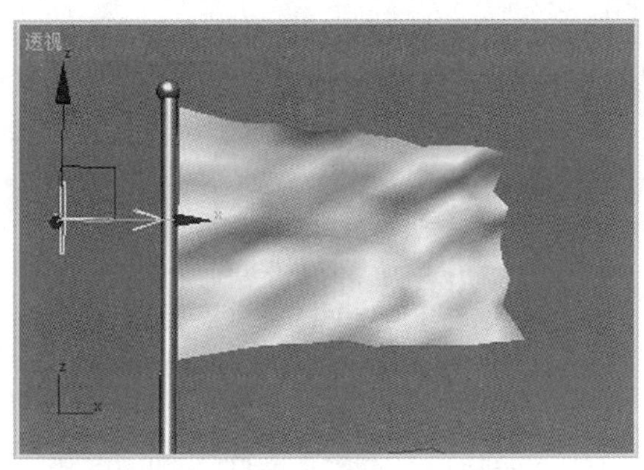

图 1-6-35　修改后的旗帜飘扬效果

8. 增加导向器。选择创建→空间扭曲→导向器 导向器 层级，在顶视图中创建一个“导向球”，设置它的“图标直径”为 100，将它放在图 1-6-36 所示的位置。打开【自动关键帧】按钮，将时间滑块放置到 100 帧，在视图中移动导向球的位置。如图 1-6-37 所示，然后将【自动关键帧】按钮关闭。选择旗帜模型，选择修改面板→“力和导向器”设置面板→在“力和导向器”的设置栏单击“添加”按钮，在视图中拾取“导向球”图标，旗帜就受到了导向球的动力影响。

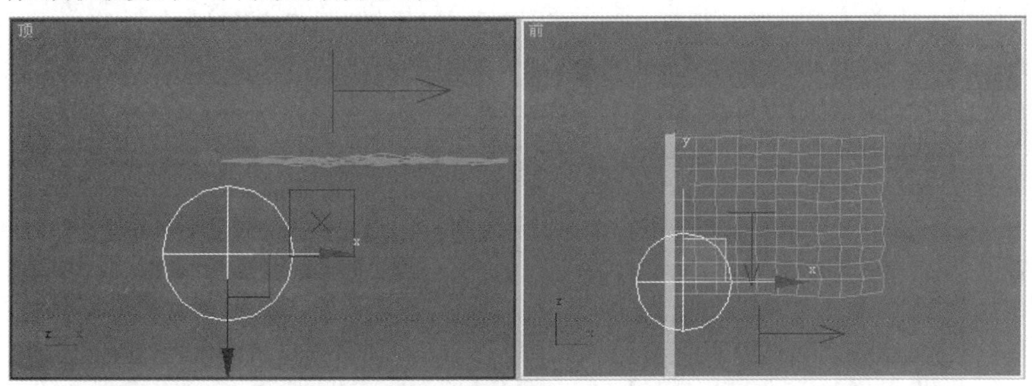

图 1-6-36　导向球在视图中的位置

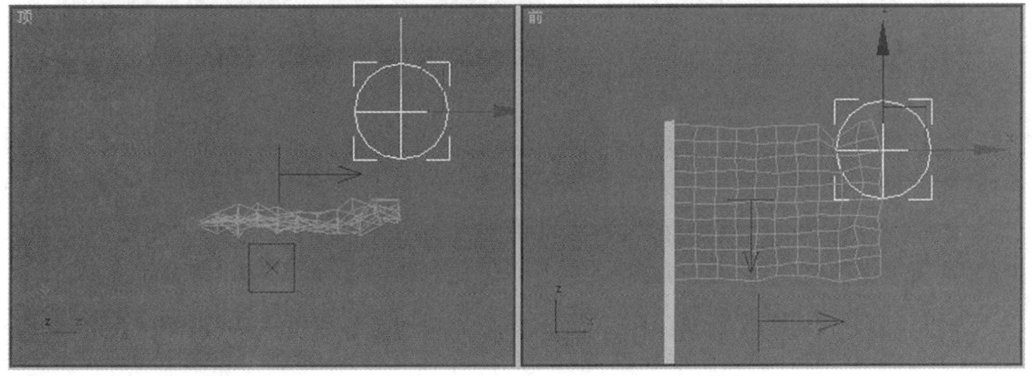

图 1-6-37　导向球动画设置后的位置

9. 重力和风力作用。选中旗帜模型，在修改面板中“力和导向器”的设置栏单击“添加”按钮，在视图中拾取“重力”图标，为旗帜模型添加了重力影响，但重力对模型的影响过于强烈，所以选中“重力”图标，在修改面板中设置力的“强度”参数为 0.03，这样我们就得到了一个较好的旗帜飘扬效果，如图 1-6-38 所示。

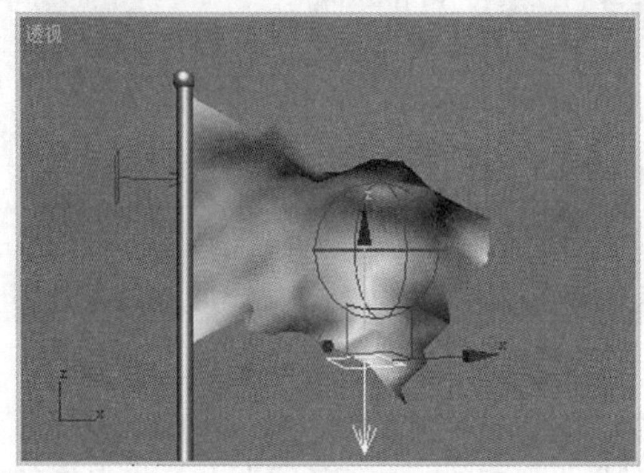

图 1-6-38 导向球对旗帜模型的影响

10. 动画设置。单击【时间配置】按钮，在弹出的对话框中将“帧速率”选为“PAL”（帕制：其播放速度为 25 帧/秒），然后将动画“长度”参数设置成 300 帧，单击【确定】按钮退出，如图 1-6-39 所示。

11. 制作风力动画，在顶视图中选中风力图标，打开【自动关键帧】按钮，分别在 100 帧、200 帧、300 帧的位置上通过旋转工具对“风”图标进行上下旋转，如图 1-6-40 所示，然后关闭【自动关键帧】按钮，播放动画，观察效果。

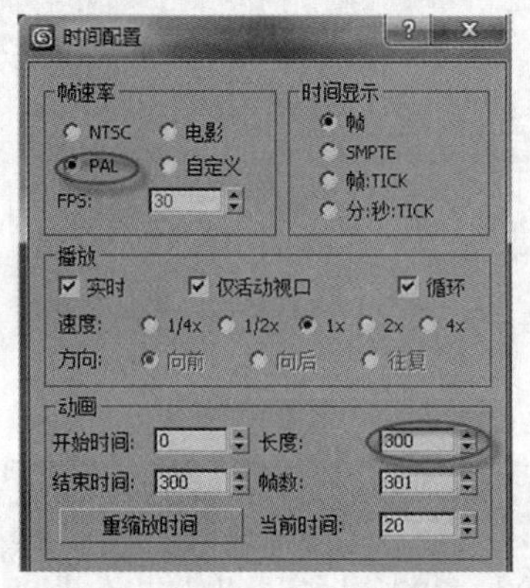

图 1-6-39 时间配置对画框设置

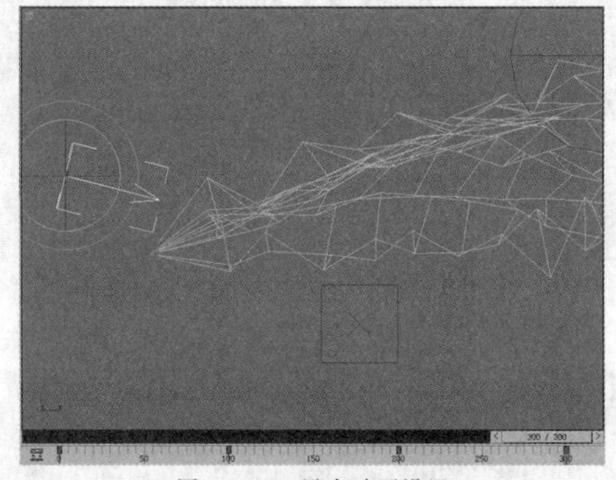

图 1-6-40 风力动画设置

12. 点缓存器修改。选中旗帜模型，在“柔体”修改命令基础上，为其添加一个“点缓存”修改命令，在修改面板中单击“记录”按钮，在弹出的对话框中为其找一适当位置并命名，如图 1-6-41 所示，单击【保存】按钮后系统会自动运算，运算完成之后，单击修改面板上的“禁用下面的修改器”按钮，这样点缓存以下的修改命令全部失效，如图 1-6-42 所示，再次拖动动画时间滑块观察。

13. 光滑网格物体。选中旗帜模型，在“点缓存”修改命令基础上再为其添加一个“网格平滑”修改命令，增加它的“迭代次数”参数为 2，旋转透视视图，如果看不见旗帜模型的背面，可以在视图名称位置上单击鼠标右键→“配置”→“视口”配置面板→“渲染选项”→

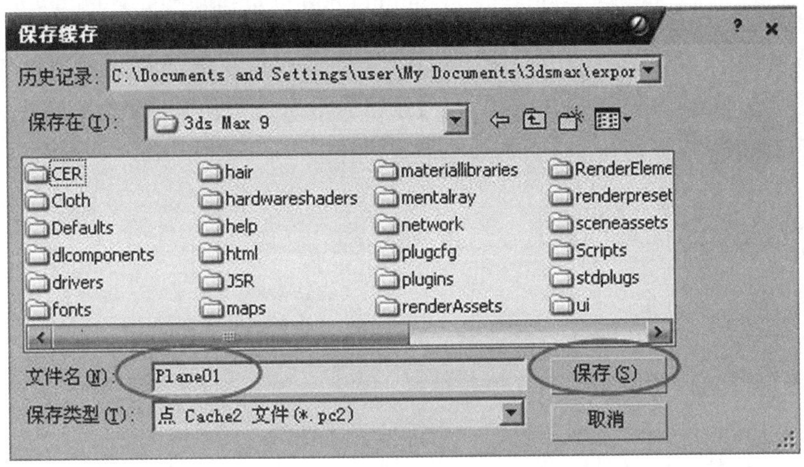

图 1-6-41　保存缓存文件对话框

勾选“强制双面”就可以了，如图 1-6-43 所示。

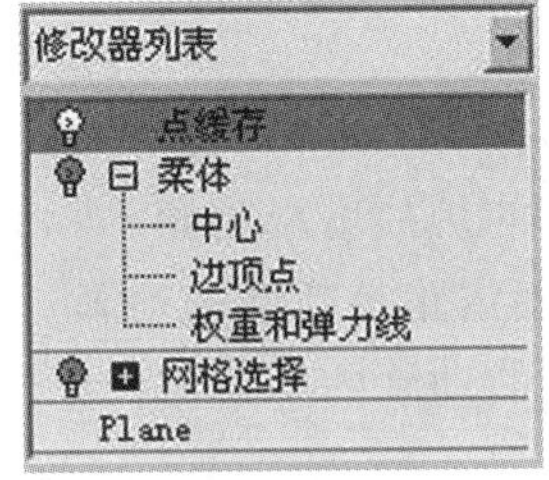

图 1-6-42　点缓存以下命令失效

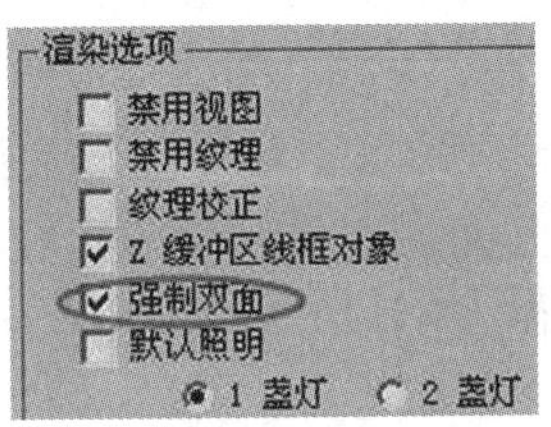

图 1-6-43　勾选“强制双面”

14. 指定贴图材质。打开材质编辑器，为旗帜指定一个缺省的材质；单击漫反射贴图按钮→材质/贴图浏览器→位图，如图 1-6-44 所示，在配套资源中的材质贴图文件夹中选择一个旗帜贴图，并打开显示材质按钮，在透视视图中观察效果，如图 1-6-45 所示。

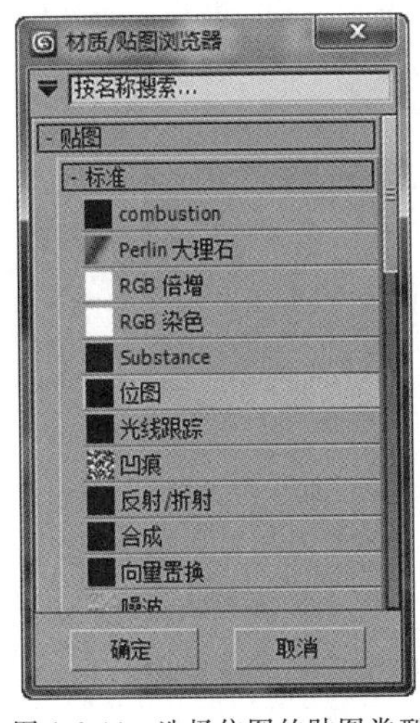

图 1-6-44　选择位图的贴图类型

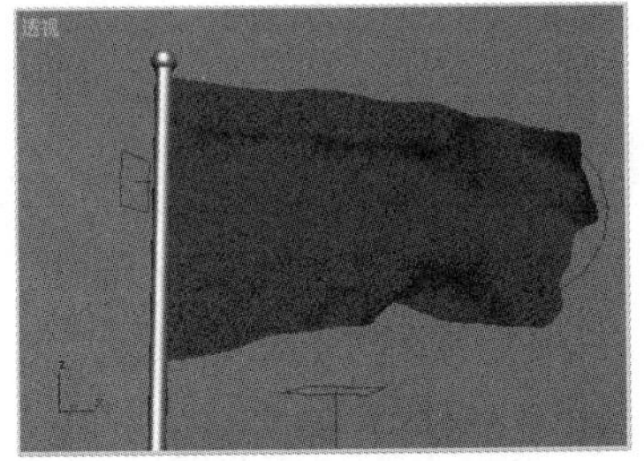

图 1-6-45　指定材质后的旗帜效果

15.设置动画渲染。打开“渲染设置”对话框→勾选“活动时间段”→输出大小为800×600,在对话框下端“渲染输出”位置上单击“文件”按钮,在指定的盘区命名存储动画文件,保存类型选AVI文件格式,单击【保存】按钮退出后进行动画渲染。

项目链接:第2篇任务15,第3篇项目10等。

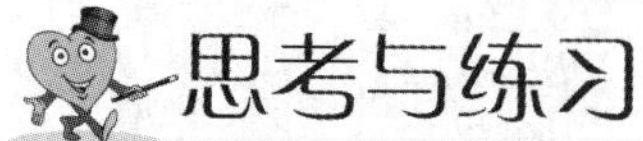

思考

1.粒子系统可以模拟哪些自然现象?

2.什么可以用来模拟动态的气流效果?

3.在3ds Max 2013中,通常将粒子系统分为哪两类?

4.如何改变粒子的喷射数量?

5.如何使粒子喷射的时候产生抛物线形式?

6.简述空间扭曲物的分类。

7.简述使用动画控制器的一般步骤。

实训

1.运用关键帧动画知识,制作一段圆柱体的切片增减动画。

2.运用约束动画知识制作一段球体沿着固定路径运动的动画。

3.应用粒子动画、动力学动画以及空间扭曲动画的知识制作一段喷泉的动画。

第 2 篇

我导你做

本篇由学生在教学中需要重点掌握的20个教学任务组成，按照教学内容由易到难的顺序安排，便于学生掌握。每个任务都有相关知识点链接，便于学生温故知新。在教师指导下，每个任务首先有简单介绍，明确“任务目标”和“设计思路”，然后按照工作过程的方式由学生依次完成各个任务。任务融入企业的设计标准和规范，设计作品均体现三维设计的技术与艺术有机融合的特色，使学生在“做”任务过程中形成良好的设计制作习惯。

任务 1　制作快餐椅

任务目标：

通过制作快餐椅的过程，进一步熟练掌握曲线的创建、修改、渲染方法及“挤出”修改器的使用方法，了解材质编辑、环境应用等。完成后的作品如图 2-1-1 所示。

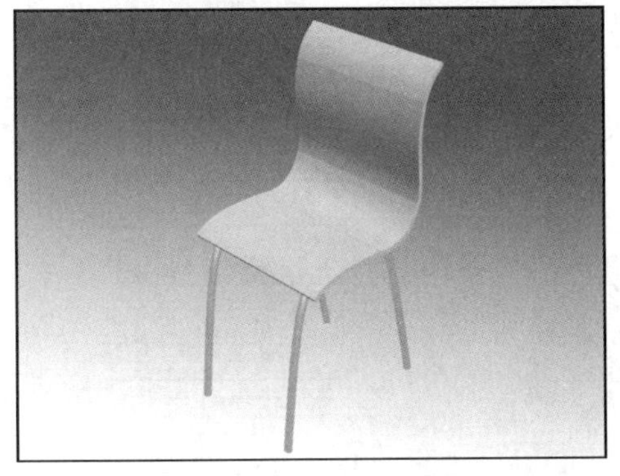

图 2-1-1　快餐椅最终效果

快餐椅

任务解析：

本任务通过制作快餐椅的实例学习创建、修改二维图形的基本命令。操作步骤如下：

1. 单击【创建】→【图形】→ 线 按钮，在前视图中绘制一条作为椅面轮廓的曲线，如图 2-1-2 所示。

2. 单击【修改】按钮，打开修改面板。在“选择”卷展栏中单击【顶点】按钮，进入顶点修改层级。

3. 在视图中选择所有点，单击鼠标右键，在弹出的快捷菜单中选择“Bezier 角点”菜单命令，将顶点转换为 Bezier 角点。对每个顶点进行调整，调整曲线如图 2-1-3 所示。可利用最大化视口或局部放大的方法耐心细致地调整。

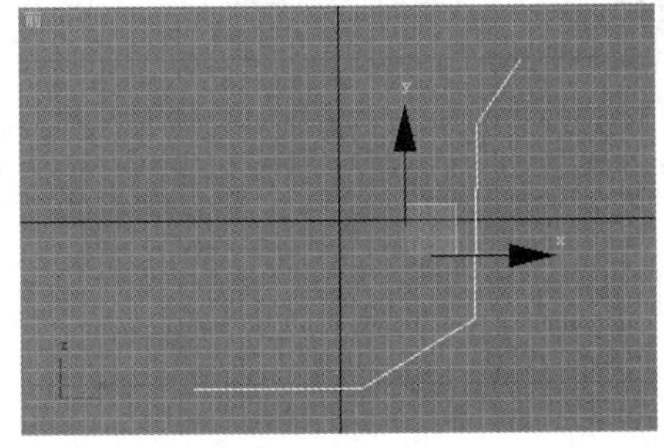

图 2-1-2　曲线

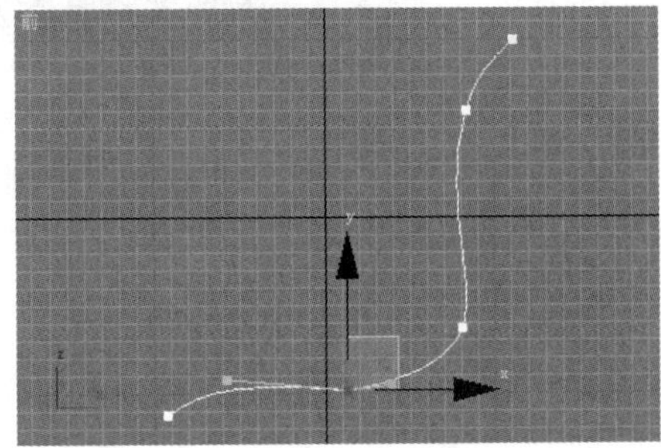

图 2-1-3　调整曲线

4. 在“选择”卷展栏中单击【样条线】按钮，进入样条线修改层级。在“几何体”卷展栏中，设置“轮廓”值为 6(该值为椅面厚度，可根据所画曲线大小适当设置)，按回车键确认，将曲线扩展成轮廓线，如图 2-1-4 所示。

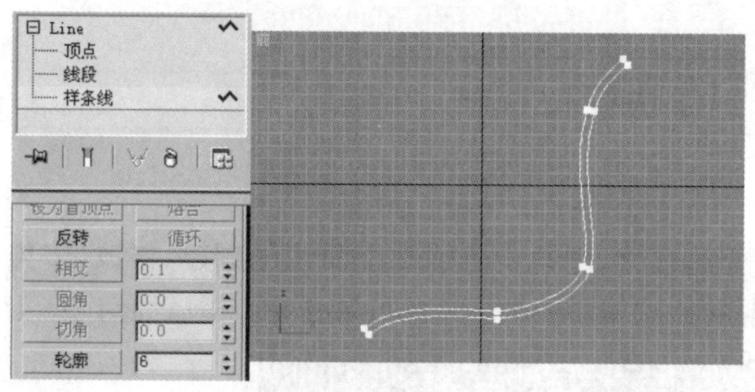

图 2-1-4 生成轮廓线

5. 单击【样条线】按钮，结束对曲线的编辑。然后在 修改器列表 中选择“挤出”修改器，在“参数”卷展栏中设置“数量”为 200，得到椅面造型，如图 2-1-5 所示。

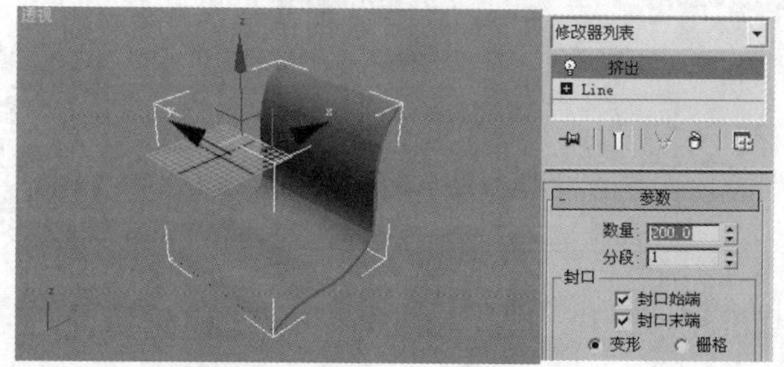

图 2-1-5 制作椅面及其参数设置

6. 单击【创建】→【图形】→ 线 按钮，在前视图中绘制一条曲线作为椅腿物体，适当修改曲线使之与椅面吻合。在创建面板的“渲染”卷展栏中设置曲线的“厚度”为 10、“边”为 24，并勾选“在渲染中启用”和“在视口中启用”选项，如图 2-1-6 所示。

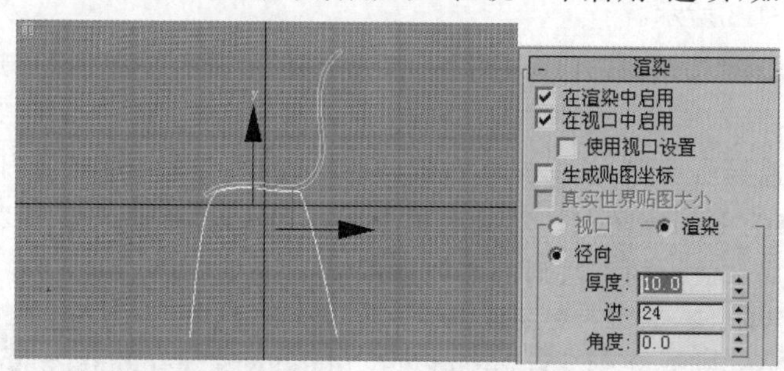

图 2-1-6 制作椅腿及其参数设置

7. 在前视图和左视图中将椅腿调整到合适位置。单击【镜像】按钮，镜像克隆出其他椅腿，如图 2-1-7 所示。

8. 至此，快餐椅模型制作完成，如图 2-1-8 所示。

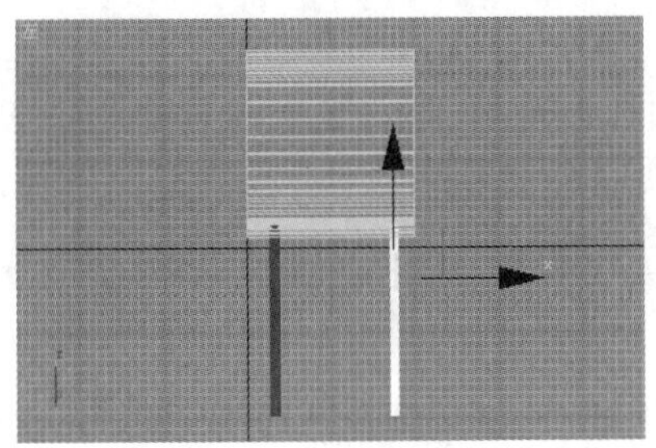

图 2-1-7　克隆椅腿

图 2-1-8　快餐椅模型

9. 在视图中选择椅面物体，单击工具栏的【材质编辑器】按钮，打开“材质编辑器”窗口。选择第一个示例球，在“Blinn 基本参数”卷展栏中，设置“高光级别”为 80、“光泽度”为 30、“自发光”的“颜色”为 30，如图 2-1-9 所示。然后单击“漫反射”右侧颜色框，调出“颜色选择器”对话框，将漫反射颜色设置为豆绿色(红:150，绿:255，蓝:180)。

10. 单击【将材质指定给选定对象】按钮，将材质赋予椅面物体。再单击【在视口中显示贴图】按钮，在视图中显示出贴图效果。

11. 在视图中选择椅腿物体，在“材质编辑器”窗口中选择第二个示例球。在“明暗器基本参数”卷展栏中，设置材质类型为金属材质。在“金属基本参数”卷展栏中，设置“高光级别”为 90、“光泽度”为 60、“自发光”的“颜色”为 60，如图 2-1-10 所示。然后单击“漫反射”右侧的颜色框，调出“颜色选择器”窗口，将漫反射颜色设置为浅灰色(红:225，绿:225，蓝:225)。

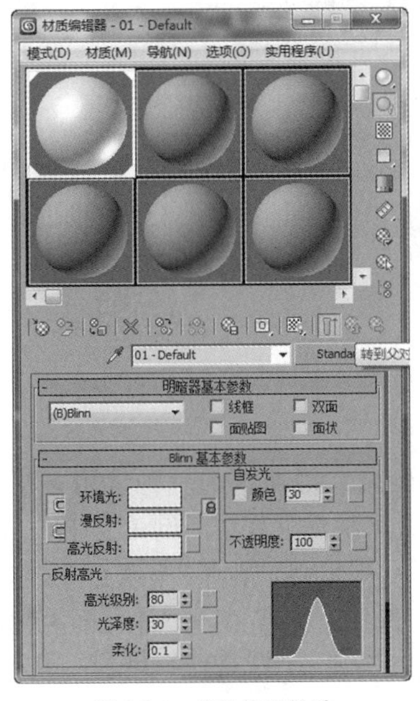

图 2-1-9　编辑椅面材质

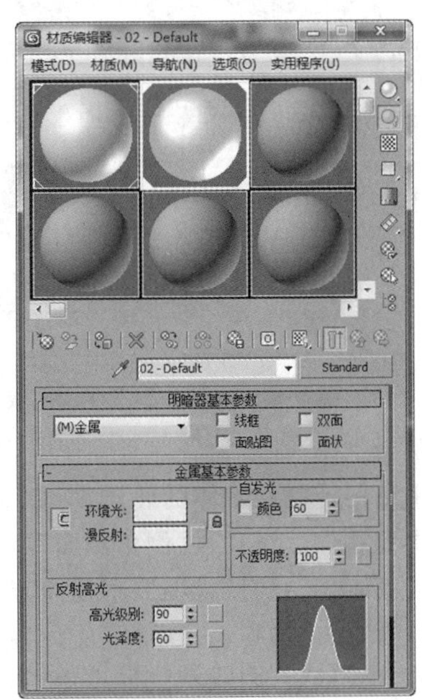

图 2-1-10　编辑椅腿材质

12. 执行“渲染”→“环境”菜单命令，打开“环境和效果”窗口，在“公用参数”卷展栏中单击“环境贴图”下面的 无 按钮，打开“材质/贴图浏览器”对话框，选择“位图”，为其添加一个背景。单击【快速渲染】按钮，渲染透视视图，得到快餐椅最终效果，如图 2-1-1 所示。

指导要点：

1. 曲线调整时应用局部放大的方法耐心细致地调整，使得椅面尽可能符合人体工程学标准。

2. 椅子腿与面的结合要恰当，多换几个角度去观察，防止表面看正常，实际上腿与面不相连的情况出现。

3. 指导学生简单地做一个桌子，再复制几把椅子，摆放到合适位置，进行二次创作。

知识点链接：第 1 篇 1.2、2.1、2.2、2.4、2.5 节。

任务 2 制作 CCTV 台标

任务目标：

通过制作 CCTV 台标的过程，进一步熟练掌握绘制曲线、布尔运算的操作及技巧。完成后的作品如图 2-2-1 所示。

图 2-2-1 CCTV 台标最终效果

CCTV 台标

任务解析：

利用平面图像描绘物体的轮廓曲线，也是绘制二维曲线的一种常用方法，该方法更接近原始参照物体。再通过“倒角剖面”修改器，可制作出复杂的倒角模型。

1. 激活顶视图，执行“视图”→“视口背景”→“配置视口背景”菜单命令，打开“视口配置”对话框，如图2-2-2所示。单击【文件】按钮，选择 CCTV 图像文件，单击【打开】按钮。在“视口配置”对话框中选中“匹配位图”选项，以保证背景图像不变形；勾选“锁定缩放/平移”选项，以保证视图在进行缩放、平移时背景图像也发生相应的变化，不发生错位。单击【确定】按钮，适当缩放顶视图，顶视图图像效果如图 2-2-3 所示。

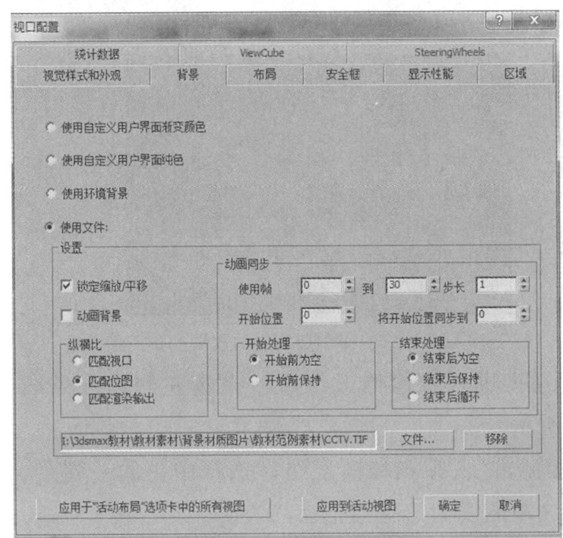

图 2-2-2　“视口配置”对话框

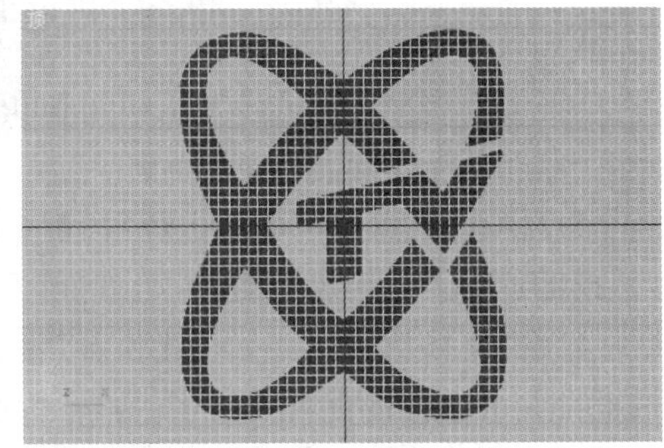

图 2-2-3　顶视图图像效果

2. 单击【创建】→图形→线按钮，取消“开始新图形”的勾选，保证所创建的全部图形都属于同一个物体。以背景图为参考，进行图形的描绘，在相接的地方单击【是】按钮进行封闭。为了精确绘制，可以放大视图或放大局部图形进行绘制。

3. 单击【修改】按钮，打开修改面板。在“选择”卷展栏中单击【顶点】按钮，进入顶点修改层级。参考背景图进行点的精细编辑操作，使用“圆角”修改器对图形的四角进行圆角化。关闭背景参考图的显示，描绘的轮廓曲线效果如图 2-2-4 所示。

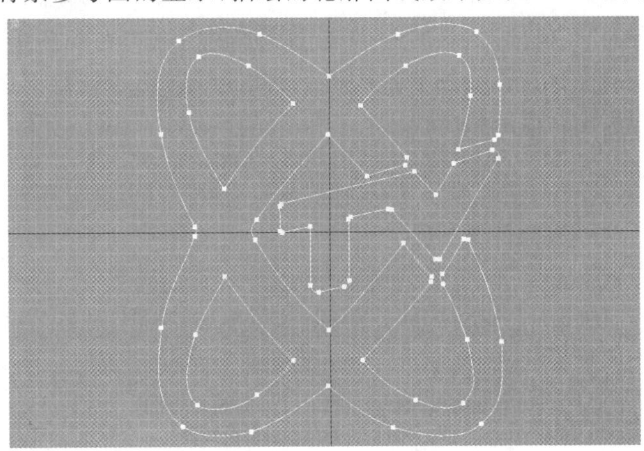

图 2-2-4　轮廓曲线

4. 单击【创建】→【图形】→线按钮，在顶视图台标的右侧创建一个小矩形，取消“开始新图形”的勾选，再创建三个圆形，并且都与矩形相交，如图 2-2-5 所示(可用输入半径值使两端的圆形大小相同)。

5. 单击【修改】按钮，打开修改面板。在“选择”卷展栏中单击【样条线】按钮，进入样条线修改层级。在顶视图中选择矩形，在修改面板上单击布尔按钮，对上下两端的圆形进行【并集】运算，对中间的圆形进行【差集】运算，效果如图 2-2-6 所示。如果无法进行布尔运算，可能是点重合了，将图形稍微错位一下再进行操作。

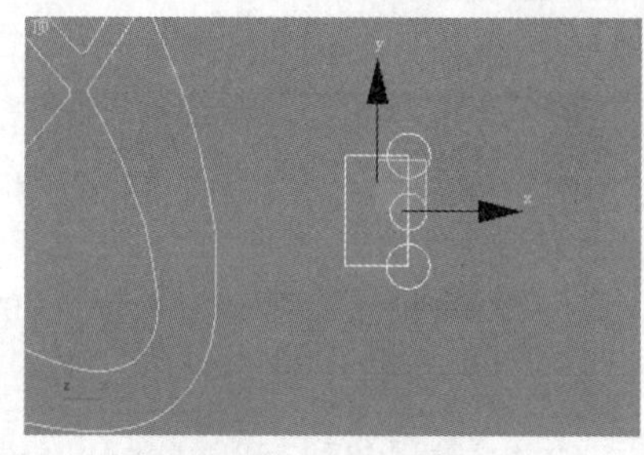

图 2-2-5 矩形和圆

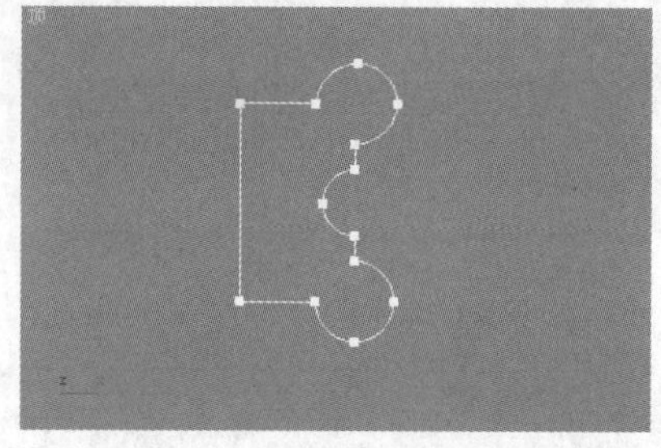

图 2-2-6 布尔运算后的效果

6. 在“选择”卷展栏中单击【分段】按钮，进入线段修改层级。框选左侧的几条线段，按键盘 Delete 键进行删除，如图 2-2-7 所示。

7. 在“选择”卷展栏中单击【顶点】按钮，进入顶点修改层级。选择中央的一列点，按键盘 Delete 键进行删除，如图 2-2-8 所示(左侧线为选择点的参考图)。

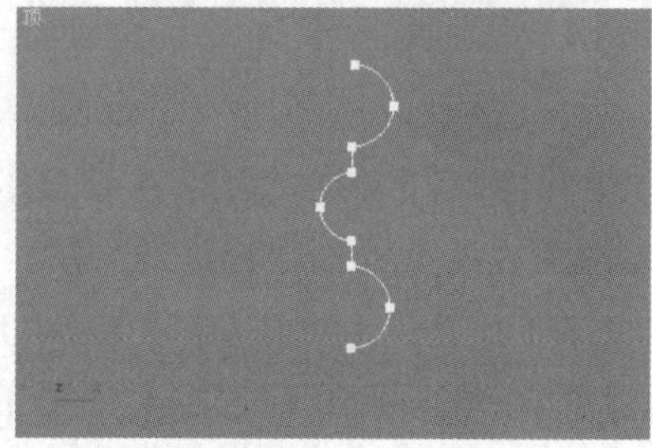

图 2-2-7 删除线段

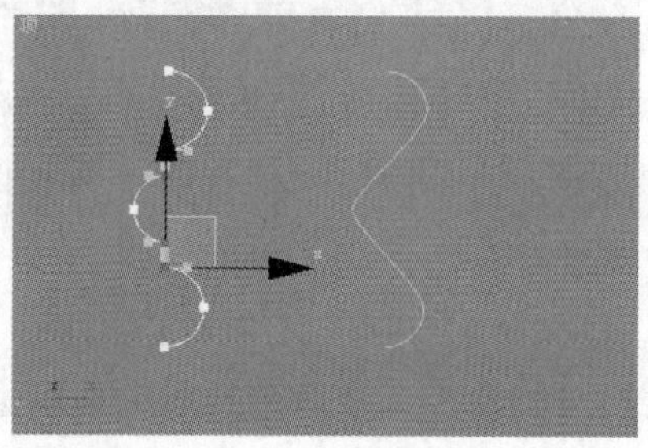

图 2-2-8 删除点

8. 在修改面板的“几何体”卷展栏中单击 切角 按钮，在视图中单击中央的顶点并拖动鼠标，产生平直的切角，如图 2-2-9 所示。此曲线即用于倒角剖面的剖面线，当然也可以利用其他方法绘制该形状曲线。

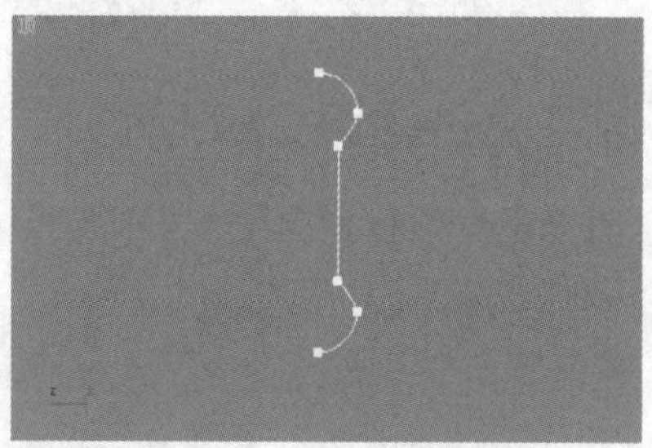

图 2-2-9 切角操作后的效果

9. 再次单击【顶点】按钮，回到整个物体层级。选择台标图形，在修改面板的 修改器列表 中选择“倒角剖面”修改器，在“参数”卷展栏中单击 拾取剖面 按钮，在顶视图中选取刚绘制的剖面线，一个立体模型就制作完成了，如图 2-2-10 所示。它的侧面正是我们刚绘制的剖面线，可以对剖面线的形态继续进行修改，台标的立体模型也会同时发生变化。

10. 为其定义一种材质，最终效果如图 2-2-1 所示。

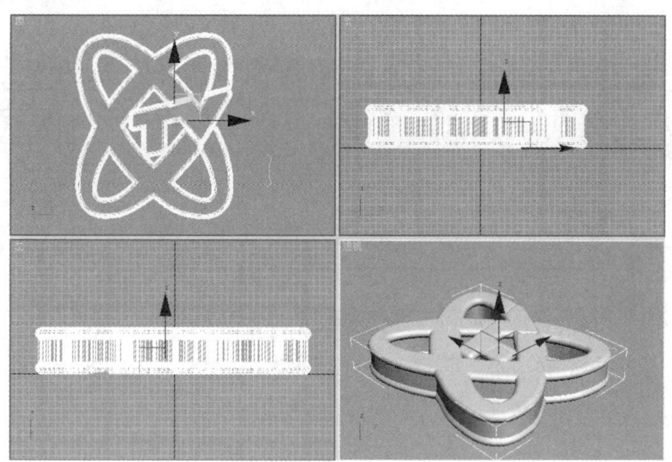

图 2-2-10　生成的台标模型

指导要点：

1. 参考背景图对点进行精细编辑、调整操作，使得生成的模型更标准。让学生明白做事情细节很重要。

2. 建议单独对布尔运算的并集、差集进行操作训练。

知识点链接：第 1 篇 1.2、2.1、2.2、2.4、2.5、2.7 节。

任务 3　制作甜筒

任务目标：

通过甜筒的制作过程，进一步熟练掌握挤出、扭曲、锥化、车削等修改器的操作方法及使用技巧。完成后的作品如图 2-3-1 所示。

图 2-3-1　甜筒最终效果

甜筒

任务解析：

1. 执行“文件”→“重置”菜单命令，重新设置系统。单击【创建】→图形→星形按钮，在顶视图中创建一个六角的星形，在“参数”卷展栏中修改星形的参数，如图 2-3-2 所示。

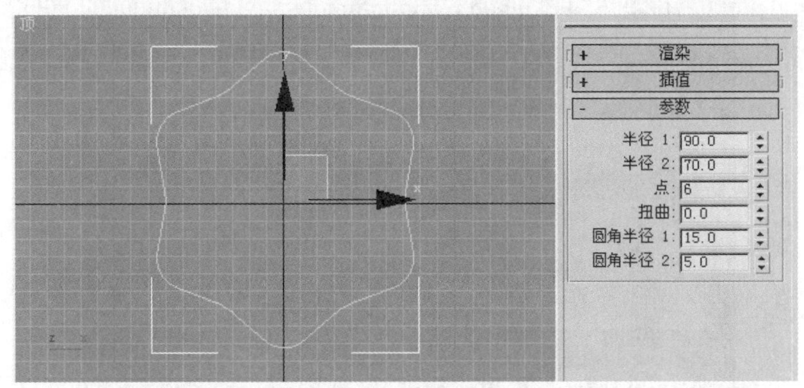

图 2-3-2　星形及其参数设置

2. 选中六角星形，进入修改面板。在 修改器列表 中选择“挤出”修改器。将“数量”的值设为 160，“分段”的值设为 16，其余为默认值，“挤出”参数设置效果如图 2-3-3 所示。

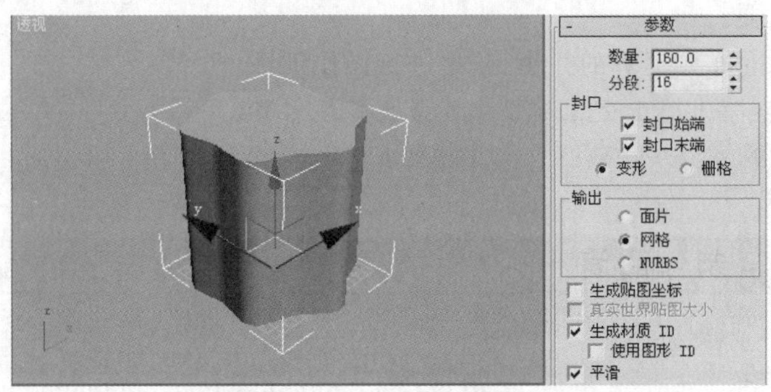

图 2-3-3　“挤出”参数设置及效果

3. 选中刚刚挤出的三维实物，进入修改面板，在 修改器列表 中选中“扭曲”修改器。扭曲参数设置及效果如图 2-3-4 所示。

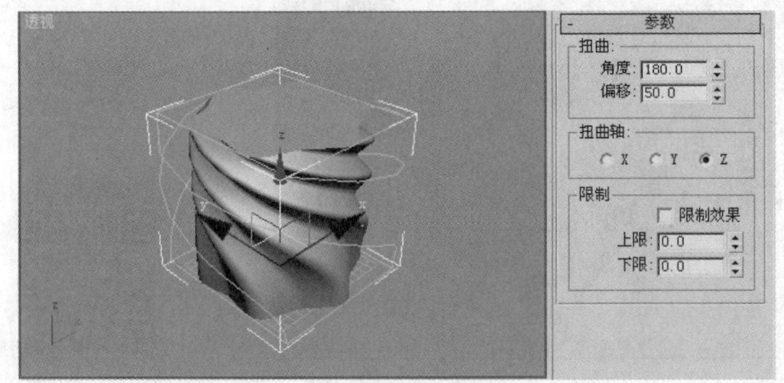

图 2-3-4　“扭曲”参数设置及效果

4. 在 修改器列表 中选择“锥化”修改器。在“参数”卷展栏中设置参数，这时甜筒的上部就制作好了，如图 2-3-5 所示。

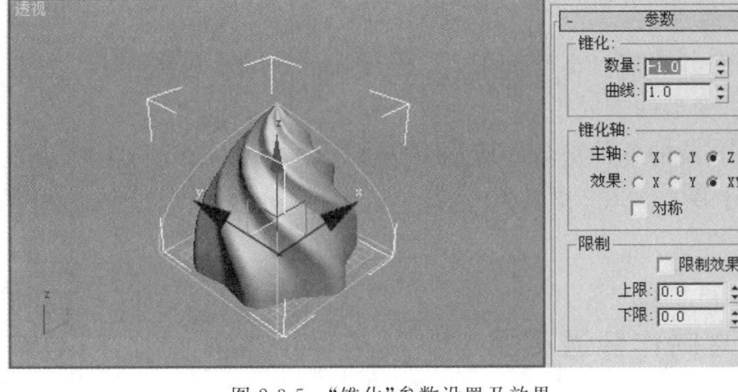

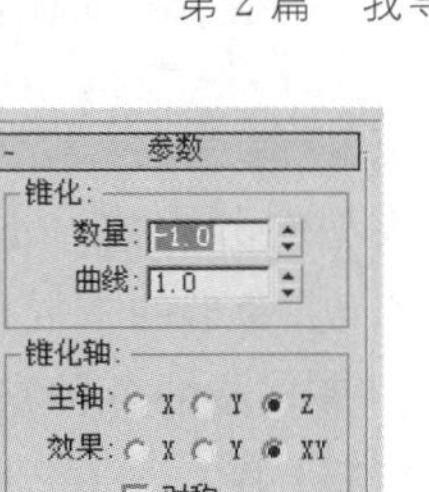

图 2-3-5　“锥化”参数设置及效果

5. 单击【创建】→【图形】→ 线 按钮，在前视图中绘制甜筒的底部的线，如图 2-3-6 所示。

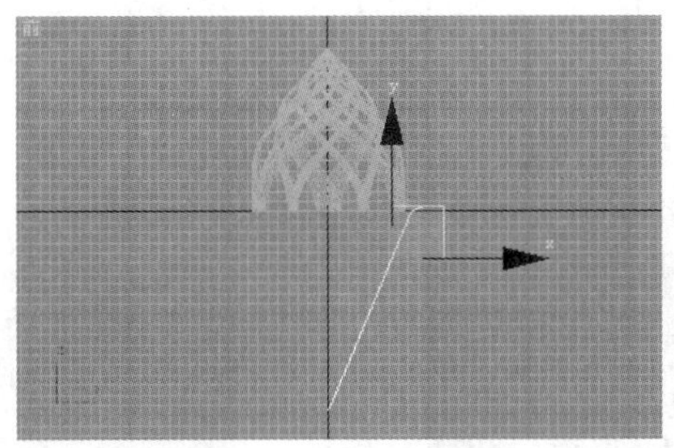

图 2-3-6　甜筒底部的线

6. 选中截面，进入修改面板，在 修改器列表 中选择“车削”修改器。在“参数”卷展栏中设置“角度”参数为 360，并单击“对齐”组下的 最小 按钮，这时截面旋转成了锥形的筒，如图 2-3-7 所示。

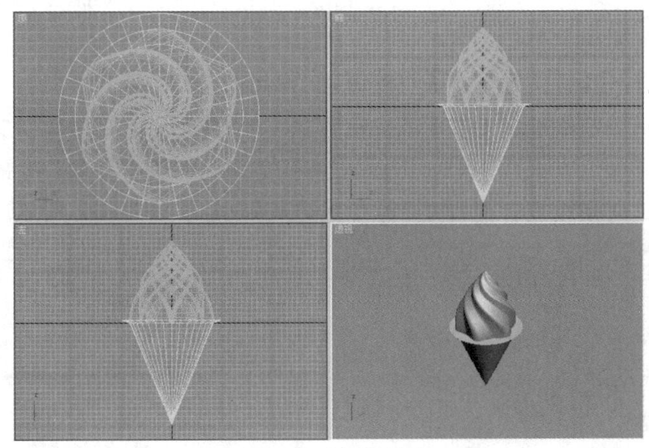

图 2-3-7　“车削”效果

7. 下面制作甜筒外面的包装纸。再次绘制一条长度稍短的曲线，然后旋转，这样就得到一个甜筒模型，为其赋予简单的材质，甜筒最终效果如图 2-3-1 所示。

指导要点：

1. 调整模型的分段数为不同的值，观察“扭曲”后的不同效果，让学生理解分段数对模型后期的修改、变形的重要性。

2. “车削”修改器的各种参数的应用方法。

知识点链接：第 1 篇 1.2、2.1、2.2、2.4、2.5 节。

任务 4 制作普通花瓶

任务目标：

普通花瓶

通过花瓶制作并赋予不同的材质，掌握常规材质命令的综合使用方法。完成后的作品如图 2-4-1 所示。

任务解析：

1. 单击【创建】→【图形】→ 线 按钮，在视图中绘制一条不闭合的曲线作为花瓶的旋转截面，如图 2-4-2 所示。

图 2-4-1 花瓶最终效果

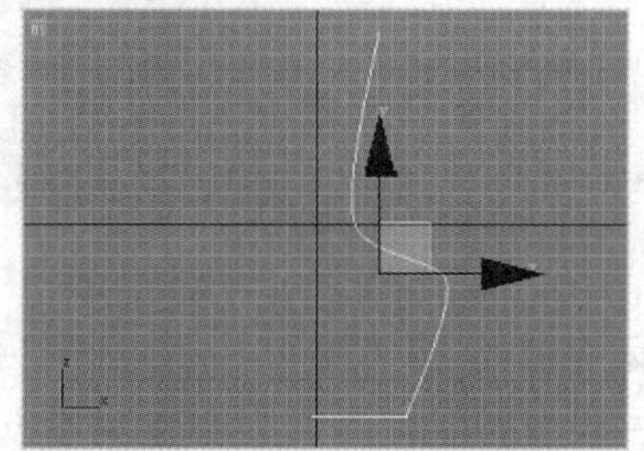
图 2-4-2 不闭合的曲线截面

2. 进入修改面板，在 修改器列表 中选择“车削”修改器，将曲线进行旋转生成花瓶的面片物体，如图 2-4-3 所示。

3. 单击工具栏中【材质编辑器】按钮，在弹出的“材质编辑器”窗口中激活一个示例球。单击【将材质指定给选定对象】按钮将这一材质赋予花瓶物体。在“明暗器基本参数”卷展栏中选择着色方式为“(B)Blinn”，并且在“Blinn 基本参数”卷展栏中对 Blinn 材质的部件颜色及“高光级别”“光泽度”等参数进行调整，如图 2-4-4 所示。

图 2-4-3 花瓶面片物体

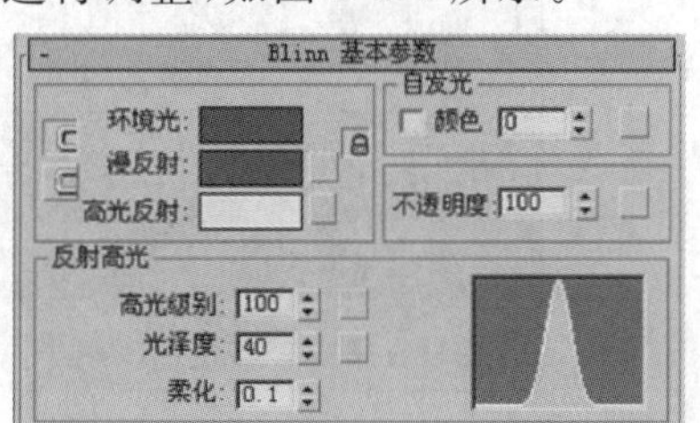

图 2-4-4 “Blinn 基本参数”卷展栏参数设置

“漫反射”色值如图 2-4-5 所示。

4. 这一场景中花瓶着色后的效果，如图 2-4-6 所示。

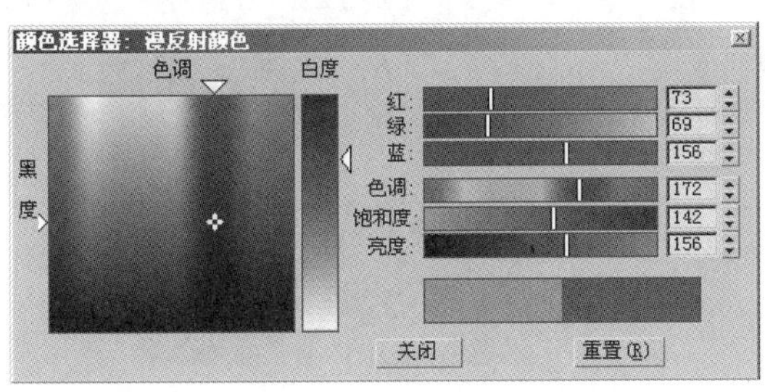

图 2-4-5　“漫反射”色值

图 2-4-6　着色后的花瓶

5. 这时材质并没有设置“双面”选项，瓶子物体的表面没有被完全显示出来。回到材质编辑器，在“明暗器基本参数”卷展栏中勾选“双面”选项，场景效果如图 2-4-7 所示。

6. 使用“线框”材质，可以将对象作为一个网格物体进行渲染。这种材质只显示线框而不完全显示面。勾选“明暗器基本参数”卷展栏中的“线框”选项，花瓶材质着色显示效果如图 2-4-8 所示。

图 2-4-7　进行“双面”设置后的花瓶效果

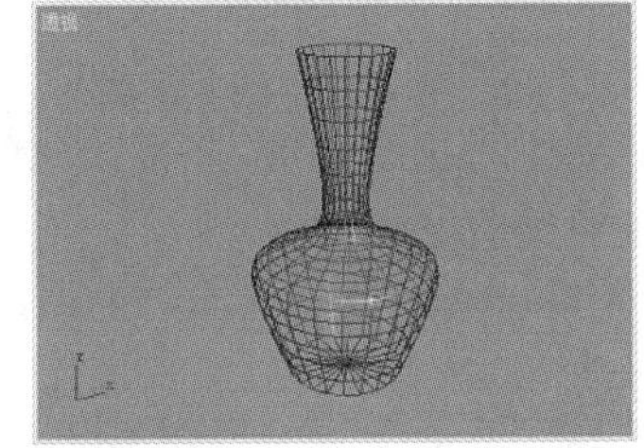

图 2-4-8　线框材质效果

7. 在渲染材质时，可在“扩展参数”卷展栏中调整着色控制器，图 2-4-9 为“扩展参数”卷展栏，右侧为“线框”控制器。

(1) 如果选择“像素”，无论几何体是否变化或物体的位置远近，线框的厚度都是相同的。也就是说，像素网格在图像的任意位置显示的尺寸都是恒定的，效果如图 2-4-10 所示。

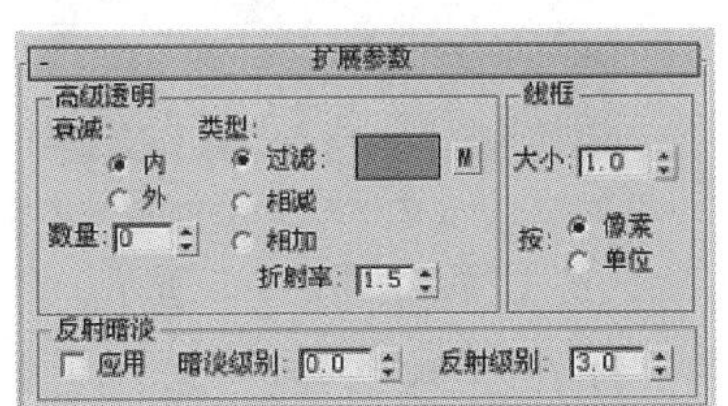

图 2-4-9　“扩展参数”卷展栏

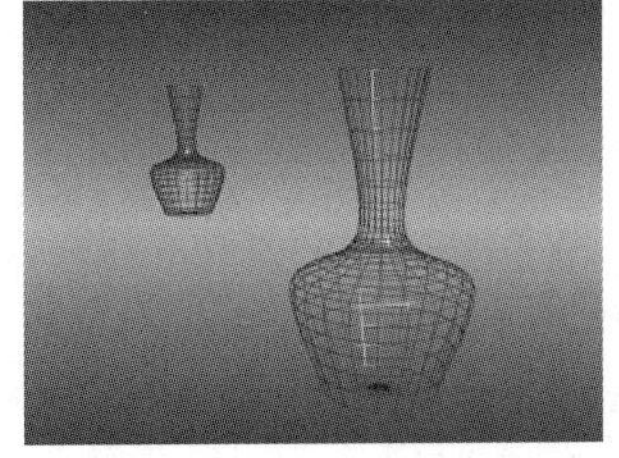

图 2-4-10　“像素”线框

(2) 如果选择“单位”，线框就像是模型，在场景中会有近大远小的透视关系。变化线框对象同时变化线框宽度，如图 2-4-11 所示。

无论使用“像素”或“单位”，“大小”的参数设置都是用于控制线框宽度。如果选择“单位”选项，尺寸则是按当前的世界单位来计算，“单位”的尺寸会相对于“像素”的尺寸大一些。

注意：网格对象可以投射阴影，但只有使用“光线跟踪阴影”方式才可以得到精确的投射线框厚度，如图 2-4-12 所示。

图 2-4-11 “单位”线框

图 2-4-12 线框材质投影效果

8. 创建透明材质。

透明材质在三维制作中是一种普遍使用的材质，利用它可以制作如玻璃、水等多种对象。透明材质具有反射和传输光线的特性，通过它的光线也会被染上材质的过滤色。

创建透明材质，首先要对“Blinn 基本参数”卷展栏中的“不透明度”参数进行调整，通过降低材质的不透明度来创建透明材质。

3ds Max 中，透明材质的类型主要是通过“扩展参数”卷展栏中的“高级透明”控制器来控制。图 2-4-13 所示为“高级透明”控制器。

我们继续使用花瓶场景，并将花瓶的材质设置为透明材质。通过“高级透明”控制器来控制花瓶的透明度。

(1)进入材质编辑器，在花瓶材质的“Blinn 基本参数”卷展栏中，将“不透明度”的参数设置为 60。

(2)打开“扩展参数”卷展栏。将“高级透明”控制器中“衰减”选项设为“内”(确定瓶子是内部透明度高而逐渐向外衰减的)，“数量”的参数值设置为 90(这个值为透明值，0 为不透明)。如图 2-4-14 所示。

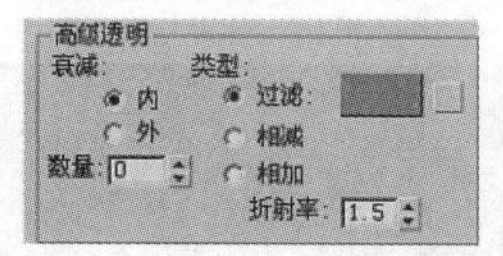

图 2-4-13 “高级透明”控制器

图 2-4-14 衰减方式为“内”的效果场景

(3)透明值不变，衰减方式为“外”。着色后最终效果如图 2-4-1 所示。

注意：向内扩散用于模拟边缘处较厚的材质，如玻璃杯；而向外扩散用于模拟中心处比较厚的材质，如云石。

(4)在“高级透明”控制器中还包括三种透明类型：过滤、相减、相加。

过滤：将后面对象的颜色加入过滤色；

相减：用后面对象的颜色减去过滤色；

相加：忽略过滤色，用漫反射加上后面对象的颜色，相加透明可使对象有自发光效果。

指导要点：

1. 双面材质的使用方法。

2. 透明度的控制。

知识点链接：第 1 篇 1.2、2.1、2.2、2.3、3.1、3.2 节。

任务 5　制作玻璃材质花瓶

任务目标：

掌握透明玻璃、磨砂玻璃等材质的设置方法及应用技巧等。完成后效果如图 2-5-1 所示。

图 2-5-1　磨砂玻璃材质花瓶效果

制作玻璃材质和磨砂玻璃材质

任务解析：

1. 单击【创建】→【几何体】→ 平面 按钮，在顶视图中创建一个长 100、宽 150 的平面。再分别在顶视图创建半径为 15 的茶壶、半径为 6 的小球和一个长方体(长 3、宽 100、高 40)。如图 2-5-2 所示。

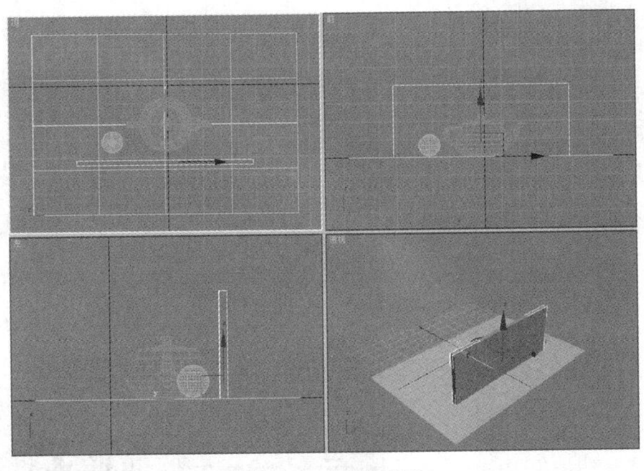

图 2-5-2　创建模型

2. 打开"材质编辑器"窗口。在窗口中选择一个示例球，单击"漫反射"颜色框右边的 按钮，打开"材质/贴图浏览器"对话框，选择"位图"，单击【确定】按钮，在打开的对话框中选择"木材 34.jpg"图像文件，如图 2-5-3 所示，单击【打开】按钮，关闭该对话框并返回到"材质编辑器"窗口。在视图中选择"平面"，单击【将材质指定给选定对象】按钮，将木纹材质赋予平面；再单击【在视口中显示贴图】按钮，将贴图效果在透视图中显示出来。

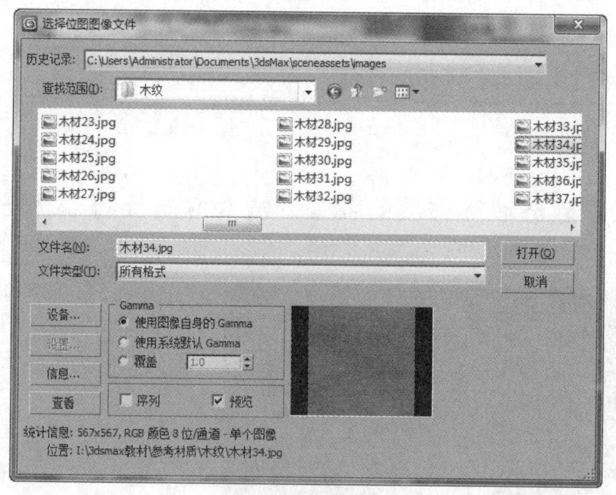

图 2-5-3　选择图像文件

3. 再选择一个示例球，设置"漫反射"颜色为"红:254，绿:243，蓝:124"，在视图中选择"茶壶"，单击【将材质指定给选定对象】按钮，将该材质赋予茶壶。同样给小球赋予漫反射颜色为白色的材质。

4. 再选择一个示例球，单击 Standard 按钮，在出现的"材质/贴图浏览器"对话框中双击"光线跟踪"类型材质，在材质编辑器上取消"反射""透明度"的勾选，设置"反射"为 10、"透明度"为 95，设置"高光级别"为 120、"光泽度"为 60，如图2-5-4所示。此材质即清晰玻璃材质。在视图中选择"长方体"，单击【将材质指定给选定对象】按钮，将该材质赋予长方体。

5. 渲染透视图，玻璃效果如图 2-5-5 所示。

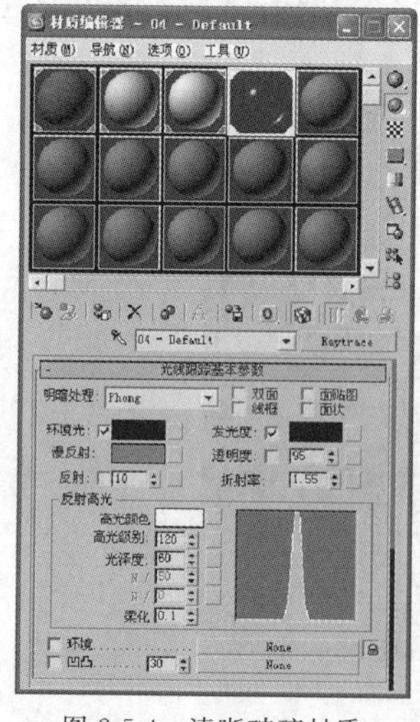

图 2-5-4　清晰玻璃材质

图 2-5-5　玻璃效果

6. 再设置一个磨砂玻璃效果。在“材质编辑器”面板上仍然选择上面设置的玻璃示例球，在“光线跟踪基本参数”卷展栏上，单击“凹凸”右侧的【无】按钮，打开“材质/贴图浏览器”对话框，选择位图，单击【确定】按钮，在打开的对话框中选择一个壁纸图像文件，如图 2-5-6 所示。

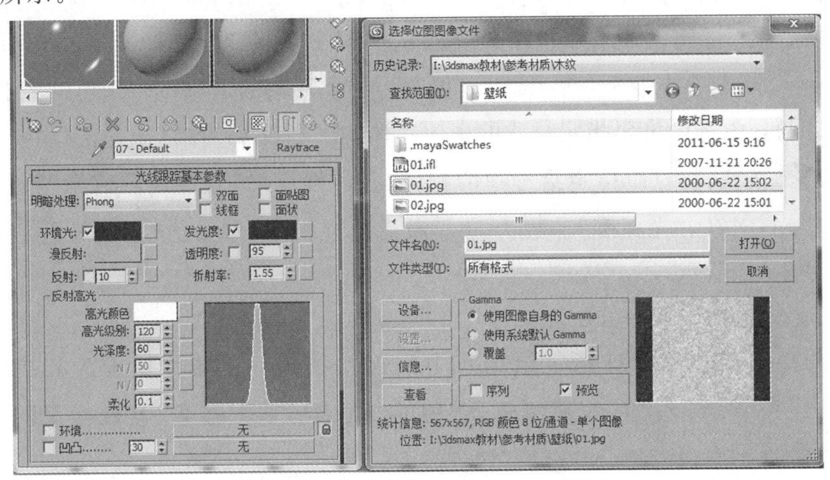

图 2-5-6　凹凸贴图

7. 适当调整透视图角度，渲染透视图，磨砂玻璃效果如图 2-5-1 所示。

指导要点：

1. 各种玻璃材质的常用定义方法。
2. “光线跟踪”参数的设置。

知识点链接：第 1 篇 1.2、2.1、2.2、2.3、3.1、3.2 节。

任务 6　制作器皿

任务目标：

掌握各种金属材质、线框材质及常用材质的设置参数和使用方法，了解反射与折射的应用技巧等。完成的作品如图 2-6-1 所示。

图 2-6-1　器皿最终效果

制作器皿

任务解析：

1. 创建指定材质

(1)在配套资源中打开一个范例场景 3ds Max 文件“器皿-1”。按键盘上的 M 键将“材质编辑器”打开。

(2)缺省的“材质编辑器”中有 6 个默认的材质示例球，选择第一个材质示例球，01 - Default 为材质的名称，可以更改为一个形象的名称（如，米色的瓷器）。

(3)在场景中选中将要指定材质的瓷碗物体，在“材质编辑器”中单击【将材质指定给选定对象】按钮，将材质指定给选中的物体。将“漫反射”颜色设置成米黄色，设置“高光级别”参数为 170、“光泽度”参数为 30。激活透视视图，单击【快速渲染】按钮，观察效果，如图 2-6-2 所示。

2. 真实反射的金属材质效果

(1)选择一个空示例球指定给场景中的锅状物体。在名称栏里为其指定新名称 黄铜，在“材质编辑器”中的“明暗器基本参数”卷展栏里的着色清单 (B)Blinn 中，选择“(M)金属”着色类型。

(2)设置“漫反射”的颜色为金黄色，用以模仿铜质金属效果，设置“高光级别”参数为 360，“光泽度”参数为 70，观察渲染所产生的金属效果，如图 2-6-3 所示。

图 2-6-2 瓷碗材质效果

图 2-6-3 初级金属质感

(3)调节金属材质的反射效果。打开材质“贴图”卷展栏，单击其中的“反射”通道按钮，会自动弹出“材质/贴图浏览器”对话框，选择并单击其中的“光线跟踪”贴图类型，这是一种真实的、质量较高的反射贴图方式。单击工具栏中按钮回到上一层级，降低反射“数量”值为 45，渲染并观察效果，如图 2-6-4 所示。

3. 模拟反射的金属材质效果

(1)选择一个空示例球指定给场景中的瓶状物体。在名称栏里为其指定新名称 不锈钢，在材质编辑器中的“明暗器基本参数”卷展栏里的着色清单 (B)Blinn 中，选择“(M)金属”着色类型。

(2)设置“漫反射”的颜色为浅灰色，用以模拟不锈钢金属效果，设置“高光级别”参数为 230、“光泽度”参数为 65，渲染并观察所产生的金属效果，如图 2-6-5 所示。

图 2-6-4　添加“光线跟踪”反射效果的金属质感

图 2-6-5　初级不锈钢基础效果

(3)在材质编辑器“贴图”卷展栏中，为“反射”通道添加“位图”贴图类型，在打开的“选择位图图像文件”对话框中，指定一张配套资源中的金属图片，如图 2-6-6 所示。

(4)调节不锈钢金属材质的反射效果。将“坐标”卷展栏里的“贴图”环境改为“收缩包裹环境”，如图 2-6-7 所示。

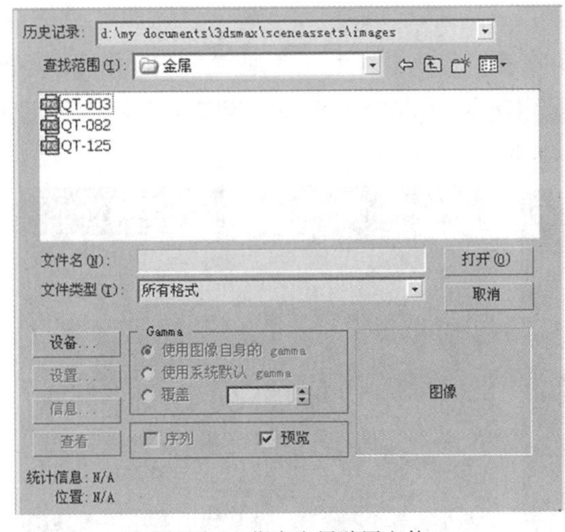

图 2-6-6　指定金属贴图文件

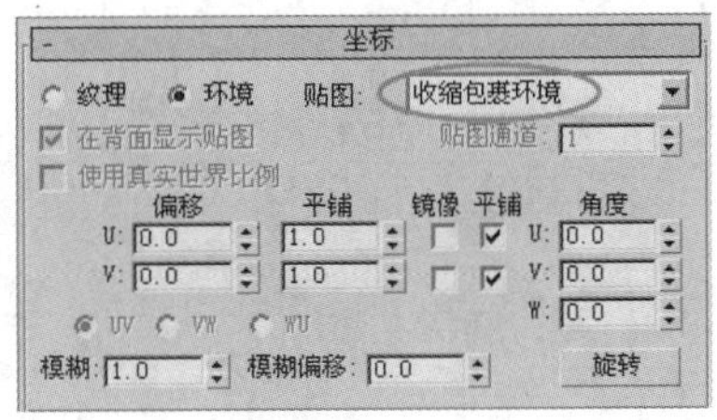

图 2-6-7　修改金属贴图的显示环境

(5)单击工具栏中按钮回到上一层级，适当地调节反射“数量”值，渲染并观察效果，如图 2-6-8 所示。这种用贴图模拟反射的方法，渲染时不需要系统计算，比光线跟踪快得多，关键在于设置“漫反射”的颜色以模拟不同色泽的金属质感。

4. 光泽木纹贴图材质

(1)在平面物体上指定木纹材质。选择“材质编辑器”中一个空示例球，为其指定新名称 木材，并指定给所选的平面物体。单击“漫反射”右侧的按钮，为其添加配套资源中的木纹贴图“木一红花梨”，并设置“坐标”卷展栏中的 V 向“平铺”参数为 3，如图 2-6-9 所示。

图 2-6-8 用金属贴图模拟的不锈钢质感

图 2-6-9 指定材质后的木纹贴图效果

(2)打开材质编辑器"贴图"卷展栏,在"反射"贴图通道中添加一个"平面镜"贴图类型,这是一种只针对平面物体的反射贴图方式,而对"曲面"及"不规则"形体无效。单击工具栏中的按钮回到上一层级,降低反射"数量"值为 45,渲染并观察效果,如图 2-6-10 所示。

(3) 调节光泽木纹材质的反射效果。单击"反射"通道中的平面镜按钮

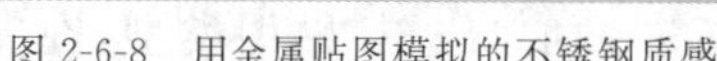

,在"平面镜参数"卷展栏中设置反射"模糊"的参数值为 20,渲染并观察效果,如图 2-6-11 所示。

图 2-6-10 添加平面镜反射后的光泽木纹效果

图 2-6-11 设置反射"模糊"后的效果

注意:如果使用平面镜反射效果,要求平面物体的第一个 ID 面是向上显露的,如图 2-6-12 所示,否则将看不到反射效果。

5. 线框特效材质

(1)选一个空示例球指定给场景中类似圆柱体的物体,调节"漫反射"的颜色为纯白色,设置"高光级别"值为 100、"光泽度"值为 30,并在"明暗器基本参数"卷展栏里勾选"线框"和"双面"选项,线框材质效果如图 2-6-13 所示。

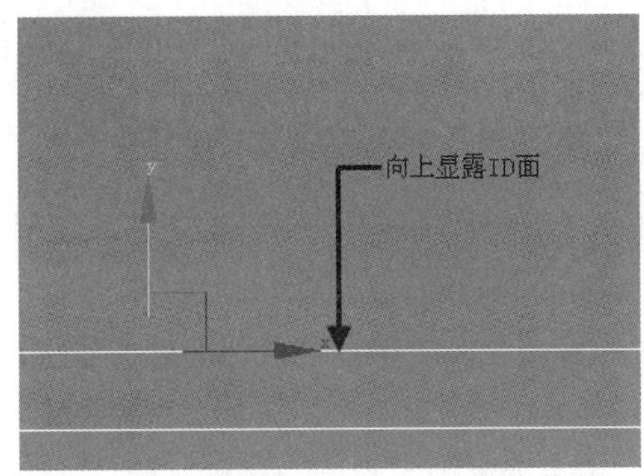

图 2-6-12　确保平面镜反射出现的 ID 面显露形式

图 2-6-13　线框材质效果

(2)调节线框粗细。打开“扩展参数”卷展栏，通过设置线框“大小”参数为 2 来控制线框的粗细，观察渲染效果，如图 2-6-1 所示。

指导要点：

1. 金属材质、线框材质及常用材质的设置参数和使用方法。

2. 反射与折射的应用技巧。

知识点链接：第 1 篇 1.2、3.1、3.2 节。

任务 7　制作草地

任务目标：

掌握混合材质的定义方法及调整技巧。完成后的作品如图 2-7-1 所示。

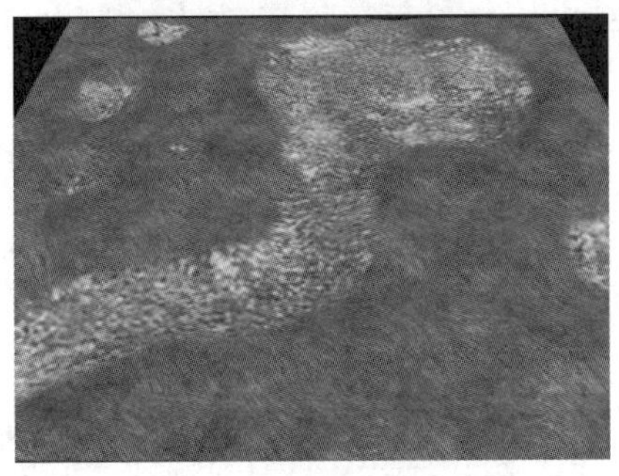

图 2-7-1　草地最终效果

制作草地

任务解析：

1. 首先，在二维图像编辑软件(如，Photoshop)中绘制一张如图 2-7-2 所示的图片，并将其保存为“区域-1. tif”。用于控制地表的起伏，其中白色部分表示凹下的路面、坑洼等，而黑色部分表示凸起的草地。

2. 在 3ds Max 的顶视图中创建一个平面，相关参数设置如下：“长度”为 200、“宽度”为 200、“长度分段”为 15、“宽度分段”为 15，将该对象命名为“地面”。

3. 单击【修改】按钮，在修改器列表中为“地面”物体添加“置换”修改器，将图像的位图指定为“区域-1. tif”,“强度”设置为-5。这样,原来平坦的地面现在出现了一些起伏,如图 2-7-3 所示。

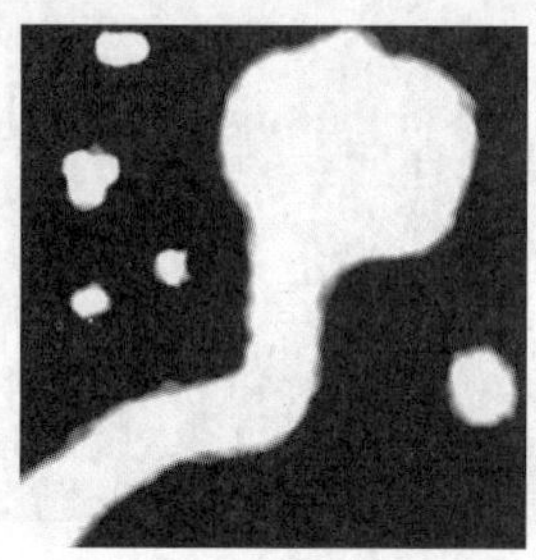

图 2-7-2 地表区域图片

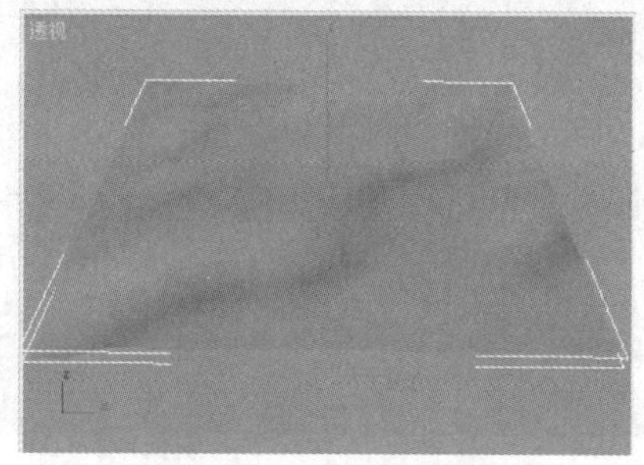

图 2-7-3 “置换”修改后的地面

4. 下面制作地面材质。这里,我们假定地面由苔藓植物和裸露地表两部分组成。制作材质时,可用蒙版功能来显现裸露地表,而苔藓植物则由两张图片叠合而成。具体制作流程:选择一个空示例球,在“漫反射”通道中添加“合成”贴图类型,在“贴图 1”中指定配套资源中的材质图片“草坪-4. jpg”,如图 2-7-4 所示,其相关参数设置为:U 向“平铺”为 5、V 向“平铺”为 5。

5. 在“贴图 2”中添加“遮罩”贴图类型,并为其贴图指定配套资源中的材质图片“肌理-1. jpg”,如图 2-7-5 所示,其相关参数设置为:U 向“平铺”为 6、V 向“平铺”为 6。

图 2-7-4 草坪-4 贴图材质

图 2-7-5 肌理-1 贴图材质

6. 为其遮罩添加“噪波”贴图类型,并勾选“反转遮罩”选项,如图 2-7-6 所示;噪波参数设置如图 2-7-7 所示。此过程只是制作地面材质,以后备用,无须指定给场景中的地面物体。

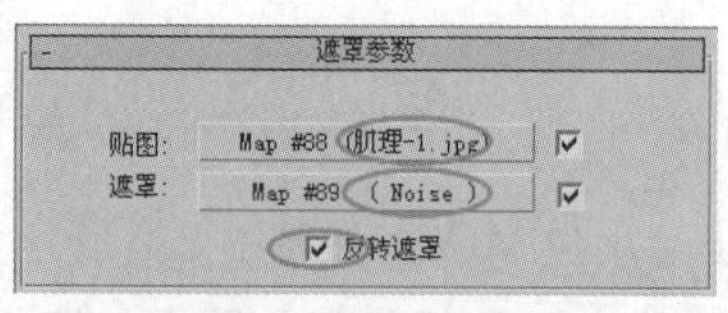

图 2-7-6 遮罩参数设置

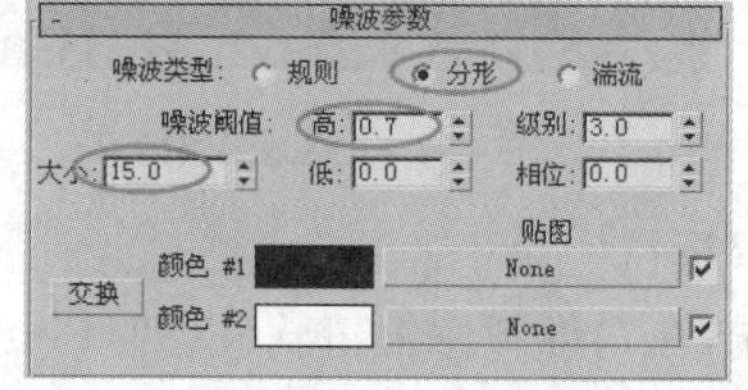

图 2-7-7 噪波参数设置

7. 再选一个空示例球,将其指定给场景中的地面物体。单击工具栏右下角的 Standard 按钮,在打开的“材质/贴图浏览器”对话框中选用“混合”贴图类型,拖动刚制作好的“地面材质”示例球至【材质 1】按钮上。单击【材质 2】按钮,在“漫反射”贴图通道中添加配套资源中的“地面-2. jpg”材质图片,如图 2-7-8 所示。

8. 单击 按钮两次返回到“混合基本参数”卷展栏，在【遮罩】按钮中添加配套资源中提供的“区域-1”材质图片，如图 2-7-9 所示。

图 2-7-8　地面-2 材质贴图

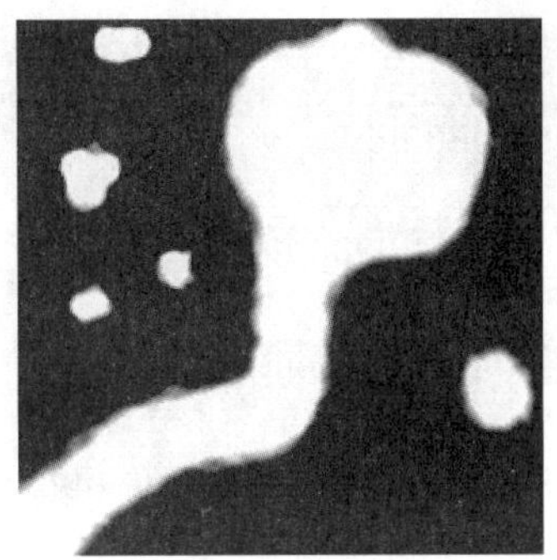

图 2-7-9　区域-1 材质贴图

9. 到这一阶段“地面及草地”的材质制作已经基本结束，渲染视图并观察被指定好材质的地面效果，如图 2-7-1 所示。

指导要点：

1. 运用常用作图软件制作个人所需的图形、图像、材质贴图等。

2. 混合材质的定义方法及调整技巧。

知识点链接：第 1 篇 1.2、3.1、3.2 节。

任务 8　制作“牵牛花”

任务目标：

在一些三维动画片中，我们常会看到用三维软件模拟花草之类的景物，非常逼真，下面我们用 3ds Max 来制作几朵鲜艳娇嫩的牵牛花。最终渲染效果如图 2-8-1 所示。

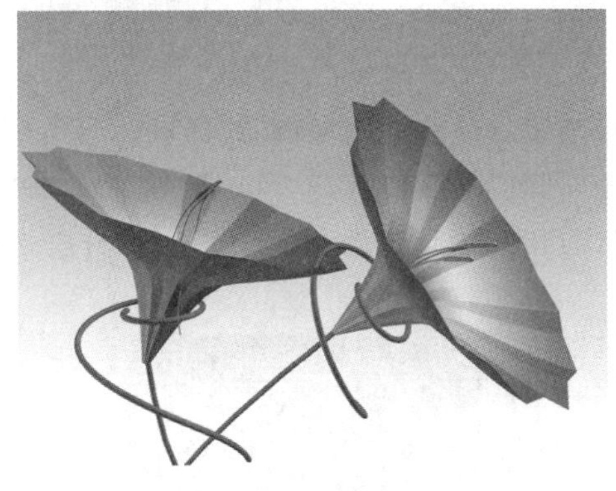

图 2-8-1　牵牛花最终效果

制作牵牛花

任务解析：

1. 单击【创建】 →【图形】 → 星形 按钮，在顶视图中拖动鼠标创建一个星形。设置“半径 1”为 115、“半径 2”为 105、“边数”为 12、“圆角 1”为 1、“圆角 2”为 1，如图 2-8-2 所示。

2. 单击【创建】 →【图形】 → 线 按钮，在前视图中自下而上创建一条直线，如图 2-8-3 所示。

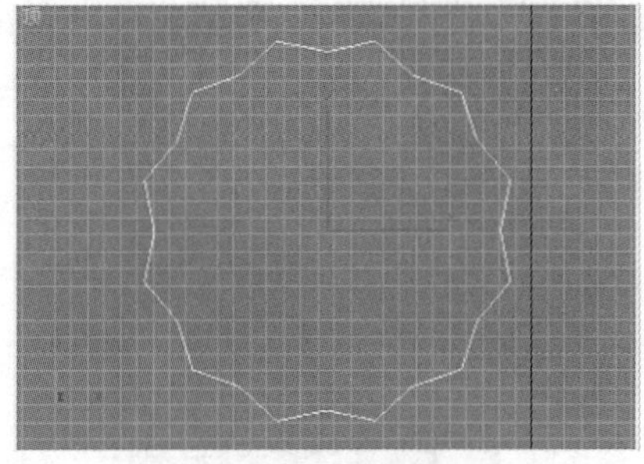

图 2-8-2 新建的星形

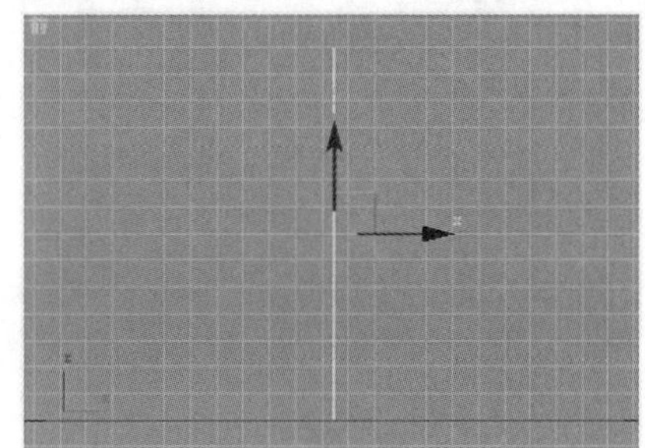

图 2-8-3 新建的直线

3. 选择星形，单击【几何体】 按钮，进入创建几何体面板。在 复合对象 选项列表中选择“复合对象”，单击 放样 按钮，进入放样属性面板，在“创建方法”卷展栏下单击 获取路径 按钮，在视图中单击刚创建的直线，得到了一个放样物体，如图 2-8-4 所示。

4. 选择放样物体，进入修改面板，展开“蒙皮参数”卷展栏，如图 2-8-5 所示。

5. 在“封口”组中去掉“封口始端”和“封口末端”的勾选，去掉放样物体上、下端的封盖，如图 2-8-6 所示。

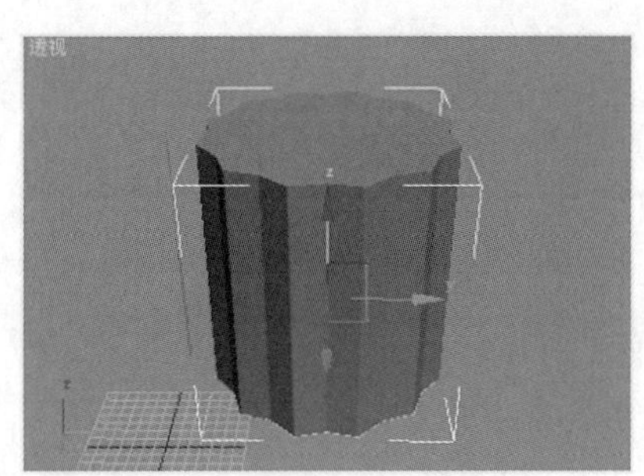

图 2-8-4 放样物体

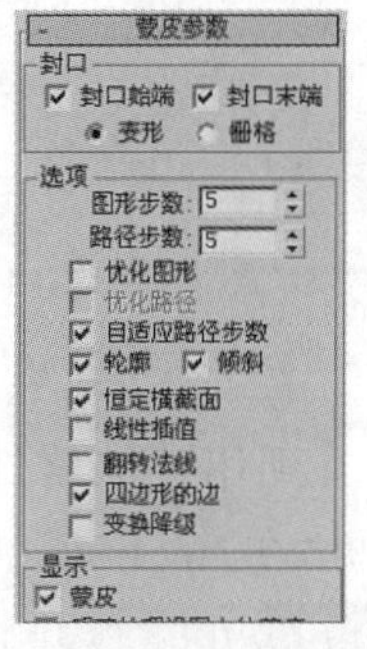

图 2-8-5 “蒙皮参数”卷展栏

图 2-8-6 去掉放样物体上、下端的封盖

6. 单击工具栏中的【材质编辑器】 按钮，打开“材质编辑器”窗口。选择一个空示例球，展开“明暗器基本参数”卷展栏，勾选“双面”复选框，在“Blinn 基本参数”卷展栏下，将“漫反射”颜色改为蓝色，然后单击【将材质指定给选定对象】 按钮，将材质指定给放样物体，如图 2-8-7 所示。

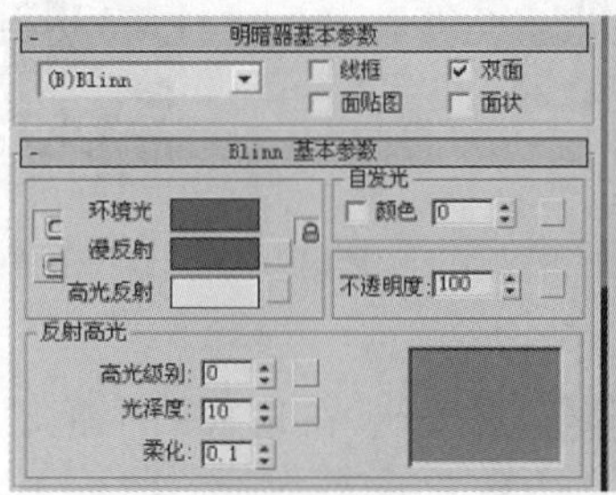

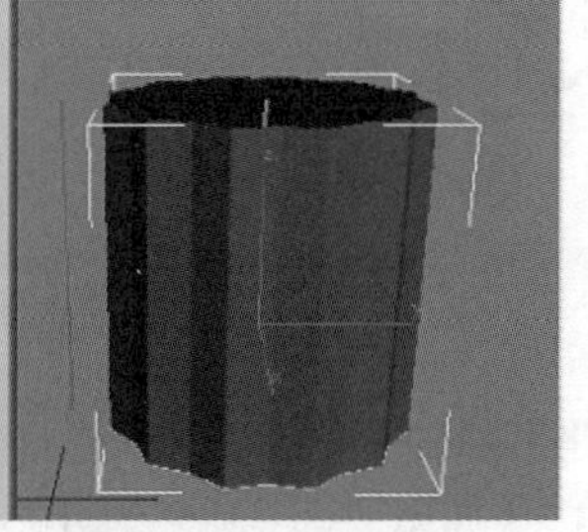

图 2-8-7 将材质指定给放样物体

7. 选择放样物体，进入修改面板，展开“变形”卷展栏，单击 缩放 按钮，在弹出的“缩放变形(X)”窗口中修改曲线，如图 2-8-8 所示。

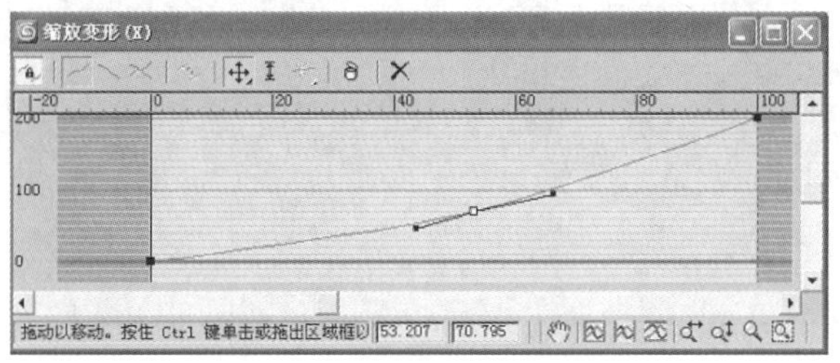

图 2-8-8　修改曲线

8. 修改曲线后，场景中放样物体的效果如图 2-8-9 所示。

9. 单击【创建】→【图形】→ 圆 按钮，在顶视图中创建一个圆形，然后单击 线 按钮，在前视图中创建一条曲线，如图 2-8-10 所示。

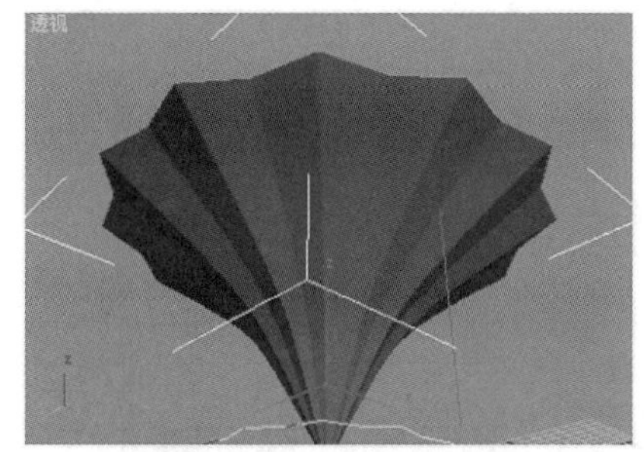

图 2-8-9　修改曲线后的效果

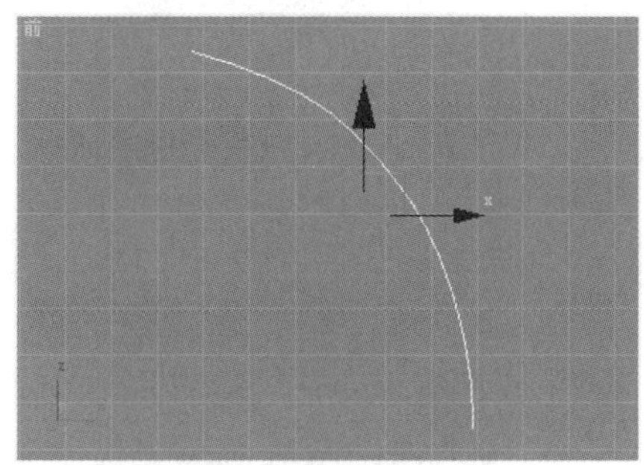

图 2-8-10　新建图形的线条

10. 先选中创建好的曲线，获取圆形为截面、获取曲线为路径进行放样，然后在“缩放变形(X)”窗口中修改曲线的形状，如图 2-8-11 所示。

11. “缩放变形(X)”窗口修改完成后，将得到的放样物体命名为“花蕊”，并对其进行复制排列。其形状及复制排列后的效果，如图 2-8-12 所示。

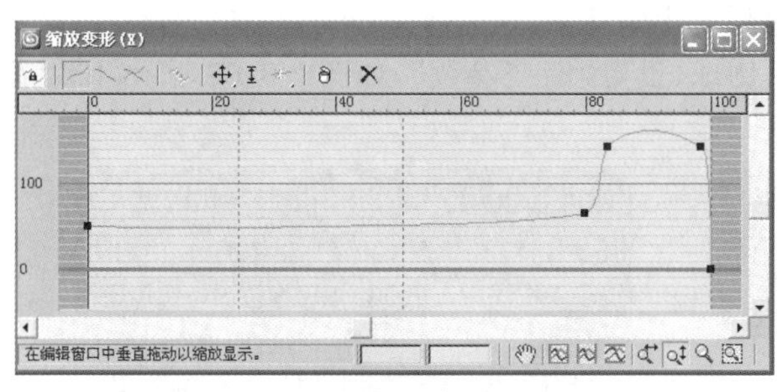

图 2-8-11　调节缩放曲线的形状

图 2-8-12　“花蕊”形状及复制排列后的效果

12. 单击【创建】→【图形】→ 螺旋线 按钮，在顶视图中拖动鼠标创建一条螺旋线；设置“半径 1”为 130、“半径 2”为 36、“高度”为 160、“圈数”为 1.5、“偏移”为 0.5，如图 2-8-13 所示。

13. 进入修改面板，打开“渲染”卷展栏，设置“厚度”参数为 8，勾选“渲染”和“在视口中启用”选项，显示渲染网格，同时再复制一条螺旋线，调整其“圈数”为 0.2、“偏移”为

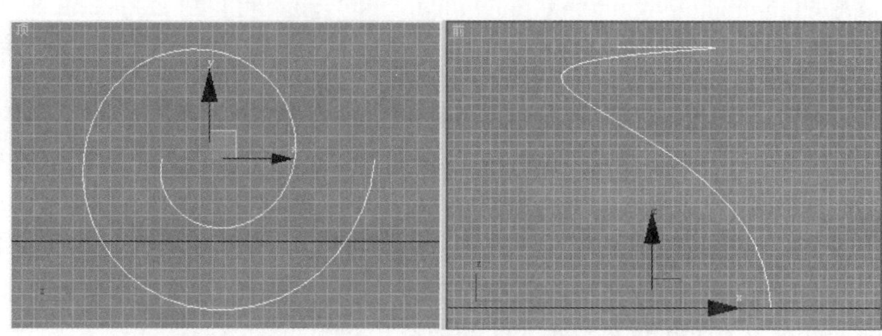

图 2-8-13 创建螺旋线

—0.2，如图 2-8-14 所示。

14. 设置花朵材质。单击工具栏中的【材质编辑器】按钮，打开“材质编辑器”窗口，选择一个空示例球，基本参数设置如图 2-8-15 所示。

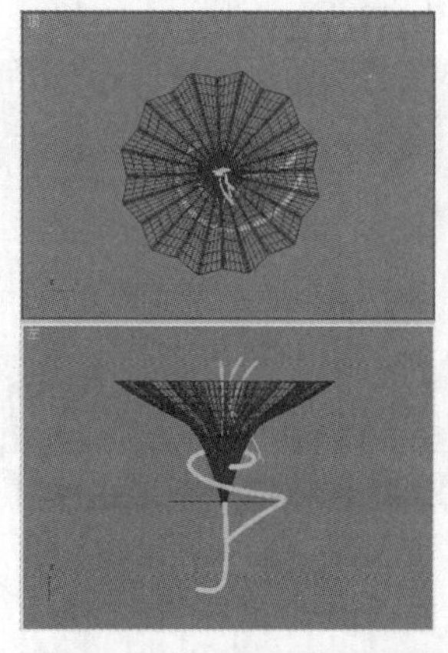

图 2-8-14 复制并修改螺旋线后效果

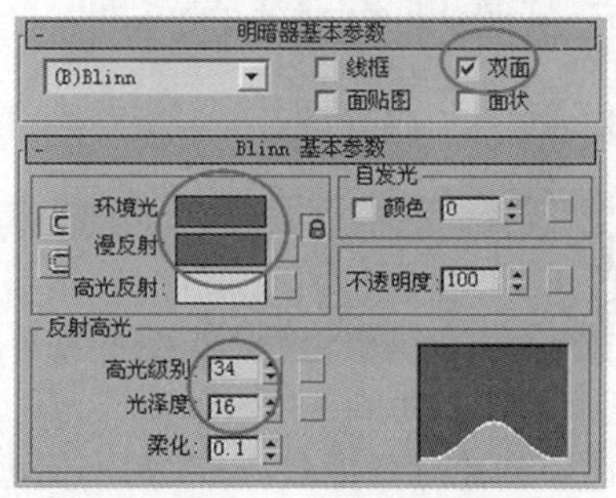

图 2-8-15 基本参数设置

15. 展开“贴图”卷展栏，单击“漫反射颜色”贴图类型右面的【None】按钮，在弹出的“材质/贴图浏览器”对话框中双击“渐变”贴图类型，在打开的“渐变参数”卷展栏中进行设置，如图 2-8-16 所示。将编辑好的材质指定给花朵。

16. 设置花蕊材质。选择一个空示例球，设置“渐变参数”，如图 2-8-17 所示，作为花蕊的材质。

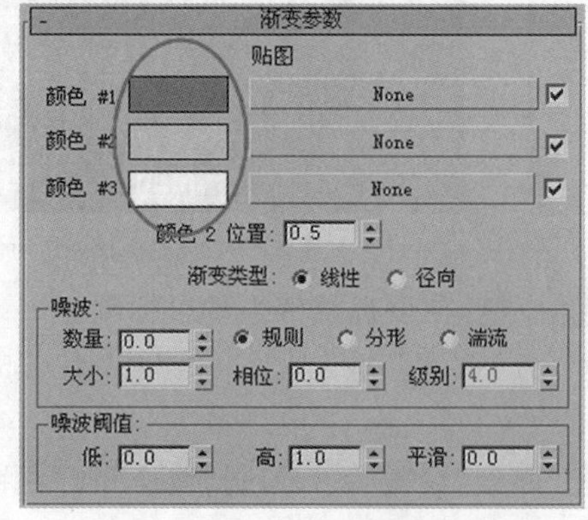

图 2-8-16 花朵渐变参数设置

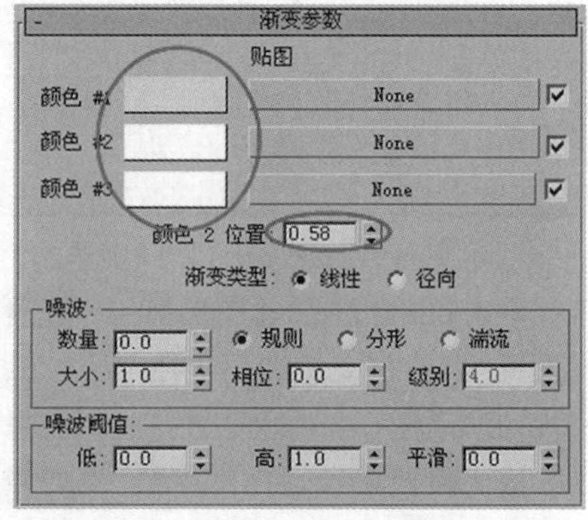

图 2-8-17 花蕊渐变参数设置

17. 复制花朵，调节其方向和位置，按上述方法更改其材质颜色。最后加入灯光，单击工具栏中的【快速渲染】按钮，最终渲染效果如图 2-8-1 所示。

指导要点：

利用“放样”设计制作牵牛花模型，可以更好地控制模型的外观变化；利用“渐变材质”来表现牵牛花的色彩，使色彩变换更自然。

“放样”不易控制也是常见问题。在绘制“截面”的时候问题不是很多，但是当放样之后容易出现“大小”或“方向”不符合要求的情况，这时候可以利用“子集”中的“截面”选项来修改，只需用“旋转”“移动”“缩放”来调整。有时候物体的“法线”可能会反过来，这个时候需要利用“反转法线”选项将模型法线修改过来。

“渐变材质”重点在于“颜色位置”参数的变化对渲染效果的影响，可调整不同的参数进行对比，达到逼真效果。

知识点链接：第 1 篇 2.7、3.2 节。

任务 9　制作青铜罐

任务目标：

通过制作古代青铜器的材质，掌握凹凸贴图材质的表现方法及修改调整技巧等。效果如图 2-9-1 所示。

图 2-9-1　青铜罐最终效果

制作青铜罐

任务解析：

我们为青铜罐设置一个凹凸贴图。凹凸贴图的应用非常简单，我们可以打开材质的贴图通道，为凹凸贴图选择相应的纹理图片。一般来说凹凸贴图应选择黑白较分明的图像，因为凹凸效果是根据图像的黑白色调产生的，比如黑色表示凹陷，白色表示凸起。我们用青铜罐范例来讲解。

1. 打开范例场景 3ds Max 文件“青铜罐-1”，在材质编辑器上为青铜罐指定缺省的示例球。打开“材质编辑器”上的“贴图”卷展栏，单击“凹凸”右侧的按钮，在打开的“材质/贴图浏览器”对话框中为其添加“位图”贴图类型。在随后弹出的“选择位图图像文件”对话框中添加配套资源中的图片文件“纹理图案”，渲染透视视图，观察被指定了材质后的青铜罐效果，如图 2-9-2 所示。

2. 在“材质编辑器”上单击【在视口中显示贴图】按钮，以便在视图中观察调整贴图的效果。单击【修改】按钮，在修改器列表中为青铜罐添加“UVW 贴图”贴图坐标修改器，贴图坐标的设置如图 2-9-3 所示。

图 2-9-2　指定凹凸贴图后的效果

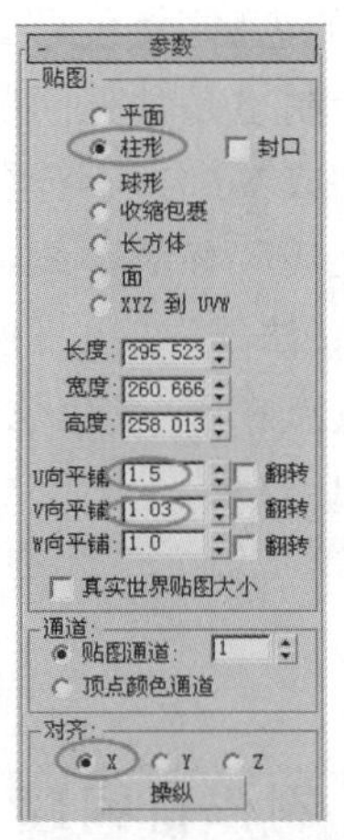

图 2-9-3　贴图坐标的设置

3. 修改器的 7 种贴图方式中，“柱形”最符合青铜罐的形状，视图中橙黄色的圆柱形线框就是贴图修改器，可以理解为它将我们的纹理贴图沿着橙黄色的线框卷成圆柱形，然后投射到青铜罐上，渲染后的材质效果如图 2-9-4 所示。

4. 效果并不是很理想，因为凹凸的纹理并没有按要求显示在物体表面相应的位置上，这不符合要求，我们需要通过调整“UVW 贴图”的 Gizmo 次物体位置来满足我们的要求。

5. 打开“UVW 贴图”的 Gizmo 次物体层级，会发现视图中贴图修改器的圆柱形线框由橙黄色变为浅黄色，这表明 Gizmo 次物体处于被激活状态。在透视视图中单击【选择并移动】按钮，垂直移动 Gizmo 次物体至物体表面合适的位置，如图 2-9-5 所示。

图 2-9-4　渲染后的材质效果

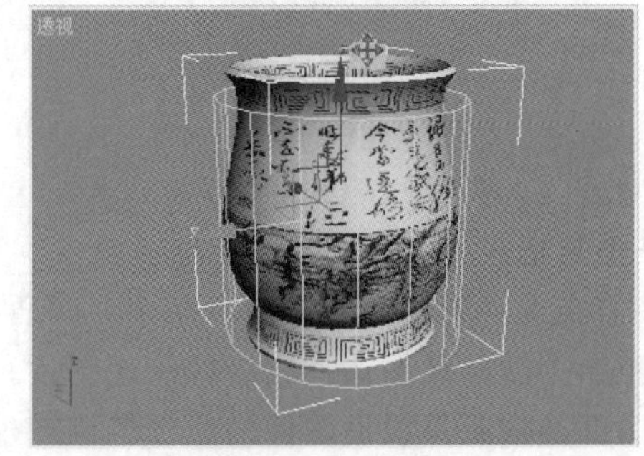

图 2-9-5　在视图中垂直移动 Gizmo 次物体

6. 移动调整完成后关闭 Gizmo 次物体层级，在“材质编辑器”上的“贴图”卷展栏中设置凹凸的“数量”值为 80，如图 2-9-6 所示。

7. 凹凸的“数量”值也可以设置为负数，当前“正数”情况下凹凸纹理呈“阴刻”状态(即深色凹陷，浅色凸起)；将凹凸的“数量”设置为负数，凹凸纹理呈“阳刻”状态(即深色凸起，浅色凹陷），这也正是我们需要的效果，如图 2-9-7 所示。

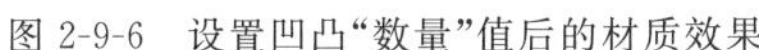

图 2-9-6　设置凹凸"数量"值后的材质效果　　图 2-9-7　"数量"值为负数的凹凸纹理效果

8. 此时的青铜罐还没有青铜材质的效果，在材质编辑器上"漫反射"通道中再添加一个配套资源中名为"绿色花纹-1"的图片文件，并设置"坐标"卷展栏中 U 向和 V 向的"平铺"参数均为 0.6。单击工具栏中按钮回到上一层级，降低"漫反射"颜色的"数量"值到 80，在"Blinn 基本参数"卷展栏中，设置"漫反射"颜色为如图 2-9-8 所示的参数值。

设置"高光级别"值为 25、"光泽度"值为 15，最后的青铜材质效果如图 2-9-9 所示。

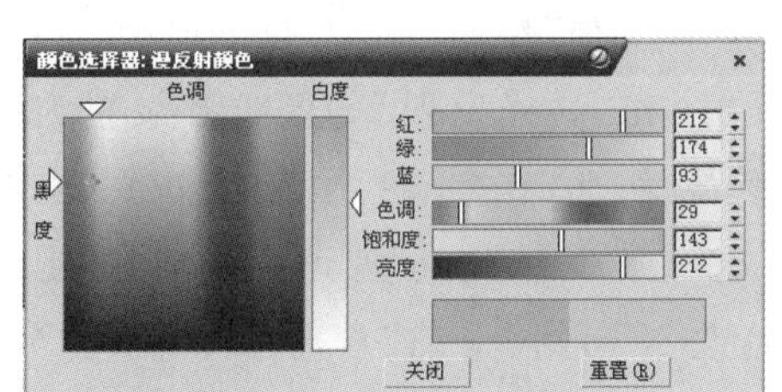

图 2-9-8　"漫反射"颜色的参数值

图 2-9-9　最后的青铜材质效果

指导要点：

可以用"车削"修改器制作罐体，也可以直接调用模型素材。

重点在于凹凸贴图材质的表现方法及修改调整技巧，凹凸贴图一般来说应选自黑白较分明的图像，因为凹凸效果是根据图像的黑白色调产生的，比如黑色表示凹陷，而白色表示凸起。

知识点链接：第 1 篇 2.5、3.2 节。

任务 10　制作巍巍雪山

任务目标：

制作雪山场景：常年积雪高插云霄的群峰，白雪皑皑似隐似现，如图 2-10-1 所示。通过雪山的制作，进一步掌握材质编辑器各种参数的设置方法及调整技巧。

任务解析：

1. 创建场景。对于山的模型有很多种制作方法，既可以在创建一个平面后使用"噪

图 2-10-1 雪山最终效果

波”或“置换”修改器来制作，也可以使用置换贴图，本节的雪山制作通过“置换”修改器来完成。在顶视图中创建一个平面，相关参数设置如下：“长度”为 500、“宽度”为 500、“长度分段”为 25、“宽度分段”为 25，将该对象命名为“雪山”。

2. 单击【修改】按钮，在修改器列表中为“雪山”物体添加“置换”修改器，为图像的位图指定配套资源中提供的材质图片“黑白-1”，如图 2-10-2 所示，“强度”设置为 335。这样，原来平坦的地面现在出现了一些起伏，如图 2-10-3 所示。

3. 打开“材质编辑器”，我们先来编辑雪的材质，选择一个空示例球，将材质的名称 01 - Default 修改为“雪”。在“明暗器基本参数”卷展栏的下拉菜单中选择“(T)半透明明暗器”方式，将材质的“环境光”“漫反射”和“高光反射”的颜色都设置为白色。将“高光级别”参数设置为 100，“光泽度”参数设置为 30，在“半透明”项中修改“半透明”颜色为 R:20，G:36，B:45。展开“贴图”卷展栏，为“漫反射颜色”通道中添加“细胞”贴图类型来增加雪的层次感。在“坐标”卷展栏中修改 X 向的“平铺”参数为 0.5，将“分界颜色”项中的第一种颜色设置为 R:230，G:230，B:230，第二种颜色设置为 R:200，G:200，B:200，修改“大小”参数为 500，“凹凸平滑”参数为 0.3。

4. 单击按钮回到“贴图”卷展栏，为“高光颜色”通道添加一个“遮罩”贴图类型，我们用这个贴图类型模拟阳光下雪反射的亮点。为“贴图”和“遮罩”都添加“噪波”贴图类型，进入“贴图”的“噪波”参数设置面板，修改“大小”参数为 2、“高”为 0.6、“底”为 0.4，展开“输出”卷展栏，将“RGB 级别”设置为 10。单击按钮回到“遮罩参数”卷展栏，进入“遮罩”的“噪波”参数设置面板，修改“大小”参数为 2、“高”为 0.8、“底”为 0.7。

图 2-10-2 “黑白-1”材质贴图

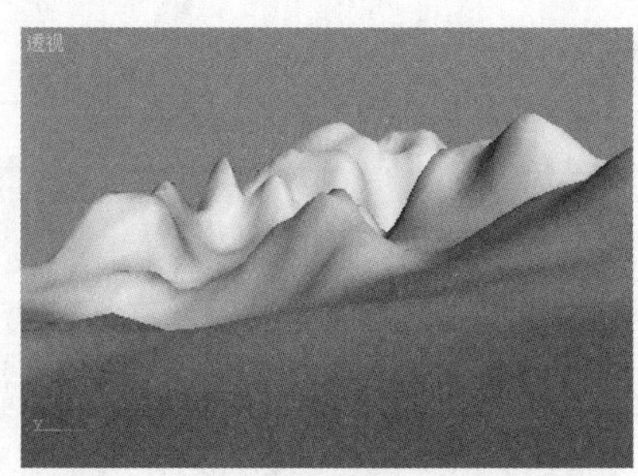

图 2-10-3 “置换”修改后的雪山山脉效果

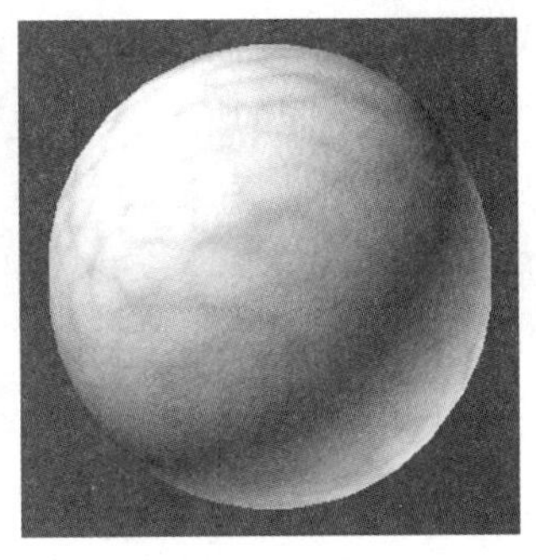

图 2-10-4　编辑好的雪材质

5. 单击按钮两次回到“贴图”卷展栏，将“凹凸”的“数量”修改为 10 后为其添加“混合”贴图类型，为“颜色＃1”添加一个“噪波”贴图类型，将“大小”修改为 100 并选择“分形”。为“颜色＃2”添加一个“细胞”贴图类型，将“大小”修改为 80 并选择“分形”。为“混合量”添加一个“烟雾”贴图类型，将“大小”修改为 50、“相位”修改为 3、“迭代次数”修改为 10。将编辑好的“混合”贴图拖到一个空示例球上，在弹出的窗口中选择“复制”，后面我们还会用到这个贴图，这样雪的材质就编辑完成了，如图 2-10-4 所示。

6. 接下来我们编辑泥土的材质，如果山脉模型较大，直接使用位图作为贴图很容易出现接缝，所以还是使用程序贴图来制作泥土。选择另一个空示例球，将材质命名为“泥土”。将“高光级别”和“光泽度”参数设置为 0，展开“贴图”卷展栏，将前面编辑的“混合”贴图拖到“漫反射颜色”后面的按钮上。进入“颜色＃1”的“噪波参数”卷展栏，修改“大小”为 6，将“颜色＃1”颜色修改为 R:51，G:33，B:2，将“颜色＃2”颜色修改为 R:122，G:114，B:101，如图 2-10-5 所示。

7. 单击按钮回到“混合参数”面板，进入“颜色＃2”的“细胞参数”卷展栏，将“大小”修改为 8，修改“细胞颜色”为 R:69，G:36，B:0，将“分界颜色”项中的第一种颜色设置为 R:160，G:146，B:128，第二种颜色设置为 R:34，G:18，B:0。

8. 单击按钮回到“混合参数”面板，进入“混合量”的“烟雾”贴图类型，修改“大小”为 10。

9. 单击按钮两次回到“贴图”卷展栏，把“凹凸”的“数量”修改为 10 后将“漫反射颜色”的“混合”贴图拖到“凹凸”后面的【None】按钮上，编辑好的泥土材质如图 2-10-6 所示。

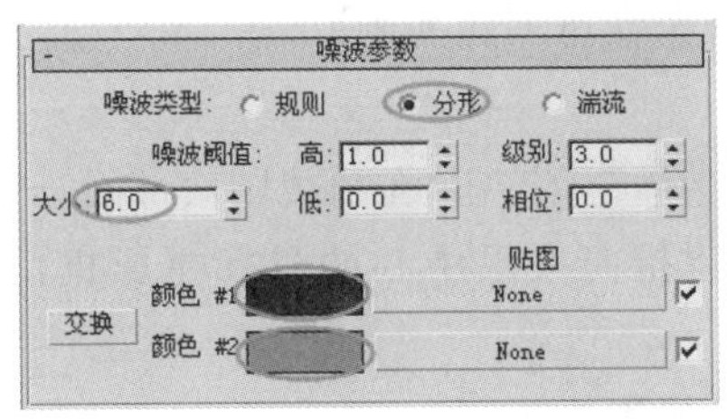

图 2-10-5　泥土“噪波参数”设置

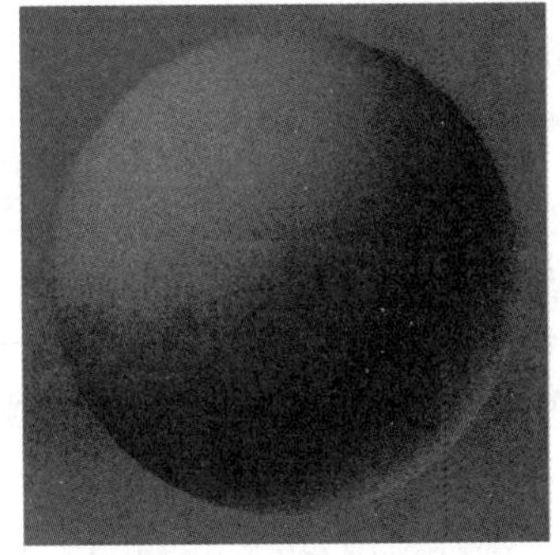

图 2-10-6　编辑好的泥土材质

10. 最后我们使用“顶/底”材质类型来模拟一部分雪已经消融的雪山效果。再选择一个空示例球，单击工具栏右下角的 Standard 按钮，在打开的“材质/贴图浏览器”对话框中选用“顶/底”贴图类型，将编辑好的雪材质拖到“顶材质”后面的按钮上，将编辑好的泥土材质拖到“底材质”后面的按钮上，修改“混合”参数为 6，修改“位置”参数为 85，“位置"参数用于控制雪所占的比例,如图 2-10-7 所示。大家可以根据不同的模型适当地调整这个参数,将编辑好的材质赋予山脉。渲染透视视图并观察效果,如图 2-10-1 所示。

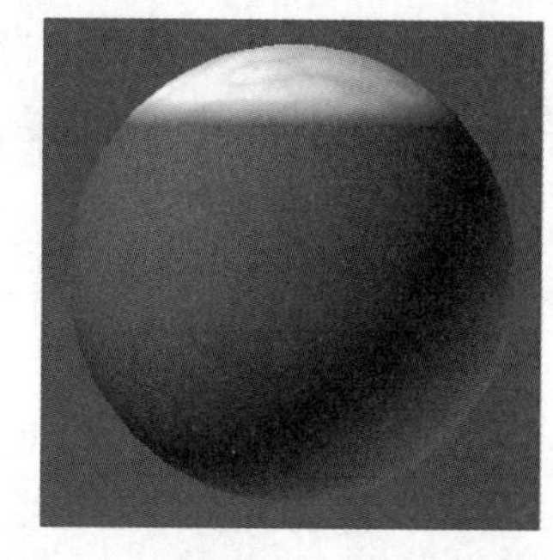
图 2-10-7 "顶/底"材质处理的雪和泥土

指导要点:

使用"噪波"或"置换"修改器来制作山峰场景,用"混合"材质作为山石泥土的颜色,用"顶/底"材质类型来模拟一部分雪已经消融的雪山效果。

知识点链接:第 1 篇 2.5、3.2 节。

任务 11 制作太阳光晕

任务目标:

通过制作太阳光晕,掌握灯光参数的修改,大气效果、环境效果的使用方法,了解摄影机的创建方法等。完成后效果如图 2-11-1 所示。

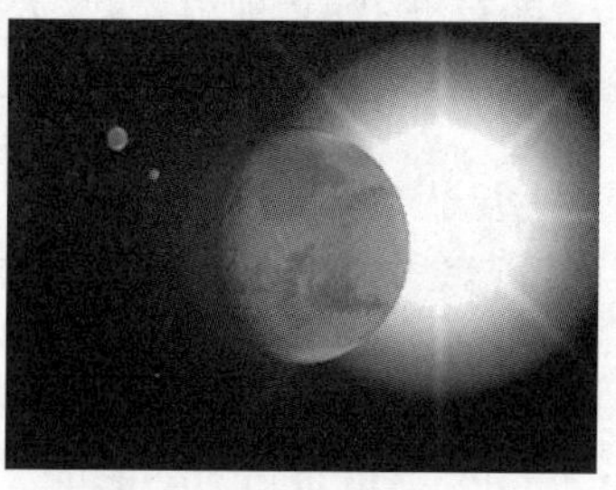
图 2-11-1 太阳光晕最终效果

使用镜头光斑创建太阳

任务解析:

1. 添加摄影机视图

(1)打开范例场景 3ds Max 文件"使用镜头光斑创建太阳"。

(2)激活顶视图并缩小显示。

(3)单击【创建】 →【摄影机】→ 目标 按钮,在顶视图底部附近按住鼠标左键向火星拖动,然后释放鼠标左键,这将创建指向火星中心的目标摄影机,如图 2-11-2 所示。

(4)激活透视视图,按下 C 键将其更改为摄影机视图。

(5)单击视图控制工具栏中的【平移摄影机】按钮,在摄影机视图中,向左平移摄影机以在火星右侧为太阳留出空间,如图 2-11-3 所示。

2. 添加灯光

此场景中没有灯光,本步骤中,我们将添加两盏泛光灯:一个照亮火星,另一个则成为太阳。

(1)单击【创建】 →【灯光】 按钮,在下拉列表中选择“标准”,单击 泛光灯 按钮。在顶视图中单击鼠标左键在火星右下方创建一盏泛光灯,将其命名为“marslight”。

(2)在火星的右上方创建第二盏泛光灯,将其命名为“Sun”,如图 2-11-4 所示。

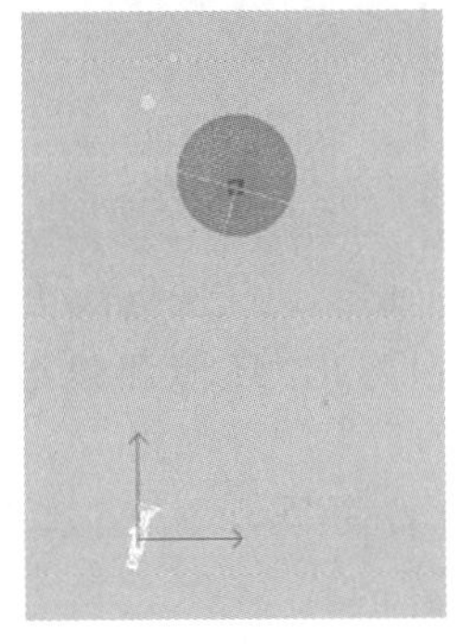

图 2-11-2　创建目标摄影机

图 2-11-3　平移摄影机

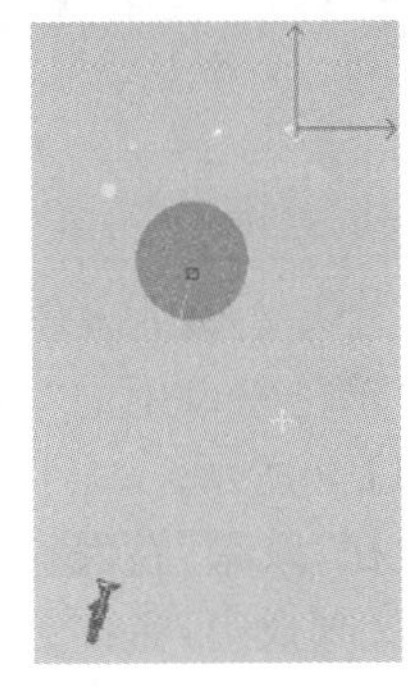

图 2-11-4　创建泛光灯

(3)选择“Sun”,进入修改面板,打开“强度/颜色/衰减参数”卷展栏,在“倍增”后面单击色样,弹出“颜色选择器:灯光颜色”对话框,将颜色更改为橙黄色并单击【确定】按钮。

注意:两个灯光均向场景添加照明。由于摄影机位于火星前面,所以太阳的照明并不真正增加行星黑暗一侧的照明。如果发现问题,可以不使用此灯光对场景中任意对象进行照明。

(4)向左或向右移动“marslight”,按需要为火星的黑暗一侧创建照明效果。

(5)进入修改面板,打开“高级效果”卷展栏,在“影响曲面”组中将“marslight”的“对比度”设置为 77。

3. 渲染场景

在渲染场景之前,看不到任何变化。

(1)激活摄影机视图,然后在工具栏上单击【快速渲染】 按钮,观察摄影机视图渲染,如图 2-11-5 所示。

(2)在渲染图像中仍然看不到将要成为太阳的灯光。在下一主题中添加效果后,它才会出现。

提示:尝试使用不同的“对比度”值,并根据每个值进行渲染。该值越大,灯光的边缘就越清晰。

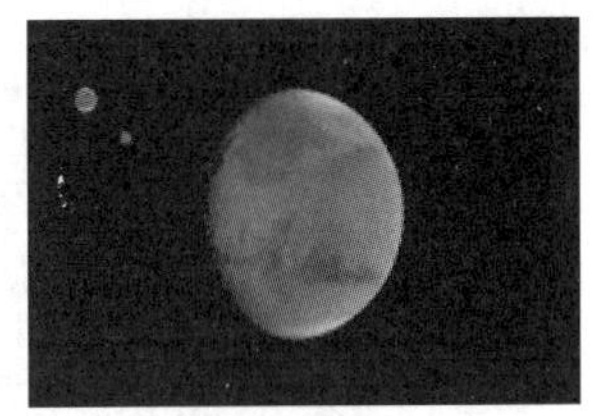

图 2-11-5　摄影机视图渲染效果

4. 创建光晕效果

使用镜头效果向太阳添加光晕。

(1)在摄影机视图中,选择名为“Sun”的泛光灯。

(2)进入修改面板,打开“大气和效果”卷展栏,如图 2-11-6 所示。

(3)单击【添加】按钮,弹出“添加大气或效果”对话框,如图 2-11-7 所示。

(4)在列表中,单击“镜头效果”,然后单击【确定】按钮。

(5)“镜头效果”便列在“大气和效果”卷展栏中,如图 2-11-8 所示。

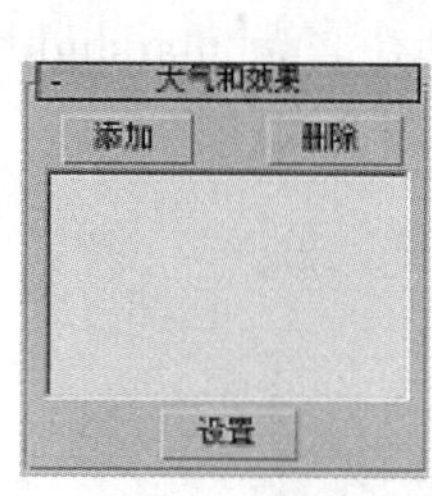

图 2-11-6 “大气和效果”卷展栏 1

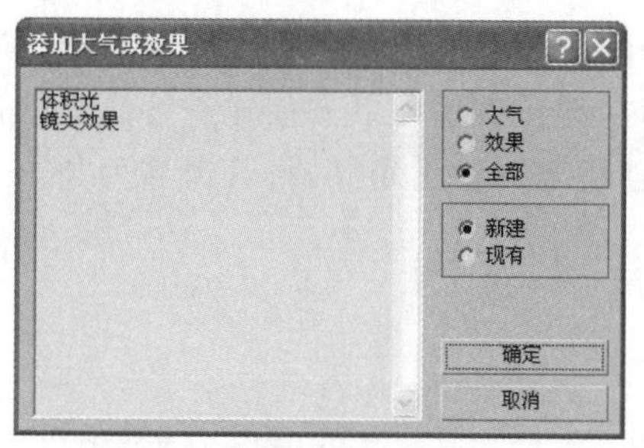

图 2-11-7 “添加大气或效果”对话框

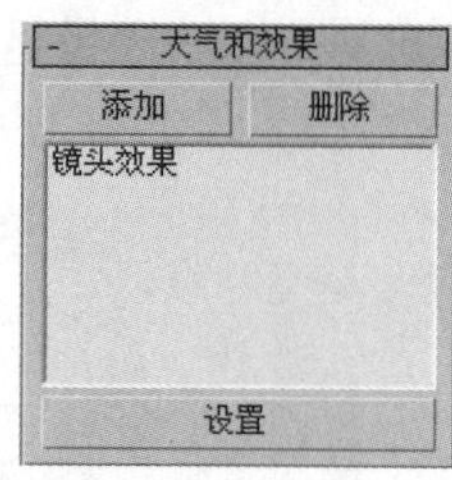

图 2-11-8 “大气和效果”卷展栏 2

(6)单击窗口中的“镜头效果”名称，然后单击【设置】按钮，弹出“环境和效果”窗口，如图 2-11-9 所示。

(7)在“效果”卷展栏中的“名称”字段中，将该镜头效果命名为“Sun”，在“效果”卷展栏和修改面板中，名称会相应地更改。

(8)在“预览”组中启用“交互”，一个渲染帧窗口会出现。这使您在做出更改时能看到镜头效果。

提示：在复杂场景中工作时，应禁用“交互”，虽然它在试验时很有用。

(9)在“镜头效果参数”卷展栏上，选择左侧列表中的“Glow”。单击右箭头 > 按钮，将效果移至右侧列表中，如图 2-11-10 所示。短暂延迟后，光源在虚拟帧缓冲区中显示为发光球体。

(10)下滚至“光晕元素”卷展栏，在“名称”字段中输入“Main Sun”。若要更改太阳的外观，请尝试使用“光晕元素”卷展栏中的以下设置：

- 将“大小”设置为 50。
- 将“强度”设置为 200，以产生明亮的光晕。
- 将“使用源色”设置为 50。

(11)在“环绕颜色”组中，将“混合”设置为 50，赋予太阳柔和的红色光晕，如图 2-11-11 所示。

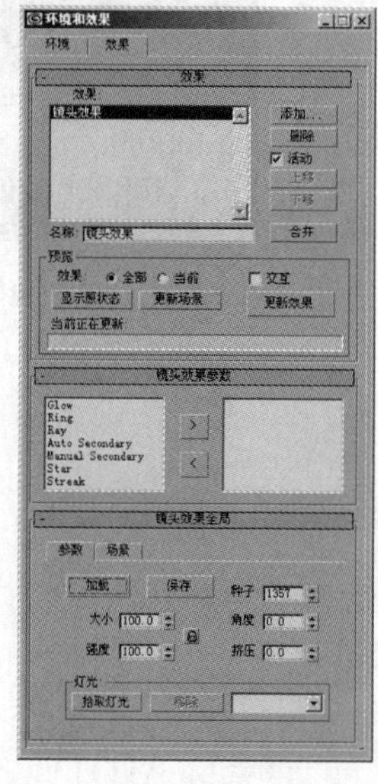

图 2-11-9 “环境和效果”窗口

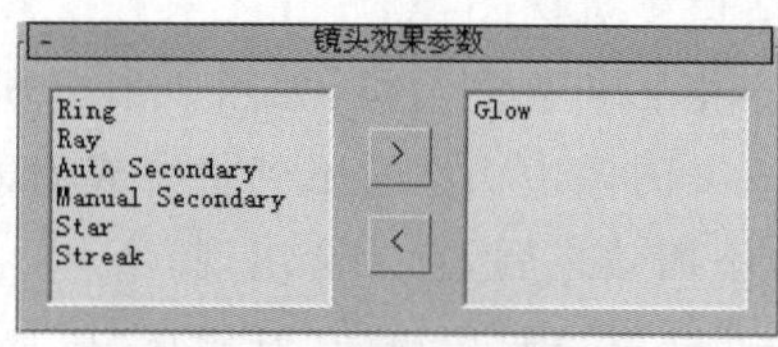

图 2-11-10 “镜头效果参数”卷展栏

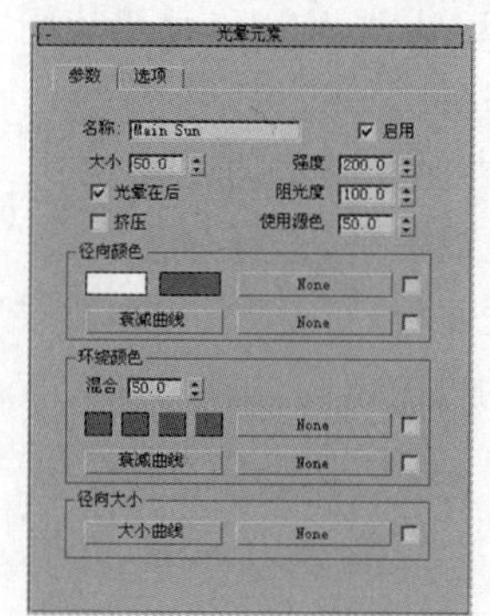

图 2-11-11 “混合”参数设置

(12)启用“交互”后，通过键盘更改数字设置(而非使用微调器)将更快地获得结果，如图 2-11-12 所示。

5. 添加光环效果

使用光环效果丰富太阳的外观。

(1)在“环境和效果”窗口的“效果”选项卡中，上滚至“镜头效果参数”卷展栏，选择“Ring”并将其移至右侧列表。在“效果预览”窗口中，一个光环出现在 Main Sun 周围，如图 2-11-13 所示。

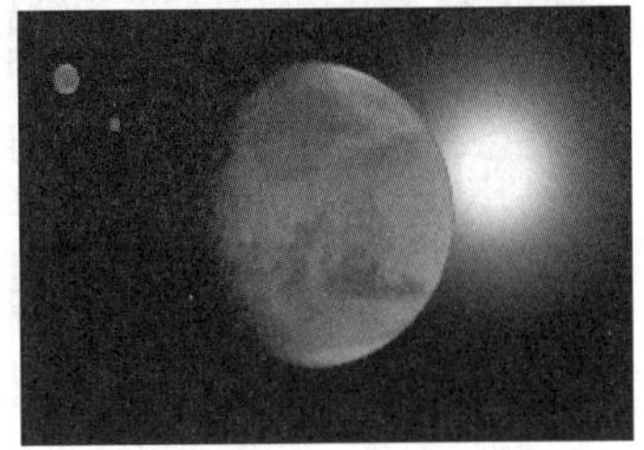
图 2-11-12　添加“光晕元素”效果

图 2-11-13　光环效果 1

(2)下滚至“光环元素”卷展栏并进行以下设置，以定义光环：

- 将“大小”设置为 22。
- 将“厚度”设置为 33，以赋予光环更大的光晕周界。
- 将“使用源色”设置为 50。

在“效果预览”窗口中观察其效果，如图 2-11-14 所示。这些更改使得光环外观更为生动，但仍需一定的强度来使其看起来像发光的太阳。

(3)调整光环效果：通过增加主光晕的强度并巧妙设置光环的大小和厚度，可控制太阳的白热中心大小。

- 将光环的“强度”增至 133。
- 将光环的“大小”降至 14。
- 将光环的“厚度”增至 65。
- 启用“光晕在后”使光晕从行星后面的太阳发出。

在“效果预览”窗口中观察其效果，如图 2-11-15 所示。现在看起来更逼真了。

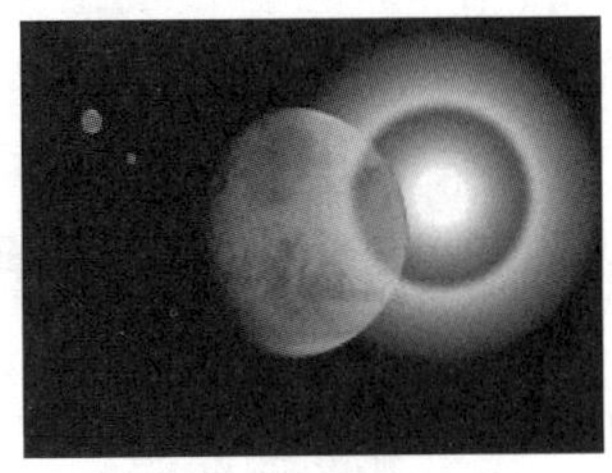
图 2-11-14　光环效果 2

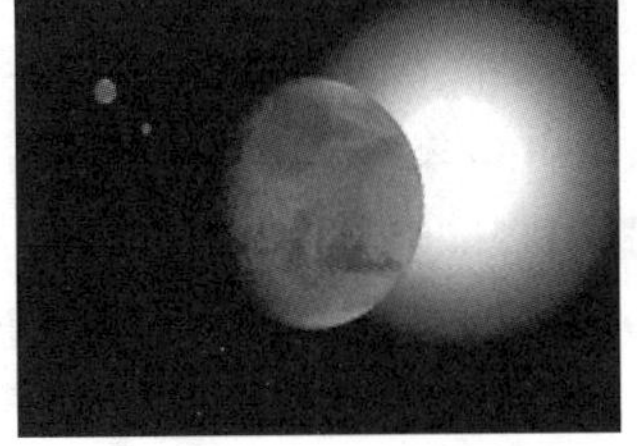
图 2-11-15　光环效果 3

(4)添加星形效果：在“环境和效果”窗口的“效果”选项卡中，上滚至“镜头效果参数”卷展栏。从效果列表中选择“Star”，并将其移至右侧列表。在“效果预览”窗口中，星形效果出现在“Main Sun”上，如图 2-11-16 所示。

下滚至“星形元素”卷展栏，并设置如下项：

- 将“数量”(星形中的点数)设置为 8。
- 将“强度”设置为 50。
- 将“锐化”设置为 5。
- 启用“光晕在后”。

尝试对“宽度”和“锥化”使用不同的值,然后将它们分别设置为 1 和 0.1。在“效果预览”窗口中,观察其效果,如图 2-11-17 所示。

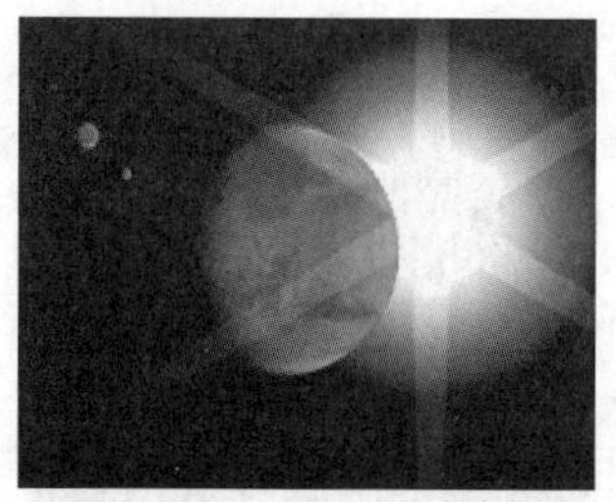

图 2-11-16 星形效果 1

图 2-11-17 星形效果 2

(5)调整“阻光度”设置以改善星形效果:在摄影机视图中,移动“Sun”泛光灯,使其正好位于行星边缘上。因为启用了“交互”,渲染帧窗口将自动更新。转至“镜头效果参数”卷展栏,并从右边窗口中选择“Main Sun”。

下滚至“光晕元素”卷展栏并将“阻光度”设置为 0。

返回至“镜头效果参数”卷展栏,并从右边窗口的效果列表中选择“Ring”。

图 2-11-18 星形效果 3

下滚至“光环元素”卷展栏并将“阻光度”设置为 0。

在“效果预览”窗口中观察其效果,如图 2-11-18 所示。

(6)向场景中添加第二个光晕:在视图中选择行星,单击鼠标右键并选择快捷菜单中的“对象属性”选项,弹出“对象属性”对话框。在“对象属性”对话框中的“G 缓冲区”组中,将“对象通道”值更改为 1,如图 2-11-19 所示,单击【确定】按钮,关闭对话框。

图 2-11-19 “对象通道”参数设置

打开“环境和效果”窗口,在“镜头效果参数”卷展栏中,向效果列表中添加另一个“Glow”。

注意:如果已关闭该对话框,则需要选择“Sun”泛光灯并单击“大气和效果”卷展栏上的【设置】按钮。

在“光晕元素”卷展栏中,将此效果重命名为“Glow on Planet”。单击“选项”选项卡并在“图像源”组中启用“对象 ID”。现在行星表现出亮白色的光晕,但这太强烈了,如图 2-11-20 所示。

图 2-11-20 亮白色的光晕

单击“参数”选项卡,并设置如下项:

- 将“阻光度”设置为 0,并禁用“光晕在后”。
- 将“强度”更改为 45。

- 将"使用源色"更改为50。
- 在"径向颜色"组中，将白色色样更改为较暗的砖红色。

现在看起来好多了，如图2-11-1所示。

(7)进行全局调整

在"镜头效果全局"卷展栏上，可以进行全局调整以控制整个效果。

将"大小"分别更改为11、22和33时观察会出现什么效果。作为附加练习，请尝试制作效果设置的动画，将场景另存为"太阳光晕.max"。

指导要点：

1.灯光参数的修改，大气效果、环境效果的使用方法。

2.摄影机的创建方法，正确利用摄影机视图。

知识点链接：第1篇4.1、4.2、5.1、5.2节。

任务12　制作室内灯光照明

任务目标：

制作室内设计效果图方面，3ds Max已得到广泛应用，室内灯光的设计更是必不可少。要求制作室内吊顶灯光、自发光漫射灯光设计，如图2-12-1所示。

图2-12-1　室内灯光

任务解析：

制作室内灯光照明

1.利用矩形光源制作"发光灯槽"

(1)打开范例场景3ds Max文件"室内灯光照明-1.max"。场景中有一个目标摄像机和一个简单的室内模型，如图2-12-2所示。

(2)单击【创建】面板→【灯光】面板，在扩展列表中选择"光度学"，单击 自由灯光 按钮，在"顶视图"中创建自由灯光，如图2-12-3所示。

图 2-12-2 室内模型 1

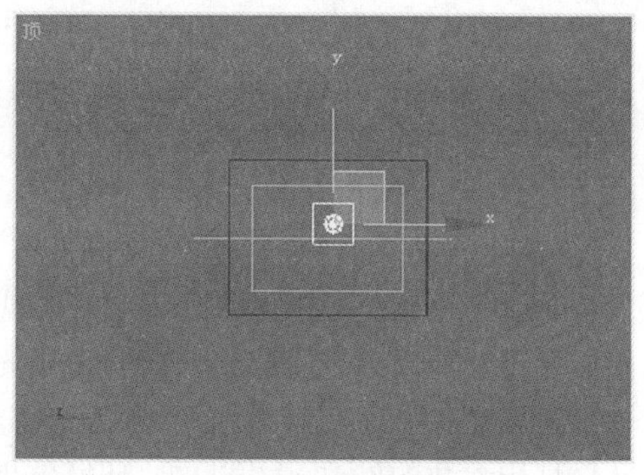

图 2-12-3 创建自由灯光

(3)打开修改面板,展开"图形/区域阴影"卷展栏,将"点光源"修改为"矩形",调节自由灯光的长度为 250,宽度为 3800,如图 2-12-4 所示。

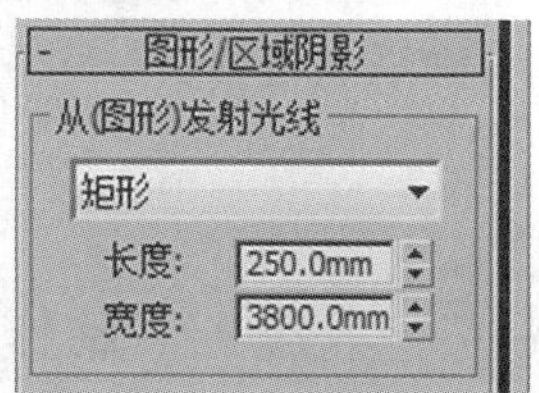

图 2-12-4 灯光参数

(4)调整自由灯光的位置,如图 2-12-5 所示。

(5)选中灯光,按住 Shift 键,移动复制出 3 个灯光,并分别调整其位置和方向,如图 2-12-6 所示。

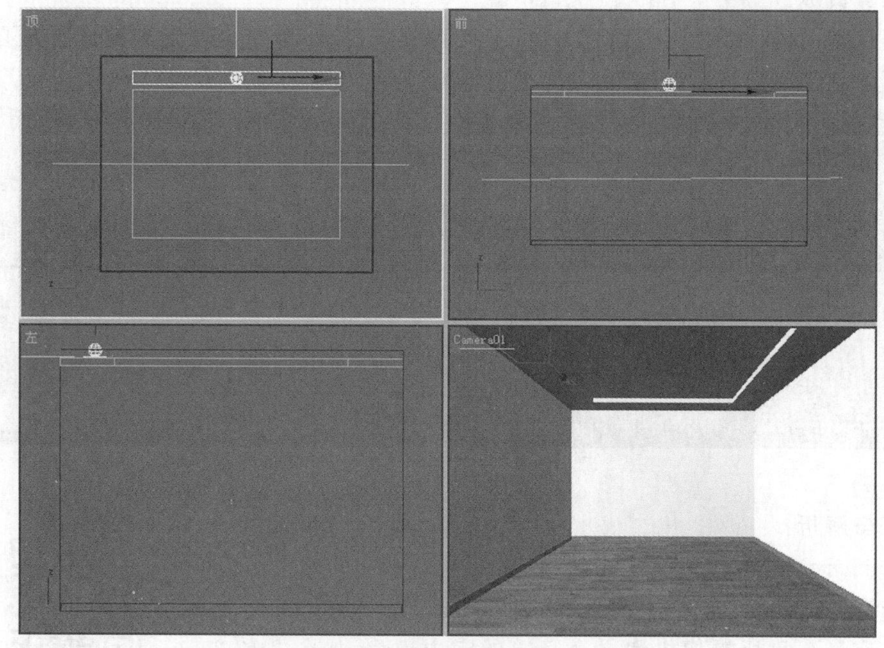

图 2-12-5 调整灯光的位置

(6)单击命令面板中的【渲染设置】→"高级照明",在扩展列表中选择"光能传递"项,打开"光能传递处理参数"卷展栏,在"处理"组中将"优化迭代次数(所有对象)"设置为 6,如图 2-12-7 所示。

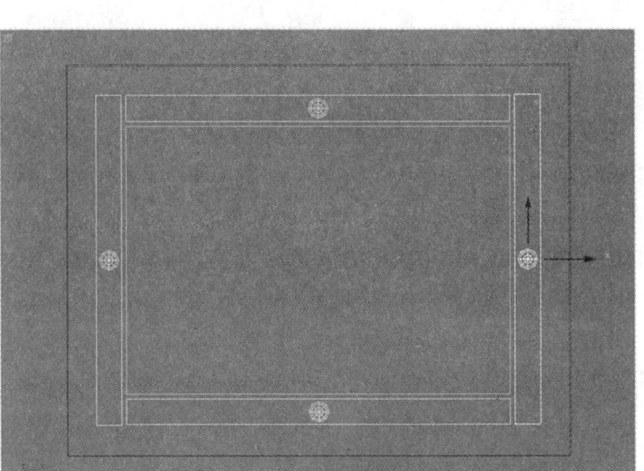

图 2-12-6　调整其他灯光的其位置

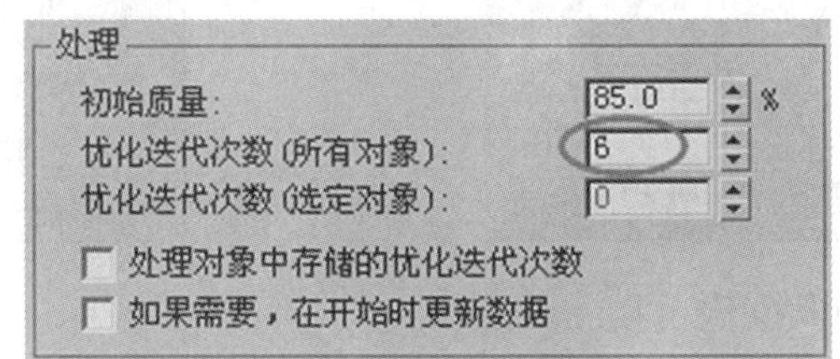

图 2-12-7　"优化迭代次数"设置 1

(7)在"交互工具"组中将"间接灯光过滤"设置为 3,如图 2-12-8 所示。

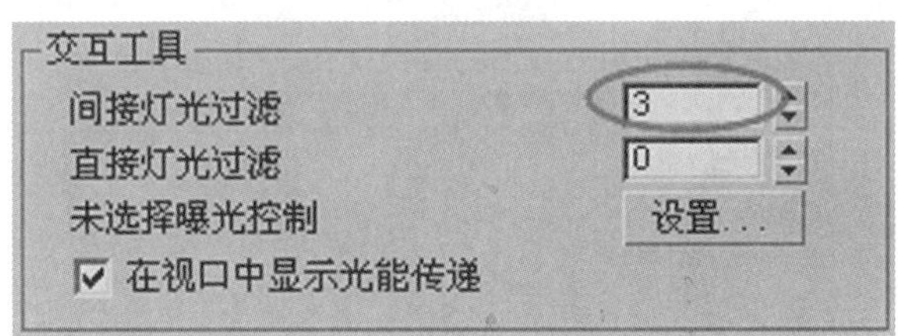

图 2-12-8　"间接灯光过滤"设置 1

(8)打开"光能传递网格参数"卷展栏,在"全局细分设置"组中,勾选"启用"项,在"网格设置"组中将"最大网格大小"设置为 200,如图 2-12-9 所示。

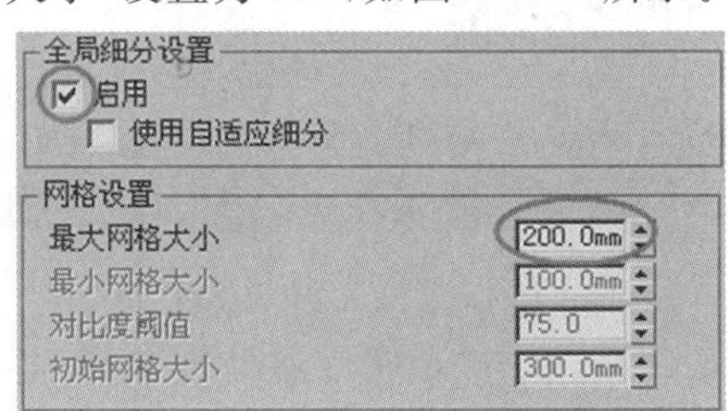

图 2-12-9　"最大网格大小"设置 1

(9)单击"光能传递处理参数"卷展栏下的 开始 按钮,如图 2-12-10 所示,此时开始光能传递。

(10)光能传递结束以后,单击工具栏中的【快速渲染】按钮,渲染后的效果如图 2-12-11所示。

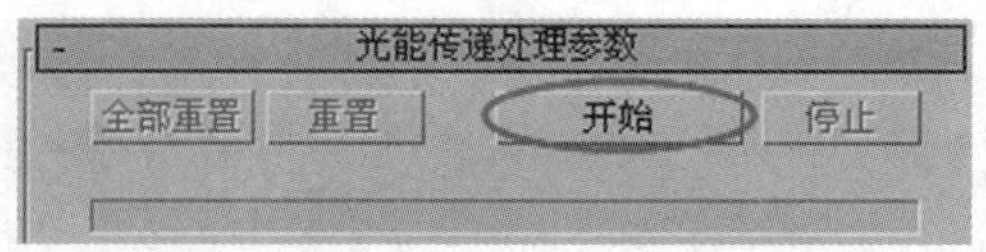

图 2-12-10 “光能传递处理参数”卷展栏 1

(11)观察后我们发现，墙体和顶面变成了红色，这种现象是由于红色的木地板的色溢所引起的，在视图中选中“地面”物体后右击，在弹出的面板中选择“对象属性”选项，如图 2-12-12 所示。

图 2-12-11 渲染后的效果 1

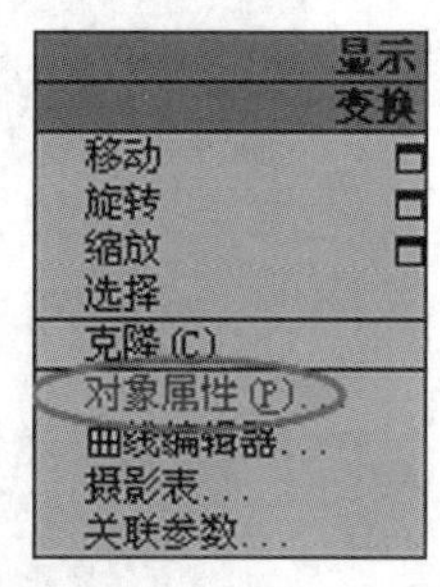

图 2-12-12 “对象属性”选项

(12)在打开的“对象属性”对话框单击“高级照明”面板，展开“几何对象光能传递属性”卷展栏，在“仅光能传递属性”组里勾选“漫反射(反射和半透明)”后，单击【确定】按钮，如图 2-12-13 所示。

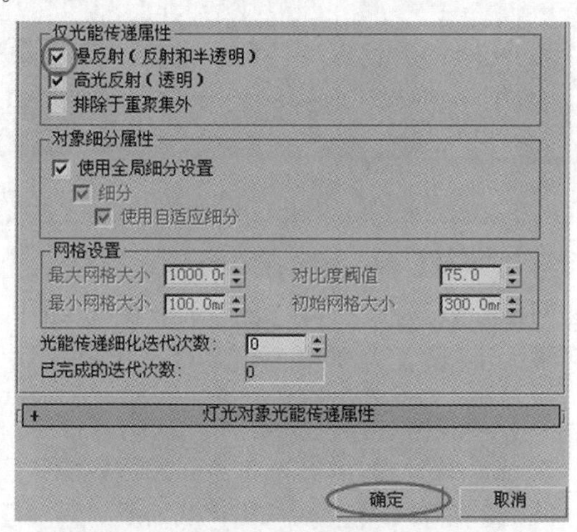

图 2-12-13 “仅光能传递属性”组

(13)打开“渲染场景”对话框，单击“光能传递处理参数”卷展栏下的 全部重置 按钮，如图 2-12-14 所示，在弹出的“重置光能传递解决方案”对话框中单击【是】按钮，如图 2-12-15 所示，恢复到默认状态。

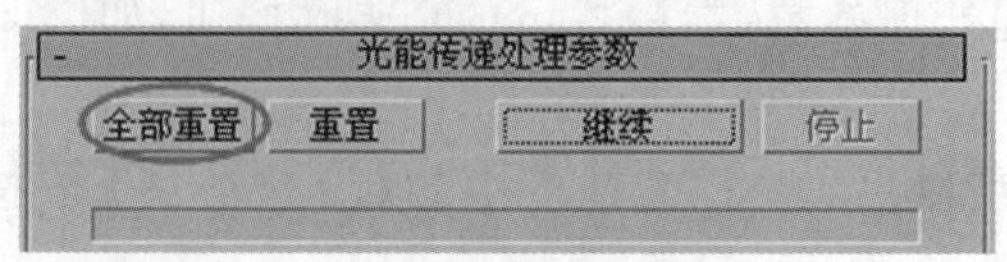

图 2-12-14 全部重置

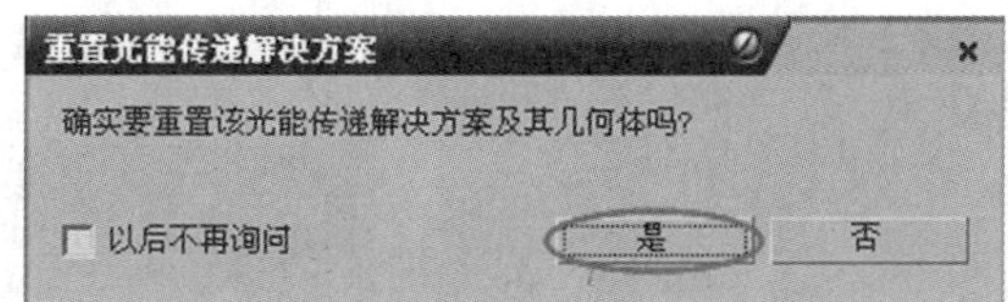

图 2-12-15 "重置光能传递解决方案"对话框

(14)单击"光能传递处理参数"卷展栏下的 开始 按钮,如图 2-12-16 所示,此时开始光能传递。

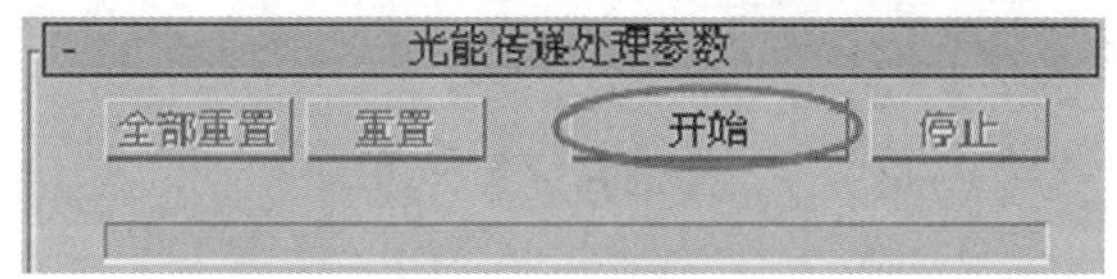

图 2-12-16 "光能传递处理参数"卷展栏 2

(15)光能传递结束以后,单击工具栏中的【快速渲染】按钮,渲染后的效果如图 2-12-17 所示。

图 2-12-17 渲染后的效果 2

2. 利用自发光制作"发光灯槽"

(1)打开范例场景 3ds Max 文件"室内灯光照明-2. max"。场景中有一个目标摄像机和一个简单的室内模型,如图 2-12-18 所示。

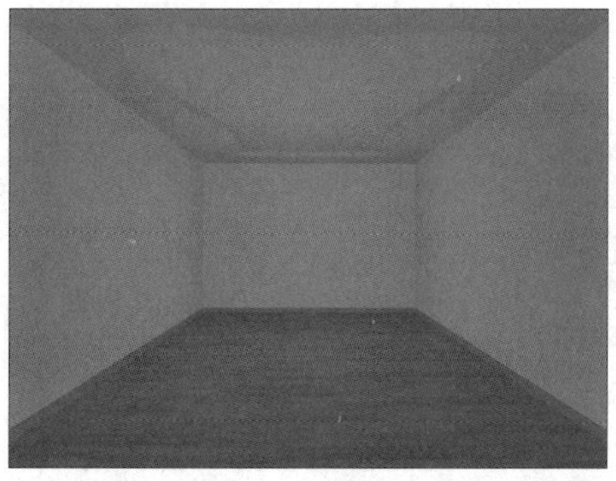

图 2-12-18 室内模型 2

(2)单击【创建】→【图形】按钮,进入图形创建命令面板,单击 线 按钮,在顶视图中沿灯槽曲线重新绘制一条曲线,如图 2-12-19 所示。

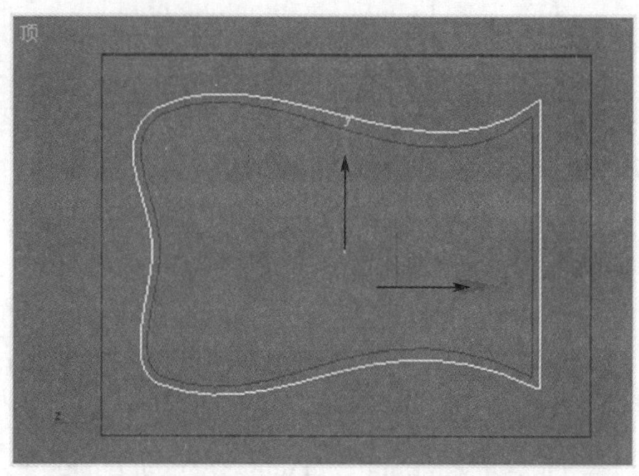

图 2-12-19　绘制一条曲线

(3)打开修改面板,选择"样条线"层级,打开"几何体"卷展栏,设置"轮廓"为－50,如图 2-12-20 所示。

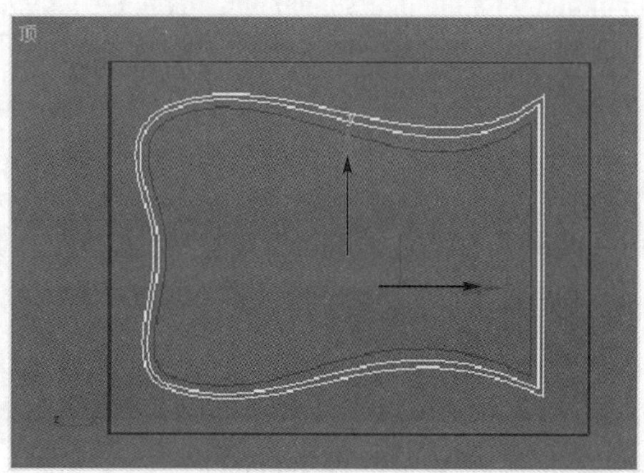

图 2-12-20　设置"轮廓"后的效果

(4)打开修改面板,在扩展列表中选择"挤出"命令,打开"参数"卷展栏,设置"数量"为 50,如图 2-12-21 所示。

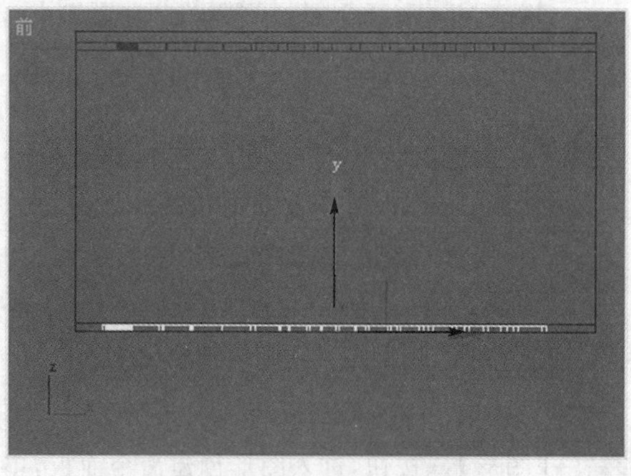

图 2-12-21　设置"挤出"后的效果

(5)选择此物体,调整其位置,如图 2-12-22 所示。

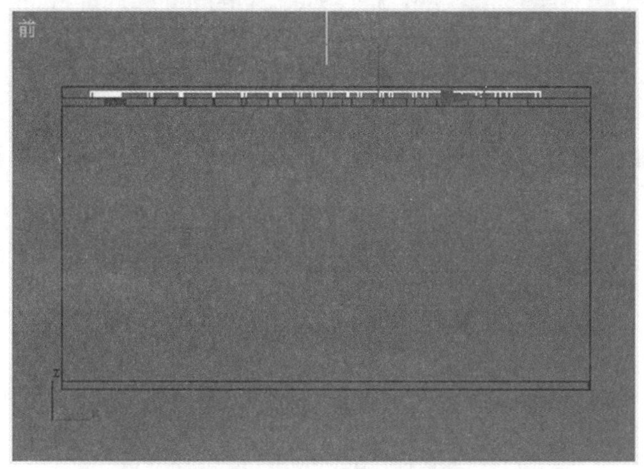

图 2-12-22　调整其位置后的效果

(6)设置自发光材质。单击工具栏中的【材质编辑器】按钮,在“材质编辑器”面板上单击 Standard 按钮,在出现的“材质/贴图浏览器”对话框中双击“高级照明覆盖”类型材质,如图 2-12-23 所示。

图 2-12-23　选用“高级照明覆盖”

(7)这时材质编辑器上出现“高级照明覆盖”卷展栏,在“覆盖材质物理属性”组下,对其参数“反射比”和“颜色渗出”进行设置,如图 2-12-24 所示。

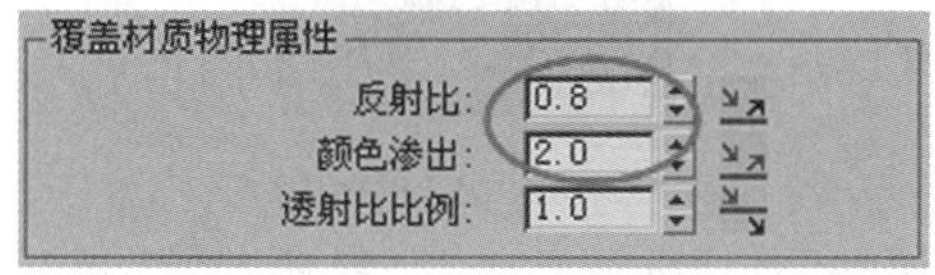

图 2-12-24　“覆盖材质物理属性”参数设置

(8)在“特殊效果”组下,对其参数“亮度比”进行设置,如图 2-12-25 所示。

图 2-12-25 “特殊效果”参数设置

(9)单击“基础材质”后的按钮进入基础材质的编辑界面,材质相关设置如图2-12-26所示;漫反射和自发光的颜色设置相同,如图 2-12-27 所示。

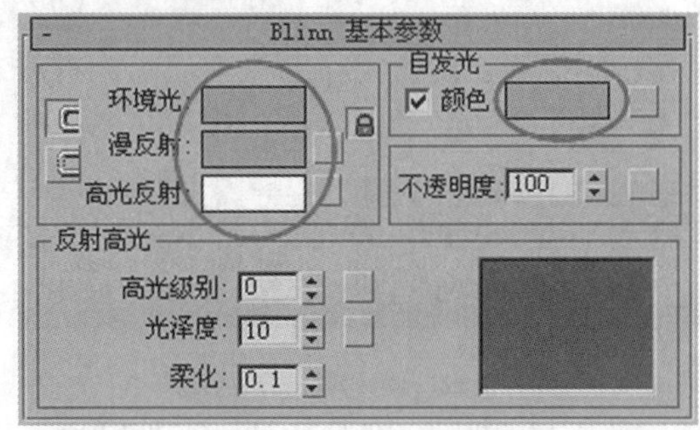

图 2-12-26 材质相关设置

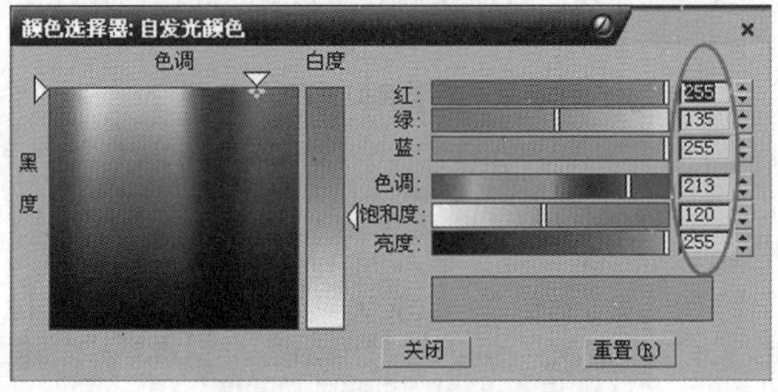

图 2-12-27 颜色设置

(10)在视图中选中“地面”物体后单击鼠标右键,在弹出的面板中选择“对象属性”选项,如图 2-12-28 所示。

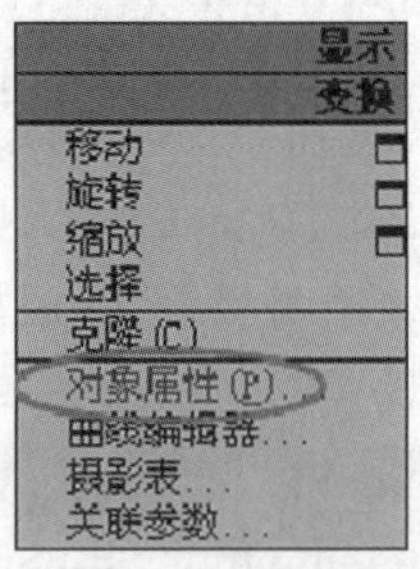

图 2-12-28 “对象属性”选项

(11)在打开的“对象属性”对话框中单击“高级照明”面板,展开“几何对象光能传递属性”卷展栏,在“仅光能传递属性”组里勾选“漫反射(反射和半透明)”后单击【确定】按钮,如图 2-12-29 所示。

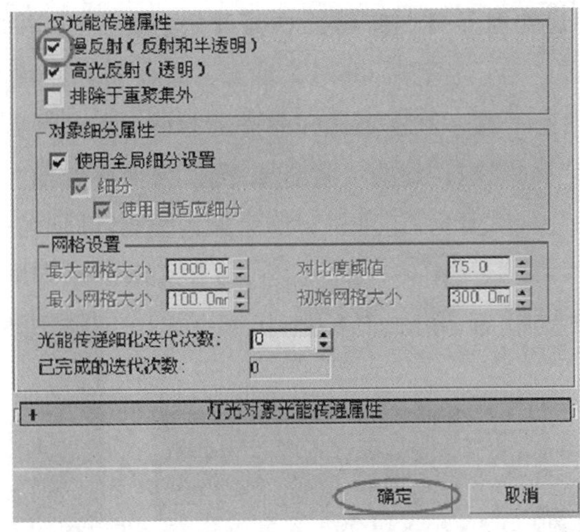

图 2-12-29　“仅光能传递属性”设置

(12)单击命令面板中的“渲染”面板→“高级照明”，在扩展列表中选择“光能传递”项，打开“光能传递处理参数”卷展栏，在“处理”组中将“优化迭代次数(所有对象)”设置为 6，如图 2-12-30 所示。

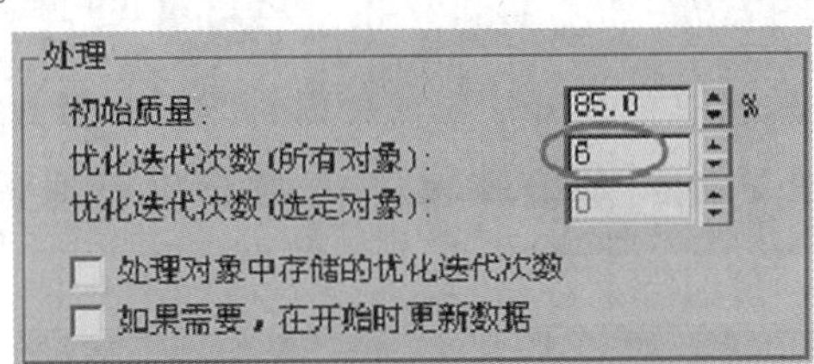

图 2-12-30　“优化迭代次数”设置 2

(13)在“交互工具”组中将“间接灯光过滤”设置为 3，如图 2-12-31 所示。

图 2-12-31　“间接灯光过滤”设置 2

(14)打开“光能传递网格参数”卷展栏，在“全局细分设置”组中，勾选“启用”项，在“网格设置”组中将“最大网格大小”设置为 200，如图 2-12-32 所示。

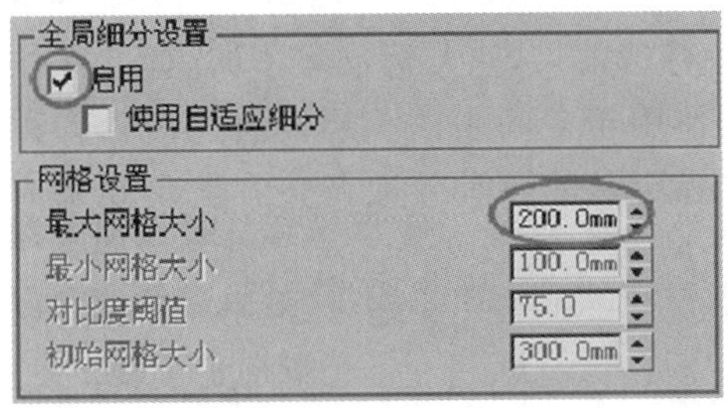

图 2-12-32　“最大网格大小”设置 2

(15)单击“光能传递处理参数”卷展栏下的【开始】按钮，如图 2-12-33 所示，此时开始光能传递。

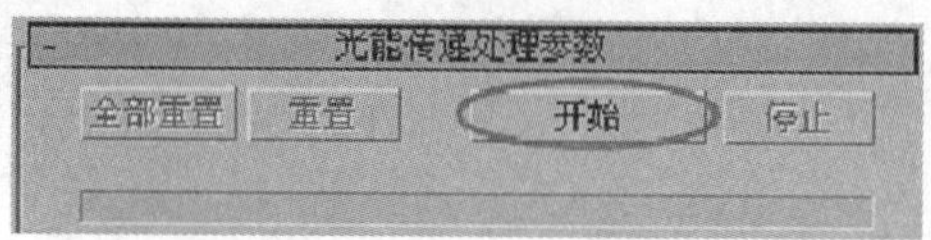

图 2-12-33 “光能传递处理参数”卷展栏 3

(16)光能传递结束以后，单击工具栏中的快速渲染按钮，渲染后的效果如图 2-12-34 所示。

图 2-12-34 渲染后的效果 3

指导要点：

可简单制作室内模型，曲线吊顶，利用面光源或自发光制作“发光灯槽”，通过“光能传递”产生发光效果，参数设置时应特别注意色彩溢出。

知识点链接：第 1 篇 4.1 节。

任务 13 制作层雾效果

任务目标：

层雾是雾效的另一种特殊效果，它与标准雾不同，标准雾作用于整个场景，而层雾只作用于空间中的一层。通过设置各种层雾效果的过程，了解掌握层雾的各种参数调整方法及效果应用。最终效果如图 2-13-1 所示。

制作层雾效果

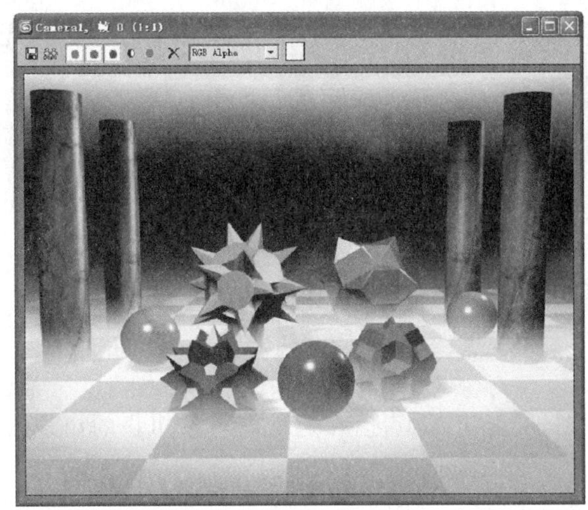

图 2-13-1　多层云雾效果

任务解析：

1. 创建一个简单几何模型场景，并赋予适当材质，设置灯光，设置摄影机，如图 2-13-2 所示。

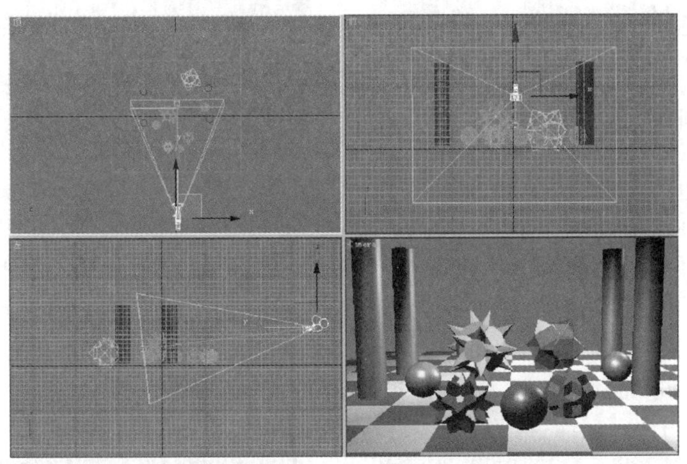

图 2-13-2　创建场景

2. 单击快速【快捷渲染】按钮对摄影机视图进行渲染，渲染效果如图 2-13-3 所示。观察加入雾效之前的效果。

3. 执行主菜单"渲染"→"环境"命令，在弹出的"环境和效果"对话框的"大气"卷展栏中单击【添加】按钮，在弹出的"添加大气效果"对话框中选择"雾"，单击【确定】按钮关闭对话框。

4. 在"雾参数"卷展栏中，将类型由默认的"标准"改为"分层"类型。将分层的"顶"设置为 30，如图 2-13-4 所示。这表示层雾由地平面起，到 30 个单位高度为止。

图 2-13-3 渲染效果

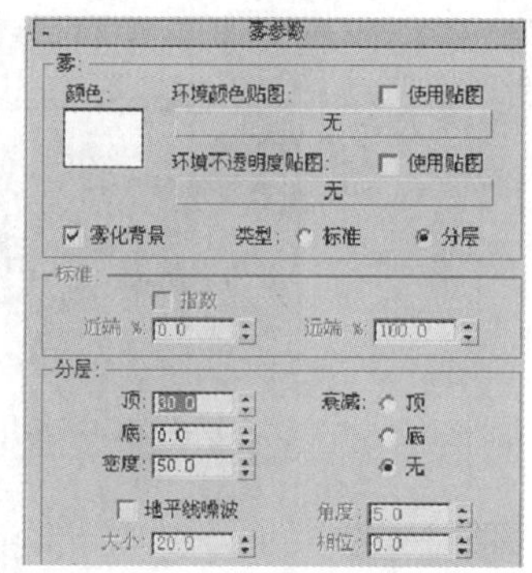

图 2-13-4 “雾参数”设置 1

5.渲染摄影机视图,层雾出现了,但在远处有一条明显的白线,使得雾效很不真实,如图 2-13-5 所示。

6.通过层雾的控制来柔化远处的直线边缘。在“雾参数”卷展栏的“分层”组中,勾选“地平线噪波”选项,地平线修改效果如图 2-13-6 所示。

图 2-13-5 默认层雾效果

图 2-13-6 地平线修改效果

7.为层雾顶部设置衰减来柔化雾与物体接触的部分。在“分层”组中选择“衰减”右侧的“顶”选项,对顶部进行衰减处理,渲染效果如图 2-13-7 所示。可以看到云雾上表面变淡了,和物体的交界处变得模糊了。

8.为了使场景更加逼真,应当将远处的浓雾做分散处理,增加它的柔化程度。将“角度”设置为 10,如图 2-13-8 所示。远处的云雾变得更淡,而且杂乱不规则。

图 2-13-7 衰减修改效果

图 2-13-8 角度修改效果

9.多层云雾。现在为场景再加入一层白色云雾,将它放置于天空。在“环境和效果”

对话框的“大气”卷展栏中单击【添加】按钮，在弹出的“添加大气效果”对话框中选择“雾”，单击【确定】按钮，加入另一个雾效果。在“雾参数”卷展栏中，将类型改为“分层”，将它设置为层雾。将“顶”值设置为 200，“底”值设置为 150。勾选“地平线噪波”选项，将“大小”设为 30，增加雾块大小。将“角度”设为 10。雾参数设置如图 2-13-9 所示。多层云雾效果如图 2-13-1 所示。

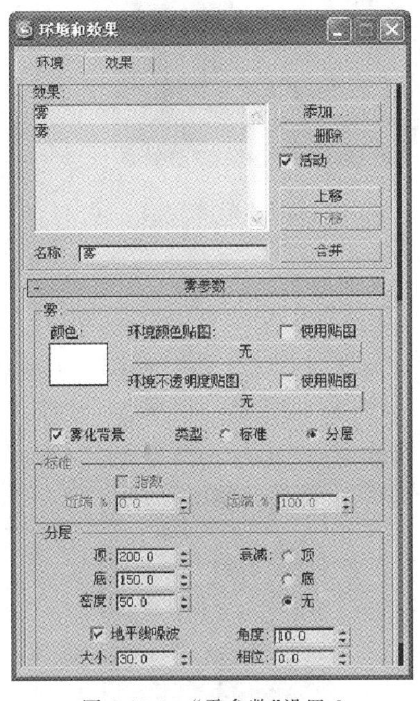

图 2-13-9　“雾参数”设置 2

10. 动态雾效。层雾提供动态雾效控制，通过它可以将层雾设为流动的效果。将时间滑块拖到第 100 帧，单击【自动关键点】按钮打开动画记录。将天空的雾修改为：“相位”为 15，“颜色”为淡紫色。将地面的雾的“相位”设为 12。关闭【自动关键点】按钮，执行主菜单“渲染设置”→“渲染”命令，在弹出的“渲染设置”窗口中，选择“活动时间段”为 1～100，单击【文件】按钮，为动画设置一个名称，并指定为 AVI 动画格式，单击【渲染】按钮进行渲染。

指导要点：

1. 层雾的各种参数调整方法及效果应用，特别是柔化的运用。

2. “自动关键点”中相应参数的设置要恰当，可多设置几个参数生成动画进行比较。

知识点链接：第 1 篇 4.2、5.1、6.1 节。

任务 14　制作山中云雾

任务目标：

创建山脉场景，使用大气装置和体积雾来表现山中缭绕的云雾效果，掌握体积雾的表现方法和应用环境。最终效果如图 2-14-1 所示。

图 2-14-1 山中云雾最终效果

制作山中云雾效果

任务解析：

1. 新建一 3ds Max 场景，在顶视图中创建一个长方体："长度"为 140、"宽度"为 140、"高"为 1、"长度分段"为 160、"宽度分段"为 200，如图 2-14-2 所示。

2. 进入修改面板，单击"修改器列表"，选择"噪波"修改器，参数如图 2-14-3 所示。

3. 再次为它添加"松弛"修改器，使山峰不太锐利，"松弛"参数如图 2-14-4 所示。

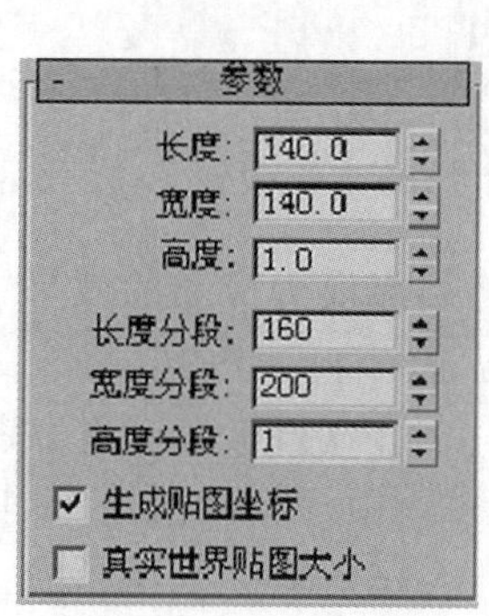

图 2-14-2 长方体参数

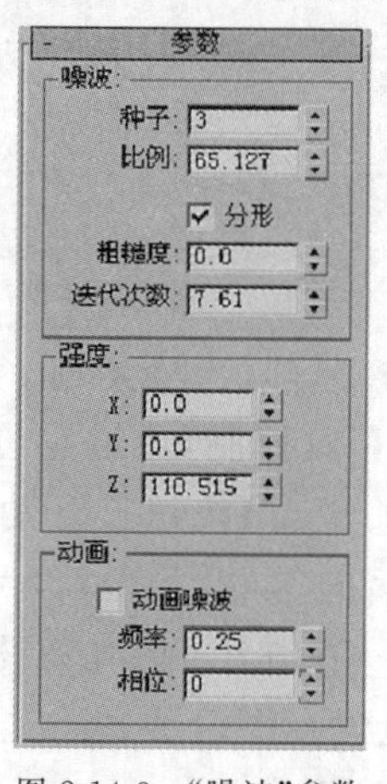

图 2-14-3 "噪波"参数

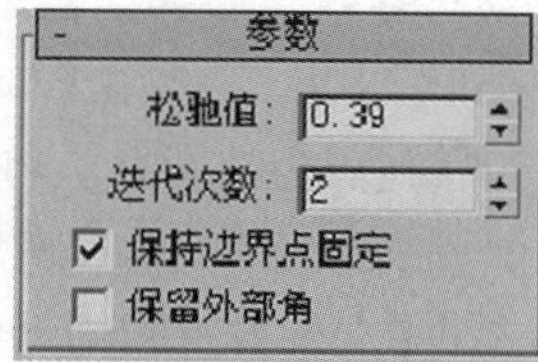

图 2-14-4 "松弛"参数

4. 创建一个目标摄影机，由于山峰较多，将摄影机调整到较大的山峰处，调整位置到如图 2-14-5 所示效果。

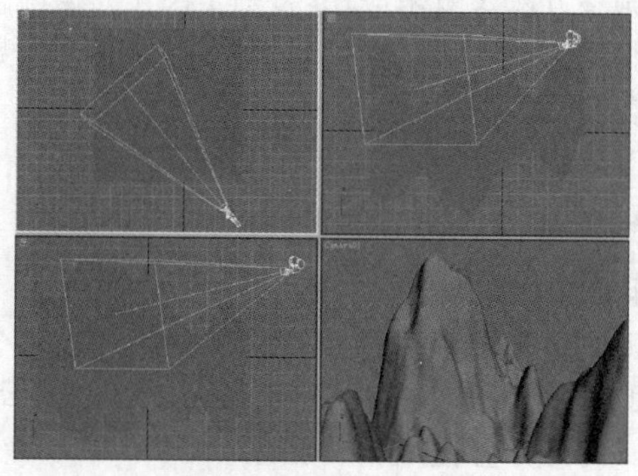

图 2-14-5 摄影机位置

5. 执行主菜单“渲染”→“环境”命令，在弹出的“环境和效果”窗口中，单击“背景”组的【无】按钮，在弹出的“材质/贴图浏览器”对话框中选择“位图”贴图，单击【确定】按钮。选择一幅合适的天空图片作为场景背景，如图 2-14-6 所示。

6. 下面为山峰编辑材质。打开“材质编辑器”，选择一个示例球，将其赋予山峰物体。分别设置“环境光”颜色为 R:33，G:7，B:7，“漫反射”颜色为 R:163，G:177，B:194。其他参数如图 2-14-7 所示。

图 2-14-6　添加背景

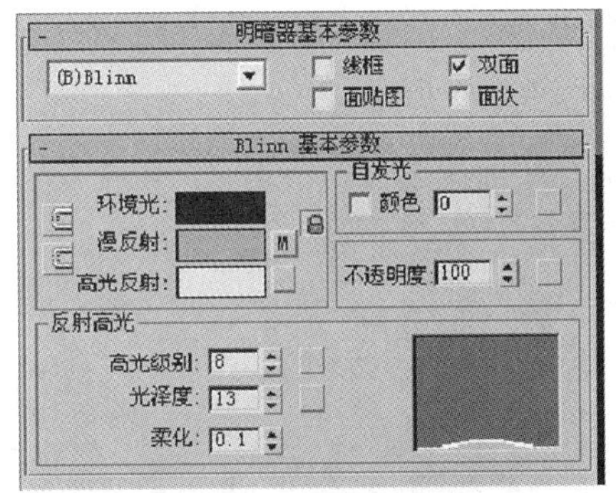

图 2-14-7　材质参数

7. 在下面的贴图卷展栏中，单击“漫反射颜色”右侧的 None 按钮，在打开的“材质/贴图浏览器”对话框中选择“混合”贴图方式。

8. 在“混合参数”卷展栏中，单击“颜色＃1”右侧的 None 按钮，在打开的“材质/贴图浏览器”对话框中选择“噪波”贴图方式，将“平铺”全部设置为 10(默认为 1，以下没特别指出的即默认值 1)，“噪波类型”选择“分形”，“大小”设置为 12，“高”设为 1，“级别”设为 10。将“交换”项的“颜色＃1”设为 R:119，G:92，B:50，“颜色＃2”设为 R:224，G:213，B:204，如图 2-14-8 所示。

9. 单击“交换”项“颜色＃1”右侧的 None 按钮，选择“噪波”，“颜色＃1”设为 R:74，G:45，B:0，“颜色＃2”设为 R:184，G:179，B:165，如图 2-14-9 所示。

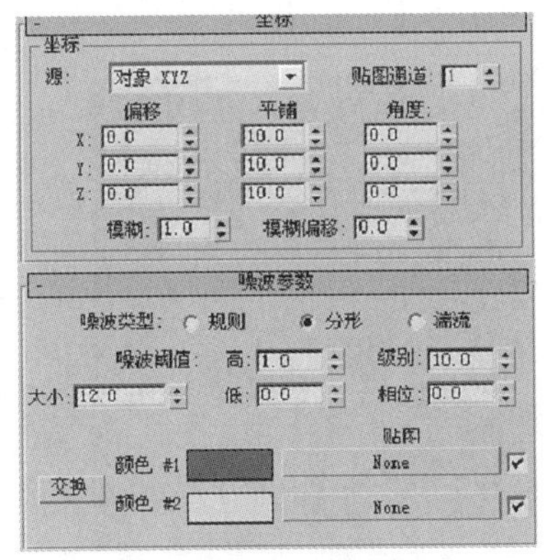

图 2-14-8　混合噪波参数设置

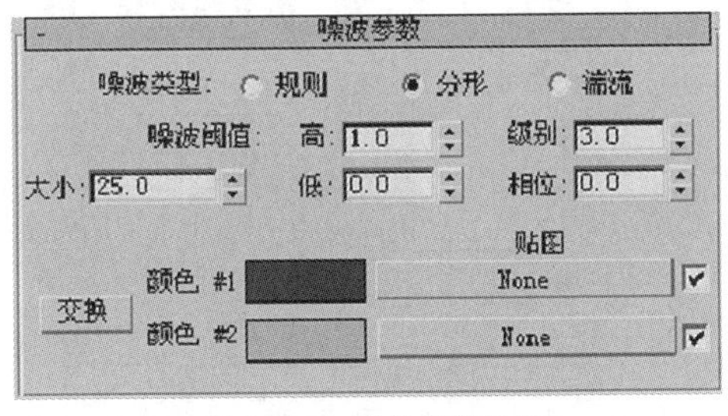

图 2-14-9　噪波参数设置

10. 单击上图“颜色＃2”右侧按钮，选择“细胞”，细胞颜色为 R:32，G:108，B:2，分界颜色为 R:104，G:144，B:47。

11. 多次单击按钮返回到“混合参数”卷展栏，拖动“颜色＃1”右侧按钮 Map #12 (Noise) 到下面的 None 按钮上，以实例的形式复制给“颜色＃2”。单击混合量右侧按钮，选择“噪波”贴图，将“平铺”全部设为 3，“噪波类型”选择“分形”。

12. 单击按钮返回到“贴图”卷展栏，单击“凹凸贴图”右侧按钮，选择“噪波”贴图，将“平铺”全部设为 10，“噪波类型”选择“分形”。单击“交换”组的“颜色 #1”右侧按钮，选择“噪波”，类型改为“分形”。

13. 将材质赋予山峰，山峰渲染效果如图 2-14-10 所示。

14. 下面为场景添加体积雾。在顶视图中创建一个球体大气装置，设置“半径”为 50，并勾选“半球”。在前视图中选择球体线框，右键单击【均匀缩放】按钮，将其 Z 轴值设为 16，如图 2-14-11 所示。

图 2-14-10 山峰渲染效果

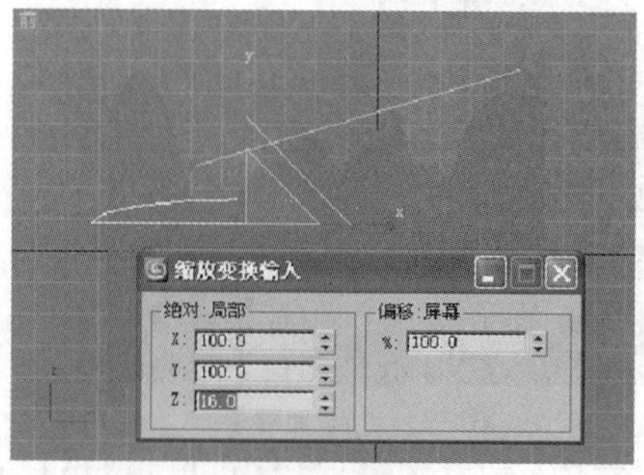

图 2-14-11 收缩球体

15. 执行主菜单“渲染”→“环境”命令，在弹出的“环境和效果”窗口的“大气”卷展栏中单击【添加】按钮，在弹出的“添加大气效果”对话框中选择“体积雾”，单击【确定】按钮关闭对话框。

16. 在“体积雾参数”卷展栏中，单击 拾取 Gizmo 按钮，在视图中拾取半球线框。在“体积”组中设置“密度”为 80，“步长大小”为 4。在“噪波”组中，类型设置为“分形”，“级别”设为 4，“大小”设为 15，如图 2-14-12 所示。

17. 复制几个大气球体，并适当调整其大小及位置，使其云雾围绕在山峰主体周围，如图 2-14-13 所示。

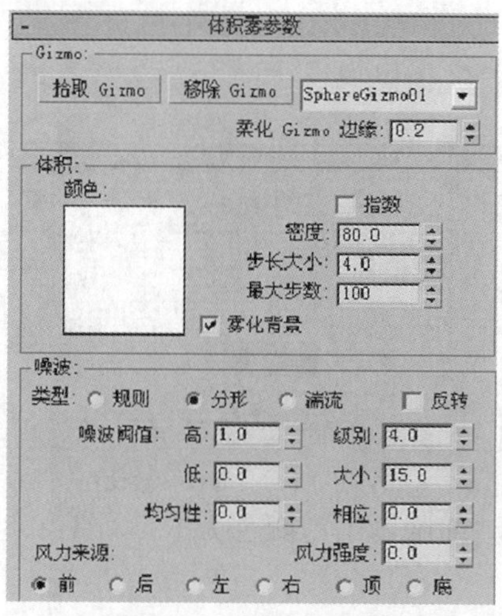

图 2-14-12 体积雾参数设置

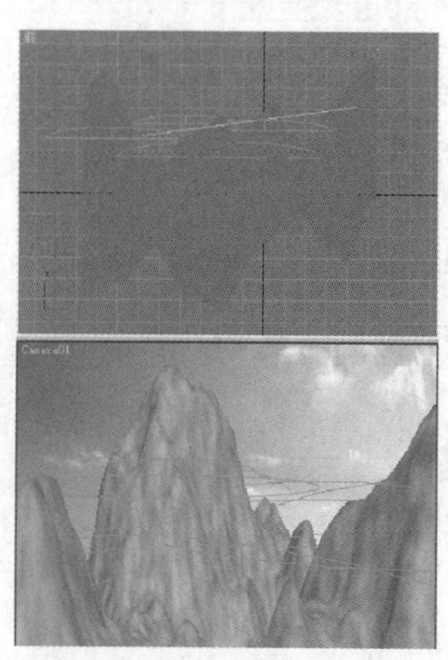

图 2-14-13 复制体积雾

18. 最终渲染效果如图 2-14-1 所示。

指导要点：

利用“噪波”修改器制作山峰，注意山峰不要过于尖利，用“混合”材质为山峰披上淡绿色表面。

利用大气装置和体积雾来表现山中缭绕的云雾效果，适当复制几个体积雾，稍加修改，放在山间合适位置，使其自然和谐。

知识点链接：第 1 篇 2.5、3.2、5.1 节。

任务 15　制作燃烧的火焰

任务目标：

制作燃烧的熊熊火焰的效果，掌握火焰的制作和燃烧效果的表现方法，进一步掌握大气装置效果的应用。效果如图 2-15-1 所示。

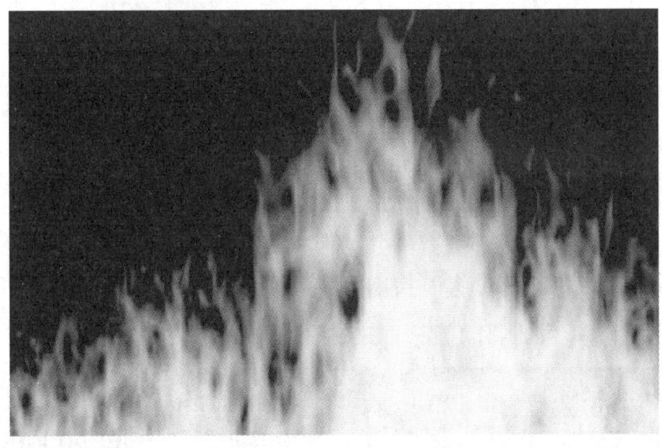

图 2-15-1　火焰效果

任务解析：

1. 新建一 3ds Max 场景，单击【创建】→【辅助对象】按钮，在“标准”下拉列表中选择“大气装置”选项，在“大气装置”面板中单击 球体 Gizmo 按钮，在顶视图中创建一个球体线框，在“球体 Gizmo 参数”卷展栏中设置“半径”为 256，并勾选“半球”复选框，如图 2-15-2 所示。

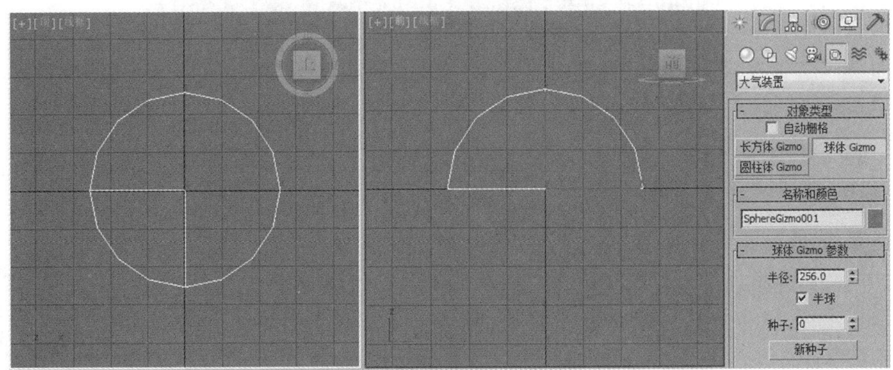

图 2-15-2　“球体 Gizmo 参数”设置

2. 执行主菜单"渲染"→"环境"命令，在弹出的"环境和效果"窗口的"大气"卷展栏中单击【添加】按钮，在弹出的"添加大气效果"对话框中选择"火效果"，单击【确定】按钮关闭对话框。

3. 在"火效果参数"卷展栏中，单击 拾取 Gizmo 按钮，在视图中拾取半球线框。在"火效果参数"卷展栏中设置内部颜色为 R:255，G:60，B:0，外部颜色为 R:255，G:50，B:0，火焰类型为"火舌"，"火焰大小"为 45，"密度"为 33，"火焰细节"为 3，"采样数"为 10。如图 2-15-3 所示。

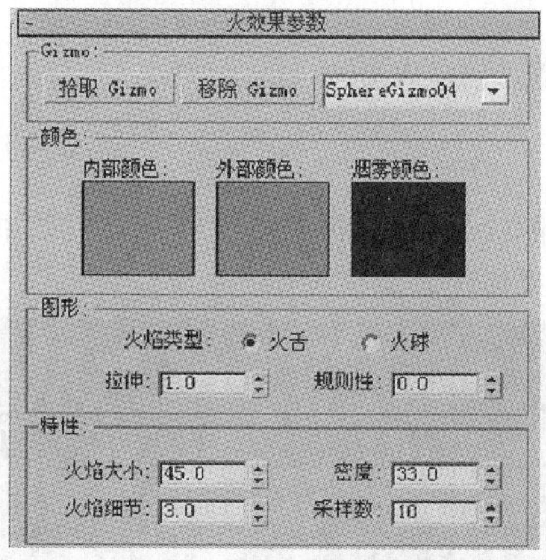

图 2-15-3　火效果参数设置

4. 在工具栏中单击【缩放工具】按钮，在前视图中沿 Y 轴将线框放大到 260%。将线框复制几个，分别调整其大小和位置，如图 2-15-4 所示。

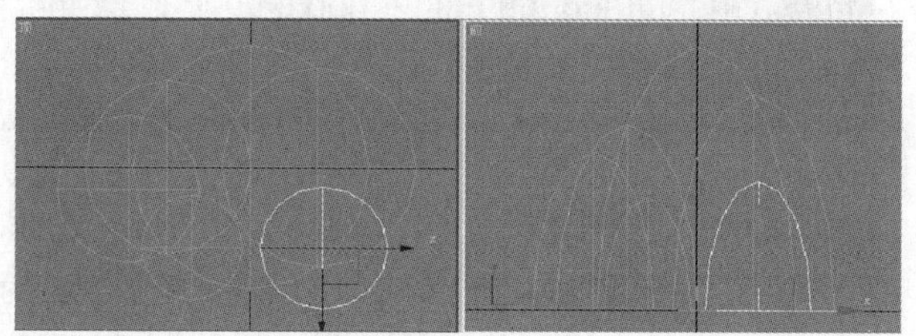

图 2-15-4　复制线框

5. 在顶视图中创建一架目标摄影机，摄影机位置如图 2-15-5 所示。

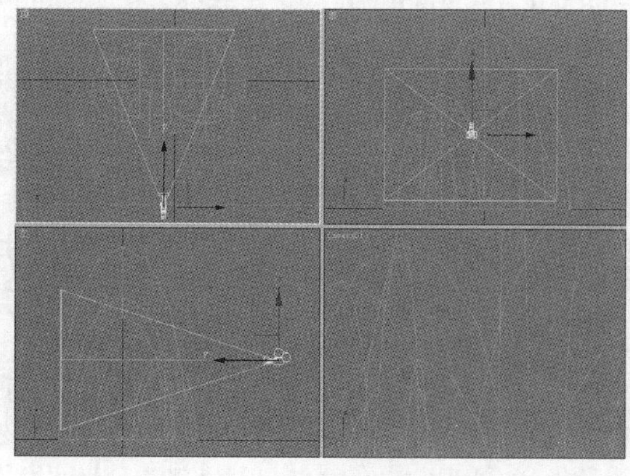

图 2-15-5　摄影机位置

6. 渲染摄影机视图，火焰效果如图 2-15-1 所示。

7. 也可将火焰设置为动态燃烧效果。打开"自动关键点"按钮记录动画，将时间滑块拖到第 100 帧，在"火焰效果参数"卷展栏中设置"相位"为 260，"漂移"为 90。渲染时间段为0～100 帧，渲染输出为 AVI 动画格式。

指导要点：

利用"大气效果"中的"火效果"来模拟火焰，注意火焰类型、火焰大小、密度、火焰细节、采样数等参数设置，可边调整边观察效果。另外，摄影机观察的位置、角度也是能否生成逼真效果的关键。

知识点链接：第 1 篇 5.1 节。

任务 16　制作过山车

任务目标：

利用路径约束，制作过山车动画，进一步掌握约束控制器的设置方法。效果如图 2-16-1 所示。

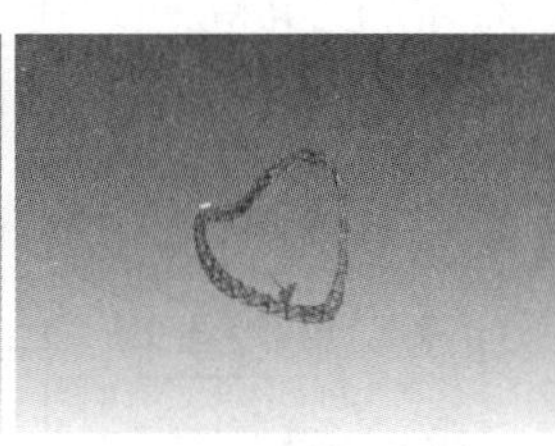
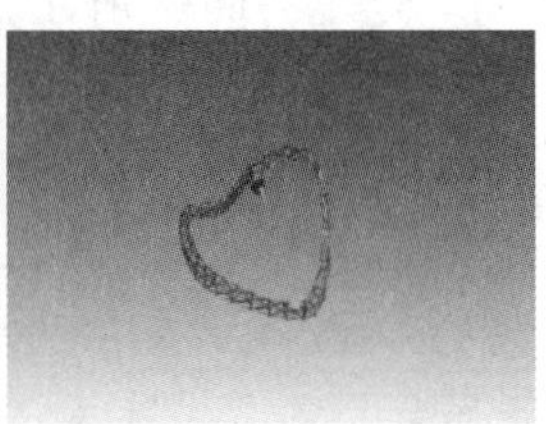

图 2-16-1　过山车最终效果

任务解析：

1. 创建钢架结构模型。单击【创建】→【图形】→ 圆 按钮，在顶视图中创建"半径"为 300 的圆，在 修改器列表 中为其添加一个"编辑样条线"修改器，打开【顶点】次物体层级，使用移动工具在视图中对圆的各个点进行随机移动，样条线的形状如图 2-16-2 所示。

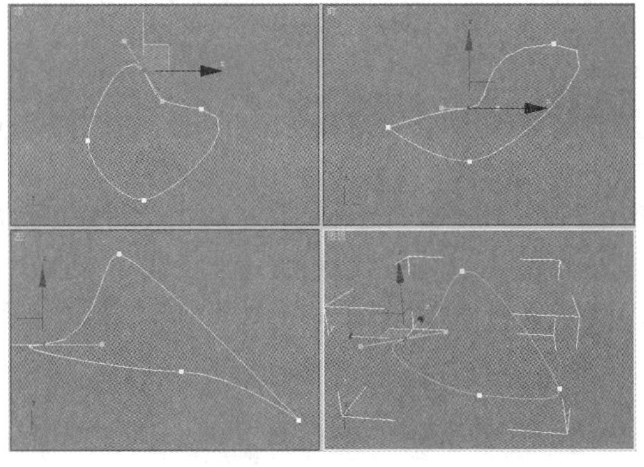

图 2-16-2　样条线的形状

过山车

2.进入【样条线】次物体层级，单击“几何体”卷展栏下端的 轮廓 按钮，在视图中将形体选成红色，设置“轮廓”参数为60。添加“挤出”修改器，如图2-16-3所示，设置“数量”参数为50，挤出后产生的物体形状如图2-16-4所示。

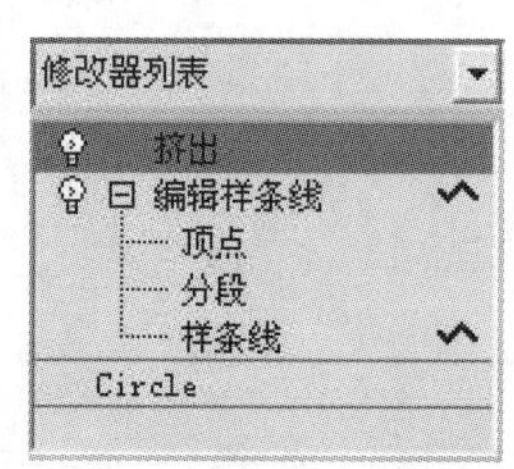

图2-16-3 添加“挤出”修改器

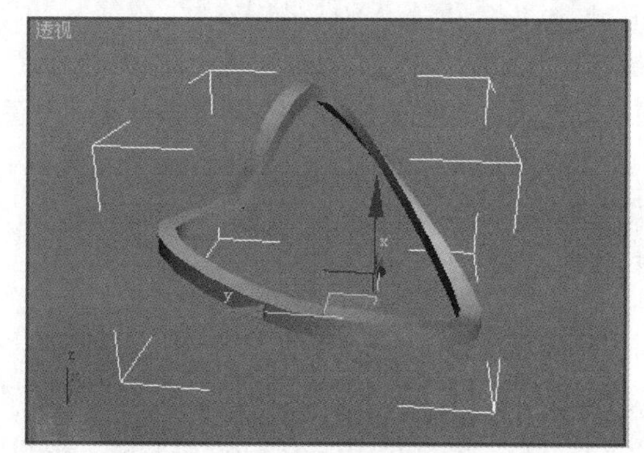

图2-16-4 挤出后产生的物体形状

3.在“挤出”修改器基础上再为其添加“晶格”修改器，如图2-16-5所示。在“参数”卷展栏中将“支柱”的“半径”参数设置为4，将“忽略隐藏边”勾选项取消，勾选“平滑”选项，如图2-16-6所示。然后将“节点”的“半径”参数设置为8，“分段”参数设置为3，勾选“平滑”选项，如图2-16-7所示。通过以上修改，钢架结构已基本成型，如图2-16-8所示。

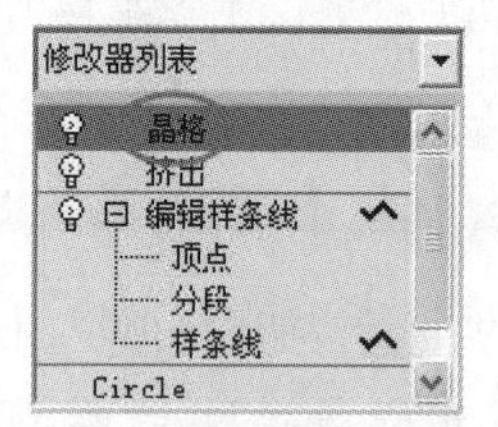

图2-16-5 添加“晶格”修改器

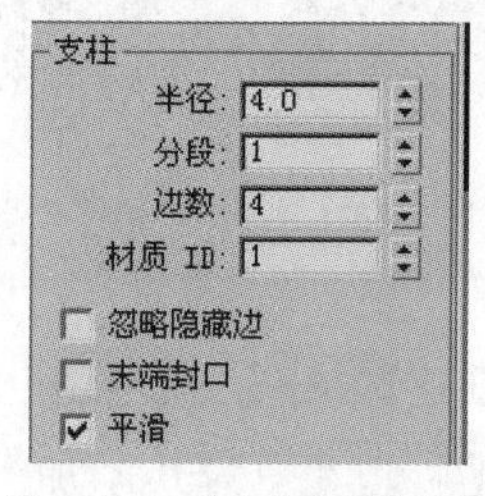

图2-16-6 “支柱”参数设置

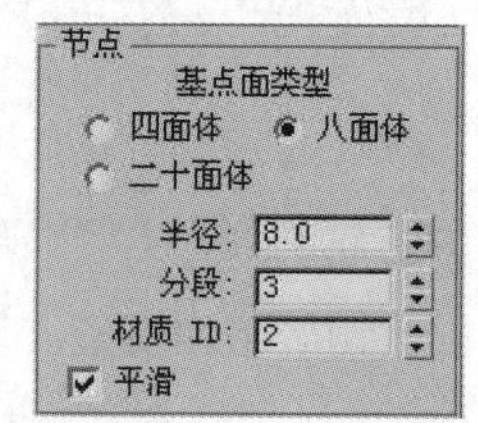

图2-16-7 “节点”参数设置

4.指定金属材质。打开“材质编辑器”，将“漫反射”颜色调整为暗灰色，在“明暗器基本参数”卷展栏中将材质属性选为“金属”，同时将“高光级别”和“光泽度”参数设置得较高一些。

5.打开“贴图”卷展栏，设置为反射贴图类型，在配套资源中为其指定一个金属贴图文件。

6.设置动画路径。在前视图中，垂直向上移动复制当前的钢架结构物体，将其“晶格”和“挤出”修改器删除。进入样条曲线中的【样条线】次物体层级，在顶视图中选中外侧的曲线并删除，用等比缩放工具放大内侧的曲线并将其放到钢架结构的表面，作为过山车动画的路径，如图2-16-9所示。

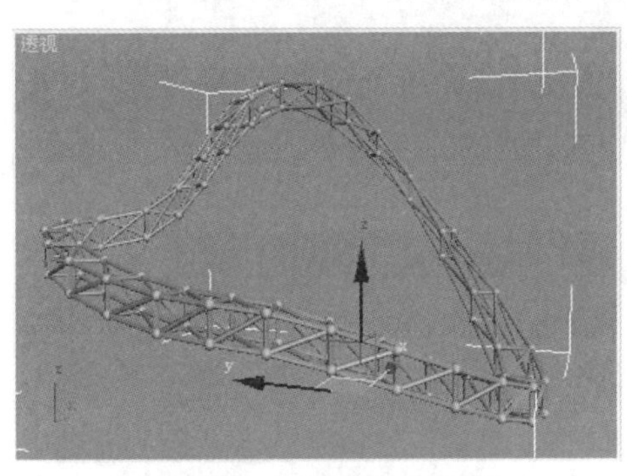

图 2-16-8　钢架结构透视效果　　　　图 2-16-9　动画路径

7. 指定约束控制器。在顶视图中创建一个长、宽、高分别为 30、60、30 的长方体，并为其指定一个比较明显的黄色材质。

8. 进入运动面板，选中“位置”后单击【指定控制器】按钮，如图 2-16-10 所示；在弹出的对话框中为其指定一个“路径约束”控制器，如图 2-16-11 所示；向上拖动面板单击 添加路径 按钮，在视图中单击设置好的动画路径，勾选“跟随”和“倾斜”，如图 2-16-12 所示，播放动画观察效果。

图 2-16-10　“指定控制器”设置

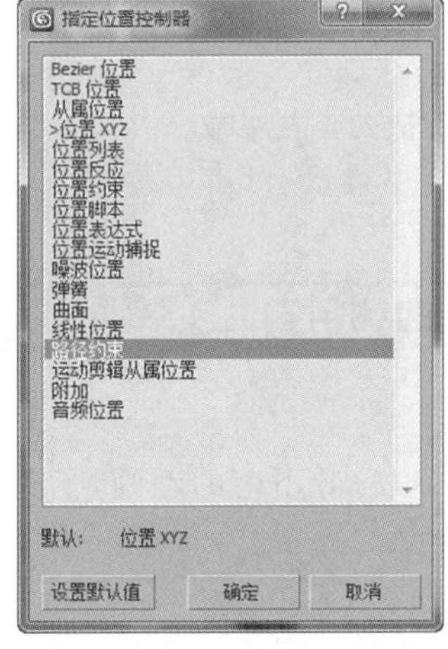

图 2-16-11　选择“路径约束”控制器

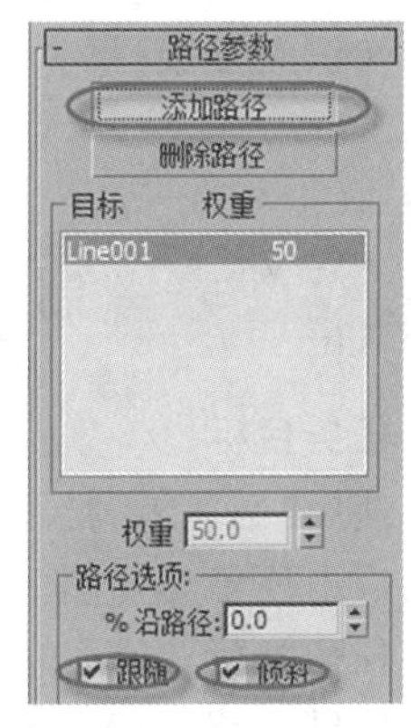

图 2-16-12　“路径参数”设置

9. 在视图中创建两个圆锥体并通过菜单中的“组”将它们“成组”在一起，如图 2-16-13 所示；在顶视图中将指示方向旋转朝向长方体，如图 2-16-14 所示。进入运动面板，选中“旋转”后单击【指定控制器】按钮，为其指定一个“注视约束”控制器，在面板中单击 添加注视目标 按钮，在视图中单击长方体，勾选“保持初始偏移”，这样圆锥体的指针就锁定了长方体为注视目标。开启 自动关键点 按钮，将“时间滑块”放置到第 100 帧，用移动工具垂直向上移动圆锥组合体，如图 2-16-15 所示，关闭 自动关键点 按钮，播放动画观察效果。

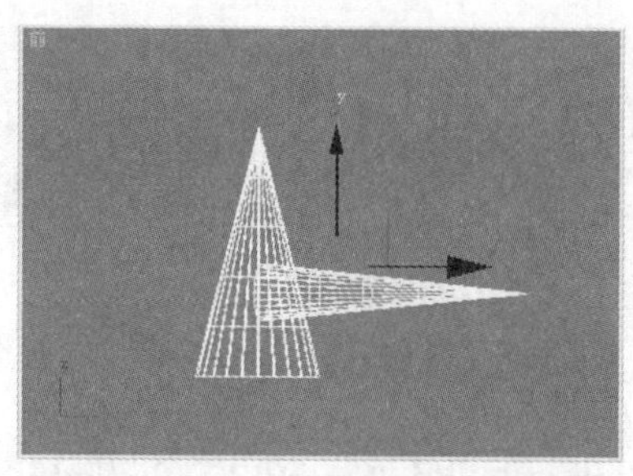
图 2-16-13 成组的两个圆锥体

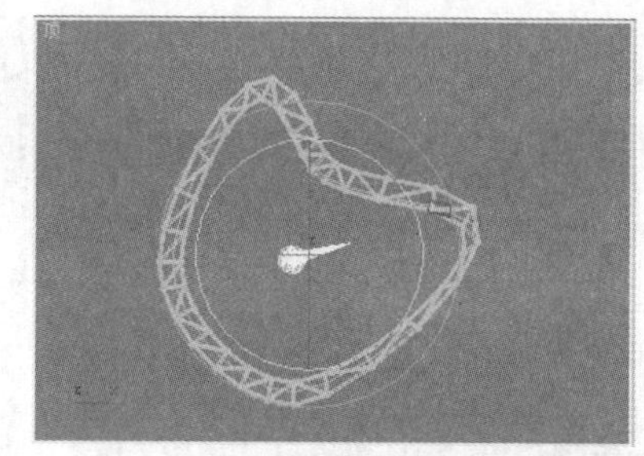
图 2-16-14 成组圆锥体朝向立方体

10. 动画渲染设置。单击【渲染设置】按钮，在打开的“渲染设置”窗口中选择“活动时间段”，“输出大小”暂时先设置成800×600的像素质量。在窗口下方的“渲染输出”中单击【文件】按钮，设置保存位置，如E盘→新建一个文件夹，名为“过山车动画”→文件名为“过山车”→保存类型为MOV QuickTime文件格式→单击【保存】按钮→单击【渲染】按钮开始渲染。

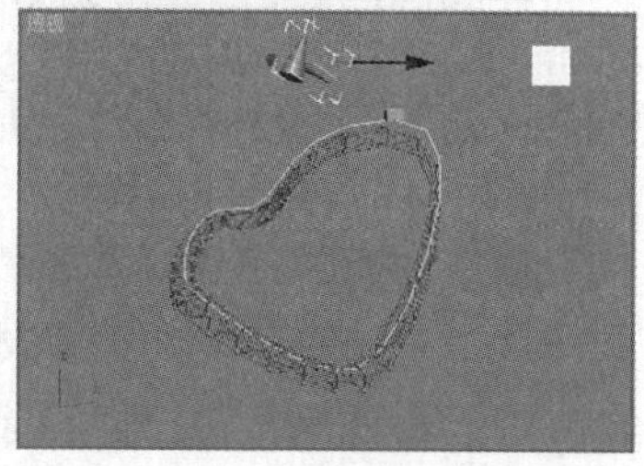
图 2-16-15 成组圆锥体移动后的位置

指导要点：

1. 恰当利用“晶格”命令可以建立各种镂空模型，注意点和线的数量设置。

2. 约束控制器的参数设置方法。

知识点链接：第1篇2.4、2.5、2.6、6.2节。

任务17 制作飘落的树叶

任务目标：

使用“暴风雪”粒子系统，模拟秋叶下落的动画，了解掌握暴风雪粒子系统的设置方法及应用环境。如图2-17-1所示。

任务解析：

1. 打开范例场景3ds Max文件，场景内容如图2-17-2所示。打开范例场景后，通过显示面板先将两棵树隐藏。

图 2-17-1 飘落的树叶渲染效果

图 2-17-2 范例场景

2. 制作一片树叶。单击【创建】→【几何体】→ 平面 按钮，在顶视图中创建一个平面，“长度”为 85，“宽度”为 115，在命令面板上将其命名为“树叶”。此后将把它作为树叶，要想实现真实的树叶效果，主要是通过后面的贴图来实现，为了使树叶看起来更加真实、自然，我们需要对这个平面进行简单的处理。

3. 加入弯曲修改。单击【修改】按钮进入修改面板，在 修改器列表 中为平面加入一个“弯曲”修改器，在其命令面板的下方设置其“角度”值为 −40，并选择“弯曲轴”为 X 选项，如图 2-17-3 所示。

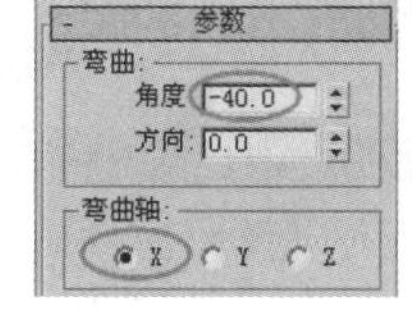

图 2-17-3　弯曲参数设置

4. 在修改面板中，单击“弯曲”(Bend)左侧的“+”展开其次物体层级，在其次物体层级中单击选择 Gizmo 修改项，然后在透视视图中使用鼠标横向移动 Gizmo 线框，对平面进行弯曲调整，如图 2-17-4 所示。由于给予了一定的弯曲，在后面进行树叶贴图后效果将更加形象。

5. 制作树叶贴图。按下键盘上的 M 键打开“材质编辑器”窗口，激活一个空示例球，并将其命名为“树叶贴图”，然后指定给场景中的树叶平面，同时要注意勾选“双面”选项。打开“贴图”卷展栏，单击“漫反射颜色”右侧的“None”按钮，在弹出的对话框中双击“位图”类型，在弹出的对话框中选择配套资源中提供的一张树叶图片文件“树叶-1”，如图 2-17-5 所示。

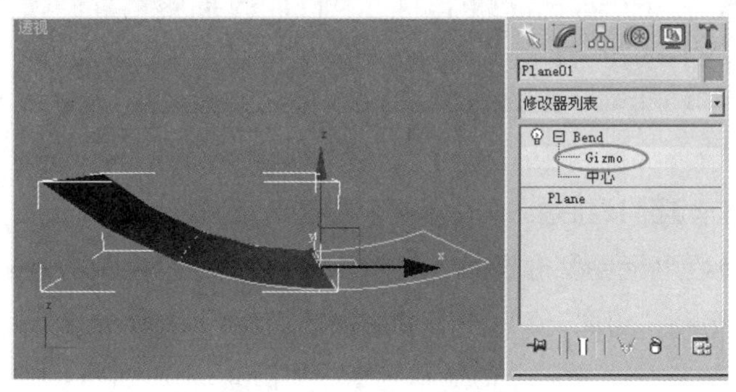

图 2-17-4　进行弯曲调整后的效果

图 2-17-5　树叶图片“树叶-1”

6. 制作不透明贴图。在进行不透明贴图设置时，应首先了解什么是不透明贴图。所谓的不透明贴图，就是只由黑白两种颜色构成的图片，其中图片白色的部分将会显示出来，黑色的部分将会变成透明，树叶的不透明贴图如图 2-17-6 所示。

注意：在使用不透明贴图对物体进行设置时，无论是纹理贴图、高光贴图还是不透明贴图，其实都是由同一张图片通过处理后得到的，其大小、分辨率、形状等必须完全一致。

7. 打开“贴图”卷展栏，单击“不透明度”右侧的“None”按钮，在弹出的对话框中双击“位图”类型，在弹出的对话框中选择配套资源中提供的图片文件“ELMLEAF”，观察材质示例球，如图 2-17-7 所示。

8. 单击工具栏上的【快速渲染】按钮对透视视图进行测试渲染，最终渲染的树叶效果如图 2-17-8 所示，这样我们就完成了一片树叶的制作。

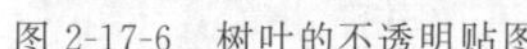

图 2-17-6 树叶的不透明贴图

图 2-17-7 不透明贴图效果

图 2-17-8 最终渲染的树叶效果

9. 创建树叶纷飞的效果。单击“创建”→“几何体”，在其扩展列表中选择“粒子系统”项，然后在命令面板中单击“暴风雪”粒子工具，在顶视图中创建一个“暴风雪”粒子，其在场景中的位置如图 2-17-9 所示。

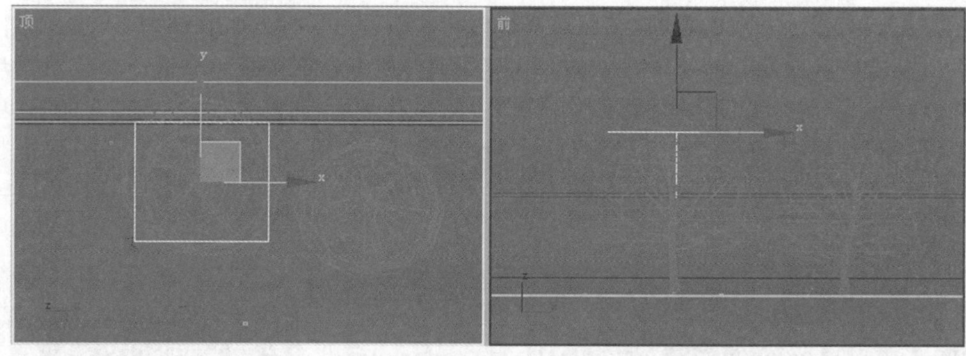

图 2-17-9 创建暴风雪粒子

10. 修改粒子参数。单击【修改】按钮进入修改面板，在这里我们可以对粒子的参数进行设置。在“基本参数”卷展栏中设置发射器的宽度和长度，以及设置显示的效果，这里我们设置“宽度”值为 4291 左右、“长度”值为 3653 左右；设置“粒子数百分比”值为 100%；为便于观察，选择“网格”方式，它表示粒子的显示状态。如图 2-17-10 所示。

11. 打开“粒子生成”卷展栏，勾选“使用总数”，设置使用总数为“4”，它将控制粒子的数量；设置“粒子运动”组的“速度”值为 22，它将控制粒子的速度；设置“变化”值为 20，它表示粒子发射时的变化量；在“粒子计时”组中，设置“发射开始”为－150，这表示从负 150 帧开始粒子就已经发射了；设置“发射停止”为 150，这表示在 150 帧之内粒子都在不断地发射；设置“显示时限”值为 150，它表示在 150 帧之内粒子全部显示，设置“寿命”值为 240，它表示粒子诞生后的存在时间；在“粒子大小”组中，设置“大小”值为 2.3，设置“变化”值为 0%，它表示每个可进行尺寸变化的粒子的尺寸变化的百分比；设置“增长耗时”值为 8，它表示粒子从尺寸极小到尺寸正常所经历的时间；设置“衰减耗时”值为 8，它表示粒子从正常尺寸衰减到消失的时间。

12. 确定粒子类型。打开“粒子类型”卷展栏，设置粒子类型为“实例几何体”方式，它表示的是粒子使用的是场景中的物体方式来显示。单击【拾取对象】按钮，然后在场景中单击选择我们制作的一片树叶，这样场景中的所有的粒子就会以树叶的方式显示出来，这正是我们所要的树叶纷飞的效果。如图 2-17-11 所示。

13. 设置树叶的旋转状态。树叶在空中的旋转不是一成不变的，而是有旋转变化的，通过在命令面板中的"旋转和变化"选项来设置。设置"自旋时间"为 60，它表示设置的树叶在空中自旋所需要的时间，值越大表示旋转得越慢；设置"变化"的值为 20%，它表示随机的变化量。如图 2-17-12 所示。

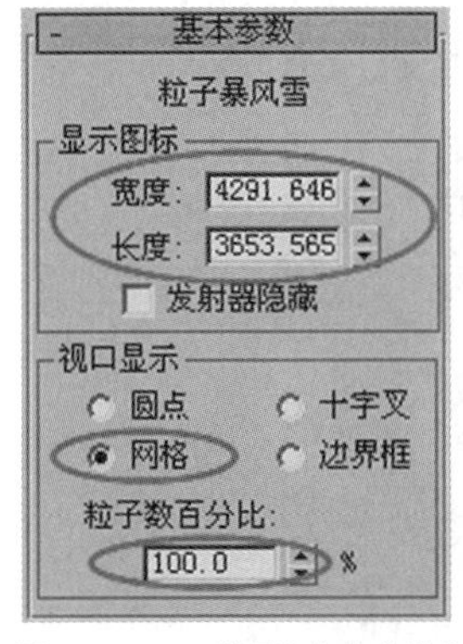

图 2-17-10　粒子"基本参数"

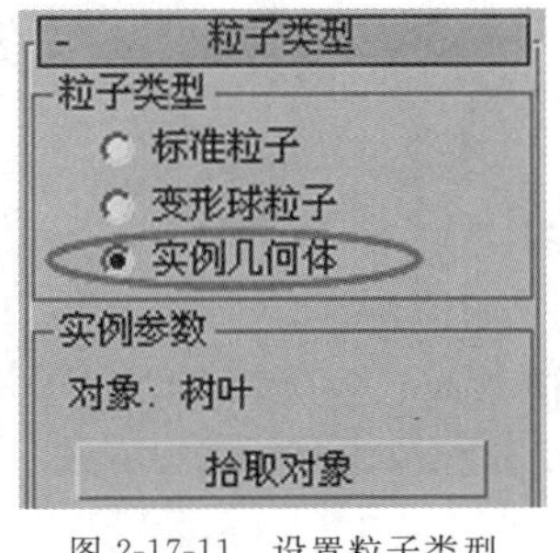

图 2-17-11　设置粒子类型

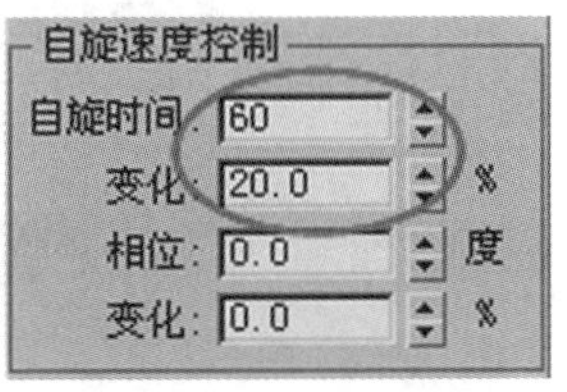

图 2-17-12　设置旋转

14. 按下键盘上的 M 键，打开"材质编辑器"，在场景中先选择粒子，然后将材质编辑器中制作好的树叶的材质指定给粒子，这样我们就完成了树叶纷飞效果的设置，如图 2-17-13 所示。

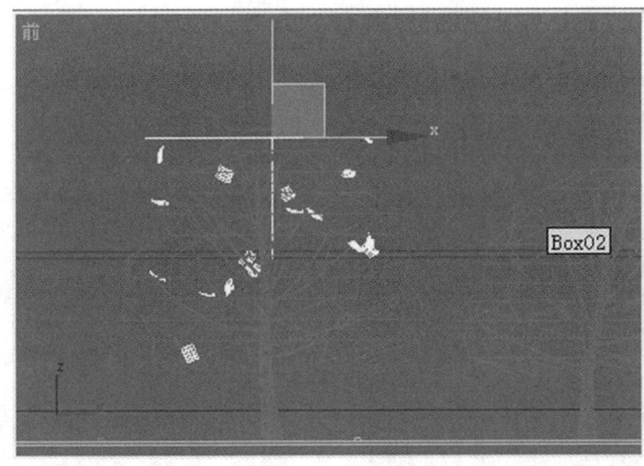

图 2-17-13　树叶纷飞效果

15. 渲染效果如图 2-17-1 所示。

指导要点：

1. 暴风雪粒子系统的设置方法及应用环境。

2. 制作不透明贴图的方法及应用技巧，熟悉 Photoshop 等软件的操作。

知识点链接：第 1 篇 2.5、3.2、6.3 节。

任务 18 制作飘动的窗帘

任务目标：

使用空间扭曲中的风力和导向器，模拟窗帘被风吹动的效果，进一步掌握风力的设置及导向器的使用方法。如图 2-18-1 所示。

图 2-18-1 飘动的窗帘

任务解析：

1. 打开范例场景 3ds Max 文件“飘动的窗帘-1”。这里已经准备好了带有工艺窗帘杆的房间，在此基础上创建窗帘模型并制作出飘动的动画效果。单击【创建】→【图形】→ 线 按钮，在顶视图窗帘杆的右下方水平绘制一条直线，如图 2-18-2 所示。

2. 在修改面板上打开【线段】次物体层级，在面板的下方设置“拆分”的参数为 20，然后单击 拆分 按钮，直线就被等分成 20 份，如图 2-18-3 所示。

图 2-18-2 直线及所在视图位置

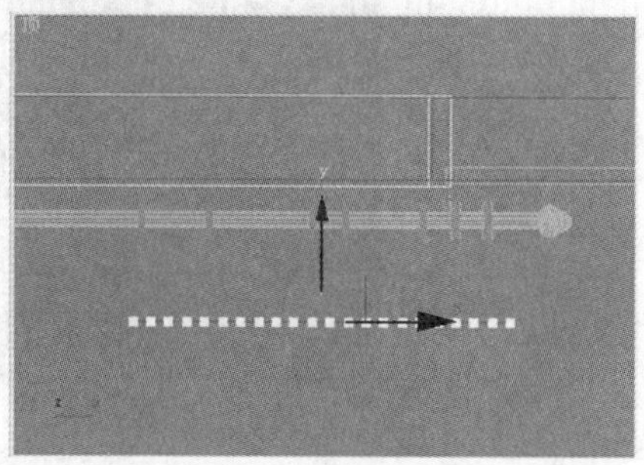

图 2-18-3 拆分后的直线

3. 再打开【顶点】次物体层级，在顶视图中按住 Ctrl 键，通过加选方式将直线上的点每间隔一个选中，并将其统一向上移动，如图 2-18-4 所示。将所有的点框选并转换成“平滑”方式，尽量将每个点随机移动，这样产生的窗帘才比较自然、真实，关闭【顶点】次物体层级。

4. 对修改好的曲线进行复制，在【顶点】次物体层级将曲线上的点随机删除，使新产生的“曲线”(波浪)上的点比原曲线上的稀疏,如图 2-18-5 所示。

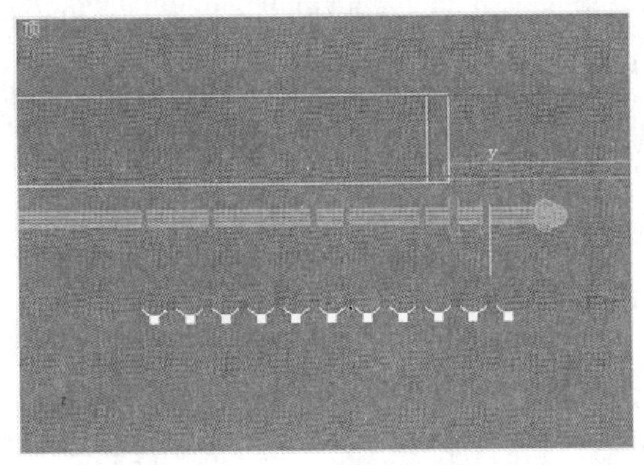

图 2-18-4　上移线上的点

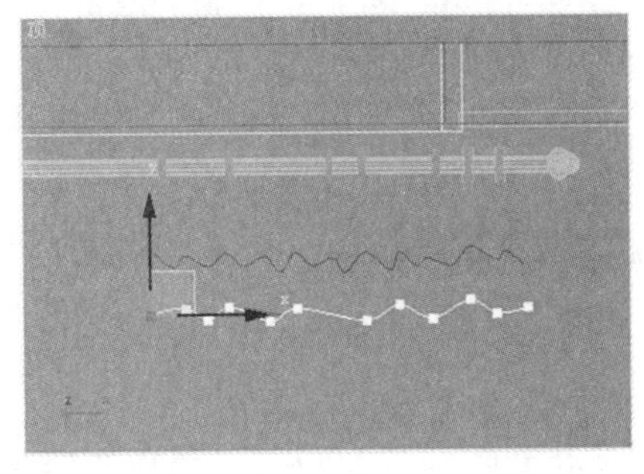

图 2-18-5　修改并复制后的曲线

5. 在前视图中用线工具自下而上垂直绘制一条直线,其位置如图 2-18-6 所示,它将作为窗帘模型的放样路径。

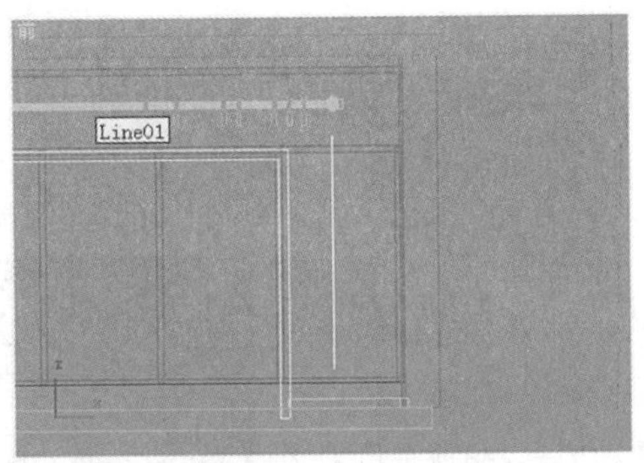

图 2-18-6　路径直线及所处视图位置

6. 单击【几何体】→复合对象→放样按钮,再单击面板中的获取图形按钮,在顶视图中拾取波浪比较稀疏的曲线。将修改面板中的“路径”参数设置为 100,再次单击获取图形按钮,在顶视图中拾取波浪比较密集的曲线,便产生了窗帘放样模型,如图 2-18-7 所示。在修改面板中打开“蒙皮参数”卷展栏,设置“图形步数”为 2、“路径步数”为 12。

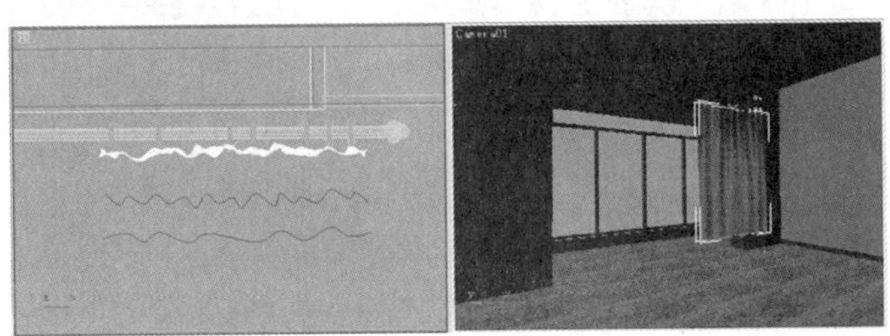

图 2-18-7　放样后产生的窗帘模型

7. 为窗帘模型添加一个“网格选择”修改器,并打开【顶点】次物体层级,在前视图中框选除顶端一排以外的点，如图 2-18-8 所示；在此基础上再为其添加一个“柔体”修改器，单击面板中的创建简单软体按钮，系统自动进行运算，设置“拉伸”的参数为0.1、“刚度”为 5，如图 2-18-9 所示；取消“使用跟随弹力”和“使用权重”两个勾选项，设置“柔软度”参数为 0.5，如图 2-18-10 所示。

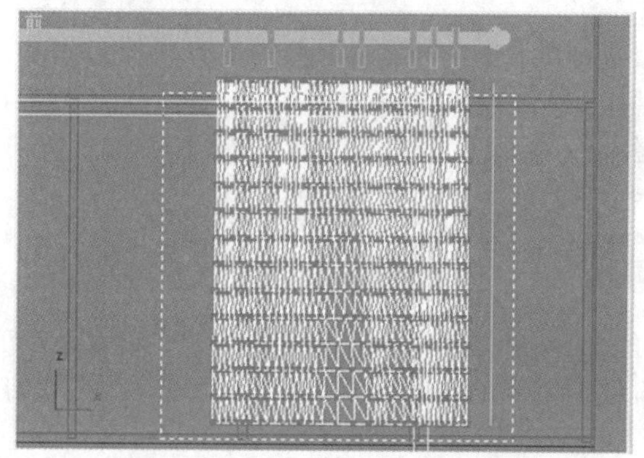

图 2-18-8　框选放样物体上的顶点

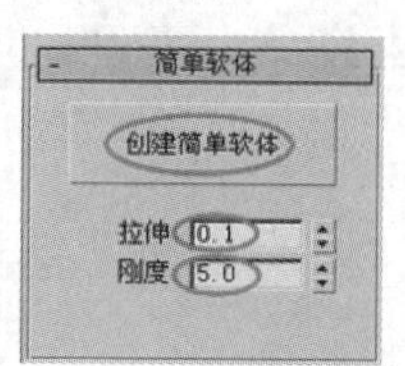

图 2-18-9　软体设置

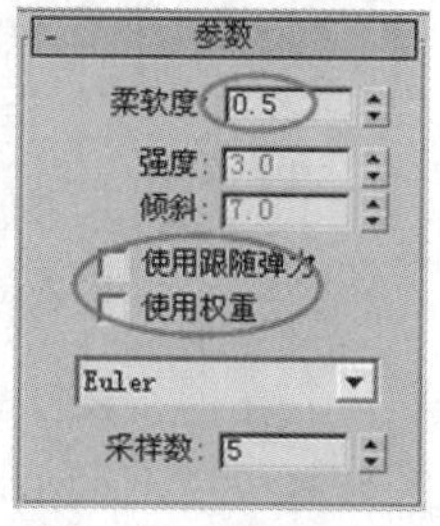

图 2-18-10　柔软度设置

8. 单击【创建】→【空间扭曲】→力→风按钮，在前视图中创建一个风力，设置“力”的“强度”值为 0.2、“风”的“湍流”值为 1。选中窗帘模型，在其修改面板中“力”的添加栏里添加刚刚创建好的风力。这里还要对风力进行动画设置：开启自动关键点按钮，分别在第 35、75、120 帧位置处使用【选择并旋转】按钮，在顶视图对风力图标进行左右旋转，在 120 帧位置处还须设置风力的“强度”值为－0.3，这样做能使窗帘产生回落的动画效果。关闭自动关键点按钮结束动画设置，拖动“时间滑块”，观察窗帘模型受风力影响后的效果，如图 2-18-11 所示。

图 2-18-11　受风力影响后的窗帘模型

9. 单击【空间扭曲】→导向器→导向球按钮，在顶视图中创建两个“直径”为 600 的导向球，如图 2-18-12 所示。打开“时间配置”对话框，选择“PAL”(帕制)后设置“动画”的“长度”为 120。开启自动关键点按钮，将“时间滑块”移动到第 40 帧，移动视图上方的导向球至图 2-18-13 所示的位置，拖动“时间滑块”至第 120 帧，移动视图下方的导向球至图 2-18-14 所示的位置，关闭自动关键点按钮结束动画设置。选中窗帘模型，在其修改面板中“导向器”的添加栏里添加两个导向球，拖动“时间滑块”观察窗帘模型受导向球影响后的效果，如图 2-18-15 所示。

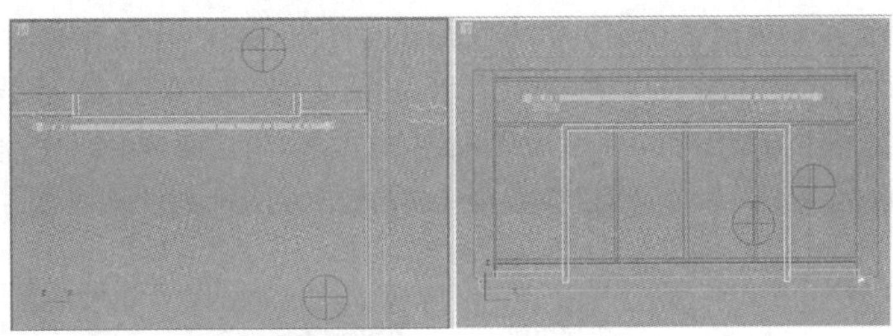

图 2-18-12　创建导向球及所处视图位置

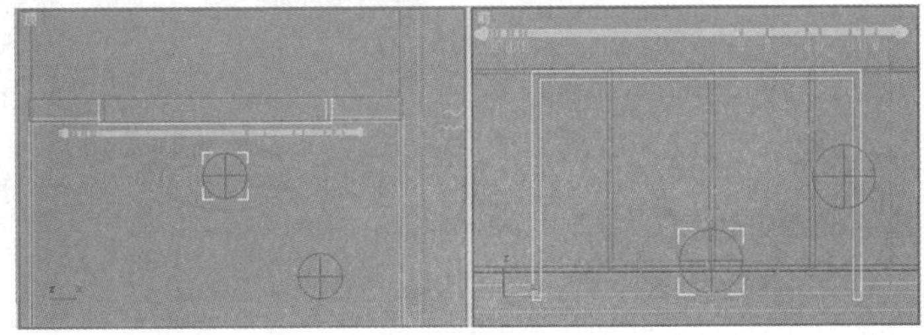

图 2-18-13　第一个导向球移动后所处视图位置

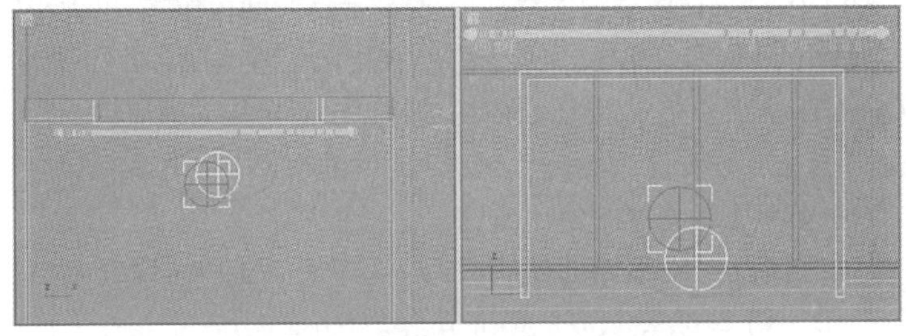

图 2-18-14　第二个导向球移动后所处视图位置

图 2-18-15　受导向球影响后的窗帘模型

10. 在“柔体”修改器的基础上再添加一个“点缓存”修改器，单击面板中的 记录 按钮，系统会进行自动运算，由于窗帘模型的点比较多，时间会稍慢一些。运算完成之后单击 禁用下面的修改器 按钮，再次播放动画时会快很多，这样便于修改和调整。

注意：每次修改了“风力”或“导向球”的参数和动态之后，“点缓存”修改命令都必须重新运算。

11. 在配套资源中为窗帘指定一个布纹图片文件“布料-1”，切记勾选“材质编辑器”窗口中的“双面”选项，如图 2-18-16 所示。但显示的纹理是错误的，还需在 修改器列表 中为其添加一个“UVW 贴图”修改器，勾选面板中的“长方体”选项，设置 U 向“平铺”参数为 1.6、V 向“平铺”参数为 1.8，渲染摄影机视图观察效果，如图 2-18-17 所示。

图 2-18-16　勾选“双面”选项

图 2-18-17　贴图坐标修改后的窗帘材质效果

12. 设置动画渲染。打开“渲染设置”窗口，选择“活动时间段”，“输出大小”设为800×600，在窗口下端“渲染输出”的位置上单击【文件】按钮，在指定的盘区命名并存储动画文件，保存类型选择 MOV QuickTime 文件格式，单击【保存】按钮退出后进行动画渲染。

指导要点：

1. 风力参数的设置及导向器的使用方法。

2. 放样建模的方法及网络编辑的使用技巧，“UVW 贴图”的设置方法。

知识点链接：第 1 篇 2.6、2.7、3.2、6.4 节。

任务 19　制作变形球体

任务目标：

3ds Max 在模拟空间、虚拟物体等方面尤为擅长，要求模拟一变幻莫测的弹性球体，是胶非胶，略带活力，如图 2-19-1 所示。

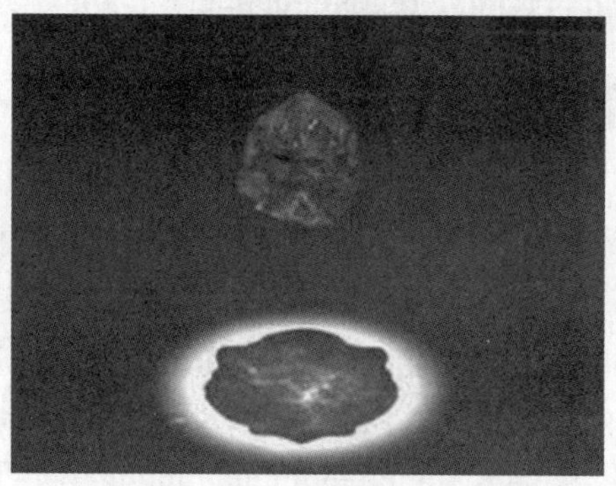

图 2-19-1　变形球体效果

制作变形球体

任务解析：

1. 单击【创建】→【几何体】，进入几何体创建命令面板，单击【平面】按钮，在视图中创建一平面物体，“长度”和“宽度”均为 3600，分段数均为 1，如图 2-19-2 所示。

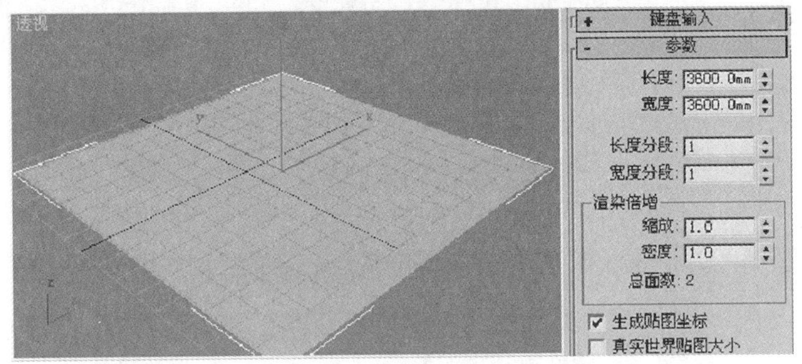

图 2-19-2　创建平面

2. 在平面中央创建一个球体，“半径”为 300，“分段”为 64，并将球体向上移动一段距离，如图 2-19-3 所示。

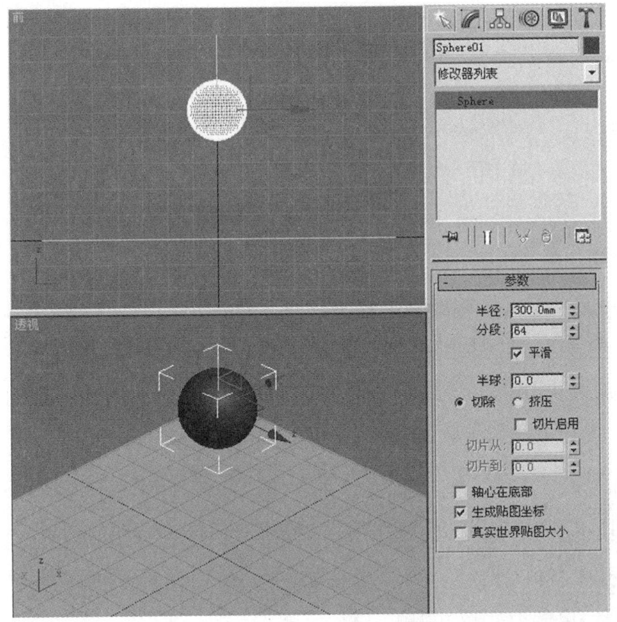

图 2-19-3　创建球体

3. 在前视图中，在球体的正上方创建一盏目标聚光灯，使聚光灯垂直向下进行照射。然后进入修改面板，设置灯光的阴影类型为“光线跟踪阴影”，并且将“聚光区/光束”的参数设置为 11，“衰减区/区域”设置为 26，如图 2-19-4 所示。

4. 单击工具栏上的【渲染设置】按钮，打开“渲染设置”窗口，在“公用”选项卡的“指定渲染器”卷展栏中，单击“产品级”右侧的按钮，将当前的产品级渲染器更改为“mental ray 渲染器”，如图 2-19-5 所示。

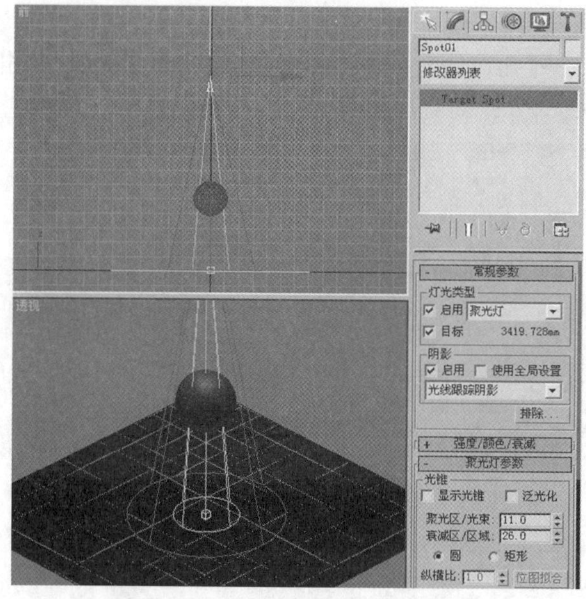

图 2-19-4 创建目标聚光灯

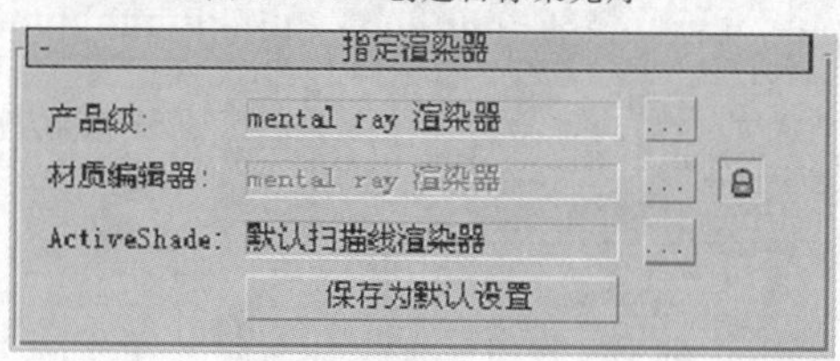

图 2-19-5 更改渲染器

5. 单击工具栏上的【材质编辑器】按钮，打开“材质编辑器”，选择一个空示例球，单击 Standard 按钮，在弹出的“材质/贴图浏览器”对话框中选择“Glass (physics_phen)”，如图 2-19-6 所示。“材质编辑器”中前边带有蓝色小球的是 3ds Max 的默认材质，前边带有黄色小球的是 mental ray 专有材质。

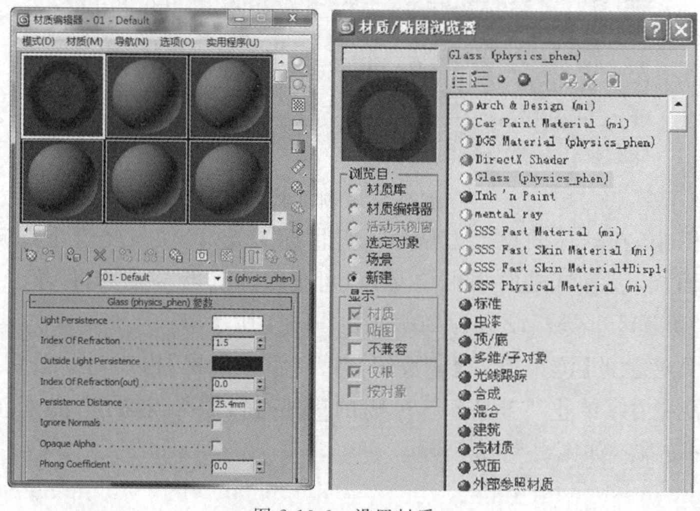

图 2-19-6 设置材质

6. 选择场景中的球体，将材质赋予球体。再选择一个空示例球，将“漫反射”颜色设置为纯白色，将其材质赋予场景中的平面物体。

7. 单击工具栏中的【快速渲染】按钮，对透视图进行渲染，发现球体漆黑一片，效果并不是很好，如图 2-19-7 所示。

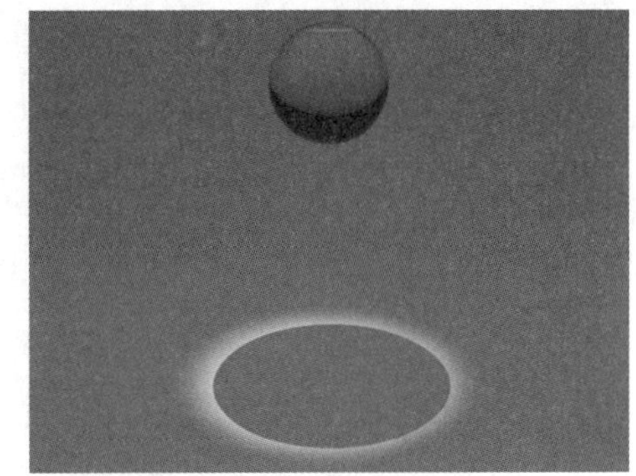
图 2-19-7　渲染效果

8. 球体漆黑的原因是场景的环境背景色为黑色，这样无论球体的反射或折射都显示为黑色。为了制作晶莹剔透的玻璃效果，应该设置环境贴图。执行主菜单“渲染”→“环境”命令，在弹出的“环境和效果”窗口中单击背景颜色右侧的【无】按钮，在弹出的“材质/贴图浏览器”对话框中双击“位图”，在弹出的对话框中指定一张图片作为环境背景贴图，如图 2-19-8 所示。

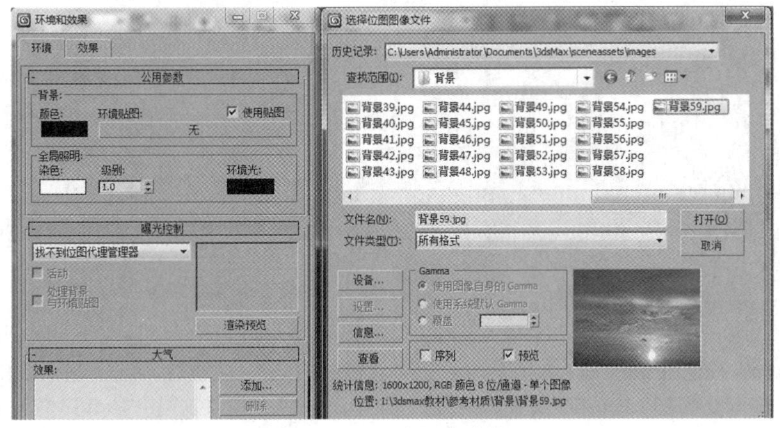

图 2-19-8　选择环境贴图

9. 为了便于对环境贴图进行修改，将环境贴图 Map＃4(背景 59.jpg)拖放到“材质编辑器”的一个空示例球上，选择实例的复制方式，这样就可以通过材质编辑器对环境贴图进行修改。在“材质编辑器”中，选择“环境”选项，将贴图方式更改为“球形环境”，如图 2-19-9 所示。

10. 渲染透视图，玻璃球体已经变得晶莹剔透，但作为地面的平面不够大，露出了背景贴图。选择平面物体，增加它的长、宽数值，直至在渲染时看不到背景图像，此时效果如图 2-19-10 所示。

11. 单击动画控制区的【时间配置】按钮，将动画的结束时间更改为 300 帧。单击自动关键点按钮记录动画，将时间滑块滑动到第 0 帧，选择球体并且为它添加“噪波”修改器，“噪波”参数设置如图 2-19-11 所示。需要注意的是，调节噪波效果时，不要拘泥于具体参数，只要调节参数达到想要的效果即可。

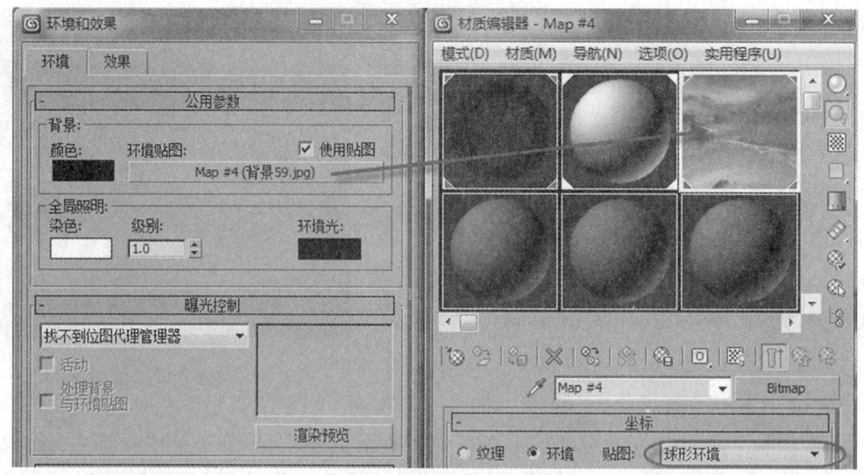

图 2-19-9　编辑环境贴图

图 2-19-10　渲染效果

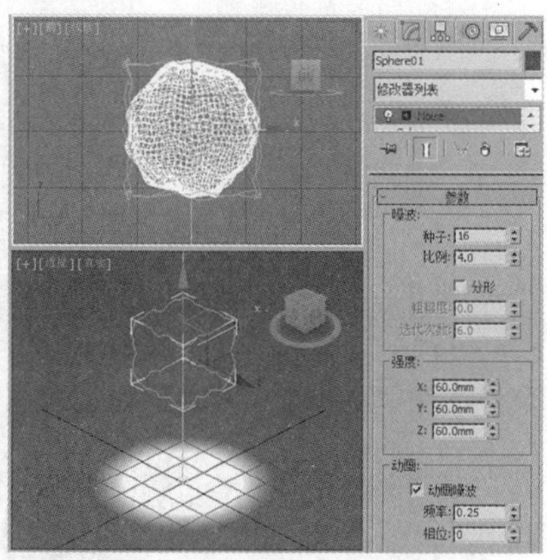

图 2-19-11　“噪波”参数设置

12. 勾选噪波修改器中的“动画噪波”选项，这样在拖动时间滑块时，可以看到球体的外形也在不断变化。

13. 将时间滑块拖到第 300 帧，将噪波修改器的 3 个轴向上的强度值增大一倍，这样球体在整个动画过程中，变形的程度将会更剧烈，如图 2-19-12 所示。

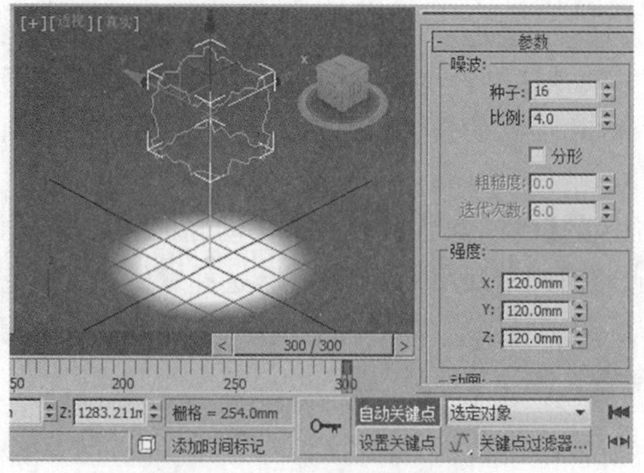

图 2-19-12　修改噪波参数

14. 再次单击自动关键点按钮，将时间滑块拖到比较靠后的帧数对动画进行预览，发现球体在不断地扭曲变形，并且变形程度越来越剧烈，效果如图 2-19-13 所示。

15. 下面设置折射散焦效果。选择球体，在其右键菜单中选择“对象属性”，在打开的“对象属性”对话框中选择“mental ray”选项卡，勾选“生成焦散”复选框，如图 2-19-14 所示。

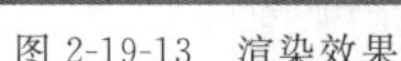

图 2-19-13　渲染效果

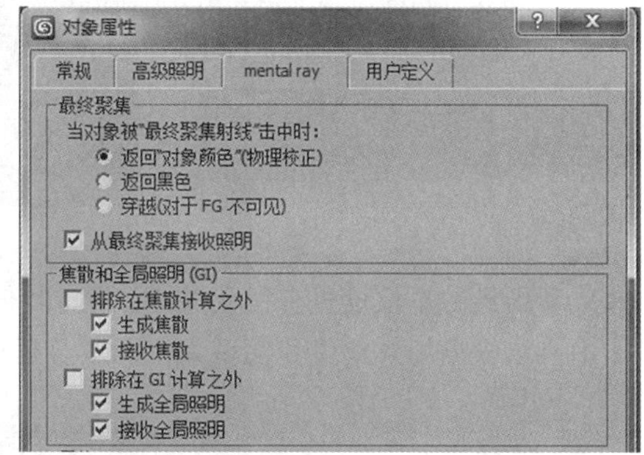

图 2-19-14　“对象属性”对话框设置

16. 单击工具栏上的【渲染设置】按钮，打开“渲染设置”窗口，在“间接照明”选项卡的“焦散和全局照明(GI)”卷展栏中，勾选“焦散”组的“启用”选项，渲染透视图，发现球体下方投射出了淡淡的焦散效果，如图 2-19-15 所示。

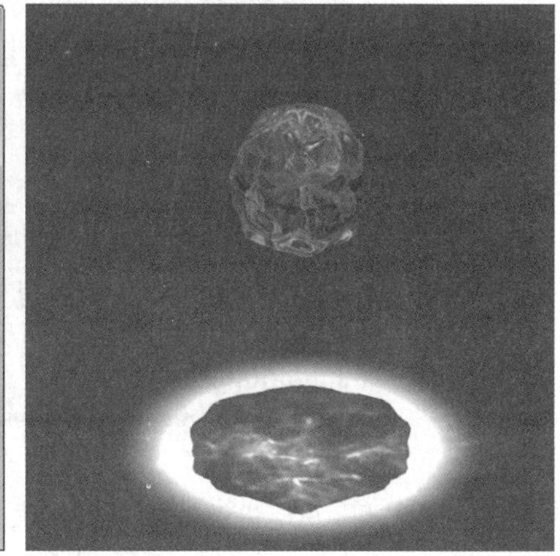

图 2-19-15　启用焦散效果

17. 现在的焦散效果显得过于暗淡，需要提高焦散的亮度。选择场景中的聚光灯，在修改面板中打开灯光的“mental ray 间接照明”卷展栏，将其中的“全局倍增”的“能量”值由 1 修改为 10，再次对场景进行渲染，如图 2-19-16 所示。

18. 此时的焦散亮度已经大大提高，但焦散效果在图中表现为很多小的亮斑，整体效果不够柔和、细腻。打开“渲染设置”窗口，在“间接照明”选项卡的“焦散和全局照明(GI)”卷展栏中，勾选“焦散”组的“最大采样半径”选项，并将其数值设置为 50。渲染透视图，如图 2-19-17 所示，可以看到焦散效果变得更加柔和。注意，“最大采样半径”的最终

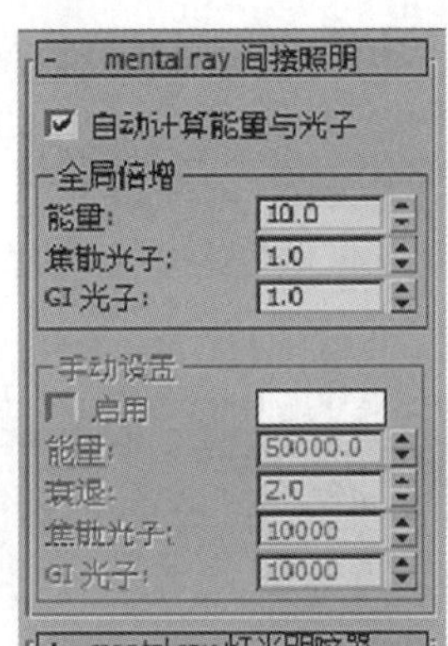

图 2-19-16　增加“能量”效果

效果和场景的单位设置有很大关系，提高此值可以使焦散效果变得更加柔和，在实际制作中应该根据场景单位和模型大小调节合适的数值。

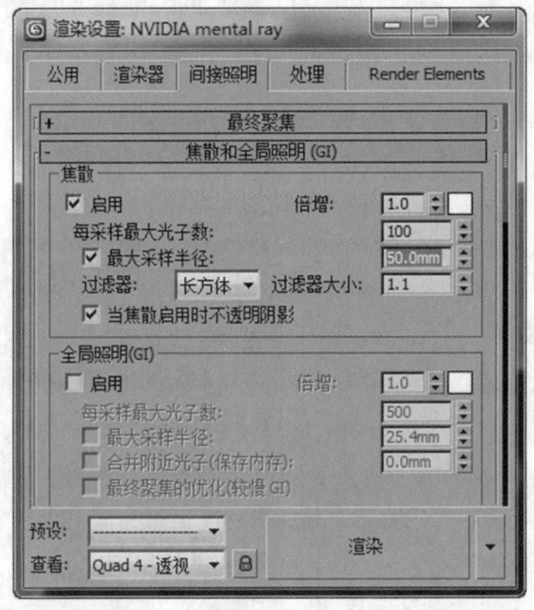

图 2-19-17　增加“采样半径”效果

19. 观察渲染结果，发现焦散的效果虽然柔和，但是却显得不够精细。提高焦散的精度可以通过提高产生焦散的灯光光子数来实现。选择聚光灯，在修改面板中打开灯光的“mental ray 间接照明”卷展栏，将“焦散光子”的值设置为 100，将“能量”进一步提高到 12，增加焦散的亮度。再次渲染场景，在花费了更多的渲染时间后得到了非常精细的渲染效果，如图 2-19-18 所示。

20. 为了使场景效果更加真实，下面再增加波纹光影效果。打开“材质编辑器”，选择一个空示例球，将材质类型更改为“光线跟踪”材质，并在“光线跟踪基本参数”卷展栏设置：“反射”颜色为深灰色，“透明度”颜色为纯白色，“高光级别”为 60，“光泽度”为 50，如图 2-19-19 所示，这是一个带有高光和些许反射的透明材质。

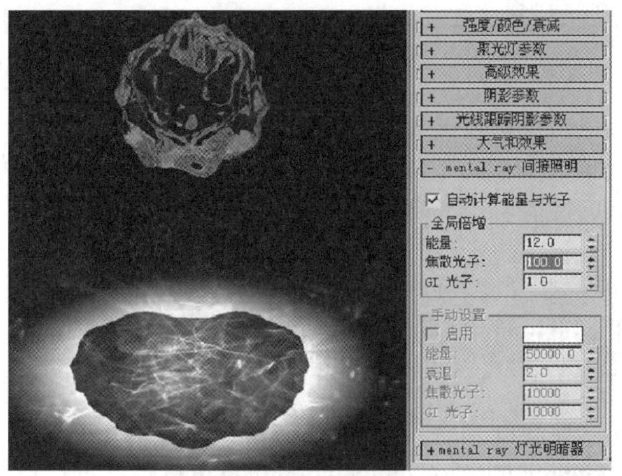

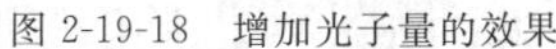
图 2-19-18　增加光子量的效果

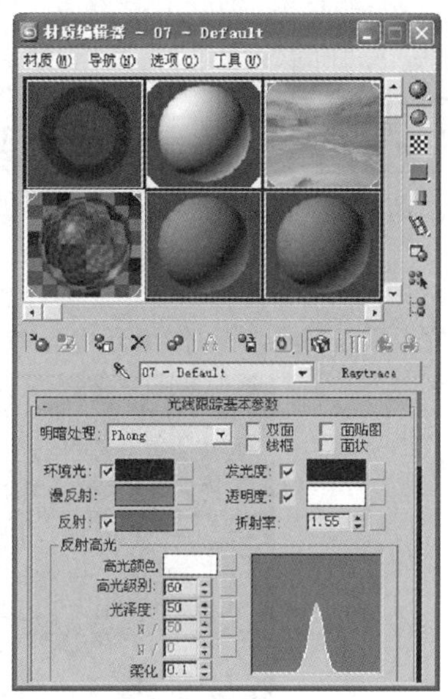

图 2-19-19　设置材质

21. 展开"贴图"卷展栏，单击"凹凸"选项右侧的 None 按钮，为其指定一张"噪波"贴图，然后将噪波"大小"设置为 30，如图 2-19-20 所示。注意，凹凸的大小和当前场景单位以及物体比例有很大关系，在实际制作中，应该根据需要尝试调节。

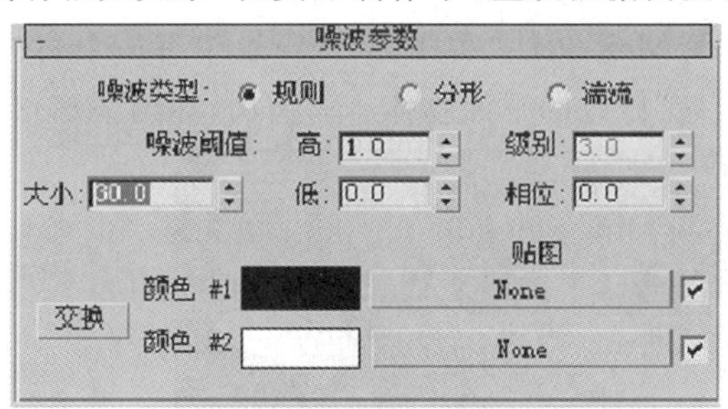

图 2-19-20　噪波参数

22. 将当前材质赋予球体，渲染场景，可以看到球体表面出现了凹凸起伏，并且它投射下来的焦散效果也发生了变化，如图 2-19-1 所示。

23. 单击工具栏上的【渲染设置】按钮，打开"渲染设置"窗口，在"公用"选项卡中，"时间输出"设置为"活动时间段"值为"0－300"，"输出大小"设置为 800×600，"渲染输出"设置为 AVI 动画格式文件，并为文件命名。调整透视视图中球体到合适大小，渲染场景，得到变形球体的动画文件。

指导要点：

利用"光线跟踪阴影"表现球体在地面的投影，用"澡波"表现球体的变形。灯光的设置非常关键，巧妙利用灯光就能达到梦幻般的效果。

知识点链接：第 1 篇 2.5、4.1、5.2 节。

任务20 制作漫天飞舞的雪花

任务目标：

使用“雪”粒子系统，并加入风力系统，模拟漫天飞舞的雪花动画，了解掌握动力学对粒子系统的影响和作用环境。参考效果如图2-20-1所示。

图2-20-1 飞舞的雪花

任务解析：

1. 打开范例场景3ds Max文件“雪山-1”。场景中有一个目标摄影机和一个被指定“顶/底”贴图并经过“置换”修改的平面物体——雪山，如图2-20-2所示。

图2-20-2 雪山范例场景

打造漫天飞舞的雪花

2. 创建雪粒子。单击【创建】 →【几何体】 → 粒子系统 → 雪 按钮，在顶视图中创建雪花“Snow01”，将其向上移动笼罩住整个雪山，如图2-20-3所示。

3. 单击【修改】按钮，在“参数”卷展栏中设置“粒子”组里的参数。“视口计数”为300，设置视图区中的粒子数量，不影响渲染效果；“渲染计数”为800，设置渲染后的粒子数量；“雪花大小”为4，设置每个粒子的尺寸；“速度”为8，设置粒子从发射器流出时的初

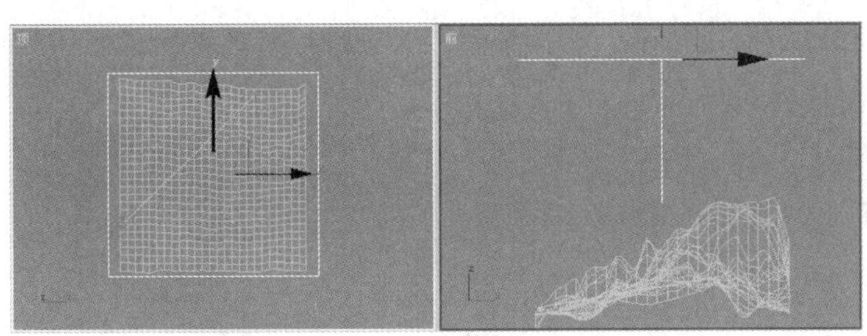

图 2-20-3　雪粒子及所在视图位置

始速度；“变化”为 4，影响粒子的初始速度和方向，值越大粒子喷射得越猛烈，喷射范围也越大；“雪花”、“圆点”、“十字叉”是设置粒子在视图区中的显示符号，如图 2-20-4 所示。

4. 在“计时”组中修改粒子的“开始”、“寿命”参数。将“开始”值设为－100，可以在第 0 帧时就看到粒子效果；将“寿命”值设为 150，用于设置粒子从发射到消亡的时间，如图 2-20-5 所示。

5. 通过以上设置，场景中粒子的效果，如图 2-20-6 所示。也可以单击【动画开始】按钮，观察雪花飘落的效果。

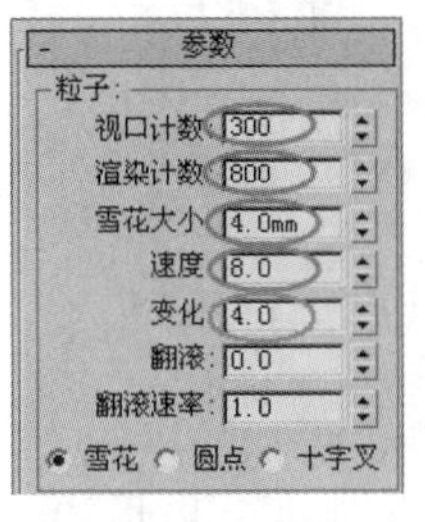

图 2-20-4　“粒子”组参数设置

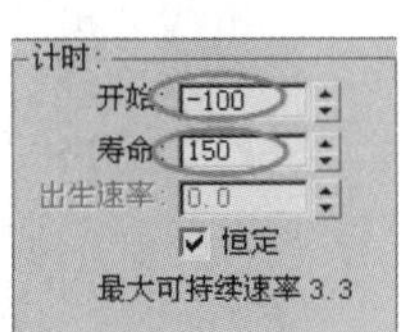

图 2-20-5　“计时”组参数设置

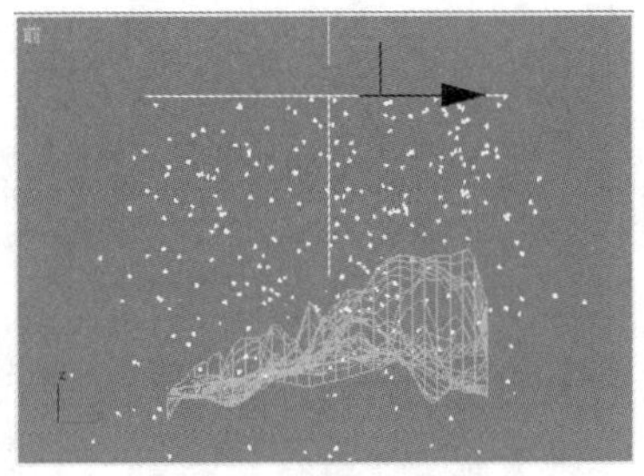

图 2-20-6　设置后雪粒子的效果

6. 编辑雪花材质。打开“材质编辑器”窗口，选择一个空示例球，展开“贴图”卷展栏，单击“不透明度”旁边的“None”按钮，弹出“材质/贴图浏览器”对话框，在上边的查看栏中单击查看列表＋图表按钮，双击“渐变坡度”贴图类型，如图 2-20-7 所示。

7. 在“材质编辑器”窗口的最下方，展开“输出”卷展栏，勾选“反转”选项，如图 2-20-8 所示。放射状的渐变方式能够真实地模拟雪花的形态，如果按默认的参数设置，得到的材质是中间暗、周围亮的贴图方式，但雪花应该是中间亮、边缘暗，所以要进行反转操作。

图 2-20-7　选择“渐变坡度”贴图类型

8. 单击“材质编辑器”窗口中的按钮，返回上级目录，在“Blinn 基本参数”卷展栏中设置“漫反射”的颜色为纯白色，设置“自发光”的参数值为 85，将设置好的材质指定给雪花粒子。

9. 添加运动模糊。在视图中选中雪粒子后单击右键，在弹出的快捷菜单中选择“对象属性”选项，如图2-20-9所示。在打开的“对象属性”对话框中的“运动模糊”组里选择“图像”后将“倍增”值设置为6。

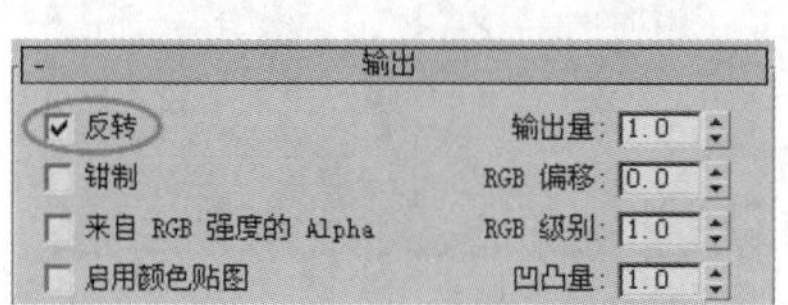

图2-20-8 勾选“反转”选项

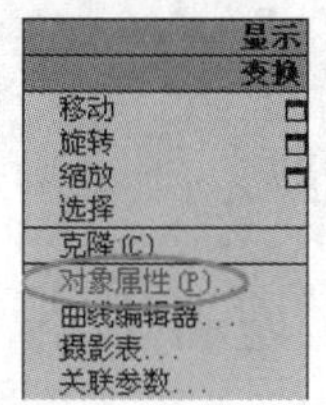

图2-20-9 选择“对象属性”选项

10. 为雪花粒子添加风力影响。单击【创建】→【空间扭曲】→ 风 按钮，在前视图中创建一个风力系统，如图2-20-10所示。设置风力“强度”值为0.2。

11. 设置风力动画。开启 自动关键点 按钮，将“时间滑块”放置到第50帧，在顶视图中使用【选择并旋转】工具转动风力图标，如图2-20-11所示。再将“时间滑块”放置到第100帧，反向转动风力图标，并修改风力“强度”值为－0.8。关闭 自动关键点 按钮，播放动画观察。

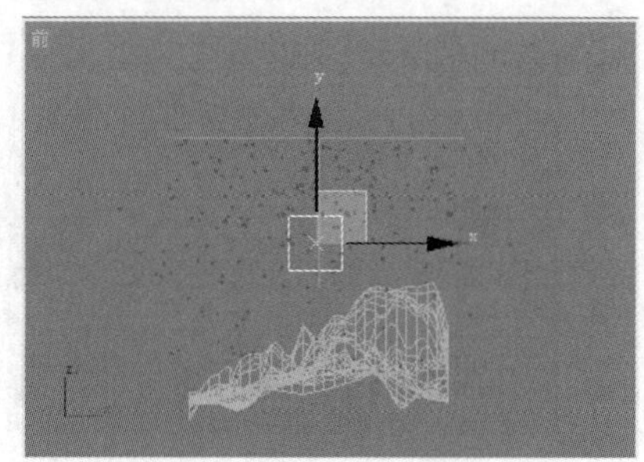
图2-20-10 风力系统

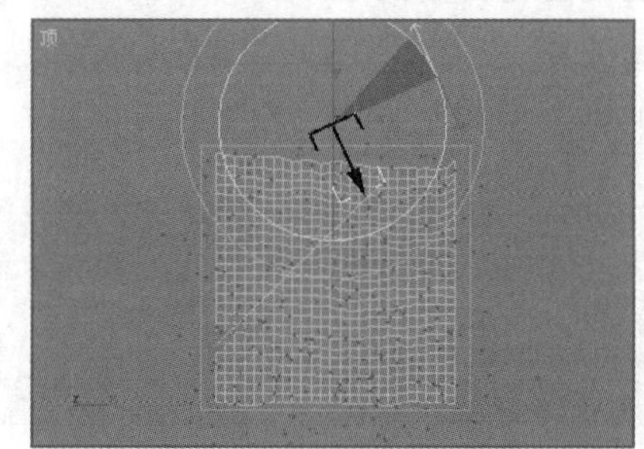
图2-20-11 转动风力图标

12. 最后进行场景动画渲染设置，最终雪花动画效果，如图2-20-1所示。

指导要点：

利用“噪波”创建一雪山场景，用“雪”粒子系统模拟雪花，注意粒子系统的参数设置，加入风力系统，使雪花飞舞。

知识点链接：第1篇6.3、6.4节。

第 3 篇

你做我评

在上篇“我导你做”的基础上，为了将教学的最终效果与企业的应用进行无缝连接，该部分以四个企业的实际商业项目为依托，由“项目说明”“项目目的”“设计思路”“评价标准”和“项目制作过程（参考）”五部分组成，旨在帮助学生从完成一个完整的企业项目入手，真正掌握企业的三维项目设计过程，使其今后在企业的岗位上直接胜任工作。其中，“项目说明”是客户对该项目的具体要求；“项目目的”使学生明确该项目的知识目标和能力目标；“设计思路”简单提示设计方法和大致方向，帮助学生系统地掌握项目的设计流程和方法；“评价标准”有两个作用，其一是指导学生按企业项目的技术标准进行设计，其二是能够对学生的项目作品进行客观、量化地评价，更好地把握学生的完成程度；“项目制作过程（参考）”给出了完成该项目的参考步骤，学生可以根据自己设计制作的水平用仿照、改造或全新的设计方法来完成该项目，使不同程度的学生都能够独立完成该项目。

项目 1　自然风光动画

项目说明：

某广告公司的三维片头动画，要求表现远山近水、碧波荡漾、蓝天白云、阳光明媚的自然风景。

项目目的：

通过这个项目，向大家展示一幅美丽如画的自然风光场景。本项目的重点是自然材质的制作和各种大气效果的应用，通过对灯光、材质等综合的细致调节来实现逼真的自然场景。

设计思路：

利用黑白位图和“置换”命令创建山坡，为其调节混合材质；创建平面作为水面，利用噪波生成波纹效果；添加灯光和摄影机，并加入光晕特效；再利用体积雾为场景添加薄雾环境效果，最后生成青山秀水的自然风光动画，项目最终参考效果如图 3-1-1 所示。

图 3-1-1　自然风光动画

自然场景动画实例

评价标准：

1. 山坡部分 20 分：(1) 山坡模型(5 分)；(2) 山坡材质(15 分)。模型高低起伏不自然，形状、大小及比例不恰当的，材质表现不精细、色彩、质感、光照等信息与现实对比不相近等，均酌情扣分。

2. 水面表现 30 分：材质设置不当的，波纹不自然、折射效果不正常的，均酌情扣分。

3. 灯光、摄影机部分 10 分：(1) 摄影机(5 分)；(2) 灯光(15 分)。正确创建摄影机并调整角度，摄像机视角不佳的，酌情扣分；正确设置灯光位置、角度、强度等，灯光效果不佳的，酌情扣分。

4. 太阳光晕 10 分：正确表现太阳的光环、光晕、光芒等，表现不自然、强弱不正常的酌情扣分。

5. 环境特效20分：正确设置体积雾，雾气蒸腾效果不明显、不恰当的酌情扣分。

6. 动画部分10分：正确设置动画时间、水面波纹、镜头移动等。波光不自然、摄影机移动错误（超出范围、角度不正常等）、输出文件不正确均酌情扣分。

项目制作过程（参考）：

步骤一：山坡的制作

1. 山坡是这个场景中的主要景物，而且又是近景，所以山坡的制作要精细一些。我们将用配套资源中提供的一张表示地形的图片“黑白001.jpg”作为山坡建模的依据，如图3-1-2所示。

2. 单击创建→几何体→ 平面 按钮，在顶视图创建一个平面，将该对象命名为“青山”。相关参数设置如图3-1-3所示。

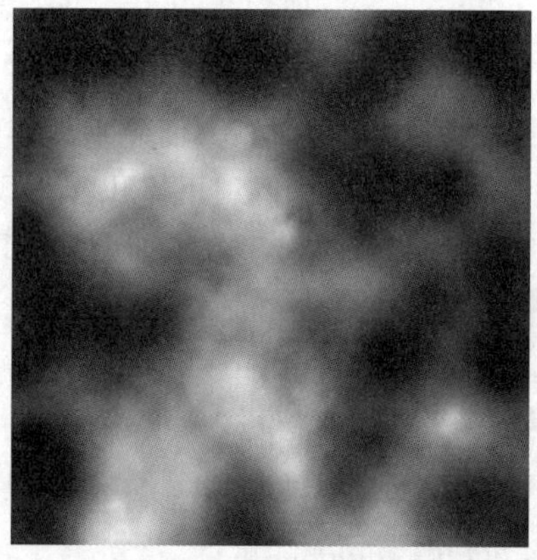

图3-1-2 表示地形的黑白贴图

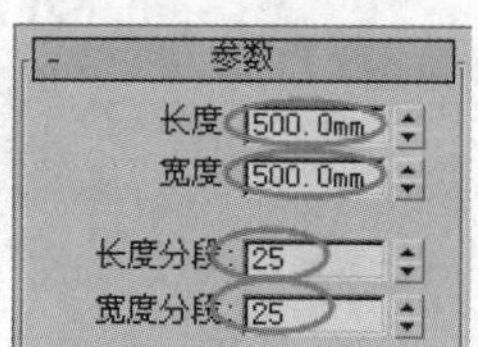

图3-1-3 平面参数设置

3. 单击【修改】按钮，在 修改器列表 中为青山物体添加“置换”修改器，并将“置换”组的“强度”参数设为66，然后在“图像”组中的“位图”下单击“None”按钮，出现“选择置换图像”对话框，选择配套资源中提供的一张表示地形的“黑白001.jpg”贴图。这时候平面物体有了山坡的形状，如图3-1-4所示。

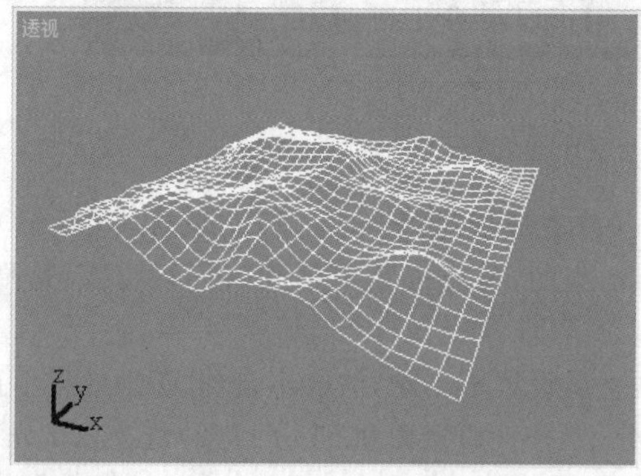

图3-1-4 山坡形状

4. 制作山坡材质。

(1)山坡露出水面的大部分面积都有草，但在靠近水面的地方是裸露出沙土的，要表现这种材质效果，我们用到了“混合”类型的材质。在“材质编辑器”窗口中单击

Standard 按钮，在弹出的“材质/贴图浏览器”对话框中双击“混合”类型材质，这时“材质编辑器”窗口中出现“混合基本参数”卷展栏，如图 3-1-5 所示。单击“材质 1”或“材质 2”后的按钮就可进入它们的编辑界面。

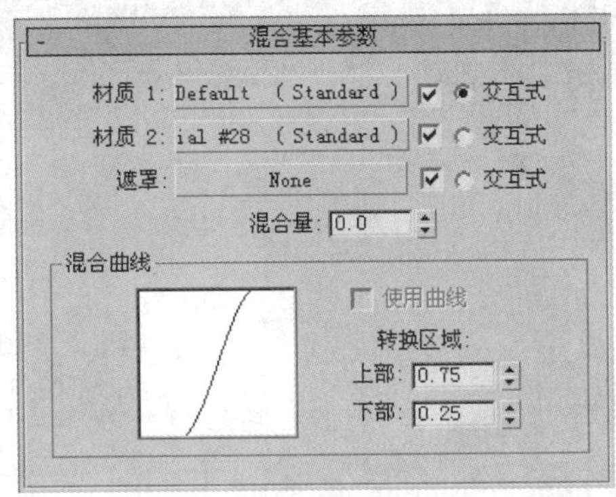

图 3-1-5　“混合基本参数”卷展栏

(2)编辑沙土的材质。山坡沙土这一部分看到的面积不多，所以这个材质可以制作得简单一点。单击“材质 1”后面的按钮，进入 1 号材质编辑面板。先在“漫反射颜色”通道中添加一个沙土地面贴图，设置参数 U 向“平铺”为 6、V 向“平铺”为 6。

(3)再单击“凹凸”通道后面的【None】按钮，选择“噪波”材质类型，并按图 3-1-6 所示设置参数。单击按钮回到上一级界面，把“凹凸”通道的“数量”值设为 80，这样山坡沙土的材质就编辑好了。

5. 制作草地材质。

(1)单击按钮回到“混合基本参数”卷展栏，再单击“材质 2”后面的按钮，进入 2 号材质编辑面板，在“漫反射颜色”通道中添加一个配套资源中提供的草地贴图“草坪 04.jpg”，设置参数 U 向“平铺”为 8、V 向“平铺”为 8。

(2)接下来是关键的一步，就是把上面所制作的两种材质有机、自然地结合起来，这里还是要用到前面所提到的那张黑白贴图“黑白 001.jpg”。我们要用黑白贴图作为蒙版，控制两种材质的区域。

(3)单击按钮回到“混合基本参数”卷展栏，再单击“遮罩”后面的“None”按钮，为其添加那张表示地形的黑白贴图“黑白 001.jpg”，保持默认参数不变。单击按钮回到“混合基本参数”卷展栏，勾选“使用曲线”选项，然后按图 3-1-7 所示设置参数。

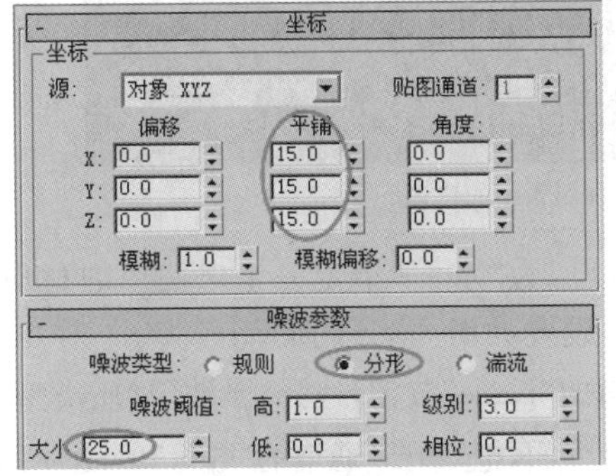

图 3-1-6　“噪波”参数设置

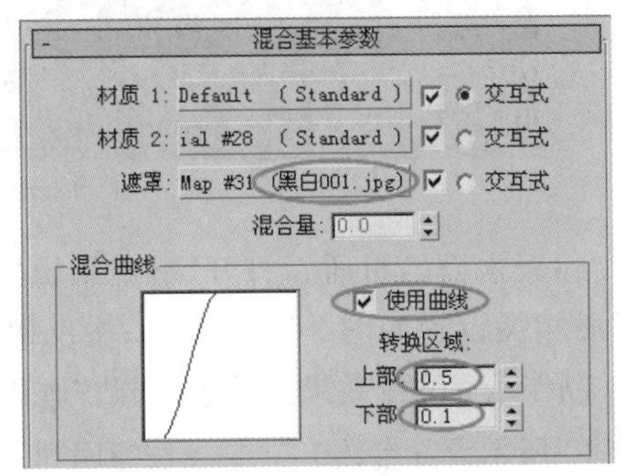

图 3-1-7　“混合基本参数”参数设置

(4)这样就完成了山坡的材质编辑,将其赋予山坡物体,可以看到山坡上突起部分是草地,而较低部分是黄沙土,如图 3-1-8 所示。

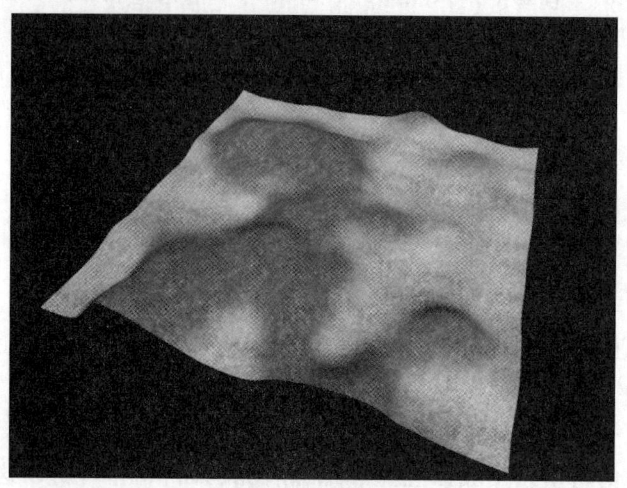

图 3-1-8 山坡效果

步骤二:水面的制作

1. 仍在顶视图,单击创建→几何体→平面按钮来制作水面,设置平面的"长度""宽度"都是 1400,将该对象命名为"水面",并将其放在如图 3-1-9 所示的位置。

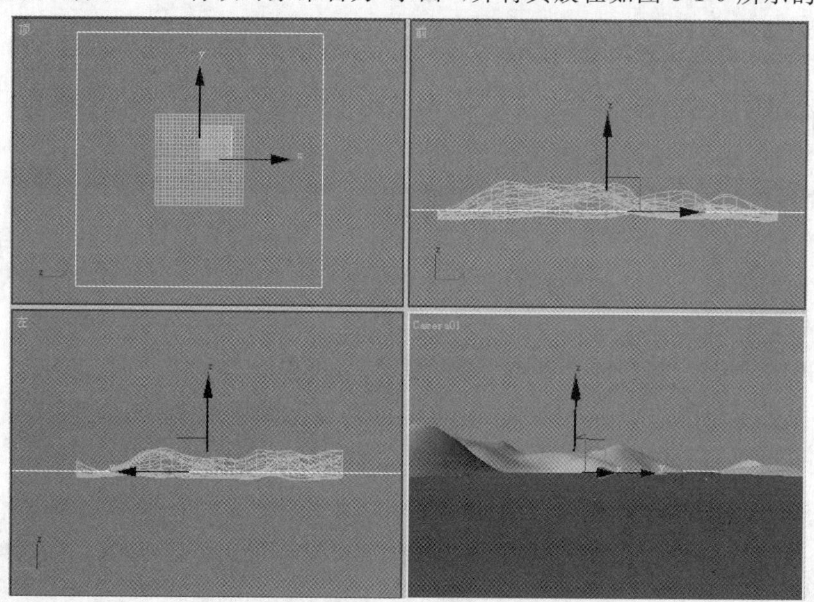

图 3-1-9 "水面"及其在场景中的位置

2. 编辑水面的材质。打开"材质编辑器"窗口,为"水面"指定一个未使用的材质样本球,材质相关设置如图 3-1-10 所示;漫反射颜色设置如图 3-1-11 所示。

3. 制作水面波纹效果。单击"凹凸"通道后面的"None"按钮,选择"噪波"材质类型,并按图 3-1-12 所示设置参数。单击按钮回到上一级界面,把"凹凸"通道的"数量"值设为 150。

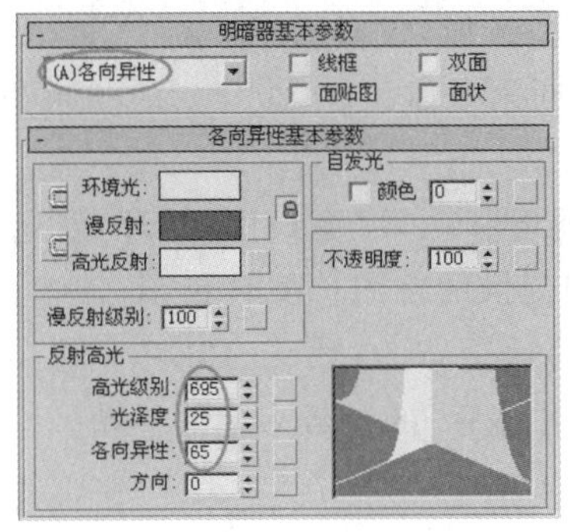

图 3-1-10　材质相关设置

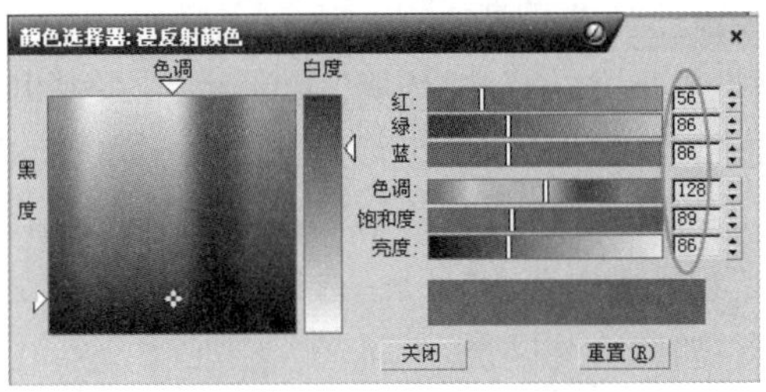

图 3-1-11　漫反射颜色参数设置

4.制作水面折射效果。单击“反射”通道后面的【None】按钮,选择“平面镜”材质类型,并按图 3-1-13 所示设置参数。单击按钮返回上一级界面,将“反射”通道的“数量”值设为 85。

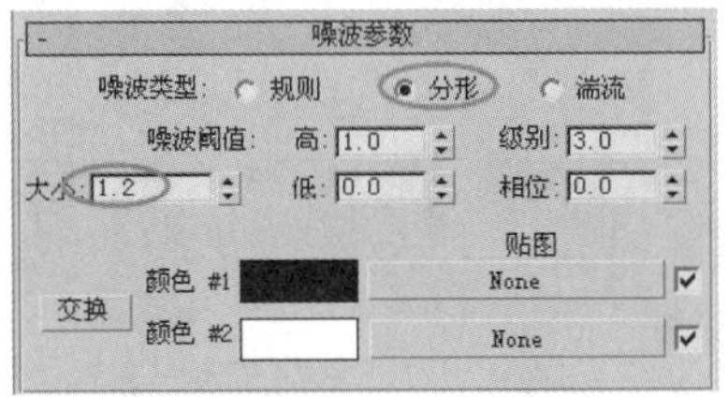

图 3-1-12　“噪波参数”卷展栏参数设置

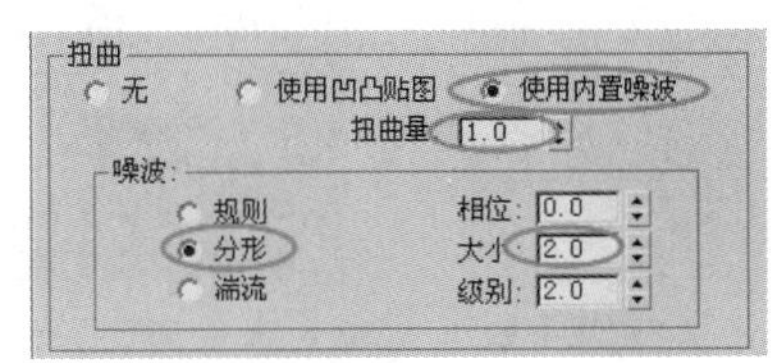

图 3-1-13　“平面镜”的参数设置

步骤三:设置摄影机及灯光效果

1.这里用到的摄影机是目标摄影机,将“镜头”参数设置为 24,目标摄影机和目标平行光在场景中的位置如图 3-1-14 所示。将透视视图转换为摄影机视图。

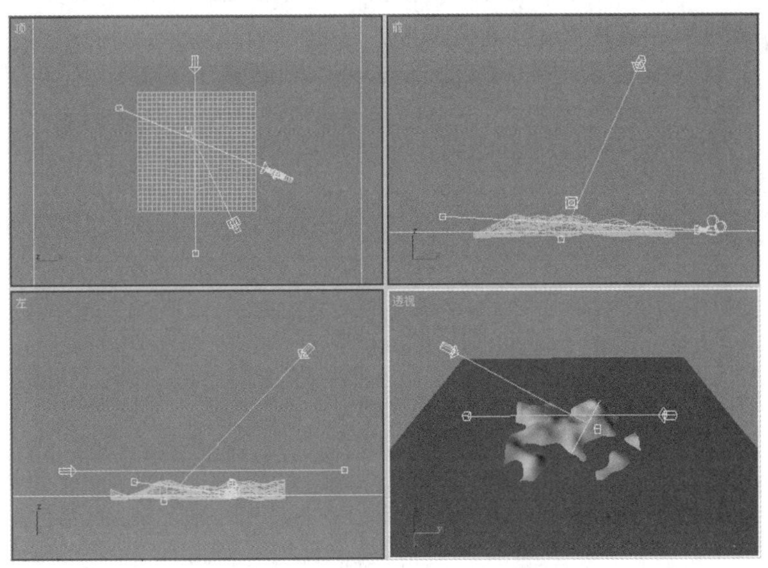

图 3-1-14　目标摄影机和目标平行光在场景中的位置

2.这里用于照明的灯光都是目标平行光,一共有两盏,其中自上向下照射的那一盏用来表示太阳,其相关参数设置如图 3-1-15、图 3-1-16 所示。

3. 水平放置的那一盏用来表现整个天空的反光和折射，仅设置“倍增”值和“平行光参数”即可；“倍增”值设置为 0.3，“平行光参数”设置同第一盏。

4. 添加背景贴图。

(1)执行“渲染”→“环境”菜单命令，在弹出的“环境和效果”窗口中的“环境”选项卡上单击“环境贴图”的按钮，为其添加一个配套资源中提供的贴图“big sky. tif”。

(2)将其拖曳到“材质编辑器”窗口中未使用的示例球上，默认为“实例”选项。在“坐标”卷展栏中选中“环境”选项，可以通过设置 V 向“偏移”的参数来上下移动天空图片的位置，如图 3-1-17 所示。

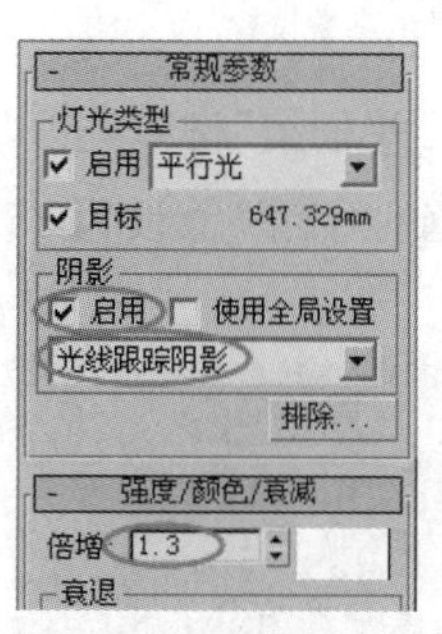

图 3-1-15 “常规参数”卷展栏参数设置

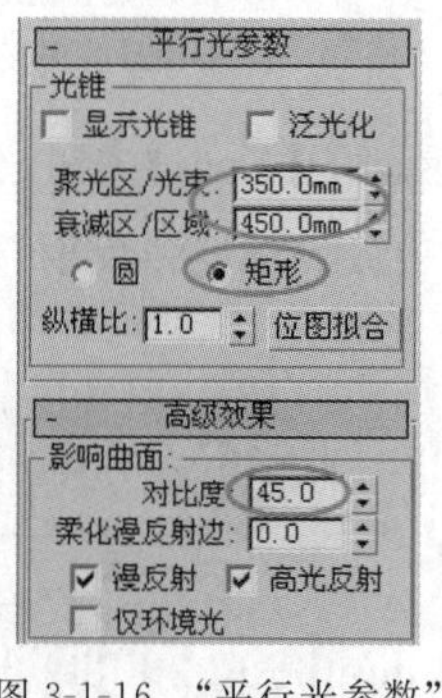

图 3-1-16 “平行光参数”卷展栏参数设置

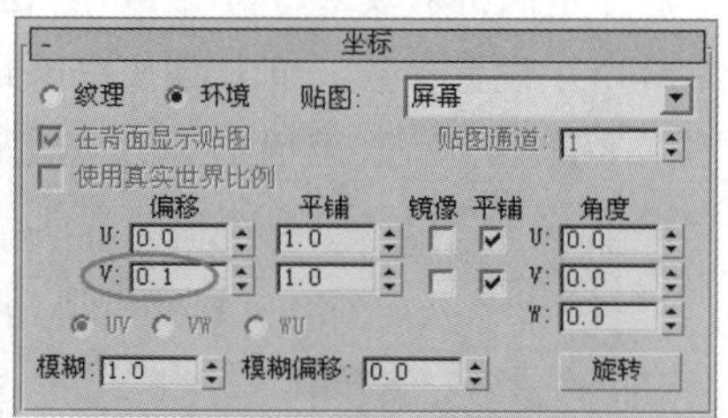

图 3-1-17 “坐标”卷展栏参数设置

步骤四：添加太阳光晕特效

1. 在场景中创建一盏泛光灯，用来表现太阳的光芒。在修改面板上单击 排除... 按钮，将“场景对象”中的两个平面物体通过 >> 按钮引入右边的窗口中，然后单击【确定】按钮完成排除照明设置，如图 3-1-18 所示。

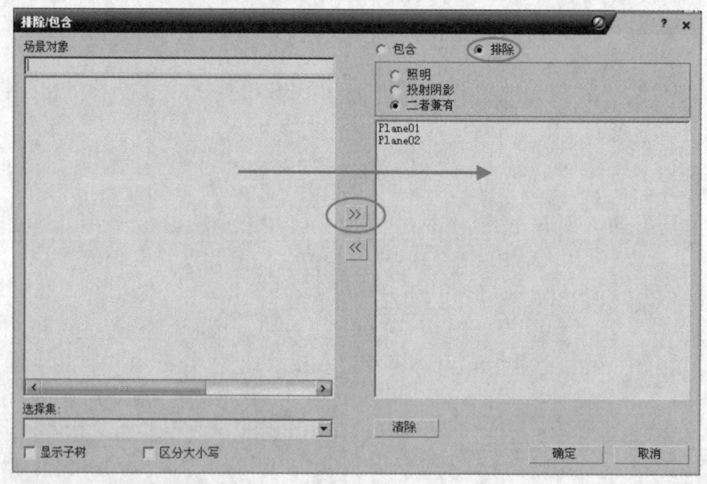

图 3-1-18 排除照明

2. 为了使泛光灯发出像太阳那样的光芒，我们要用到“镜头效果”特效。在灯光修改面板上的“大气和效果”卷展栏中单击 添加 按钮，在弹出的对话框中选择“镜头效果”。再单击 设置 按钮，这时会弹出“环境和效果”窗口，其中便有设置光芒特效的“镜头效果参数”和“镜头效果全局”卷展栏，如图 3-1-19 所示。

3. 在“镜头效果全局”卷展栏里单击 拾取灯光 按钮，然后在视图中单击泛光灯，即把特效加在泛光灯灯光上。

4. 在“镜头效果参数”卷展栏的左边窗口中选中 Ray(射线)，单击 > 按钮将它加到右边的窗口里；在下面的“射线元素”卷展栏中进行参数设置，如图 3-1-20 所示。

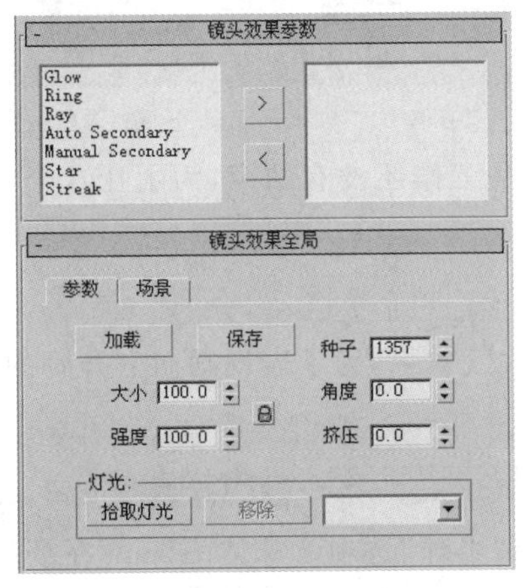

图 3-1-19 “镜头效果参数”和“镜头效果全局”卷展栏

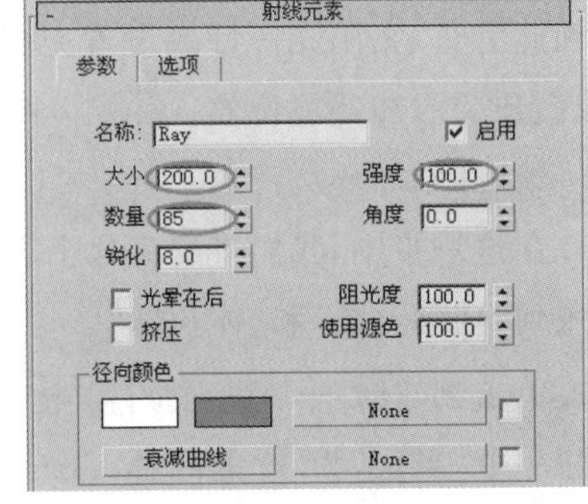

图 3-1-20 “射线元素”卷展栏参数设置

5. 在“镜头效果参数”卷展栏的左边窗口中选中 Star(星形)，单击 > 按钮将它加到右边的窗口里；在下面的“星形元素”卷展栏中进行参数设置，如图 3-1-21 所示。

6. 在“镜头效果参数”卷展栏的左边窗口中选中 Glow(光晕)，单击 > 按钮将它加到右边的窗口里；在下面的“光晕元素”卷展栏中进行参数设置，如图 3-1-22 所示。

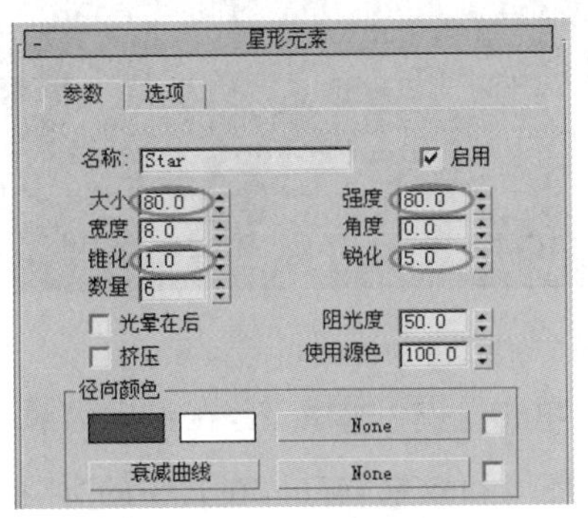

图 3-1-21 “星形元素”卷展栏参数设置

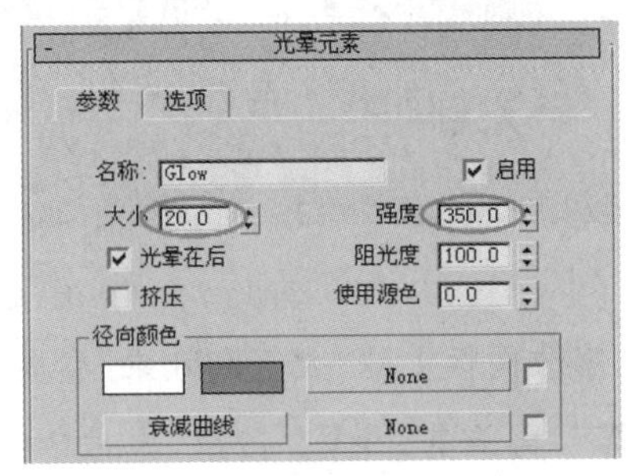

图 3-1-22 “光晕元素”卷展栏参数设置

7. 在“镜头效果参数”卷展栏的左边窗口中选中 Auto Secondary(自动二级光斑)，单击 > 按钮将它加到右边的窗口里；在下面的“自动二级光斑元素”卷展栏中进行参数设置，如图 3-1-23 所示。

8. 在“镜头效果参数”卷展栏的左边窗口中选中 Ring(光环)，单击 > 按钮将它加到右边的窗口里；在下面的“光环元素”卷展栏中进行参数设置，如图 3-1-24 所示。

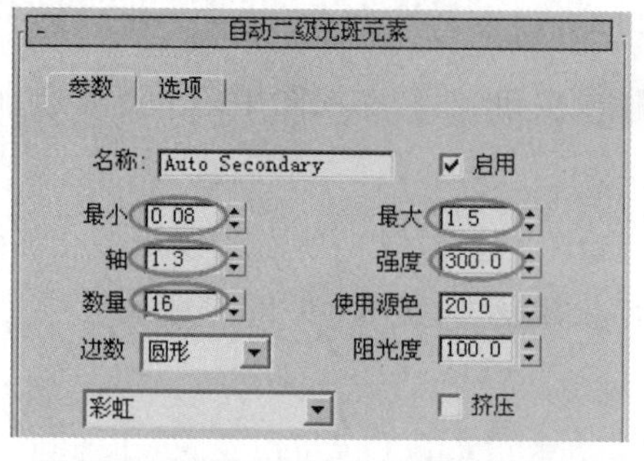

图 3-1-23 “自动二级光斑”卷展栏参数设置

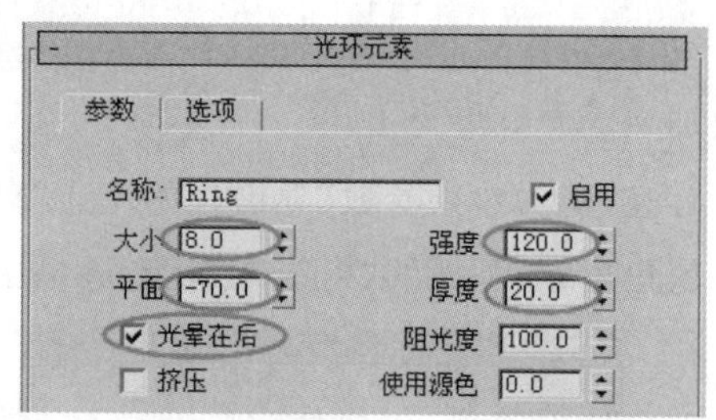

图 3-1-24 “光环元素”卷展栏参数设置

到此为止，太阳光芒特效设置完成了。但是工作还没有结束，为了让这个场景更逼真，我们还要添加环境特效。

步骤五：添加环境特效

1. 在这一步中，我们将要为这个场景加上大气效果，为了表现湖面上升腾的雾气，我们要用到“辅助对象”和“体积雾”。

2. 单击创建→辅助对象→大气装置→球体 Gizmo 按钮，在顶视图中创建一个“半径”为 30 的球体 Gizmo，并选择“半球”选项。球体 Gizmo 在场景中的位置如图 3-1-25 所示。

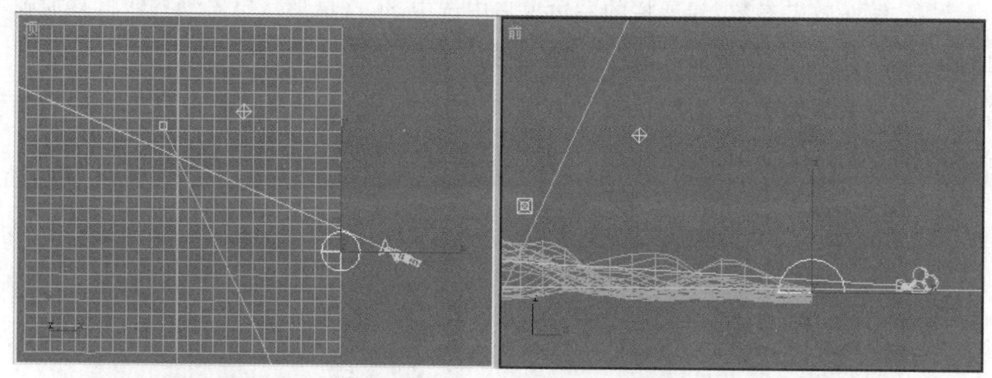

图 3-1-25 球体 Gizmo 及其在场景中的位置

3. 在修改面板上的“大气和效果”卷展栏中单击 添加 按钮，在弹出的对话框中选择“体积雾”，再单击 设置 按钮，这时会弹出“环境和效果”窗口，在其中的“体积雾参数”卷展栏里进行参数设置，如图 3-1-26 所示。

4. 为了增加场景的真实效果，也可以对设置好“体积雾”的球体 Gizmo 进行多次复制，但对每个新复制的对象，最好都在其修改面板上单击 新种子 按钮，使每个体积雾效果随机展现。

5. 最后对当前创建的自然风光场景进行渲染输出，最终效果如图 3-1-27 所示。

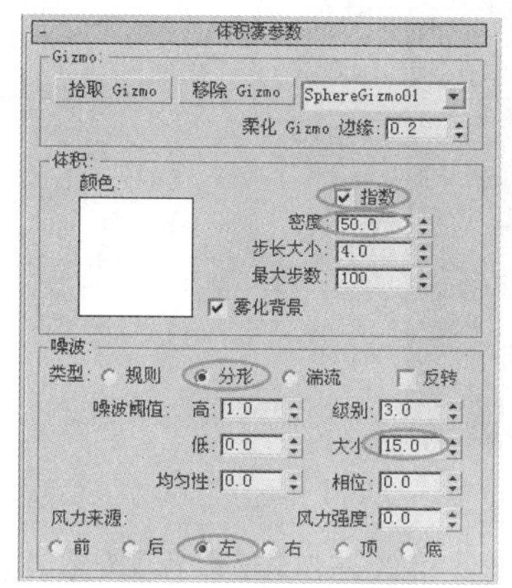

图 3-1-26 “体积雾参数”卷展栏参数设置

图 3-1-27 场景最终渲染效果

步骤六:自然场景的动画设置

1. 先打开“时间配置”对话框,在对话框中选择“PAL”(帕制),设置“动画”组中动画的“结束时间”为 100,单击【确定】按钮退出,如图 3-1-28 所示。

2. 单击 自动关键点 按钮,将“时间滑块”放置到 100 帧处,然后进入凹凸通道 ☑ 凹凸 . . . . 350 Map #1 (Noise) 的“噪波”贴图类型设置面板,设置噪波 Z 轴的“偏移”值为 −850,关闭 自动关键点 按钮。

3. 在顶视图中选中摄影机,开启 自动关键点 按钮,将“时间滑块”放置到 100 帧处,然后向右移动摄影机的位置,如图 3-1-29 所示。

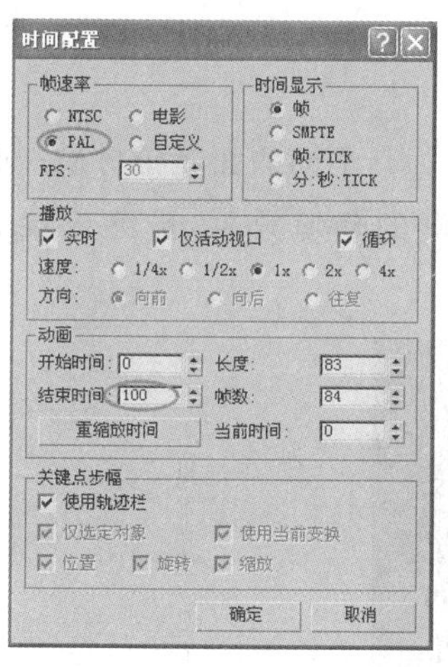

图 3-1-28 动画时间配置设置

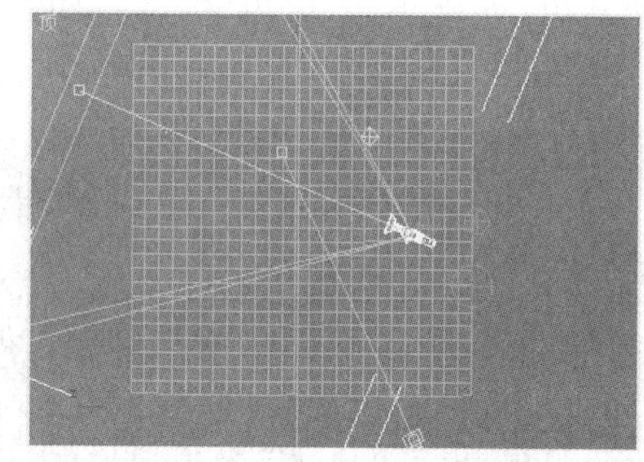

图 3-1-29 移动摄影机的位置

4. 选中目标摄影机的目标点,然后向下移动摄影机的目标点位置,如图 3-1-30 所示,关闭 自动关键点 按钮。

5. 动画渲染设置。单击【渲染设置】按钮,在打开的“渲染设置”窗口中选择“活动时间段”,“输出大小”暂时先设置成 800×600 的像素质量。在窗口下方的“渲染输出”中单击【文件】按钮,设置保存位置,如 E 盘→新建一个文件夹,名为“自然场景动画实例”→

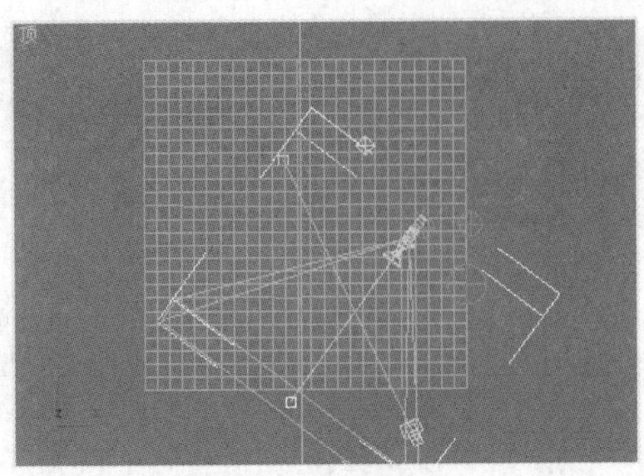

图 3-1-30 移动摄影机的目标点位置

文件名“自然场景动画”→保存类型选 MOV QuickTime 文件格式→单击【保存】按钮。

项目 2 游戏场景动画

项目说明：

某游戏公司场景动画。古老的通道内阴暗潮湿，墙上的油灯发出微弱的光线，弥漫的烟尘使通道充满神秘感。

项目目的：

这是一个常见的游戏场景，通过灯光、雾、巡游动画模拟穿越昏暗通道的游戏场景。强化训练灯光、特效的设置及巡游动画的制作方法。

设计思路：

利用 C 形体创建通道模型，用多维/子对象材质为其不同的面赋予材质；利用路径约束创建巡游动画；创建油灯、体积雾，营造阴暗潮湿的环境效果，最终效果如图 3-2-1 所示。

图 3-2-1 “地下通道”动画场景效果

地下通道

评价标准：

1. 场景制作 30 分：(1)通道模型(5 分)；(2)通道材质(15 分)；(3)油灯及布局(10 分)。通道大小及比例不恰当、材质表现不正常、油灯分布不合理的，均酌情扣分。

2. 摄影机设置 25 分：高度设置不正确、转弯生硬、视角不恰当等酌情扣分。

3. 油灯火焰效果 20 分：(1)火焰效果(5 分)；(2)火焰动画(15 分)。线框绘制不正确的、火焰效果不正常的、火焰跳动不自然的均酌情扣分。

4. 灯光及雾效果 20 分：(1)泛光灯(10 分)；(2)烟尘效果(10 分)。灯光强弱表现不佳，烟尘疏密不自然、颜色不现实的，均酌情扣分。

5. 动画输出 5 分：输出文件格式正确，分辨率恰当。

项目制作过程(参考)：

步骤一：搭建动画场景

1. 单击创建→几何体→扩展基本体→C-Ext 按钮，在顶视图中创建一个 C 形体，命名为“通道”，其形状及参数设置如图 3-2-2 所示。

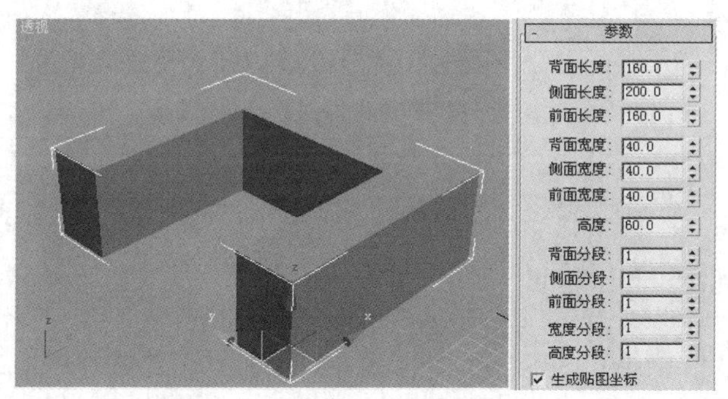

图 3-2-2　通道造型及其参数设置

2. 单击【修改】按钮，进入修改面板，在修改器列表中选择“法线”修改器，为通道造型指定一个“法线”修改器。其参数设置如图 3-2-3 所示，从而使材质效果显示在造型内表面。

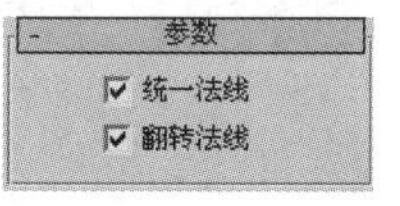

图 3-2-3　法线参数设置

3. 单击创建→摄影机→目标按钮，在通道造型的入口处创建一架目标摄影机，将透视视图切换到摄影机视图，调整摄影机位置及参数如图 3-2-4 所示。

4. 在视图中选择通道造型，在修改面板上的修改器列表中选择“编辑网格”修改器。在修改器堆栈窗口选择“多边形”子对象。

5. 在视图中选择通道造型的所有墙壁部分(可利用透视视图转动方向来选择)，将它的“材质 ID 号”设置为 1，如图 3-2-5 所示。

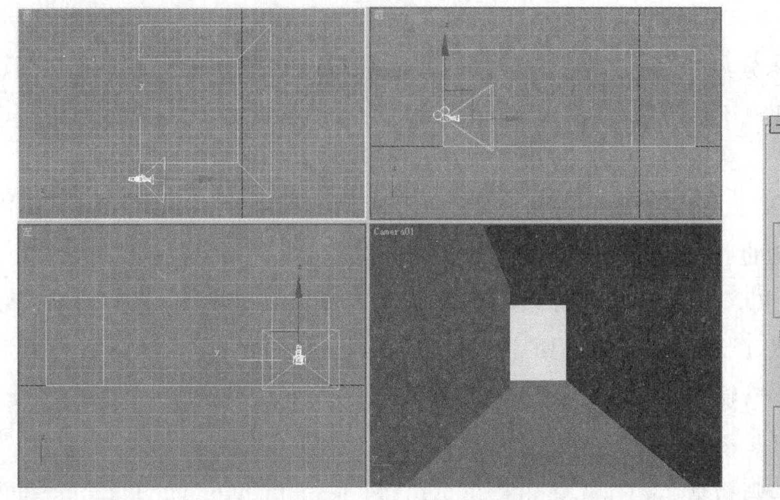

图 3-2-4　摄影机位置及其参数设置

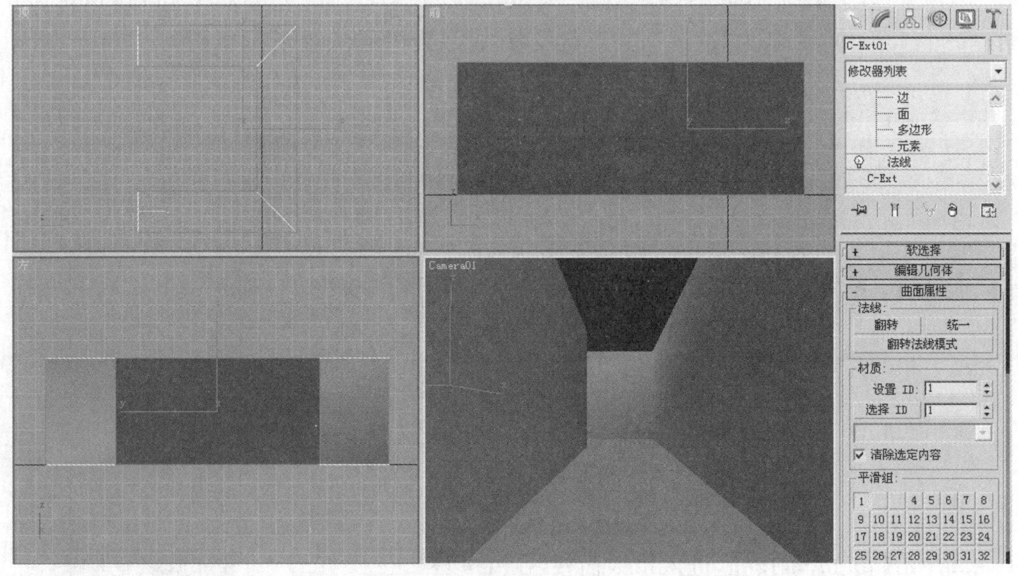

图 3-2-5　设置墙壁部分的“材质 ID 号”

6. 使用同样的方法，将通道造型地面部分的“材质 ID 号”设置为 2，顶部所有面的“材质 ID 号”设置为 3。

7. 单击工具栏按钮，打开“材质编辑器”窗口，选择一个空白示例球，命名为“通道”。单击 Standard 按钮，选择“多维/子对象”材质类型，并将材质的数目设置为 3，如图 3-2-6 所示。

8. 进入材质 1 的参数层级，为其“漫反射”项指定一个位图贴图（墙壁），设置其贴图参数如图 3-2-7 所示。

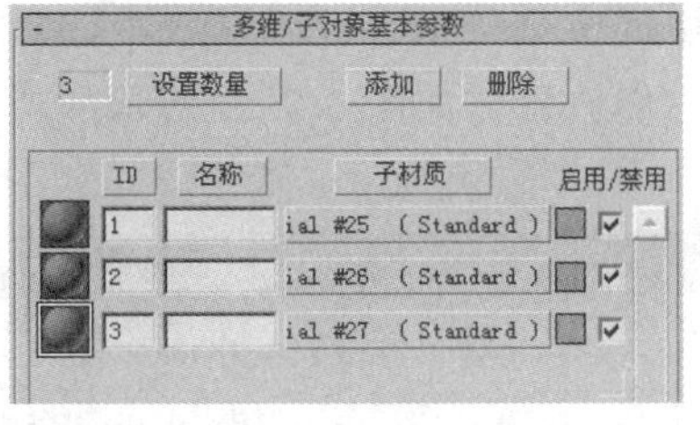

图 3-2-6　“多维/子对象”材质参数设置

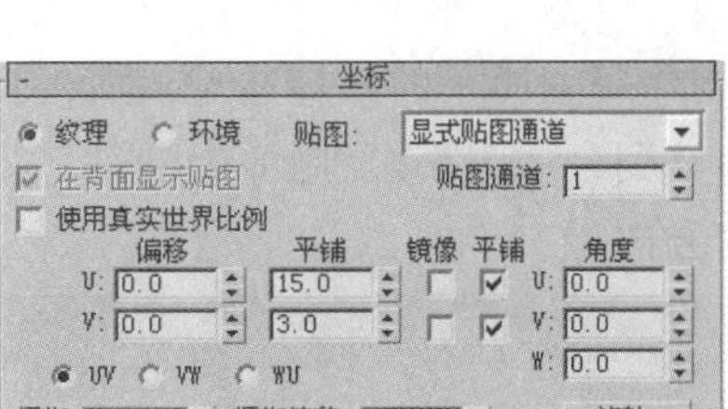

图 3-2-7　材质 1 贴图参数设置

9. 进入“贴图”卷展栏中，将“漫反射颜色”项的贴图以“实例”的方式复制给“凹凸”“反射”两项，如图 3-2-8 所示。

10. 返回“多维/子对象”材质层级，再进入材质 2 的参数面板中，设置其基本参数如图 3-2-9 所示。为其“漫反射”项指定一个位图贴图（地面），设置贴图的各项参数如图 3-2-10 所示。

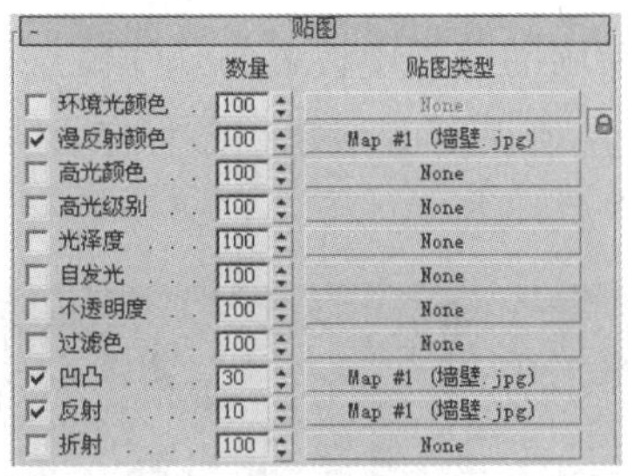

图 3-2-8　复制贴图

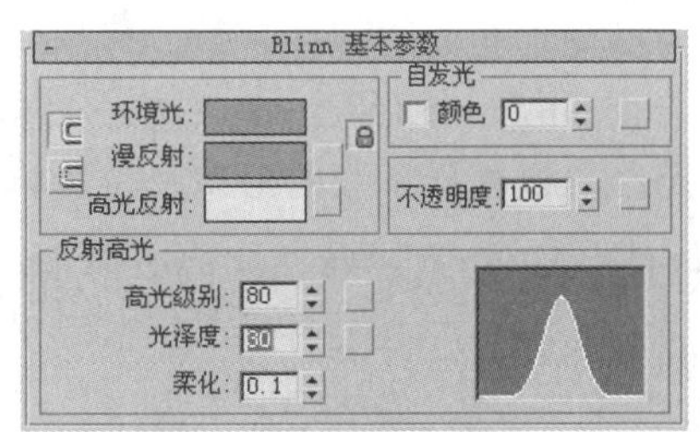

图 3-2-9　材质 2 基本参数设置

11. 返回到材质 2 的基本参数层级，进入“贴图”卷展栏，将“漫反射颜色”项的贴图以“实例”的方式复制给“凹凸”“反射”两项。

12. 返回“多维/子对象”材质层级，再进入材质 3 的参数面板中，为其“漫反射”项指定一个位图贴图（墙壁），贴图的参数默认。同样，将“漫反射颜色”项的贴图以“实例”的方式复制给“凹凸”“反射”两项。

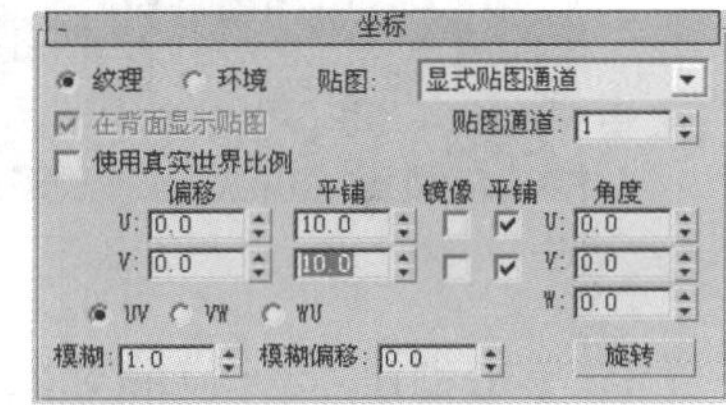

图 3-2-10　材质 2 贴图参数设置

13. 材质制作完成，将其赋予通道造型，渲染效果如图 3-2-11 所示。

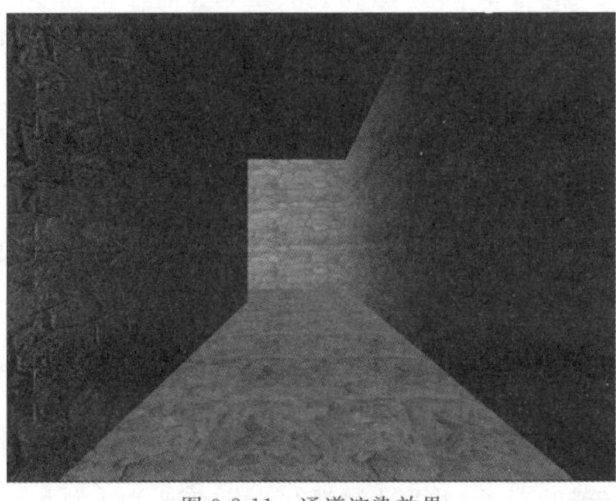

图 3-2-11　通道渲染效果

14. 制作一个简单的油灯造型，也可将文件中的油灯造型合并到场景中，利用均匀缩放工具调整到合适大小，复制8个油灯造型，将它们放置在如图3-2-12所示的位置，并适当调整其方向。

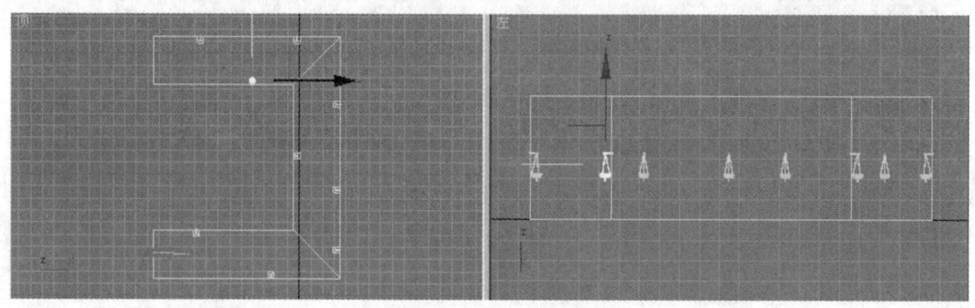

图3-2-12 油灯的位置

步骤二：设置摄影机浏览动画

1. 单击动画控制区的【时间配置】按钮，将动画的总长度设置为500帧。

2. 单击创建→图形→ 线 按钮，在顶视图中创建一条样条曲线，作为摄影机浏览路径。调整样条线的形态及位置，如图3-2-13所示。

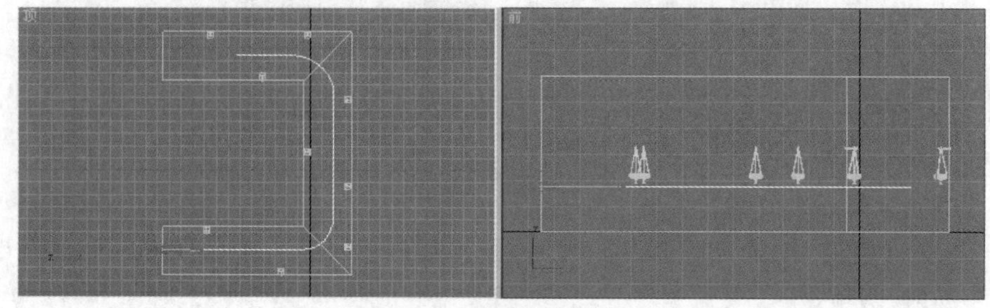

图3-2-13 路径位置及形态

3. 单击创建→辅助对象→ 点 按钮，在视图中创建一个点辅助对象。选择点辅助对象，执行"动画"→"约束"→"路径约束"菜单命令，为其指定一个"路径约束"控制器。

4. 此时视图中的点辅助对象上出现了一条虚线，将鼠标放置在路径曲线上，当光标变为十字形时单击鼠标左键，即将路径指定给点辅助对象。拖动"时间滑块"，可看到点辅助对象会沿路径运动。

5. 选择摄影机的镜头，单击【运动】按钮，打开运动面板，展开"指定控制器"卷展栏。单击【指定控制器】按钮，在弹出的对话框中选择"链接约束"。选择摄影机镜头的变换控制项，单击其下的 添加链接 按钮，在视图中选取点辅助对象，将其作为摄影机镜头的目标约束对象。

6. 用同样的方法将摄影机约束到点辅助对象上。这样摄影机就会跟随点辅助对象在路径上移动，但在路径转弯处摄影机角度不会改变。因此需要在不同的关键帧处调整点辅助对象的角度，使其能够自然地"转弯"，从而使摄影机镜头随之生成正确的浏览效果。

7. 在视图中选择点辅助对象，将"时间滑块"拖动到140帧处（也就是点物体将要转弯的位置)设置关键点。再拖动到 200 帧处(点物体转过弯的位置),右键单击【选择并旋转】按钮,在弹出的“旋转变换输入”窗口中,将“绝对:世界”的 Z 轴的值设置为 90,如图 3-2-14 所示。

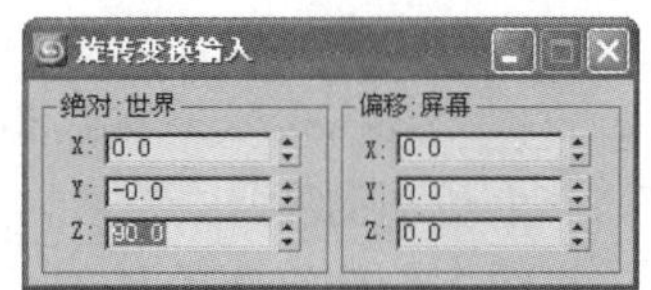

图 3-2-14　“旋转变换输入”窗口设置

8. 使用相同的方法,对点物体在另一个转弯处进行设置。拖动“时间滑块”,检查动画播放情况。

步骤三:设置火焰效果

1. 单击创建→辅助对象→大气装置→球体 Gizmo 按钮,在顶视图中为油灯创建一个球体线框,参数设置如图 3-2-15 所示。将球体线框调整至油灯中心处,并使用缩放按钮将其拉长,如图 3-2-16 所示。

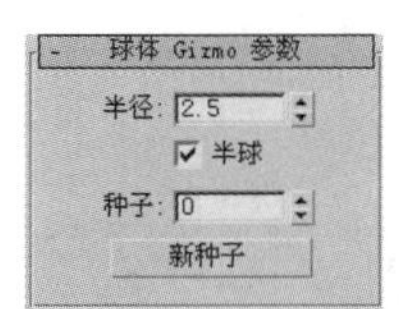

图 3-2-15　球体线框参数设置

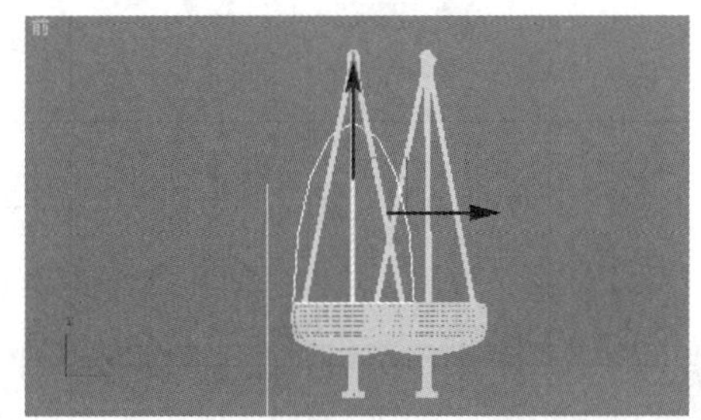

图 3-2-16　球体线框位置及形态

2. 单击“大气和效果”卷展栏中的【添加】按钮,在弹出的“添加大气”对话框中选择“火效果”,单击【确定】按钮关闭对话框。再在“大气和效果”卷展栏中选择“火效果”,如图 3-2-17 所示。

3. 单击下面的【设置】按钮,打开“环境和效果”窗口,设置“火效果”参数如图 3-2-18 所示。

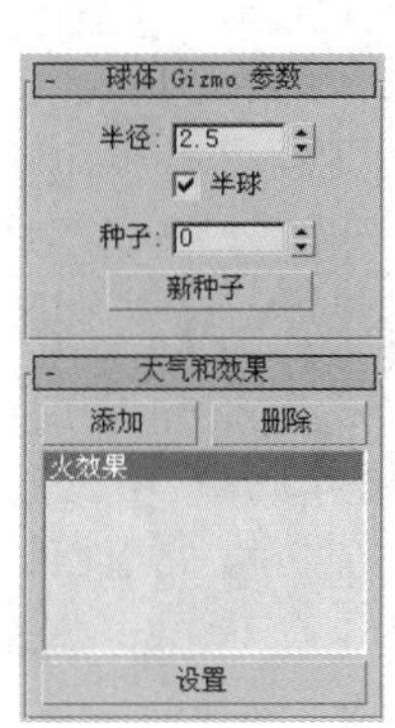

图 3-2-17　选择“火效果”

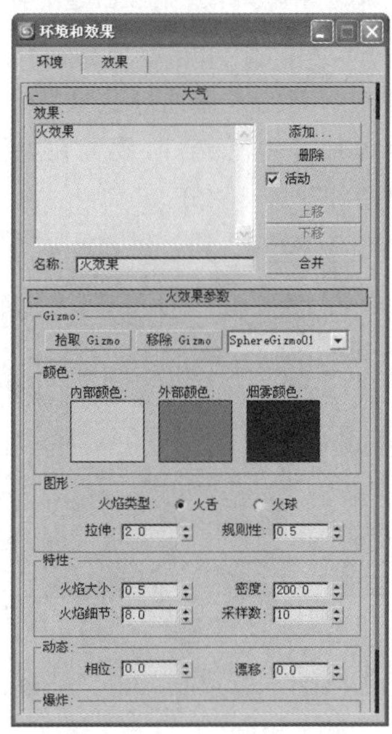

图 3-2-18　设置“火效果”参数

4. 在视图中选择球体线框，在动画控制区将第 1 帧设置为关键帧，拖动“时间滑块”到最后一帧处，将“火效果”的“相位”“偏移”两参数均调整为 200，将此帧设置为关键帧，使火焰产生跳动的效果。

5. 将线框物体复制给其他 8 盏油灯。

步骤四：设置灯光

1. 单击创建→灯光→ 泛光 按钮，在油灯造型的中心位置创建一盏泛光灯，命名为“灯光 1”。

2. 设置灯光的参数及位置，如图 3-2-19、图 3-2-20 所示。

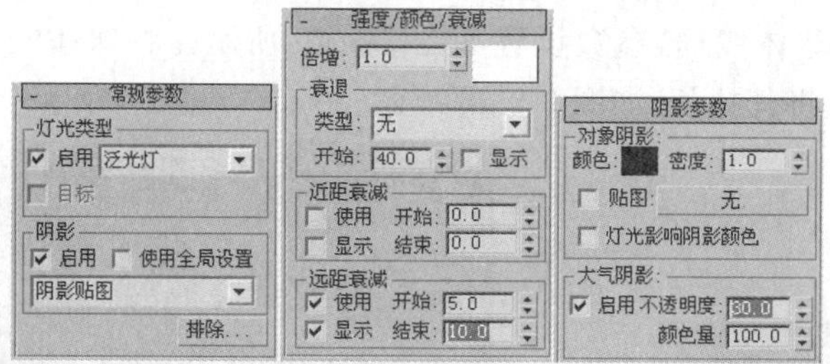

图 3-2-19 “灯光 1”的参数设置

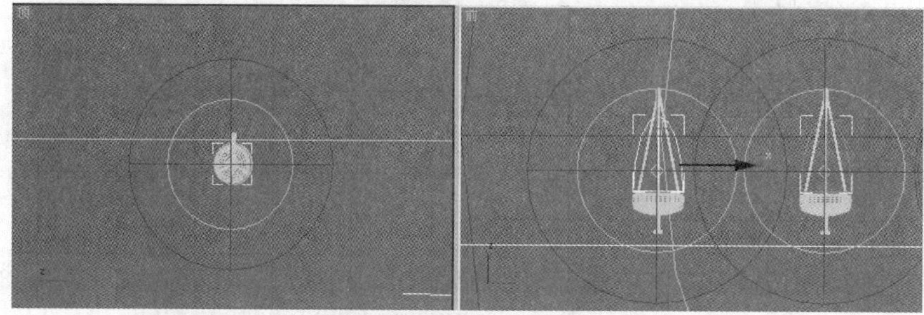

图 3-2-20 “灯光 1”的位置

3. 将泛光灯复制给其他 8 盏油灯造型。

4. 在场景中再添加 3 盏泛光灯，放置在如图 3-2-21 所示的位置，以弥补油灯光照的不足，分别命名为“灯 1”“灯 2”“灯 3”。

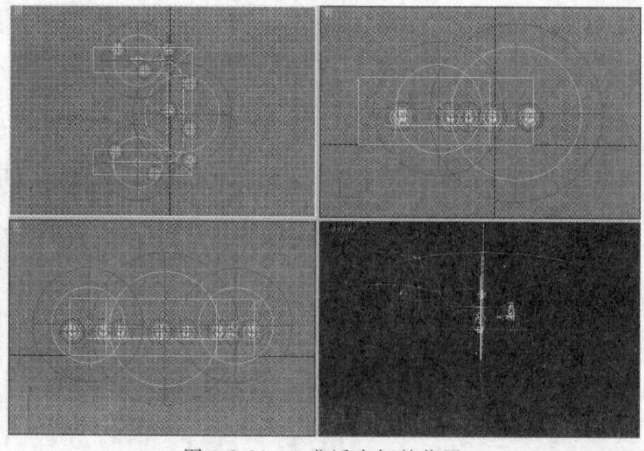

图 3-2-21 3 盏泛光灯的位置

5. 分别设置 3 盏泛光灯的参数，如图 3-2-22 所示。

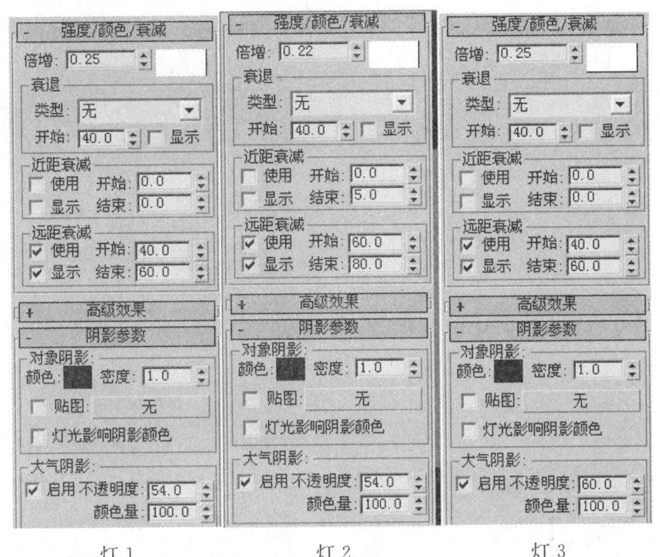

灯 1　　　　灯 2　　　　灯 3

图 3-2-22　3 盏泛光灯的参数设置

6. 灯光设置完毕后，还需要在场景中设置一个体积雾的效果，以模拟通道内的烟尘，增加场景的神秘感。单击创建→辅助对象→大气装置→长方体 Gizmo 按钮，在视图中创建一个长方体线框物体，如图 3-2-23 所示。其大小可自行设置，只要能够将整个通道罩在其中即可。

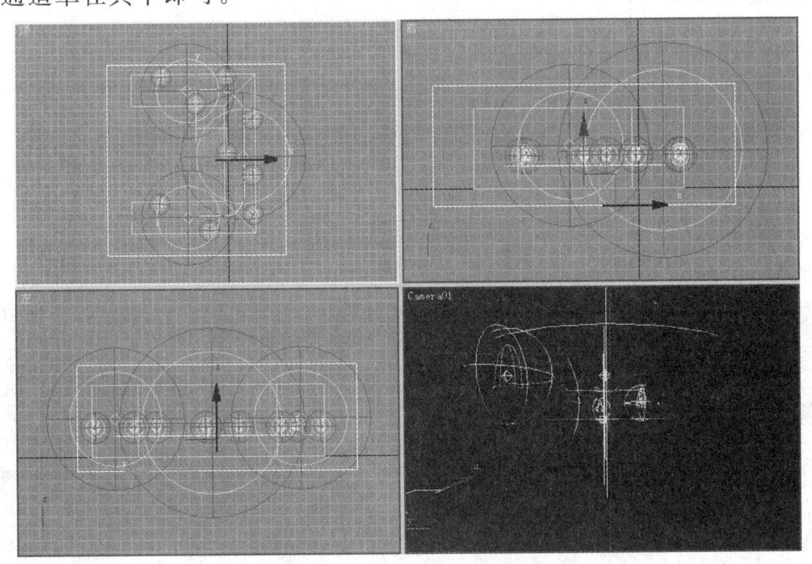

图 3-2-23　长方体线框及其位置

7. 选择长方体线框，执行“渲染”→“环境”菜单命令，在弹出的“环境和效果”窗口中的“大气”卷展栏中单击【添加】按钮，在弹出的“添加大气效果”对话框中选择“体积雾”，单击【确定】按钮关闭对话框。设置“体积雾”参数如图 3-2-24 所示。

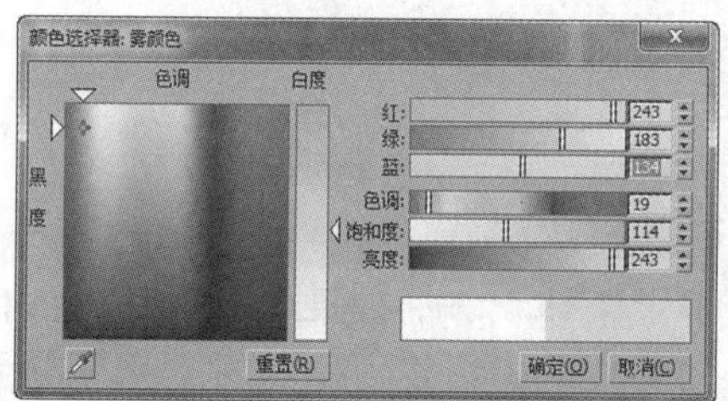

图 3-2-24 “体积雾”的参数设置

步骤五:渲染输出

至此,游戏场景动画——地下通道全部制作完成,将场景保存。单击【渲染设置】按钮,打开“渲染设置”窗口,“时间输出”项设置为:活动时间段,0—500;“输出大小”项设置为:720×486;“渲染输出”项设置为:选择“保存文件”选项,单击【文件】按钮,设置保存路径和文件名,文件类型选择“AVI文件”;视图选择“摄影机”。单击快速渲染按钮,开始渲染。场景最终效果如图 3-2-25 所示。

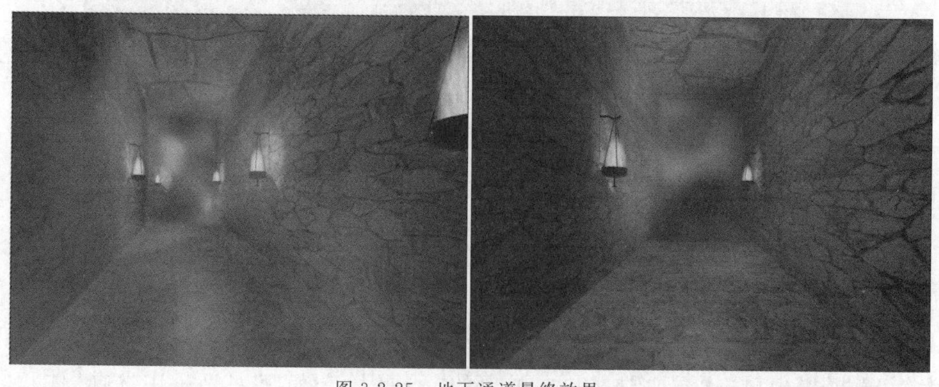

图 3-2-25 地下通道最终效果

项目 3　客厅效果图

项目说明：

祥云小区张先生三室两厅户型，面积 140 m^2。业主要求设计出现代中式风格，既要表现出中式的传统，也要突出现代的气息。

项目目的：

通过客厅效果图的制作，熟悉商业化制作的基本操作方法及技巧。重点掌握如何快速、高效地制作门、窗、吊顶、背景墙。

设计思路：

利用 CAD 图纸，通过描点、线，挤出模型。拆分线制作门、窗等。吊顶、背景墙、整体色彩要充分考虑风格要求，家具模型要选用风格统一的模型。项目最终参考效果如图 3-3-1 所示。

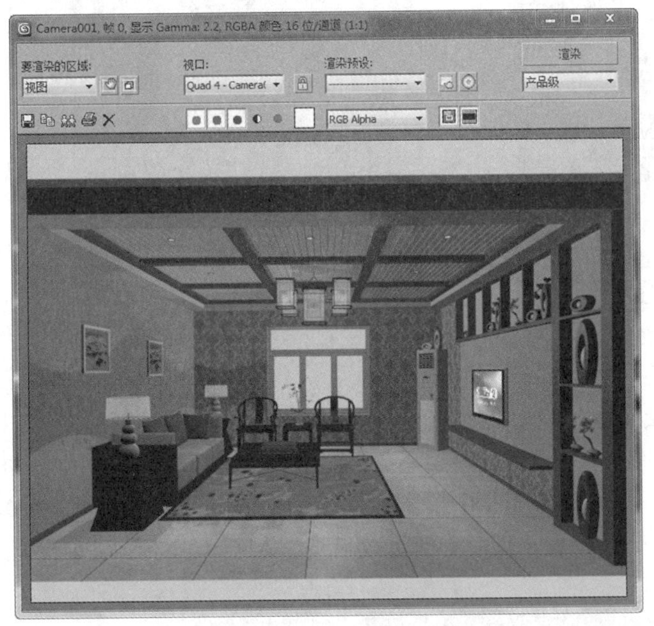

图 3-3-1　客厅效果图

客厅效果图

评价标准：

1. 基本设置（5 分）：单位尺寸与 CAD 图纸不一致，捕捉、描线不准确，遗漏点、线，酌情扣分。

2. 建模（50 分）：(1)整体模型（10 分）；(2)门窗造型（10 分）；(3)吊顶（10 分）；(4)电视背景墙（10 分）；(5)踢脚线、合并家具（10 分）。模型不精细、有破损、比例不恰当，酌情扣分。

3. 材质贴图（20 分）：材质参数调整不正确，贴图色彩与风格不相符，颜色不统一和谐，均酌情扣分。

4.摄影机(10分):摄影机角度不合理,不能够清晰表现空间设计,酌情扣分。

5.灯光(15分):灯光未按实际灯光布局,灯光强度不合理,渲染输出效果不符合原设计意图,均酌情扣分。

项目制作过程(供参考):

步骤一:基本设置

打开3ds Max软件,等待软件运行开启完毕后,在作图前要进行一些准备。

1.设置单位:单击3ds Max菜单栏中的自定义(U),单击单位设置(U)...进入单位设置面板开始修改单位,此处有两个单位需要设置。第一个要设置显示单位比例中的公制,以"毫米"为单位,第二个要进行系统单位设置,单击系统单位设置,打开系统单位设置面板,系统单位比例以"毫米"为单位。

2.设置工具栏:使用快捷键S打开捕捉开关,单击3不要松手向下微微拉动鼠标,在2.5上松手。鼠标右击捕捉2.5会出现"栅格和捕捉设置"窗口,修改捕捉如图3-3-2所示,修改选项如图3-3-3所示。

图3-3-2　修改捕捉

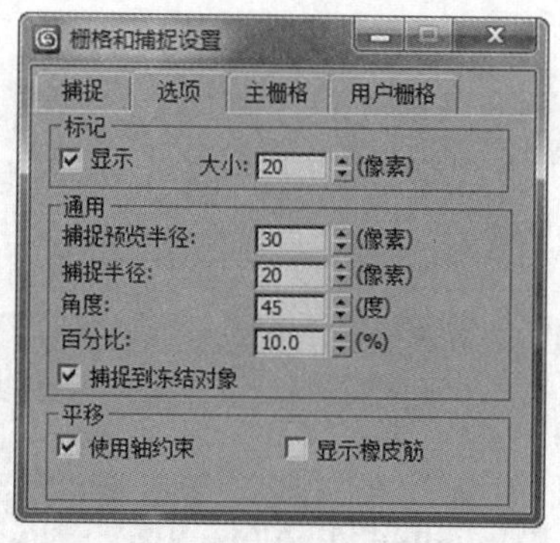

图3-3-3　修改选项

步骤二:创建房间模型

1.导入CAD图纸。将成品CAD图纸(张先生.dwg)复制一份,将复制的CAD图纸用AutoCAD软件打开,删除布局中的内容,只留下建筑物的实体墙以及柱体、梁等框架,将其CAD合并为一体并保存。在3ds Max中单击标题栏中的再单击"导入",选择"将外部文件格式导入到3ds Max中",然后搜索上面更改后的CAD图纸将其导入。导入后效果如图3-3-4所示。

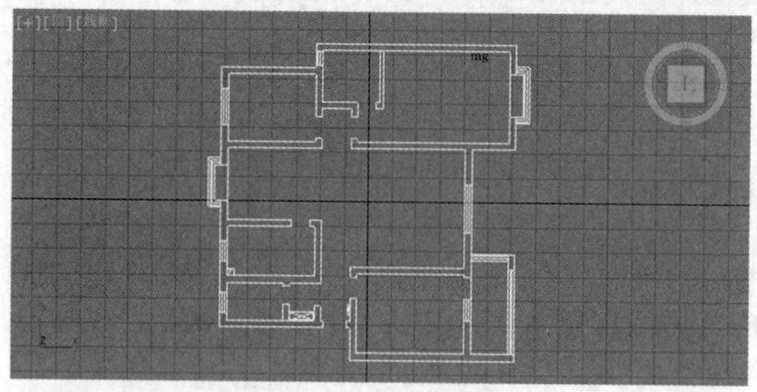

图3-3-4　导入CAD图

2. 单击图形，用快捷键 W 选择移动工具，在状态栏上把 X 轴、Y 轴、Z 轴图形坐标归零，如图 3-3-5 所示。归零后按快捷键 Z 最大化显示。

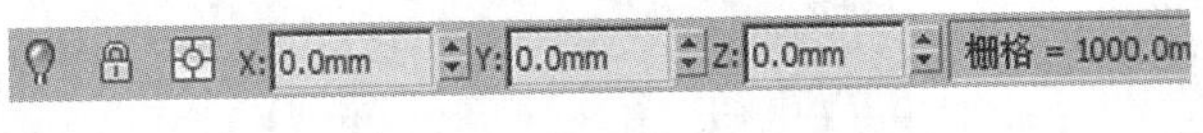

图 3-3-5　坐标归零

3. 单击对象，单击鼠标右键，选择“冻结当前选择”命令来冻结对象，如图 3-3-6 所示。设置完毕，此时对象会变成白色或灰色，无法选中，这样就可以用线捕捉图形了。

4. 单击命令面板中的“图形”，单击 线 ，更改“创建方法”，如图 3-3-7 所示，都设置为角点。开始捕捉图形，以相通的房间为一个单元，单击顶视图，用快捷键“G”隐藏栅格开始描点，如图 3-3-8 所示。

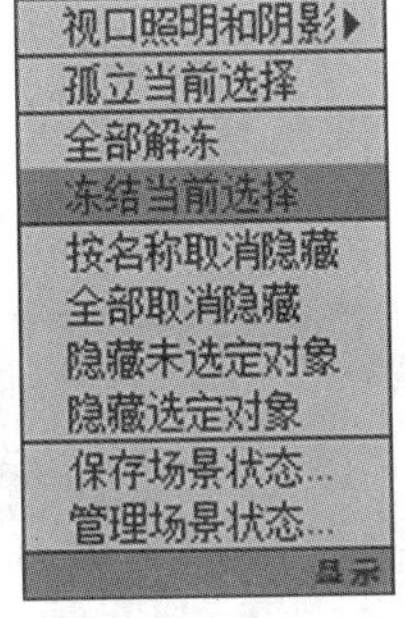

图 3-3-6　冻结对象

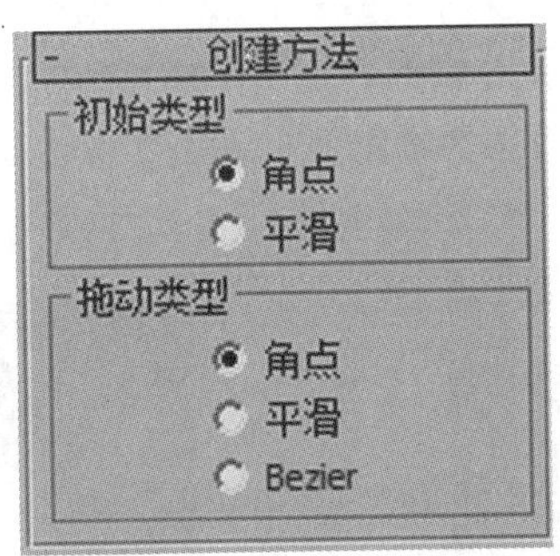

图 3-3-7　更改创建方法

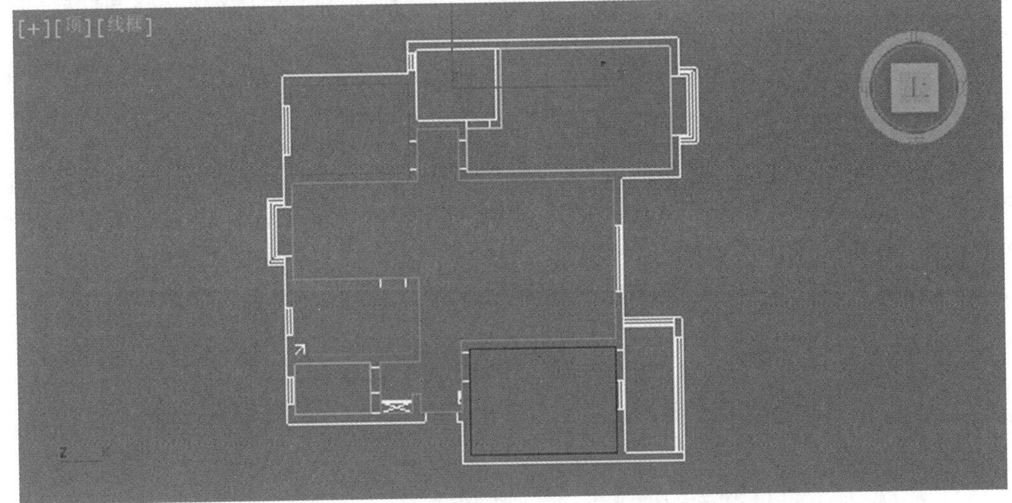

图 3-3-8　描点

5. 描完所有房间顶点，单击鼠标右键附加对象，附加所有捕捉的线图形。附加完线图形，在命令面板中单击“修改器列表”，单击“挤出”命令，修改挤出高度参数如图 3-3-9 所示。此时视图区中图形会变成 box 模型，如图 3-3-10 所示。

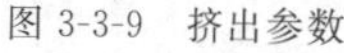
图 3-3-9　挤出参数

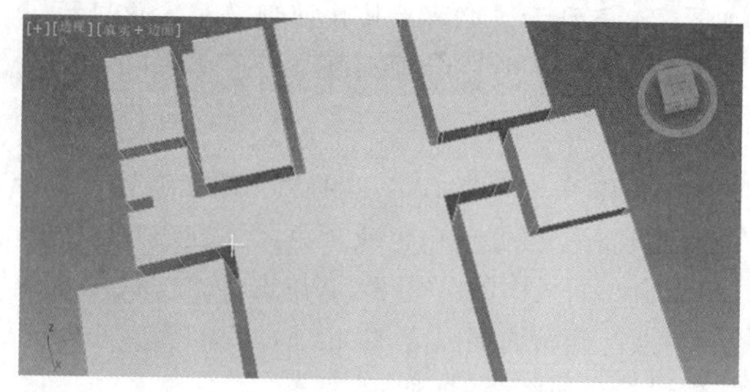

图 3-3-10　挤出模型

6. 框选所有 box 模型，右击鼠标，选择“转换为多边形”，单击“元素”，然后再框选所有 box 模型，单击鼠标右键，单击“翻转法线”。单击鼠标右键，选择“对象属性”，勾选“背面消隐”，再勾选命令面板中的“忽略背面”，如图 3-3-11 所示，此时 box 模型会变成如图 3-3-12 所示模型，客厅整体模型基本成型。

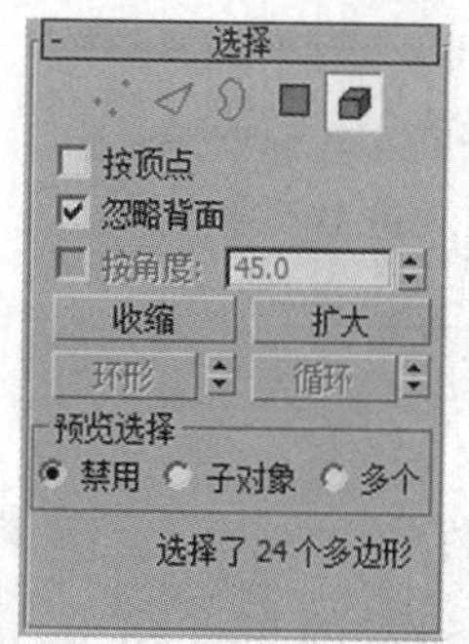

图 3-3-11　忽略背面

图 3-3-12　客厅模型

步骤三：创建门、窗

1. 按键盘上快捷键 F4 显示线边，单击命令面板上的“边”，选择 box 模型的门口线开始挤出门口，此时要配合 Ctrl 键并选对边，按 Alt 键并滚动鼠标旋转 box 模型选择线边。如图 3-3-13 所示。

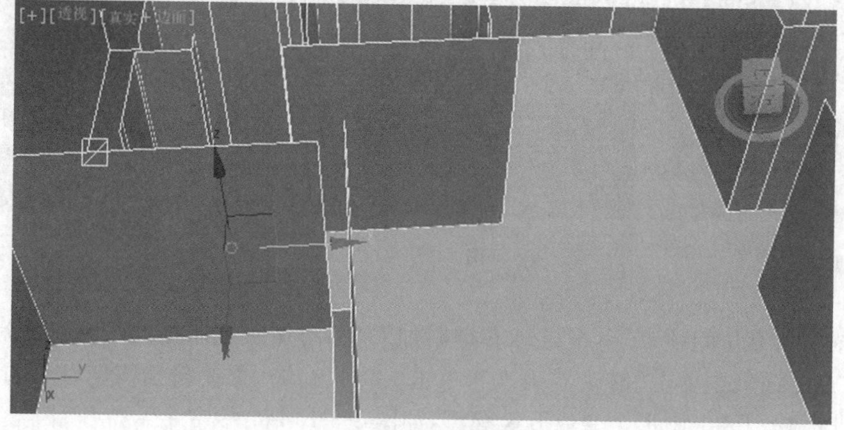

图 3-3-13　挤出门口

2. 单击鼠标右键，选择“连接”小方块，视图中出现如图 3-3-14 所示面板，单击按钮。在 Z 轴上修改门口的高度为 2100 mm。

3. 同上，连接对面房间的同一个门口，如图 3-3-15 所示。在 Z 轴上修改门口的高度为 2100 mm。

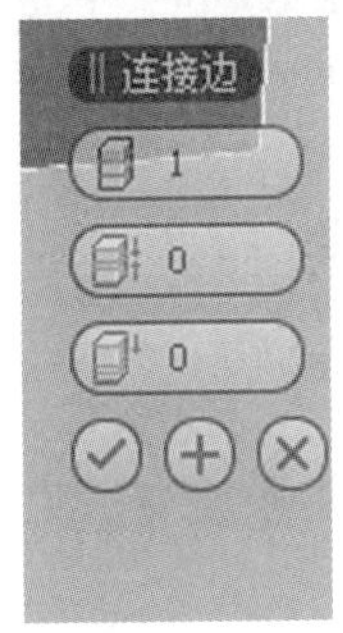

图 3-3-14　连接

图 3-3-15　另一个门口

4. 单击命令面板上的“多边形”进行面的选择。此时要配合 Alt 键并滚动鼠标旋转 box 模型进行选择，如图 3-3-16 所示。

图 3-3-16　选择面

5. 选择命令面板上的“桥”桥命令，此时门口做完，如图 3-3-17 所示。依此类推做出所有的室内门口，如图 3-3-18 所示。

图 3-3-17　门口

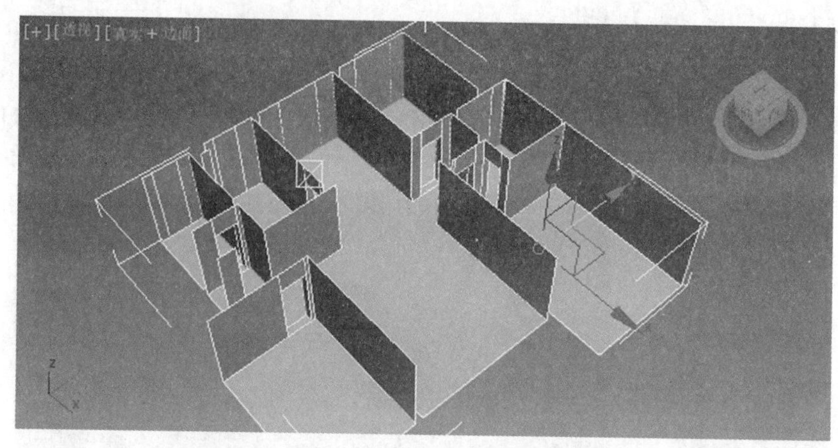

图 3-3-18 完成所有门口

6. 室内门口已完成，开始入户门的建模。单击入户门的线段，同上，连接入户门口，如图 3-3-19 所示。在 Z 轴上修改门口的高度为 2100 mm。

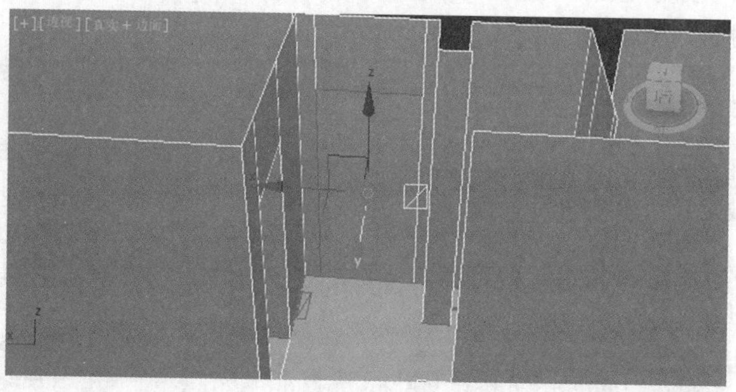

图 3-3-19 入户门

7. 单击命令面板上的“多边形”进行面的选择。右击鼠标，选择“挤出”命令，输入 −240 mm，单击按钮，如图 3-3-20 所示。

8. 按键盘上 Delete 键删除即可，如图 3-3-21 所示。

图 3-3-20 挤出

图 3-3-21 删除后的效果

9. 下面做客厅窗户。连接窗户边上的线，连接两条线如图 3-3-22 所示。

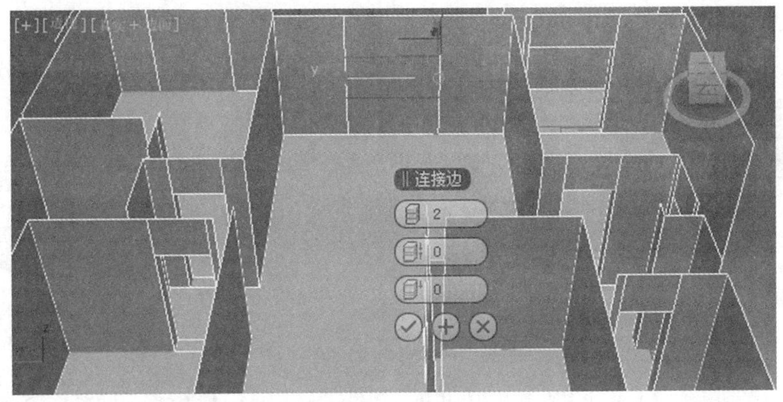

图 3-3-22　连接

10. 分别选中连接中的线，在 Z 轴改动其高度。下线改动为 600 mm，上线改动为 2300 mm，如图 3-3-23 所示。

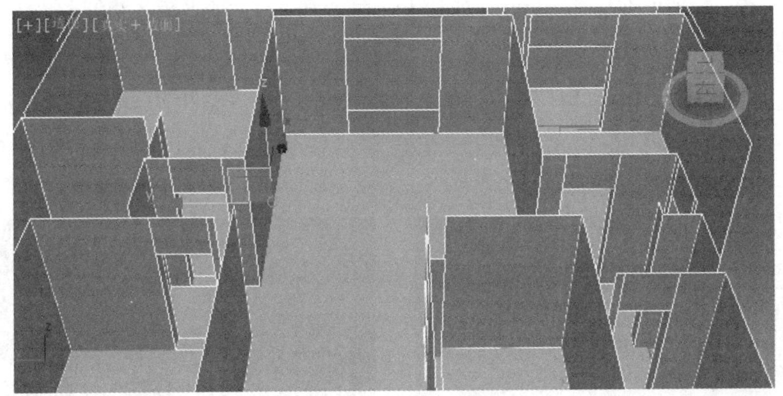

图 3-3-23　改动高度

11. 选择“多边形”■单击窗户面，单击鼠标右键，挤出飘窗的位置为－120 mm，如图 3-3-24 所示。

图 3-3-24　挤出飘窗

12. 单击命令面板编辑几何体中的“分离”对象，如图 3-3-25 所示。

13. 关闭“多边形”，单击视图中分离出的面，使用快捷键 Alt＋Q 孤立出分离出来的面，如图 3-3-26 所示。

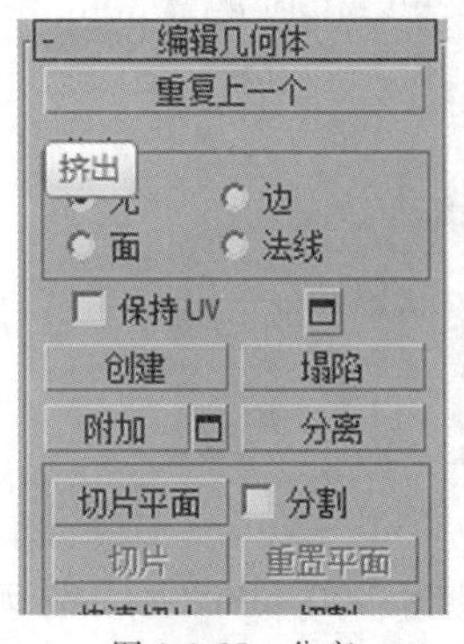

图 3-3-25 分离

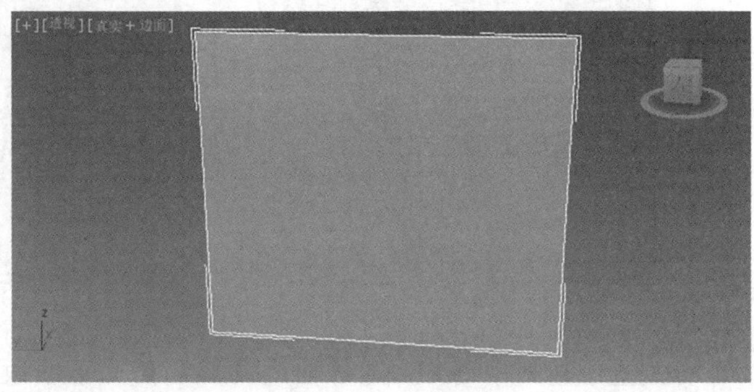

图 3-3-26 孤立面

14. 选中面，单击“多边形”开始创建窗户，右击鼠标，选择“插入”命令，输入“50 mm”并单击 按钮，如图 3-3-27 所示。

15. 单击命令面板中的“边” ，单击视图中插入后的一条内边，配合 Ctrl 键加选对称的另一边，单击鼠标右键连接出一条边，配合空格键锁定来移动插入后的内线使其到达顶端与其重合，如图 3-3-28 所示。

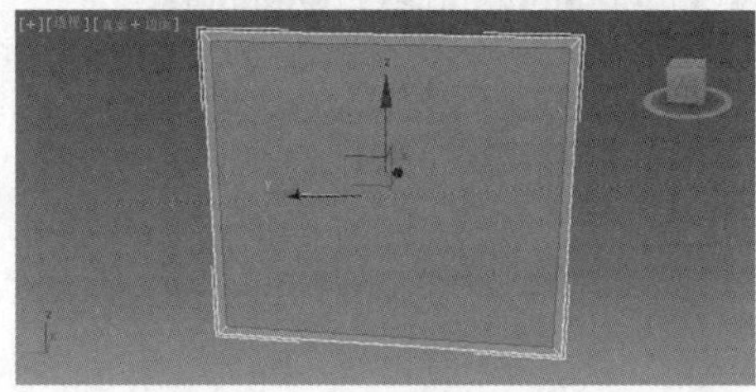

图 3-3-27 插入

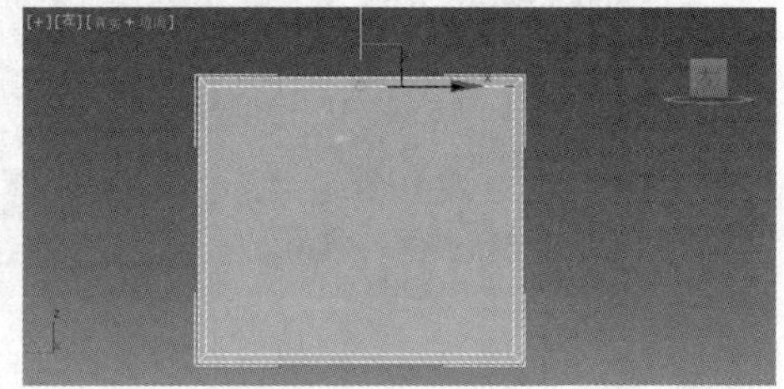

图 3-3-28 移动线

16. 在左视图中，选择工具栏中的“选择并移动”命令弹出“移动变换输入”窗口，在“偏移:屏幕”下“Y”中输入“－400 mm”，如图 3-3-29 所示，单击【关闭】按钮。此时模型效果如图 3-3-30 所示。

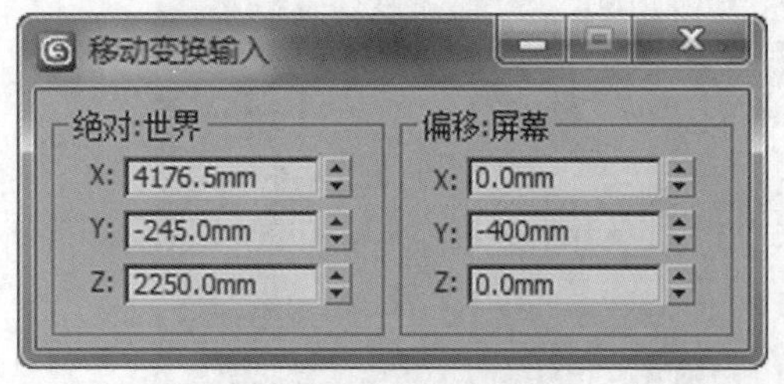

图 3-3-29 偏移

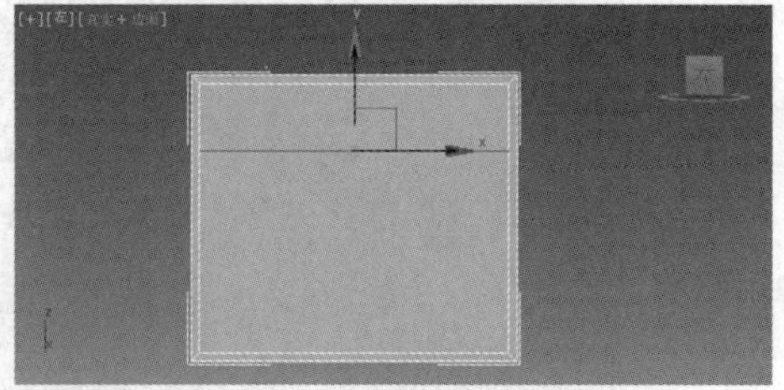

图 3-3-30 偏移后效果

17. 右击鼠标，设置“切角”为“25mm”，单击 按钮后一条线就分为两条线了，如图 3-3-31 所示。

18. 按空格键解除锁定。单击命令面板上的“多边形”，选择视图中要做玻璃部分的面，如图 3-3-32 所示。

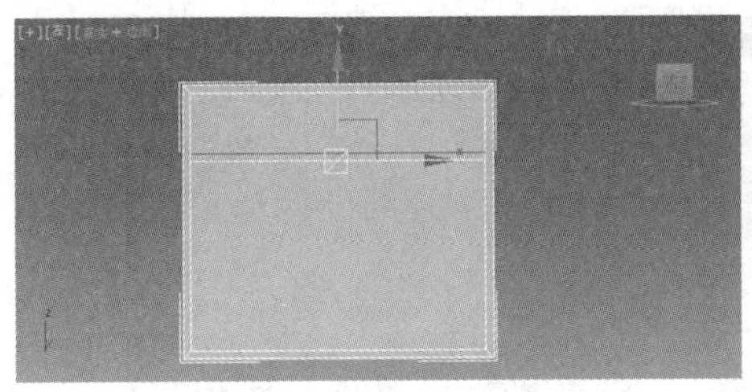

图 3-3-31　设置切角

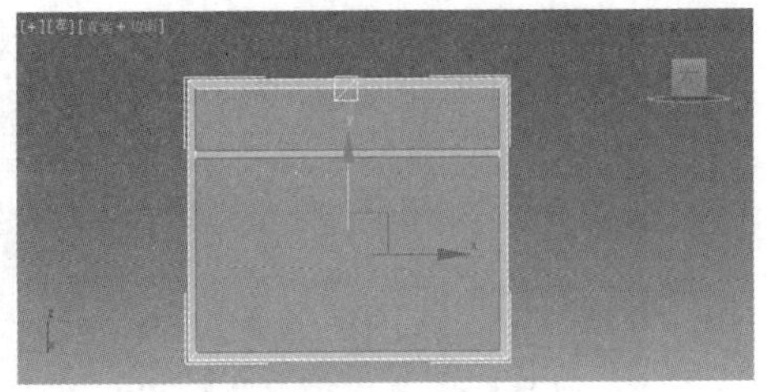

图 3-3-32　选择面

19. 右击鼠标，分别设置倒角为－8 mm 和－8 mm，单击✓按钮后如图 3-3-33 所示。

20. 再次选择命令面板上的“边”，单击下方长方形倒角后的上下内边连接出两条线，如图 3-3-34 所示。

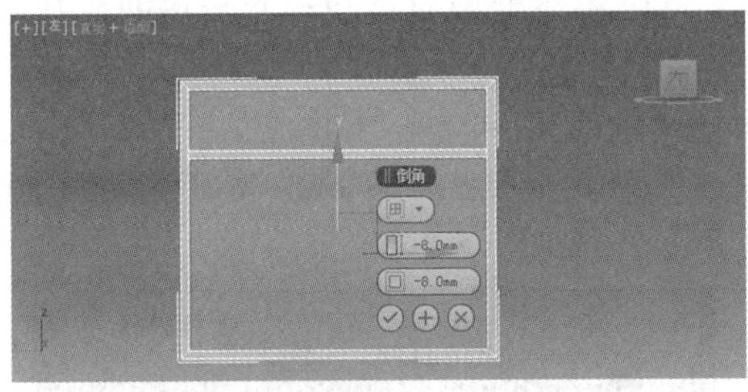

图 3-3-33　设置倒角

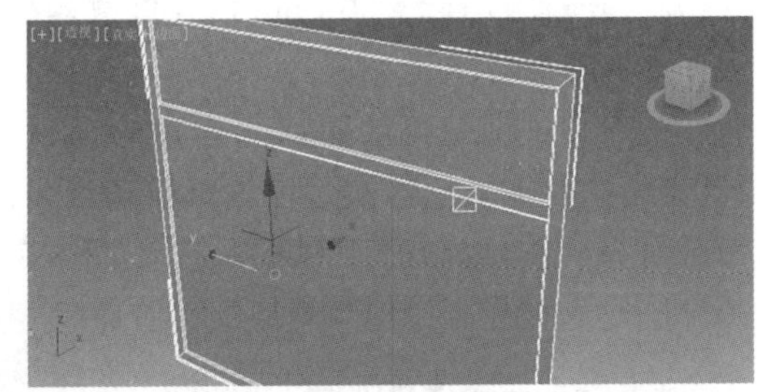

图 3-3-34　连接线

21. 单击命令面板上的“多边形”，单击中间的一个面，右击鼠标，挤出－35 mm，加选另两个面，右击鼠标，插入 50 mm，右击鼠标，设置倒角为－8 mm 和－8 mm，效果如图 3-3-35 所示。

22. 配合 Ctrl 键加选上面玻璃，单击命令面板上的“分离”命令，关闭“多边形”框选图形，在菜单栏中选择“组”中的“成组”命令。使用快捷键 Alt＋Q 退出孤立模式，完成客厅窗户建模，效果如图 3-3-36 所示。

图 3-3-35　玻璃窗

图 3-3-36　完成后的窗户

步骤四：创建踢脚线、吊顶

1. 制作踢脚线。此处只做客厅踢脚线，因此描点只描客厅部分，在命令面板中选择“创建”中的“图形”，选择“线”，在“创建方法”中都改为“角点”，打开捕捉开关，在顶视图开始捕捉，如图 3-3-37 所示。

2. 右击鼠标结束捕捉，选择命令面板中的“修改”，单击“样条线”，选择视图中刚捕捉的线，单击命令面板上的“轮廓”，依情况输入“－15 mm”或“15 mm”，在“修改器列表”中单击“挤出”，修改参数为“60 mm”。如图 3-3-38 所示。

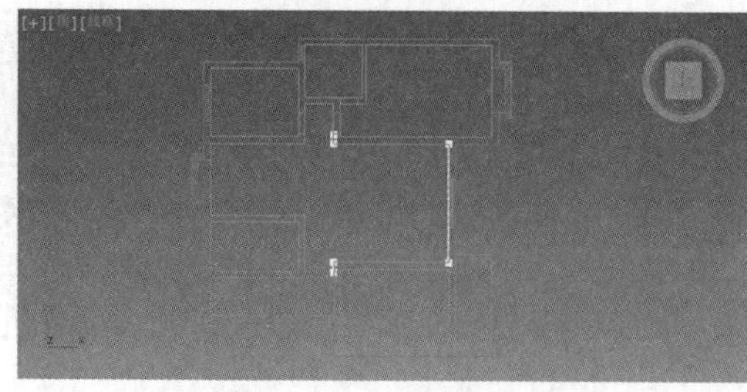

图 3-3-37　创建线

图 3-3-38　挤出

3. 制作客厅吊顶。在命令面板中选择“创建”，单击“图形”中的“矩形”，在顶视图上以角对称捕捉一个矩形线出来，右击鼠标选择“可编辑样条线”，单击命令面板上的“样条线”，将“轮廓”设置为“300 mm”，在修改器列表中挤出 200 mm，将其移动到与顶部对齐，如图 3-3-39 所示。

4. 在顶视图中再次捕捉刚创建的吊顶内部矩形，如图 3-3-40 所示。将其宽度改为 120 mm。右击鼠标转换为可编辑样条线，在修改器列表中挤出 120 mm，将其移动到与顶部对齐，同时也和吊顶内部对齐，如图 3-3-41 所示。

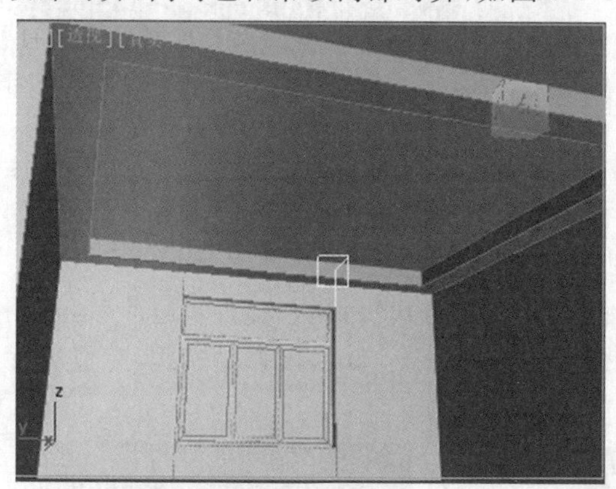

图 3-3-39　挤出

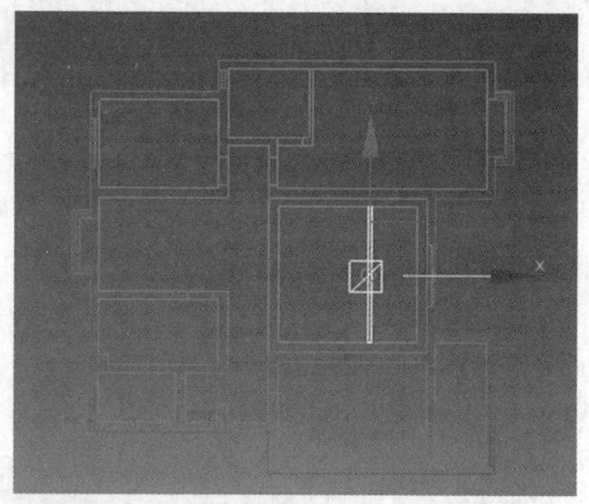

图 3-3-40　捕捉矩形

5. 在顶视图中，配合 Shift 键＋鼠标左键将刚创建的 box 模型复制一个，如图 3-3-42 所示。

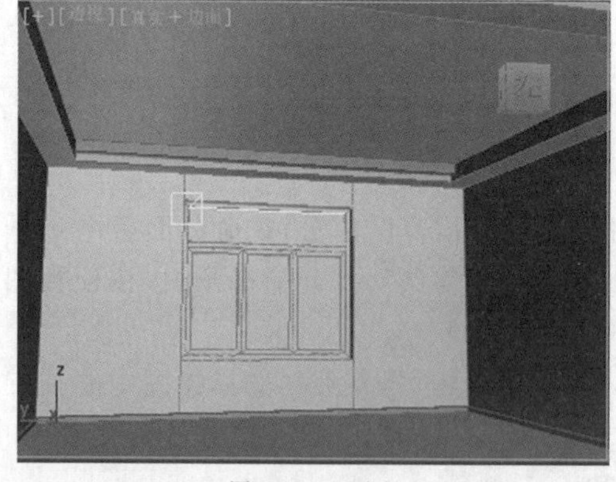

图 3-3-41　对齐

图 3-3-42　复制 1

6. 在顶视图上将其移动到与第一个重合对齐，右击工具栏中的“选择并移动”命令，在“偏移:屏幕”下“X”中输入“－1370 mm”并关闭，如图 3-3-43 所示。

7. 依据如上所述再次复制并移动 2 个 box 模型，如图 3-3-44 所示。

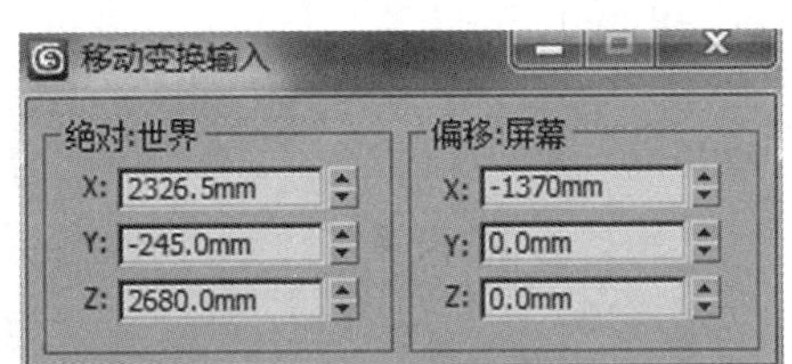

图 3-3-43　偏移

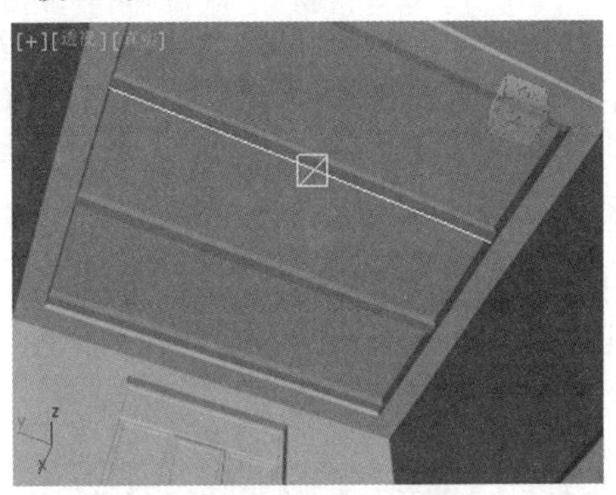

图 3-3-44　复制 2

8. 在顶视图中，使用快捷键 E 打开旋转开关，单击其中一个 box 模型，按 Shift 键＋鼠标左键，旋转复制一个 box 模型出来，如图 3-3-45 所示。

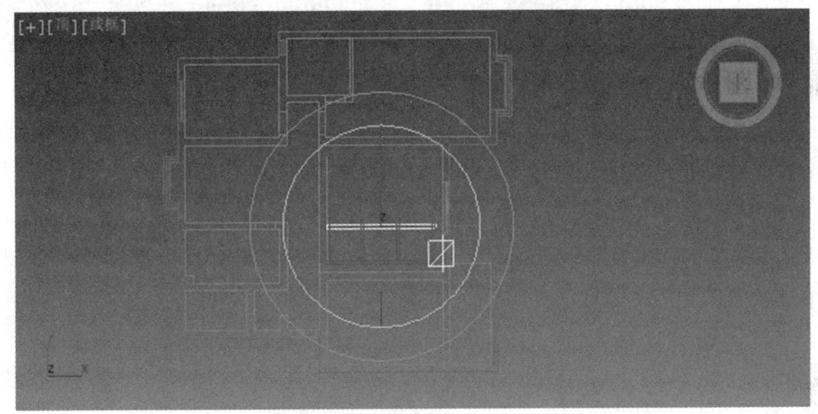

图 3-3-45　旋转复制

9. 移动此 box 模型与另一边对齐，如图 3-3-46 所示。在顶视图上将其移动并与第一个重合对齐，右击工具栏中的“选择并移动”命令，在“偏移:屏幕”下“Y”中输入“－1370 mm”后关闭，如图 3-3-47 所示。

图 3-3-46　对齐

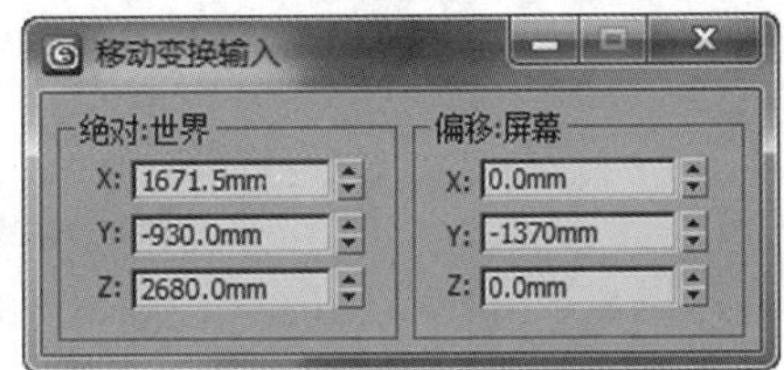

图 3-3-47　偏移

10. 依据如上所述再次复制并移动 2 个 box 模型，如图 3-3-48 所示。

11. 在命令面板中选择“创建”，单击图形中的“矩形”，在顶视图上以角对称画一个长宽均为 1250 mm 的矩形线出来，在修改器列表中挤出 50 mm，单击创建的 box 模型，右击鼠标，转换为可编辑多边形，单击边，按 Ctrl 键加选对边的线，右击鼠标，单击连接 16 条线，单击多边形并单击所有连接出小图形的面，右击鼠标，设置倒角为 10 mm、－5 mm，复制 box 模型与每个矩形对齐，如图 3-3-49 所示。

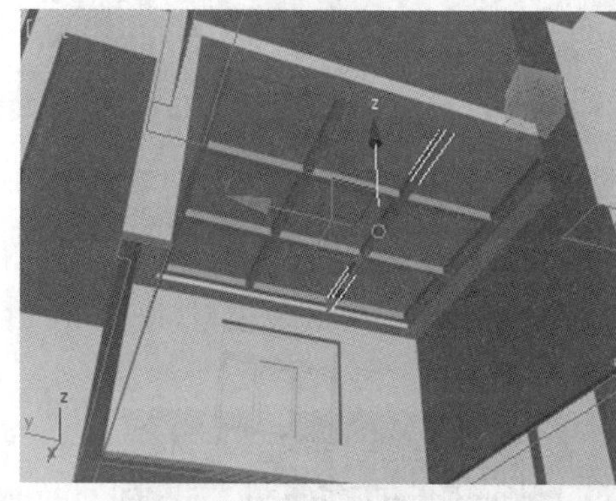

图 3-3-48　复制 3

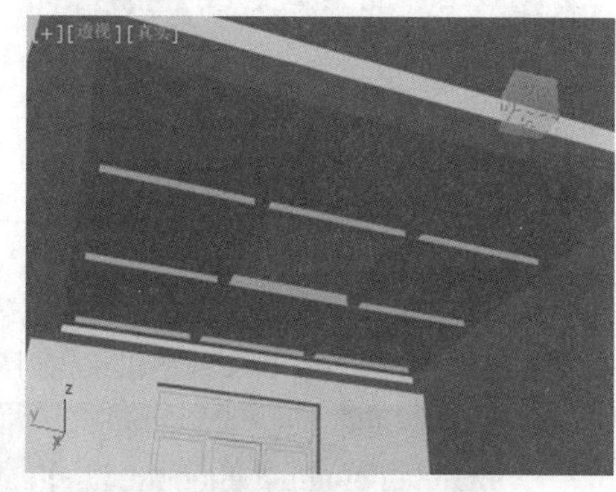

图 3-3-49　制作吊顶扣板

12. 再次画一个 1250 mm×1250 mm 的矩形，在修改器列表里挤出 50 mm，转换为可编辑多边形，单击命令面板中的多边形，单击 box 模型的面，插入 80 mm，倒角为－10 mm、－5 mm，再次倒角为 10 mm、－5 mm，再次插入 80 mm，再次倒角为－10 mm、－5 mm，再次倒角为 10 mm、－5 mm，一共重复 5 次上述步骤，将做好的模型与中间的方形对齐，如图 3-3-50 所示。

13. 做射灯。在命令面板中选择“创建”，单击图形，在顶视图中画一个半径为 40 mm 的圆，右击鼠标将其转换为可编辑样条线，单击样条线，选中视图中刚创建的圆形，在修改器列表中挤出 8 mm 的 box 模型。右击鼠标，将模型转换为可编辑多边形，选择命令面板中的多边形命令，单击 box 模型的圆面，右击鼠标，插入 10 mm，右击鼠标，挤出－5 mm，在命令面板里分离出挤出的面，关闭多边形，框选创立的 box 模型，在菜单栏中将其成组与顶部吊顶对齐并复制多个，如图 3-3-51 所示。

图 3-3-50　多次倒角造型

图 3-3-51　创建射灯

步骤五:创建电视背景墙

1. 在命令面板中选择“创建”,选中图形,在前视图中创建一个 2600 mm×800 mm 的矩形,右击鼠标,将其转换为可编辑样条线,单击样条线,选择视图中刚创建的图形,在修改器列表中挤出 120 mm 的 box 模型。选中模型,右击鼠标,将其转换为可编辑多边形,选择命令面板中的多边形,单击 box 模型的两个较大的面,右击鼠标插入 120 mm 的框。分别将上边和下边移动与外框重合,分别选中插入的上边和下边,右击工具栏的移动图标 更改插入框的下边,使其相对外部边为 60 mm 和上边为 −40 mm。如图 3-3-52 所示。

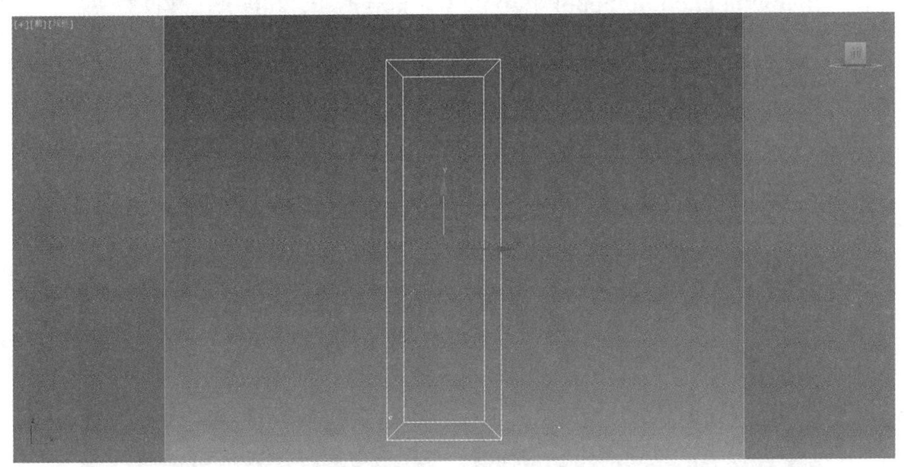

图 3-3-52　创建边

2. 单击 并选择视图中插入的最长边,如图 3-3-53 所示。右击鼠标连接 3 段线,如图 3-3-54 所示。

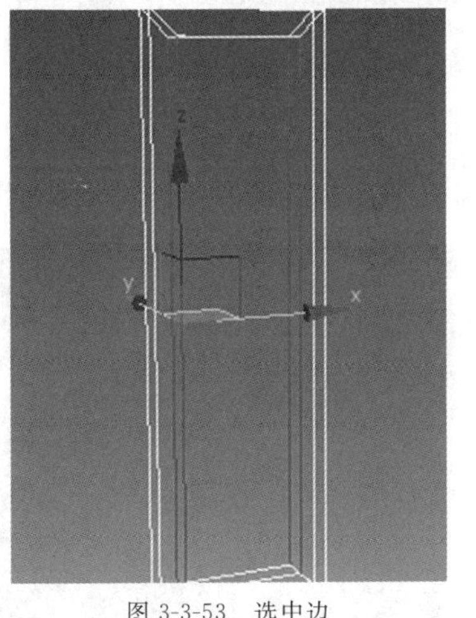

图 3-3-53　选中边

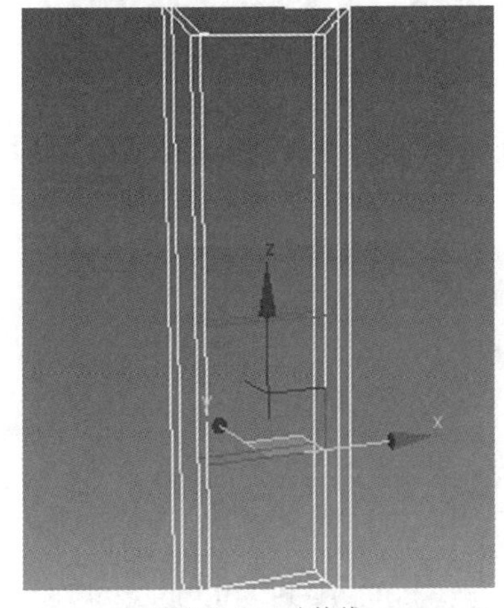

图 3-3-54　连接线

3. 右击鼠标,设置切角为 10,如图 3-3-55 所示。单击命令面板上的 ,单击所有的分出来的面,如图 3-3-56。

图 3-3-55 切角

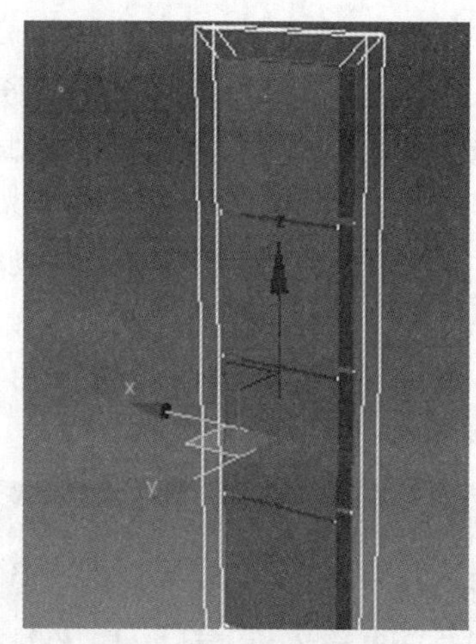

图 3-3-56 选择面

4.选择命令面板上的“桥”命令，效果如图 3-3-57 所示。更改空格至合适的位置，如图 3-3-58 所示。

图 3-3-57 桥效果

图 3-3-58 更改空格位置

5.将其与背景墙对齐，如图 3-3-59 所示。将其复制并旋转，更改其大小如图 3-3-60 所示。

图 3-3-59 对齐

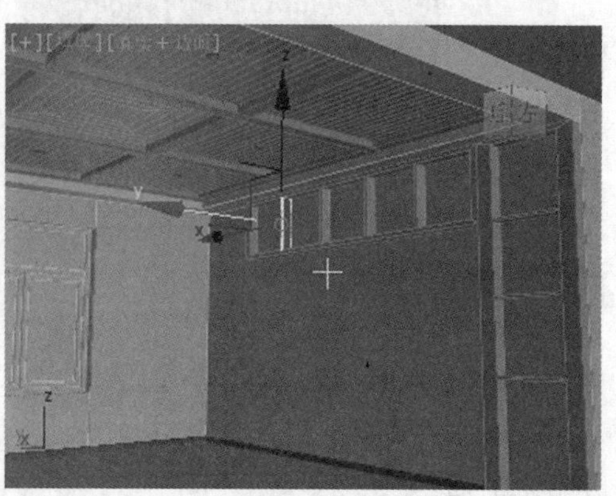

图 3-3-60 复制 4

6. 在前视图中，创建长宽为 1487 mm×3050 mm 的矩形并挤出 40 mm，再次创建长宽为 40 mm×3050 mm 的矩形，挤出并与背景墙对齐，如图 3-3-61 所示。背景墙制作完成。

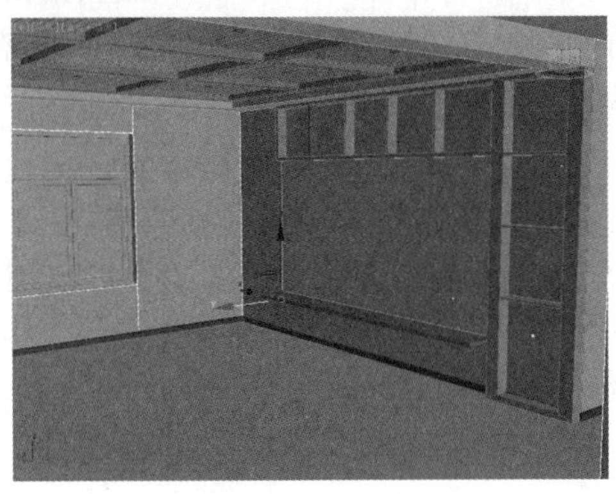

图 3-3-61　创建矩形

步骤六：创建摄影机、合并外部模型

1. 在命令面板中单击“摄影机”，选择“目标”命令，在顶视图里从视角点向内部拉动摄影机，在命令面板中选择“修改”，备用镜头改为“24 mm”，选择“剪切画面”，勾选“手动剪切”，调节“近距剪切线”在房间里靠近距镜头近的墙体，“远距剪切线”在房间外部（可用鼠标单击小三角上下拖动进行调节）。在工具栏中单击“全部”，改为 C-摄影机 ，框选视图区中的摄影机，在坐标轴中将 Z 轴高度改为 980 mm。如图3-3-62所示。

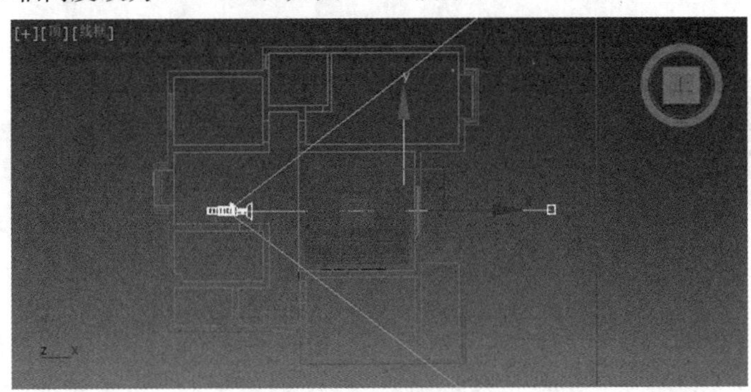

图 3-3-62　设置摄影机

2. 合并家具、电器及装饰品并将其放入相应的位置，如图 3-3-63 所示。

图 3-3-63　合并外部模型

步骤七:设置材质及灯光

1. 使用快捷键 M 打开材质编辑器,单击示例球,选择“standard”,单击“材质”,双击标准材质球“标准”将其转换为标准材质,单击 漫反射: 后的方块按钮“ ”,单击“位图”,找出想要赋予贴图的材质库图。选择要赋给的 box 模型,单击材质球面板上的“ ”,单击 。

2. 各种材质基本参数调试。玻璃:透明度为 0;灯罩材质:赋予淡黄色或淡蓝色自发光材质,透明度为 25;木纹材质:赋予贴图,高光级别为 70,光泽度为 35;布艺材质:赋予贴图,高光级别为 20,光泽度为 20,在贴图加凹凸贴图为 15;地毯材质:赋予贴图,高光级别为 20,光泽度为 20,在贴图加凹凸贴图为 25;墙漆材质:漫反射为白色;电视屏幕:自发光中添加材质贴图;地板贴图:赋予贴图,高光级别为 70,光泽度为 40。其效果如图 3-3-64 所示。

图 3-3-64 材质效果

3. 打入灯光:在命令面板里选择“创建”,单击灯光,改为标准灯光。选择泛光灯,在台灯及吊灯中打入泛光灯,更改其参数为:台灯中的泛光灯,在常规参数中勾选灯光类型,选择“启用阴影”,选择“区域阴影”,在强度/颜色/衰减中,倍增设为 0.2,改其颜色为淡黄色。吊灯中的泛光灯,在常规参数中勾选灯光类型,选择“启用阴影”,选择“区域阴影”,在强度/颜色/衰减中,倍增设为 0.1,改其颜色为淡黄色。射灯:在命令面板里选择“创建”,单击灯光,改为标准灯光,单击聚光灯,在射灯下打入聚光灯,更改其参数为:在常规参数中勾选灯光类型,勾选“启用阴影”,选择“区域阴影”,在强度/颜色/衰减中,倍增设为 0.2,改其颜色为白色,近距离衰减为 200－3000;远距离衰减为 3000－3000。使用快捷键 Shift＋Q 渲染图像,最终效果图如图 3-3-65 所示。

图 3-3-65　客厅效果图

项目 4　室外景观动画

项目说明：

某房地产商广告片头部分场景动画。要求欧式凉亭坐落于水池之上，喷泉环绕。

项目目的：

凉亭、池水、喷泉打造美丽的室外风光。从建模、材质、灯光、粒子系统、约束动画、后期处理等全方面进一步熟悉动画制作过程。

设计思路：

利用放样制作欧式亭子，用管状体制作水池，用噪波生成水面，用环境贴图生成背景，营造山水凉亭的场景模型；再利用粒子系统、重力、导向板等打造喷泉，最后布设灯光、摄影机，并用 Adobe Premiere 编辑生成波光粼粼、带优美背景音乐的室外景观动画，效果如图 3-4-1 所示。

图 3-4-1　室外景观

室外景观动画制作实例

评价标准：

1.欧式亭子 30 分：(1)柱子模型(10 分)；(2)檐口模型(5 分)；(3)穹顶(15 分)。模型不够精细，表面不平滑，形状、大小及比例不恰当的，均酌情扣分。

2.水面部分 25 分：(1)水池(5 分)；(2)水面(5 分)；(3)水中踏步(5 分)；(4)地面及环境(10 分)。模型比例不恰当的，材质设置不当的，没有设置高光效果的，贴图效果不正常的，整体效果不真实的，均酌情扣分。

3.喷泉 5 分：粒子系统设置不正确的，重力场表现不正常的，分布不均匀的，材质不正常的，均酌情扣分。

4.灯光 5 分：灯光位置、角度、强度设置不正确的，强弱衰减不正常的，效果不佳的，酌情扣分。

5.动态水面效果 5 分：水波效果不正常的，酌情扣分。

6.路径约束动画 10 分：能够利用多部摄影机进行不同角度的连续展示，视口表现不佳、流畅度不够的酌情扣分。

7.动画后期制作 10 分：能够进行视频合成、添加特效及背景音乐，输出动画效果较好，否则酌情扣分。

项目制作过程(供参考)：

步骤一：制作欧式亭子

1.制作上柱头。单击创建→图形→线按钮，在前视图绘制一个“长度”为 300、“宽度”为 170 的截面形，如图 3-4-2 所示。

2.单击创建→图形→圆按钮，在顶视图绘制一个“半径”为 220 的圆形路径，如图 3-4-3 所示。

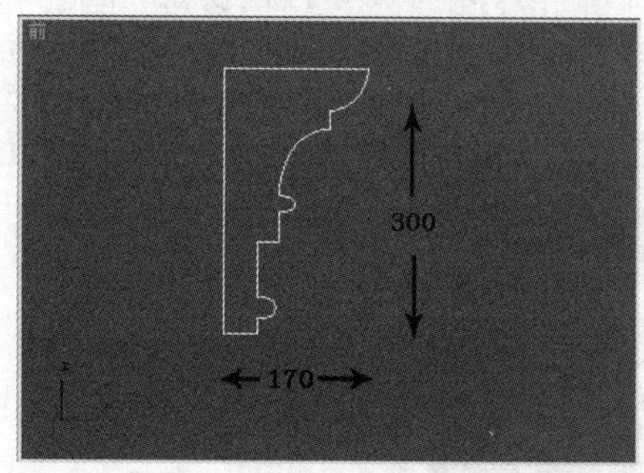

图 3-4-2　截面形 1

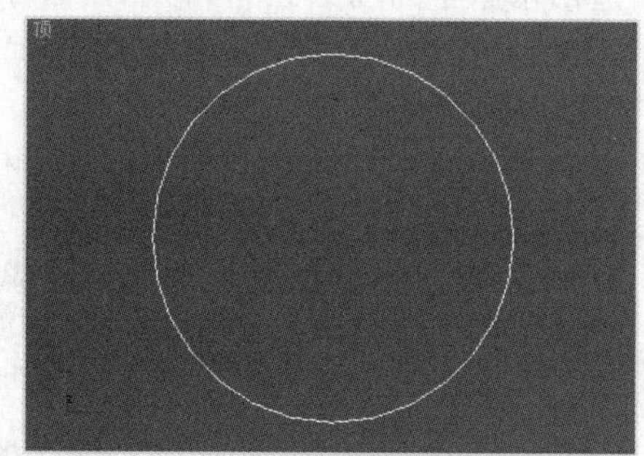

图 3-4-3　圆形路径 1

3.选中截面形，添加“放样”编辑器，“获取路径”选择圆形路径，放样后上柱头的效果如图 3-4-4 所示。

4.在放样物体的修改面板中打开“图形”次物体层级，在前视图中框选选中物体，右键单击【选择并旋转】按钮，在弹出的“旋转变换输入”对话框中设置“偏移 Z 轴”的参数为 180，旋转后上柱头的效果如图 3-4-5 所示。

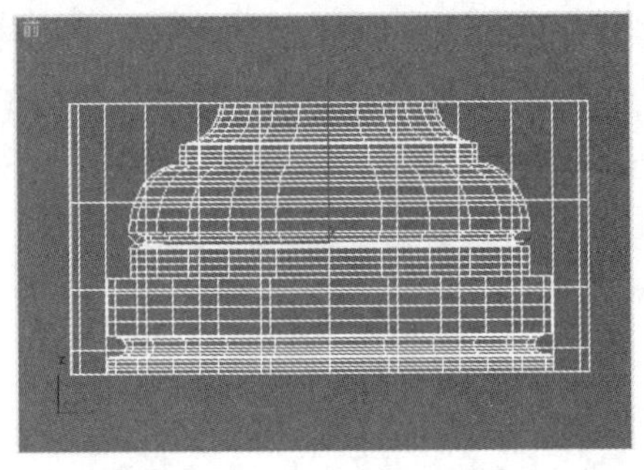

图 3-4-4　放样后上柱头的效果

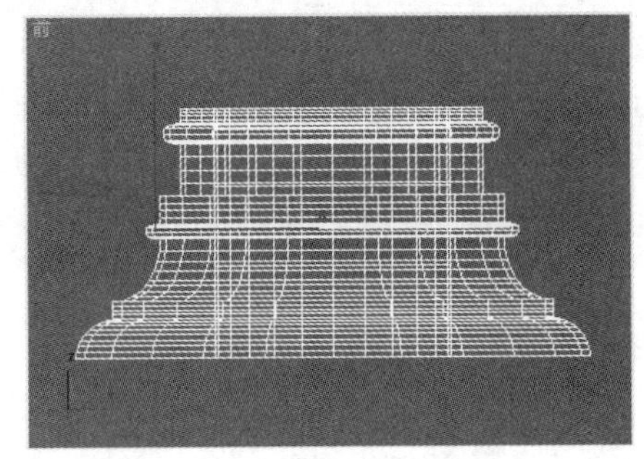

图 3-4-5　旋转后上柱头的效果

5. 退出“图形”次物体层级，确保参考坐标系为视图模式，使用镜像工具，设置“镜像轴”为 Y 轴、“克隆当前选择”为不克隆，镜像后上柱头的效果如图 3-4-6 所示。

6. 制作柱身。单击创建→几何体→圆锥体按钮，在顶视图绘制一个“半径 1”为 230、“半径 2”为 190、“高度”为 2500 的圆锥体作为柱身，调整其位置至上柱头下面，如图 3-4-7 所示。

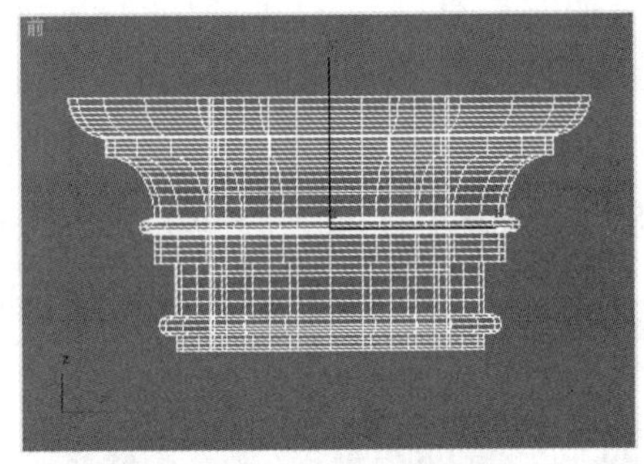

图 3-4-6　镜像后上柱头的效果

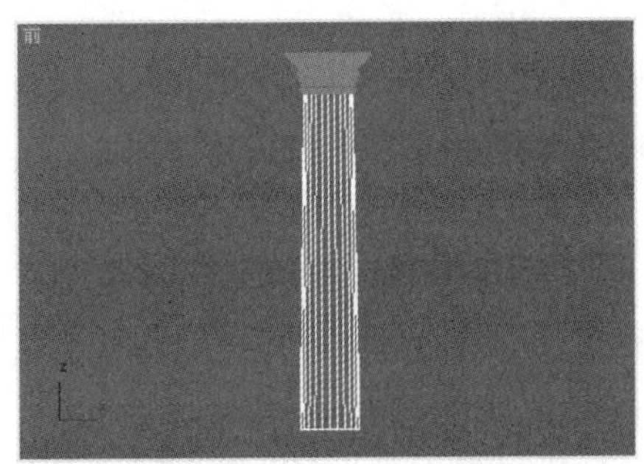

图 3-4-7　圆锥体及其位置

7. 制作下柱头。单击创建→图形→线按钮，在前视图绘制一个“长度”为 300、“宽度”为 130 的截面形，如图 3-4-8 所示。

8. 单击创建→图形→圆按钮，在顶视图绘制一个“半径”为 220 的圆形路径，如图 3-4-9 所示。

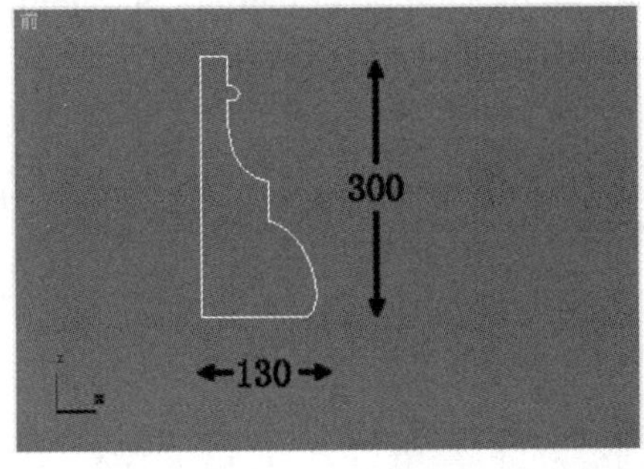

图 3-4-8　截面形 2

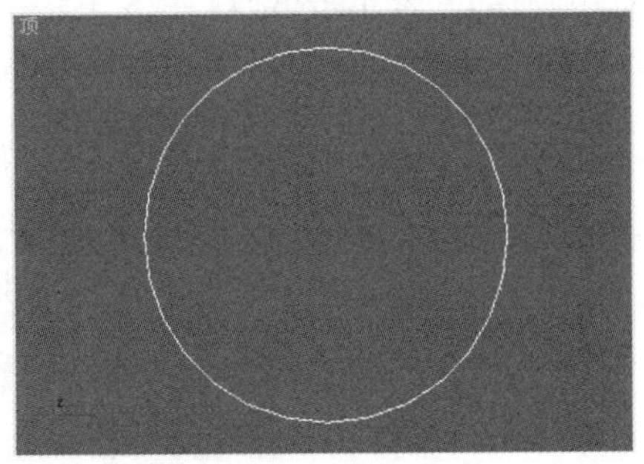

图 3-4-9　图形路径 2

9. 选中截面形，添加“放样”编辑器，“获取路径”选择圆形路径，放样后下柱头的效果如图 3-4-10 所示。

10. 在放样物体的修改面板中打开“图形”次物体层级，在前视图中框选选中物体，右键单击【选择并旋转】按钮，在弹出的“旋转变换输入”对话框中设置“偏移 Z 轴”的参数为 180，旋转后下柱头的效果如图 3-4-11 所示。

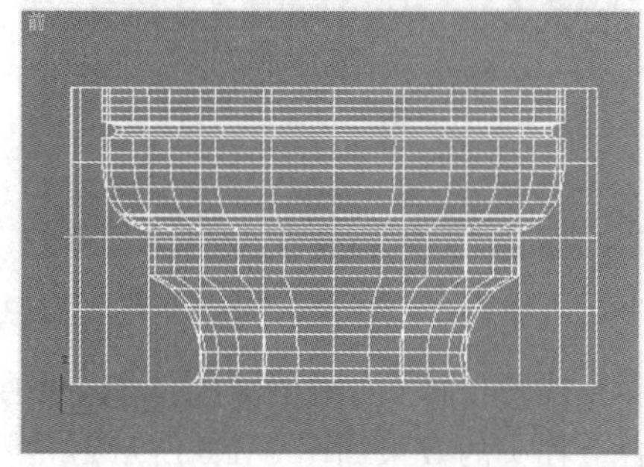
图 3-4-10　放样后下柱头的效果

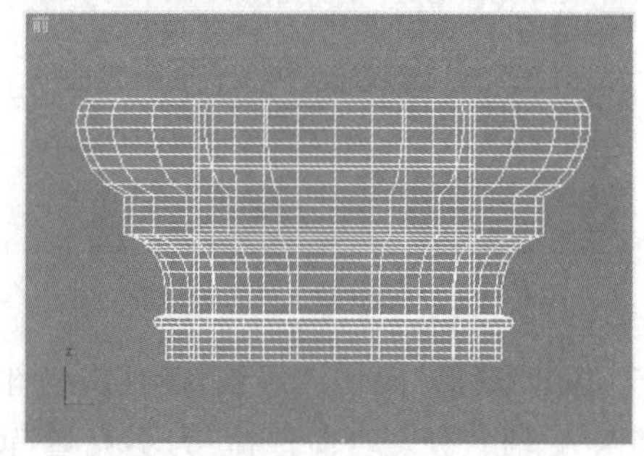
图 3-4-11　旋转后下柱头的效果

11. 退出“图形”次物体层级，确保参考坐标系为视图模式，使用镜像工具，设置“镜像轴”为 Y 轴、“克隆当前选择”为不克隆，调整其位置至柱身下面，镜像后下柱头的效果如图 3-4-12 所示。

12. 制作座基。单击创建→图形→ 线 按钮，在前视图绘制一个“长度”为 360、“宽度”为 180 的截面形，如图 3-4-13 所示。

图 3-4-12　镜像后上柱头的效果

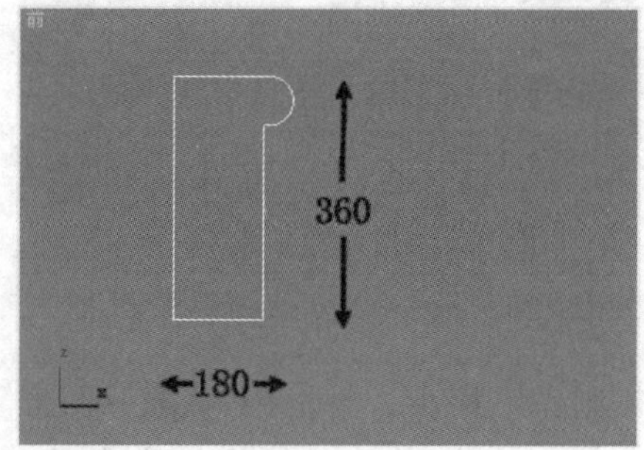

图 3-4-13　截面形 3

13. 在截面物体的修改面板中添加“车削”修改器，打开“轴”次物体层级，在前视图中框选选中物体，右键单击【选择并移动】按钮，在弹出的“移动变换输入”对话框中设置“偏移 X 轴”的参数为－290，并调整其位置至柱头下面，如图 3-4-14 所示。

图 3-4-14　座基的效果

14. 将刚才制作的这一组物体全部选中→"成组"，并设置组名为"陶立克柱式"，如图 3-4-15 所示。再为其指定一个缺省的材质，调节"漫反射"的颜色为淡黄色，颜色设置如图 3-4-16 所示。

图 3-4-15　将柱身、座基"成组"并命名

15. 制作檐口。单击创建→图形→ 线 按钮，在前视图绘制一个"长度"为 820、"宽度"为 800 的截面形，如图 3-4-17 所示。

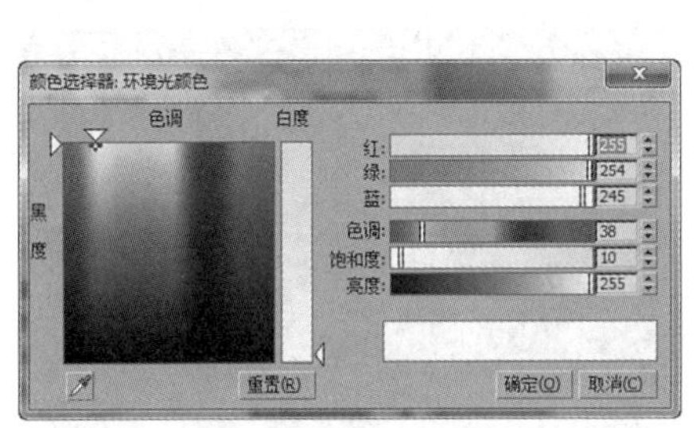

图 3-4-16　"漫反射"的颜色设置 1

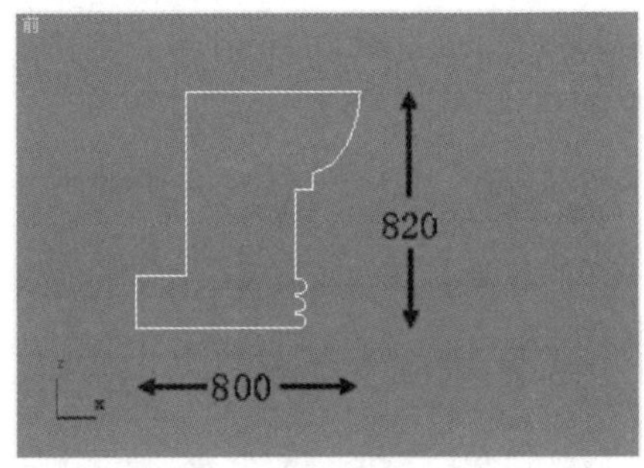

图 3-4-17　截面形 4

16. 在截面物体的修改面板中添加"车削"修改器，打开"轴"次物体层级，在前视图中框选选中物体，右键单击【选择并移动】按钮，在弹出的"移动变换输入"对话框中设置"偏移 X 轴"的参数为－2300，并命名为"檐口"，移动后檐口的效果如图 3-4-18 所示。将指定给陶立克柱式的材质再指定给檐口。

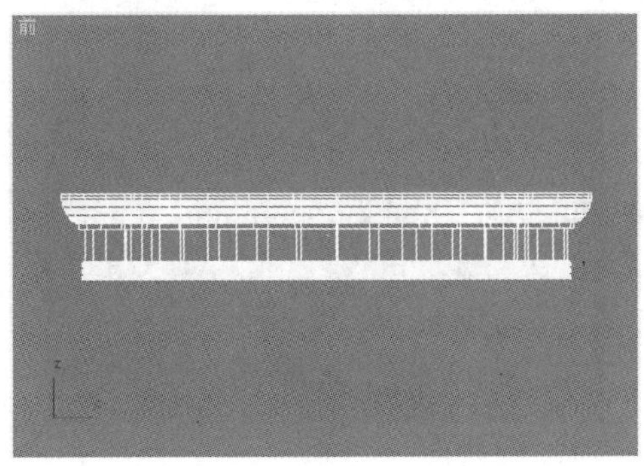

图 3-4-18　移动后檐口的效果

17. 选中陶立克柱式，使用选择并移动工具结合对齐工具，调整其位置，如图 3-4-19 所示。

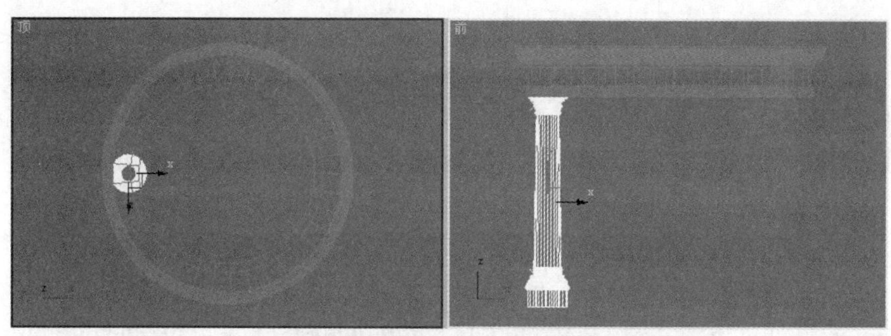

图 3-4-19 调整陶立克柱式的位置

18. 在顶视图中选中檐口，单击层次按钮，在“调整轴”卷展栏中单击“移动/旋转/缩放”组中的 仅影响轴 按钮，再单击“对齐”组中的 居中到对象 按钮，此时檐口轴心的位置如图 3-4-20 所示。

19. 在顶视图中选中陶立克柱式，单击层次按钮，在“调整轴”卷展栏中单击“移动/旋转/缩放”组中的 仅影响轴 按钮，再单击“对齐”组中的 居中到对象 按钮，单击对齐按钮，单击檐口，此时陶立克柱式轴心的位置如图 3-4-21 所示。

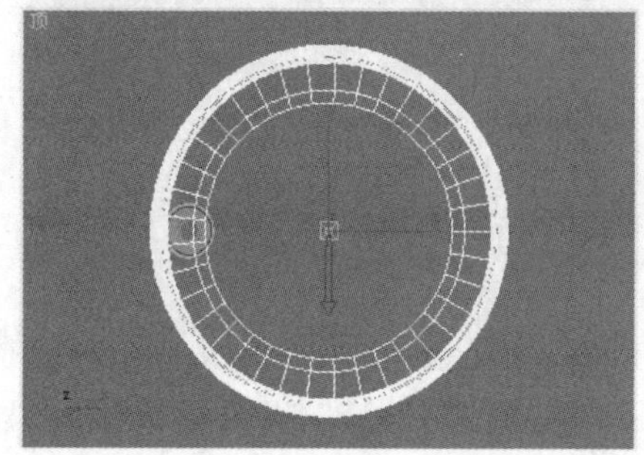

图 3-4-20 檐口轴心的位置

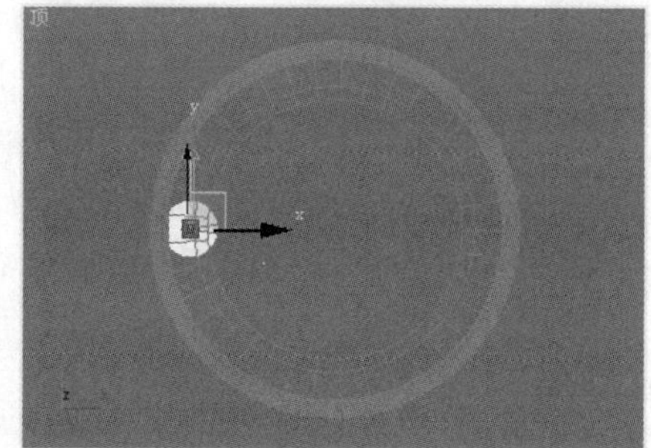

图 3-4-21 居中到对象后轴心的位置

20. 单击对齐按钮，单击檐口，在弹出的“对齐当前选择”对话框中将“对齐位置”选择为“X、Y 位置”；将“当前对象”选为“中心”；“目标对象”选为“中心”，单击【确定】按钮，此时陶立克柱式轴心的位置如图 3-4-22 所示。

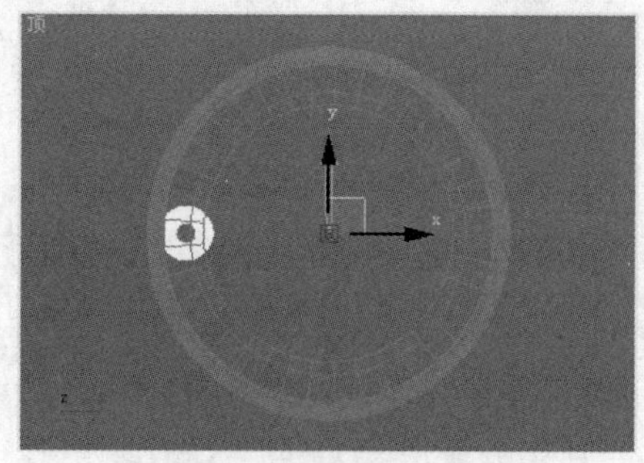

图 3-4-22 对齐后轴心的位置

21. 退出层次面板，执行“工具”→“阵列”菜单命令，在弹出的“阵列”对话框中设置参数，如图 3-4-23 所示，然后单击【确定】按钮，环形阵列效果如图 3-4-24 所示。

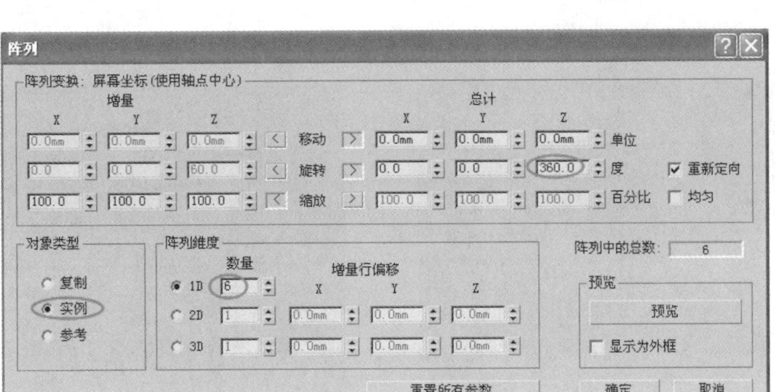

图 3-4-23　“阵列”对话框参数设置

22. 制作穹顶。单击创建→几何体→ 球体 按钮，在顶视图中创建一个“半径”为 2215 的球体，设置球体的“分段”数为 23，“半球”为 0.5，并调整其位置至檐口上面，如图 3-4-25 所示。

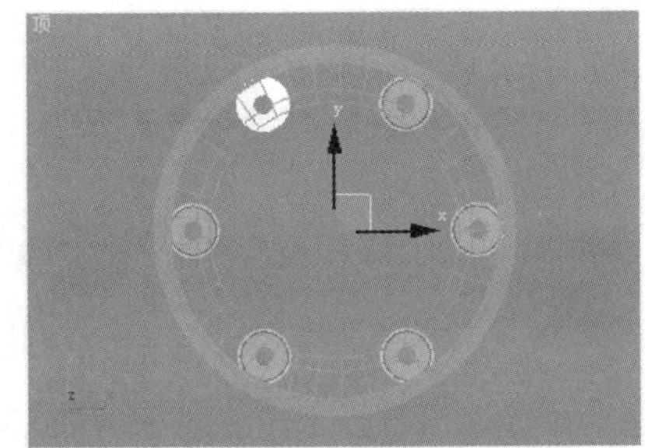

图 3-4-24　环形阵列效果

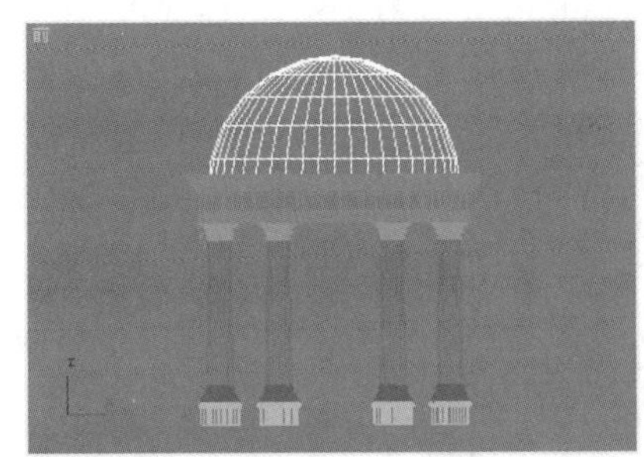

图 3-4-25　球体及所在视图位置

23. 在球体的修改面板中添加“晶格”修改器，在晶格的“参数”卷展栏下设置参数，如图 3-4-26 所示，此时球体的效果如图 3-4-27 所示。再为其指定一个缺省的材质，设置其“漫反射”的颜色为白色，设置“自发光”的“颜色”为 30，如图 3-4-28 所示。

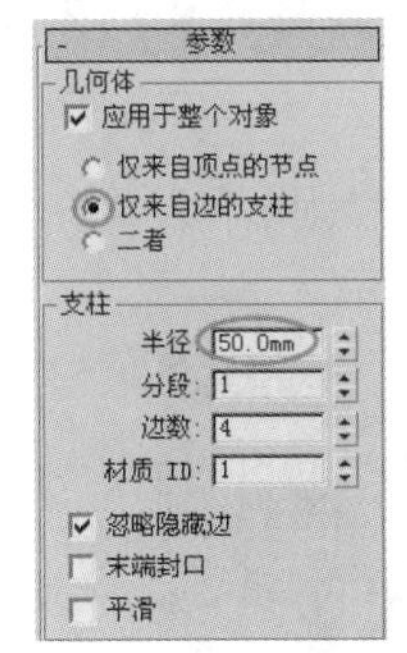

图 3-4-26　晶格“参数”卷展栏设置

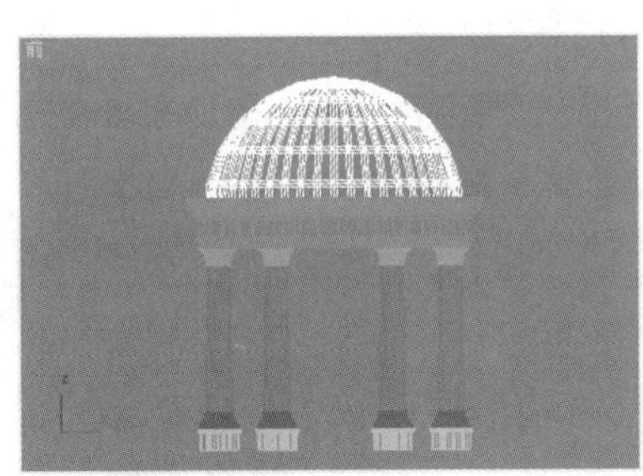

图 3-4-27　球体的效果

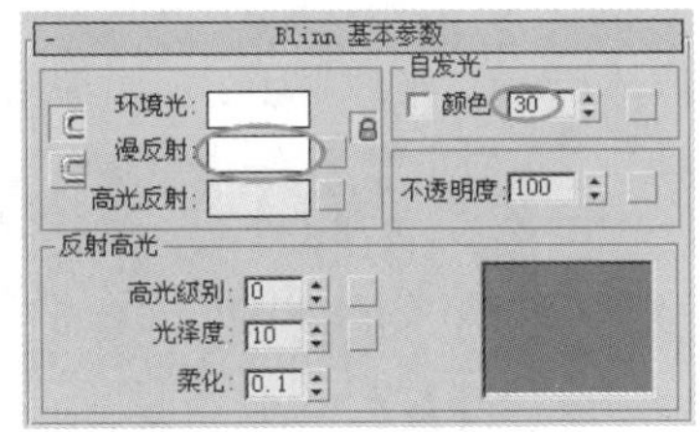

图 3-4-28　设置“漫反射”及“自发光”参数

24. 制作柱头。单击创建→图形→ 线 按钮，在前视图绘制一个“长度”为 530，“宽度”为 300 的截面形，如图 3-4-29 所示。

25. 单击创建→图形→ 圆 按钮，在顶视图绘制一个“半径”为 400 的圆形路径，如图 3-4-30 所示。

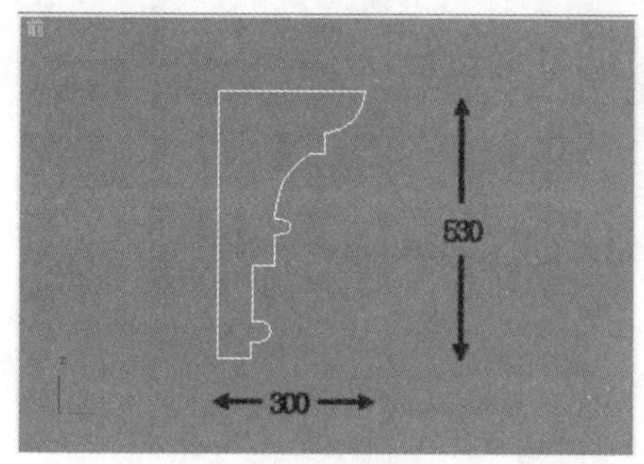

图 3-4-29　截面形 5

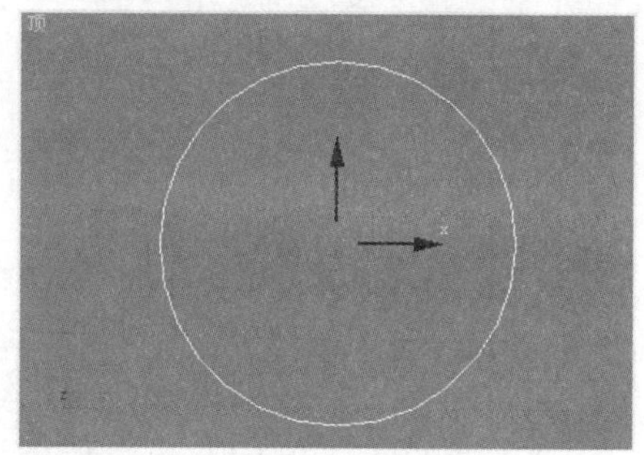

图 3-4-30　图形路径 3

26. 选中截面形，添加“放样”编辑器，“获取路径”选择圆形路径，放样后柱头的效果如图 3-4-31 所示。

27. 在放样物体的修改面板中打开“图形”次物体层级，在前视图中框选选中物体，右键单击【选择并旋转】按钮，在弹出的“旋转变换输入”对话框中设置“偏移 Z 轴”的参数为 180，旋转后柱头的效果如图 3-4-32 所示。

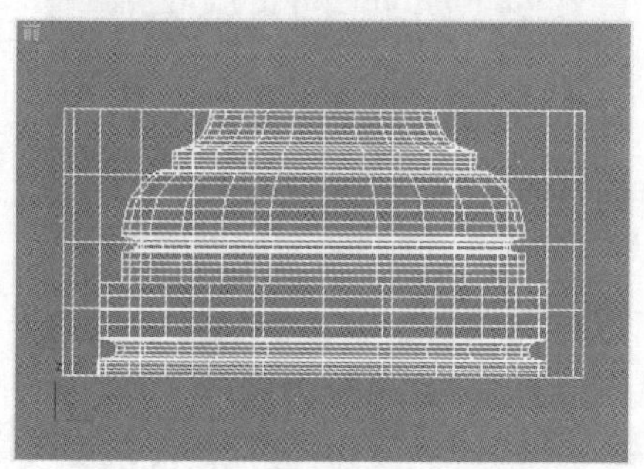

图 3-4-31　放样后柱头的效果

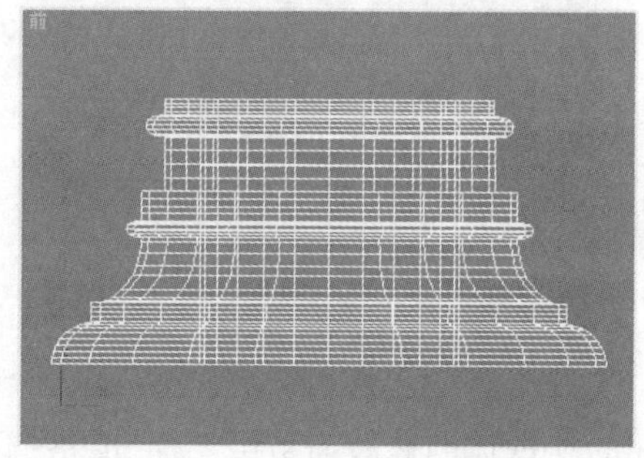

图 3-4-32　旋转后柱头的效果

28. 退出“图形”次物体层级，确保参考坐标系为视图模式，使用镜像工具，设置“镜像轴”为 Y 轴、“克隆当前选择”为不克隆，并调整其位置至球体上面，镜像后柱头的效果如图 3-4-33 所示。将指定给半球的材质再指定给柱头。

29. 单击创建→几何体→球体按钮，在顶视图创建一个“半径”为 510 的球体，设置“半球”为 0.5，并调整其位置至柱头上面，效果如图 3-4-34 所示。

图 3-4-33　镜像后柱头的效果

图 3-4-34　球体及所在视图位置

30. 单击创建→几何体→圆锥体按钮，在顶视图创建一个“半径 1”为 70、

"半径 2"为 20、"高度"为 2430 的圆锥体，并调整其位置至球体上面，效果如图 3-4-35 所示。将指定给半球的材质再指定给圆锥体。

图 3-4-35　圆锥体及所在视图位置

31. 制作底座。单击创建→几何体→圆柱体按钮，在顶视图中创建一个"半径"为 3300、"高度"为 320、"高度分段"为 1、"边数"为 32 的圆柱体，并调整其位置至陶立克柱式下面，效果如图 3-4-36 所示。

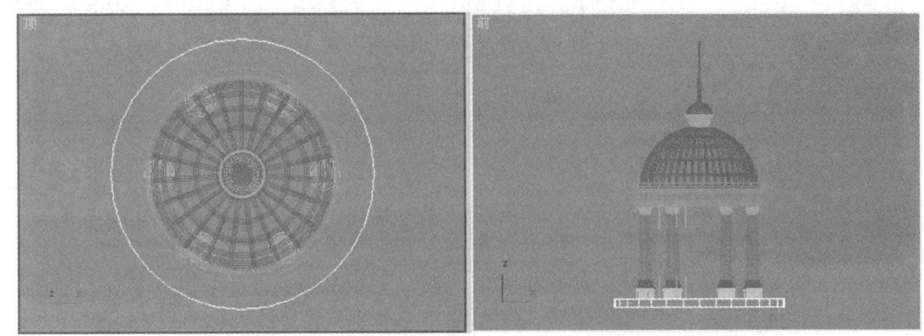

图 3-4-36　圆柱体及所在视图位置

32. 为其指定一个配套资源中提供的地面贴图"GRYCON3"图片，拖曳此贴图至"凹凸"贴图通道中，设置凹凸"数量"为 394，如图 3-4-37 所示。

贴图

	数量	贴图类型
☐ 环境光颜色	100	None
☑ 漫反射颜色	100	Map #0 (GRYCON3.JPG)
☐ 高光颜色	100	None
☐ 高光级别	100	None
☐ 光泽度	100	None
☐ 自发光	100	None
☐ 不透明度	100	None
☐ 过滤色	100	None
☑ 凹凸	394	Map #0 (GRYCON3.JPG)
☐ 反射	100	None
☐ 折射	100	None
☐ 置换	100	None

图 3-4-37　"凹凸"贴图设置

步骤二：制作水面场景

1. 制作水池。单击创建→几何体→管状体按钮，在顶视图创建一个"半径 1"为 17000、"半径 2"为 18780、"高度"为 810、"高度分段"为 1、"边数"为 34 的管状体，并调整其位置至欧式亭子的中心位置，效果如图 3-4-38 所示。将指定给陶立克柱式的材质再指定给管状体。

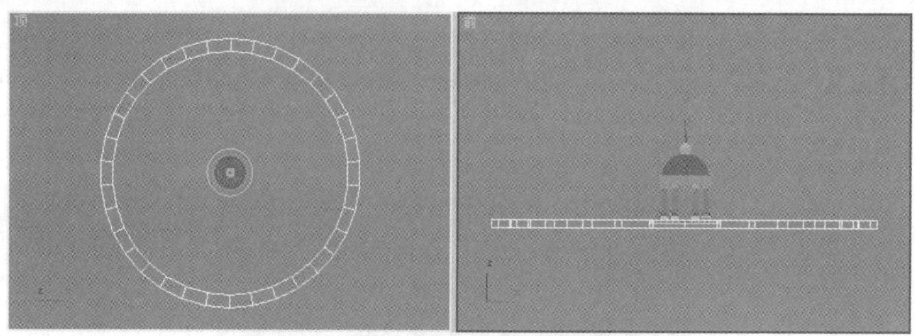

图 3-4-38 管状体及所在视图位置

2. 制作水面。单击创建→几何体→圆柱体按钮，在顶视图创建一个“半径 1”为 17800、“高度”为－320、“高度分段”为 1、“边数”为 15 的圆柱体，并调整其位置至水池的中心位置，效果如图 3-4-39 所示，并将其命名为“水面”。

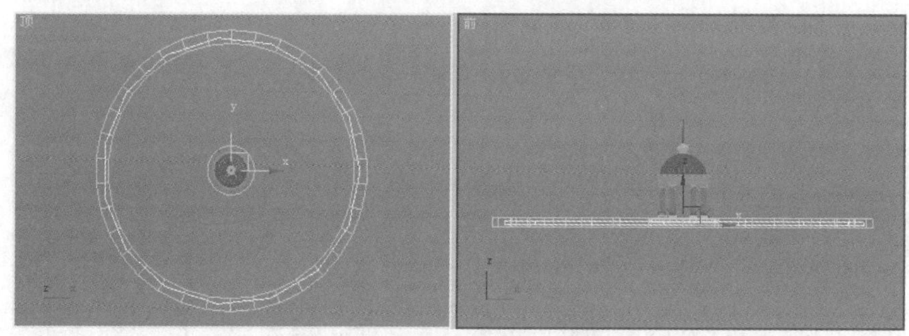

图 3-4-39 圆柱体及所在视图位置

3. 为其指定一个缺省的材质，设置其“漫反射”的颜色，参数如图 3-4-40 所示。设置“高光级别”为 287，设置“光泽度”为 47，在其凹凸贴图通道中添加“噪波”贴图类型，展开其“坐标”卷展栏，设置 X 轴“平铺”参数为 0.004，设置 Y 轴“平铺”参数为 0.002。

4. 展开其“噪波参数”卷展栏，设置“大小”为 1，返回上一层级，设置凹凸“数量”为 205，在“反射”贴图通道中添加“平面镜”贴图类型，设置反射“数量”为 60，如图 3-4-41 所示。

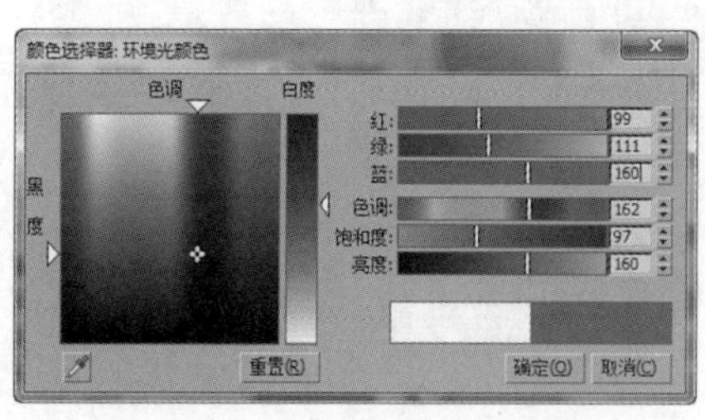

图 3-4-40 “漫反射”的颜色设置 2

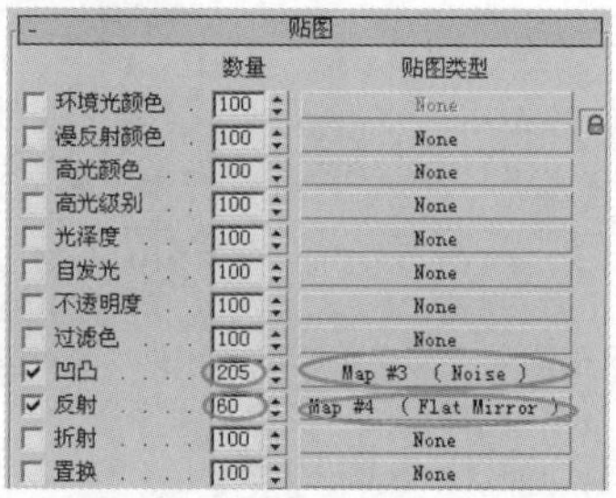

贴图

	数量	贴图类型
环境光颜色	100	None
漫反射颜色	100	None
高光颜色	100	None
高光级别	100	None
光泽度	100	None
自发光	100	None
不透明度	100	None
过滤色	100	None
☑ 凹凸	205	Map #3 (Noise)
☑ 反射	60	Map #4 (Flat Mirror)
折射	100	None
置换	100	None

图 3-4-41 “凹凸”“反射”贴图设置

5. 制作水中踏步。单击创建→几何体→长方体按钮，在顶视图创建一个

“长度”为 900、“宽度”为 550、“高度”为 280 的长方体，效果如图 3-4-42 所示。将指定给底座的材质再指定给长方体。

6. 选中长方体，在顶视图复制 10 个长方体，调整其位置，如图 3-4-43 所示。

图 3-4-42　长方体

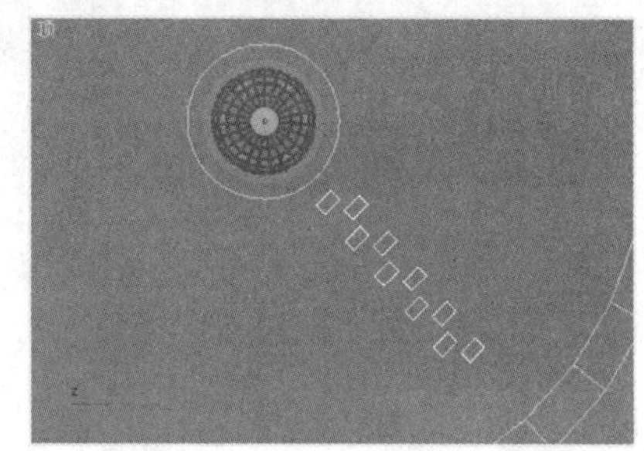

图 3-4-43　复制并调整长方体位置

7. 制作地面。单击创建 →几何体 → 长方体 按钮，在顶视图创建一个“长度”为 50600、“宽度”为 550、“高度”为 370 的长方体，并将其命名为“地面”，调整其位置，效果如图 3-4-44 所示。

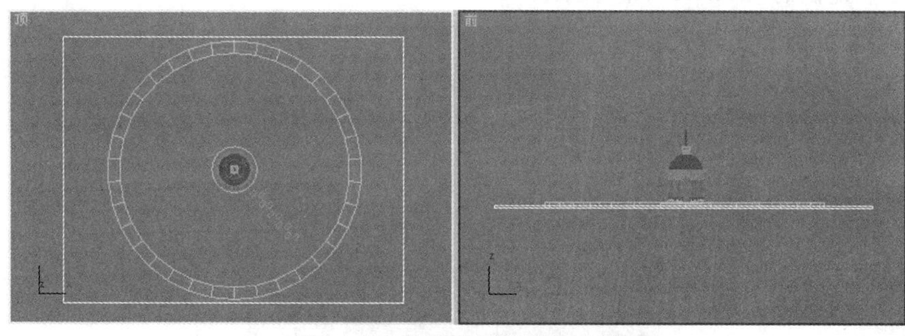

图 3-4-44　“地面”及所在视图位置

8. 为其指定一个缺省的材质，在其“漫反射颜色”贴图通道中打开配套资源中提供的“STUCC08”图片，并拖曳此贴图至“凹凸”贴图通道中，设置凹凸“数量”为 141，如图 3-4-45 所示。

9. 使用“UVW 贴图”修改器适当地将地纹理调整得密一些，参数设置如图 3-4-46 所示。

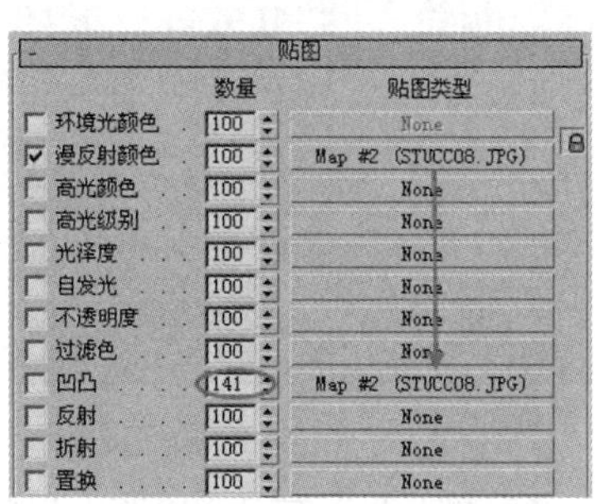

图 3-4-45　“凹凸”贴图设置

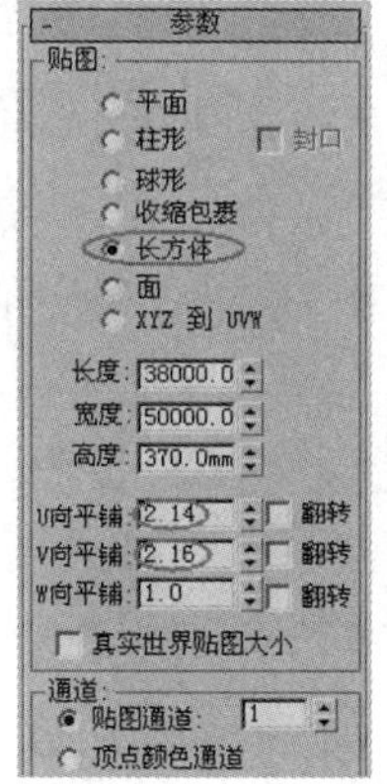

图 3-4-46　“UVW 贴图”参数设置

10. 制作背景。单击创建 → 几何体 → 平面 按钮，在前视图创建一个“长度”为 33440、“宽度”为 66400 的平面作为背景，调整其位置，如图 3-4-47 所示。

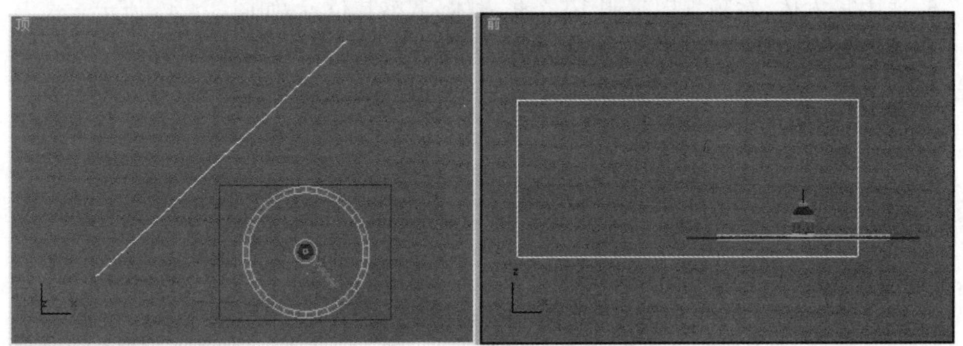

图 3-4-47　平面及所在视图位置

11. 为其指定一个缺省的材质，设置“自发光”的“颜色”参数为 100，在其“漫反射颜色”贴图通道中打开配套资源中提供的“Mountains”图片，在“不透明度”贴图通道中打开配套资源中提供的“Matte2”图片，如图3-4-48 所示。

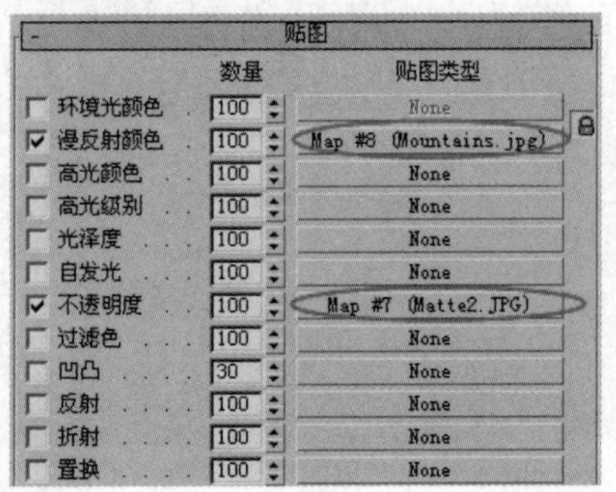

图 3-4-48　“漫反射颜色”“不透明度”贴图设置

12. 创建摄影机视图。在顶视图中创建一个目标摄影机 01，设置“镜头”参数为 33，激活透视视图后，按下键盘上的 C 键，将透视视图转换为摄影机视图观察，其位置如图 3-4-49 所示。

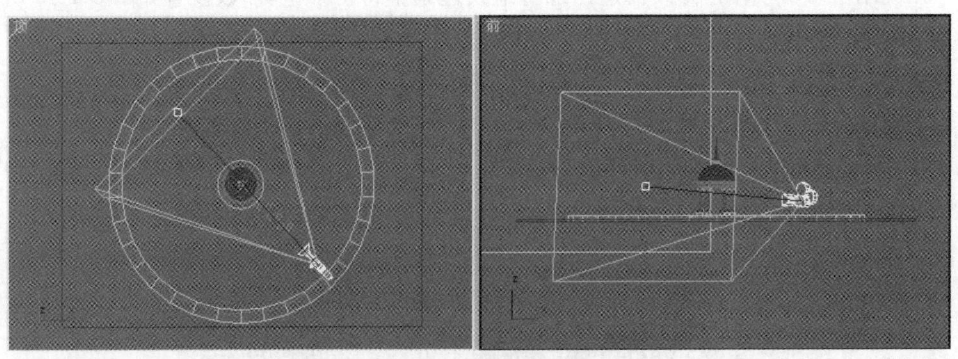

图 3-4-49　摄影机的位置

13. 执行“渲染”→“环境”菜单命令，在“环境贴图”中为其添加“渐变”贴图类型，将此贴图拖曳到一个缺省材质中，为其添加一个蓝色的过渡色通道，渲染摄影机视图观察效果，如图 3-4-50 所示。

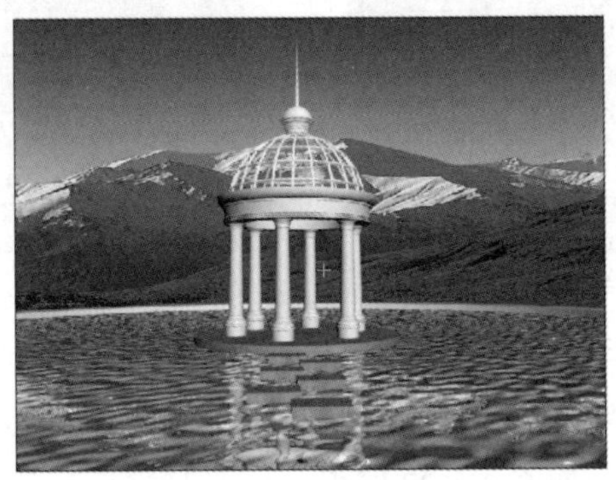

图 3-4-50　渲染效果

步骤三：制作喷泉

1. 创建超级喷射粒子。单击创建 → 几何体 → 粒子系统 → 超级喷射按钮，在顶视图中水池的左边创建超级喷射粒子，并移动其图标至图 3-4-51 所示的位置。

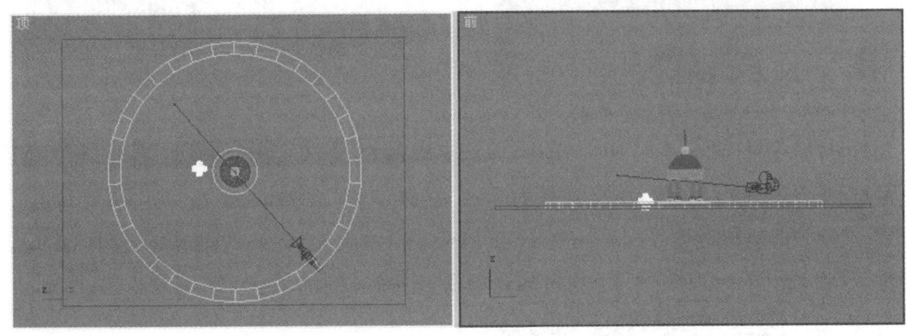

图 3-4-51　超级喷射粒子及所在视图位置

2. 设置喷射水流。选中超级喷射粒子，将它的“粒子数百分比”设置为 100，设置轴的“扩散”值为 10°、平面的“扩散”值为 180°。打开“粒子生成”卷展栏，将“粒子数量”组中的“使用速率”设置为 7；将“粒子运动”组中的“速度”设置为 70、“变化”设置为 10；将“粒子计时”组中的“发射开始”设置为－200、“发射停止”设置为 200、“显示时限”设置为 200、粒子的“寿命”设置为 40。单击动画播放按钮观察，现在基本产生粒子喷射效果，如图 3-4-52 所示。

3. 加入重力场。单击创建 →空间扭曲 → 重力按钮，在顶视图中创建一个重力系统，使用绑定到空间扭曲工具将粒子绑定到重力系统上，如图3-4-53所示。选中重力图标，在修改面板中将力的“强度”值设为 1.5，这样粒子就呈现伞形喷射效果，如图 3-4-54 所示。

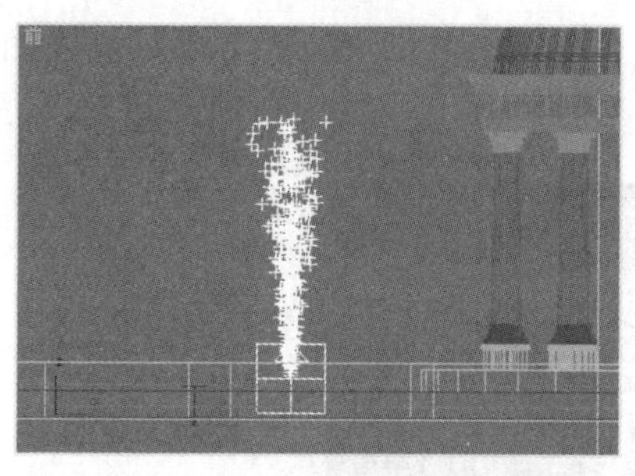

图 3-4-52 设置后的粒子喷射效果

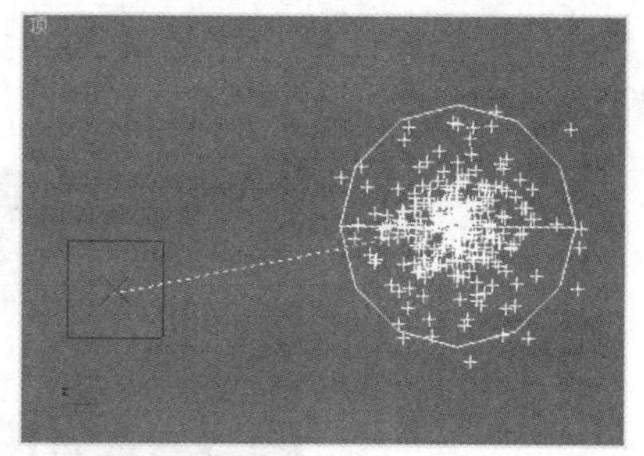

图 3-4-53 将粒子绑定到重力系统

4. 选中超级喷射粒子系统，在修改面板中打开“粒子类型”卷展栏，将“标准粒子”点选为“球体”选项，再打开“粒子生成”卷展栏，设置“粒子大小”为 65，“变化”为 45，渲染透视视图观察喷射粒子效果，如图 3-4-55 所示。

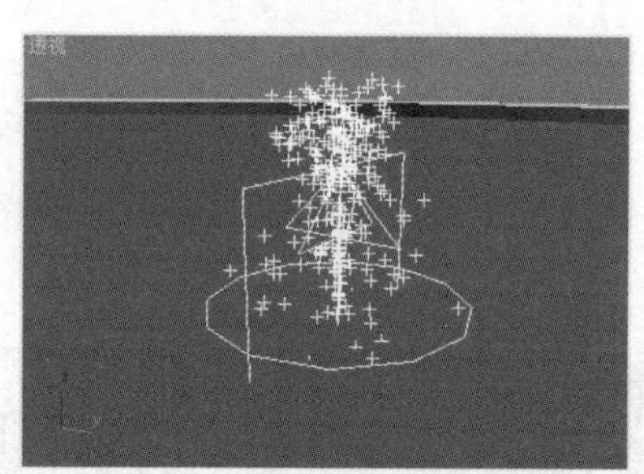

图 3-4-54 重力设置后的粒子

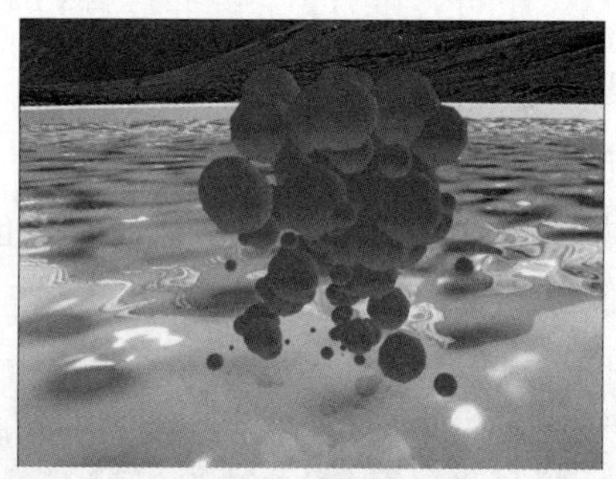

图 3-4-55 喷射粒子效果

5. 为喷射粒子指定水流材质。选中一个缺省的材质球指定给喷射粒子，将“漫反射”的颜色设置成浅蓝色，“自发光”参数设置为 85、“不透明度”参数设置为 40、“高光级别”参数设置为 93、“光泽度”参数设置为 44。展开“扩展参数”卷展栏，选中“衰减”的“外”方式、“数量”参数设置为 80，如图 3-4-56 所示，使材质球出现外侧模糊的效果，如图 3-4-57 所示。

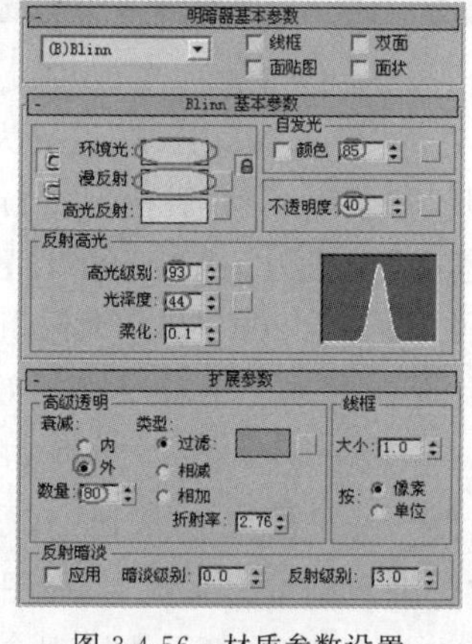

图 3-4-56 材质参数设置

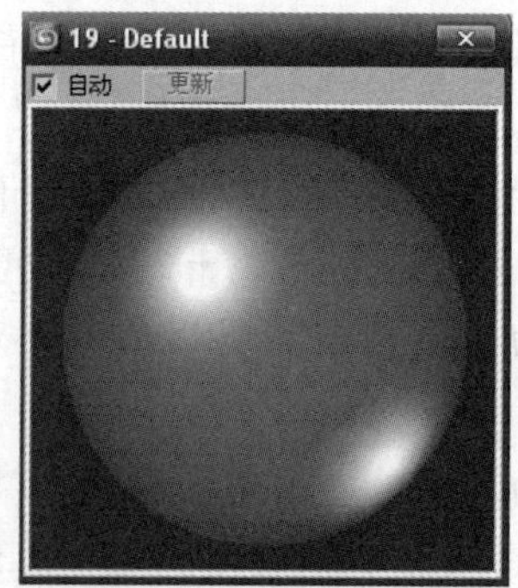

图 3-4-57 材质球的效果

6. 选中喷射粒子，单击右键选择“对象属性”选项，在弹出的对话框中的“运动模糊”组里选中“图像”选项，“倍增”参数设置为 2，如图 3-4-58 所示，最后单击【确定】按钮退出，渲染观察效果，如图 3-4-59 所示。

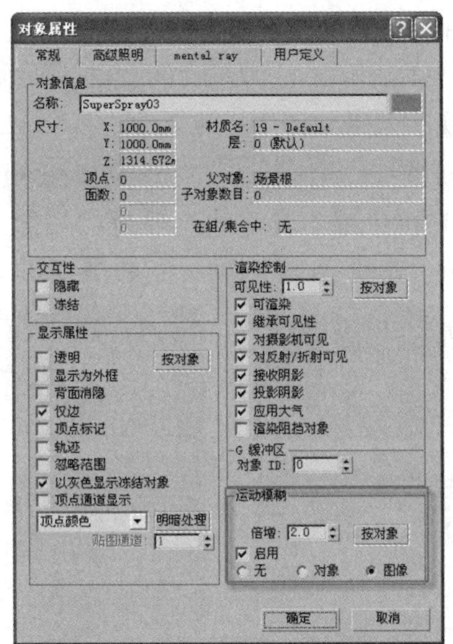

图 3-4-58 “对象属性”对话框设置

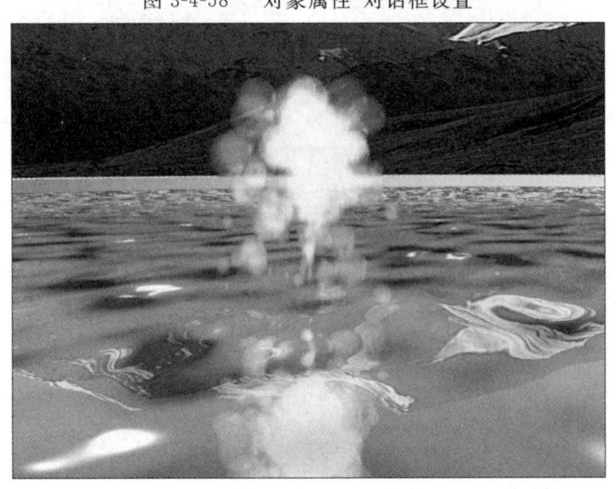

图 3-4-59 渲染效果

7. 创建导向板。单击创建 → 空间扭曲 → 导向器 → 泛方向导向板 按钮，在顶视图喷射粒子的位置创建泛方向导向板并将其移动至水面的顶端，如图3-4-60所示。

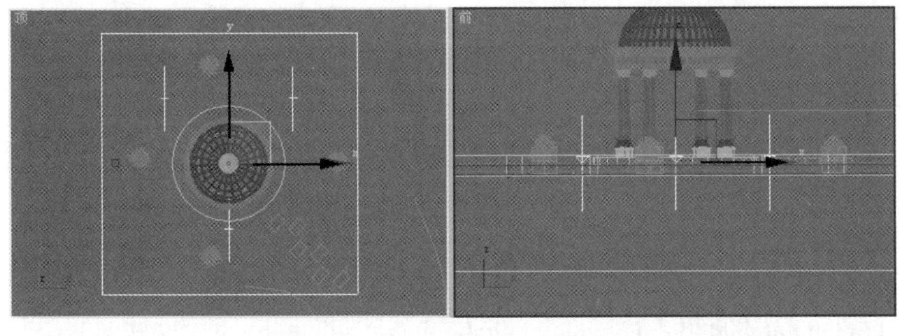

图 3-4-60 泛方向导向板及所在视图位置

8. 使用绑定到空间扭曲工具将超级喷射粒子绑定到泛方向导向板上，在视图中选中导向板，在修改面板上设置“开始时间”为－200、“结束时间”为200、“反弹”为0.12、“混乱度”为100，渲染视图观察效果如图3-4-61所示。

9. 单击创建→空间扭曲→力→重力按钮，在顶视图中创建重力，使用绑定到空间扭曲工具将超级喷射粒子绑定到重力系统上，选中重力图标，在修改面板上设置力的“强度”参数值为0.1，渲染视图观察效果如图3-4-62所示。

图3-4-61 受泛方向导向板影响的粒子效果

图3-4-62 受重力影响的粒子效果

10. 在顶视图中，选中喷射粒子，复制三个喷射粒子，调整其位置，如图3-4-63所示。

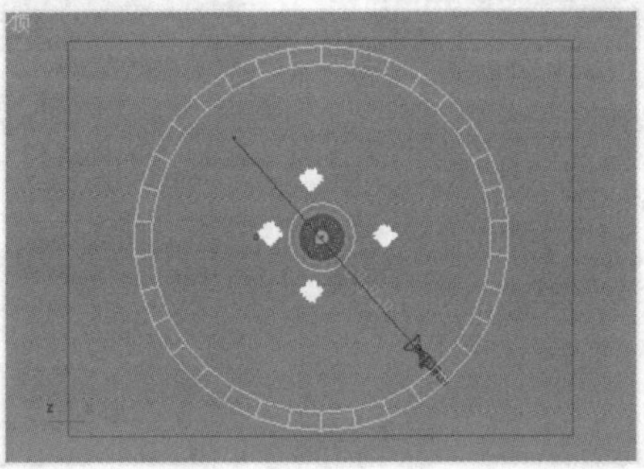

图3-4-63 喷射粒子位置

步骤四：灯光创建

1. 单击创建→灯光→目标平行光按钮，在前视图中创建一个目标平行光，作为场景中的主光源，位置如图3-4-64所示。

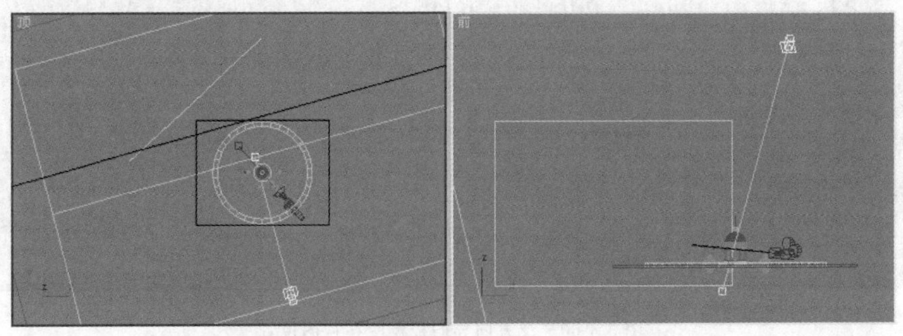

图3-4-64 目标平行光及所在视图位置1

2. 在“常规参数”卷展栏中进行参数设置，如图 3-4-65 所示；在“强度/颜色/衰减”卷展栏中设置“倍增”参数为 1.1，颜色设置如图 3-4-66 所示；在“平行光参数”卷展栏中进行参数设置，如图 3-4-67 所示；在“高级效果”卷展栏中设置“影响曲面”组中的“对比度”为 35。

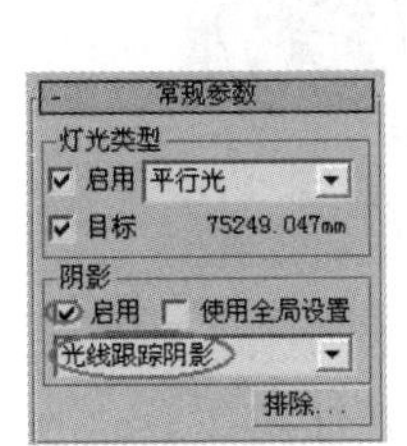

图 3-4-65　“常规参数”卷展栏参数设置

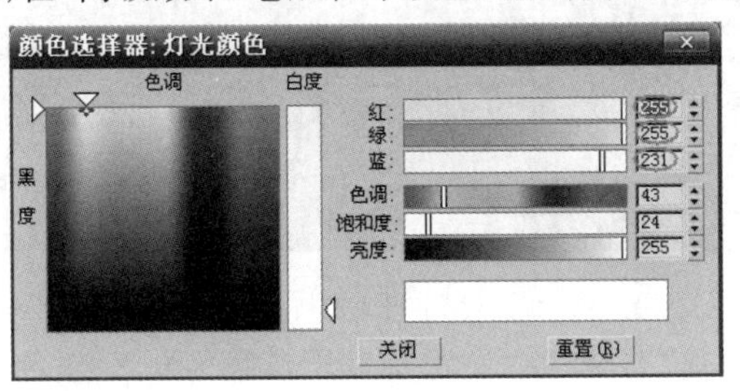

图 3-4-66　颜色设置 1

图 3-4-67　“平行光参数”卷展栏参数设置 1

3. 单击创建→灯光→目标平行光按钮，在前视图中创建一个目标平行光，作为场景中的次光源，位置如图 3-4-68 所示。

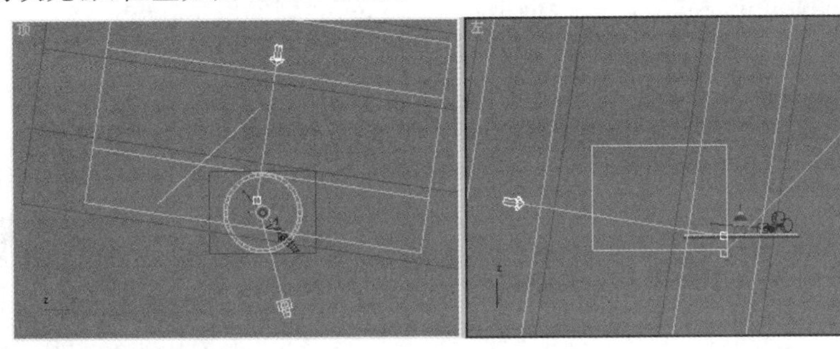

图 3-4-68　目标平行光及所在视图位置 2

4. 在“强度/颜色/衰减”卷展栏中设置“倍增”参数为 0.45，颜色设置如图 3-4-69 所示；在“平行光参数”卷展栏中进行参数设置，如图 3-4-70 所示；在“高级效果”卷展栏中设置“影响曲面”组中的“对比度”为 35。

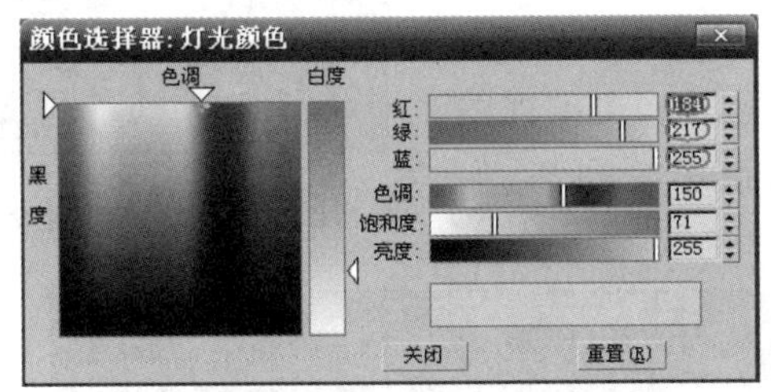

图 3-4-69　颜色设置 2

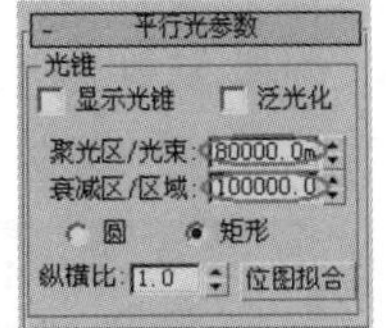

图 3-4-70　“平行光参数”卷展栏参数设置 2

5. 单击创建→灯光→目标平行光按钮，在前视图中从下往上创建一个目标平行光，作为场景中的辅助光源，位置如图 3-4-71 所示。

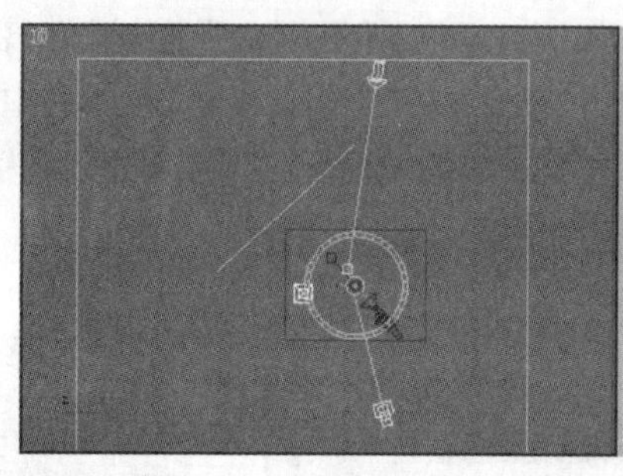
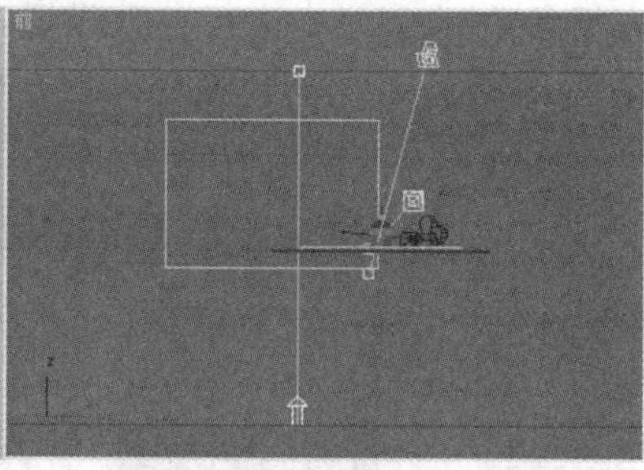

图 3-4-71 目标平行光及所在视图位置 3

6. 在“强度/颜色/衰减”卷展栏中设置“倍增”参数为 0.3，颜色设置如图 3-4-72 所示；在“平行光参数”卷展栏中进行参数设置，如图 3-4-73 所示；在“高级效果”卷展栏中设置“影响曲面”组中的“对比度”为 35。

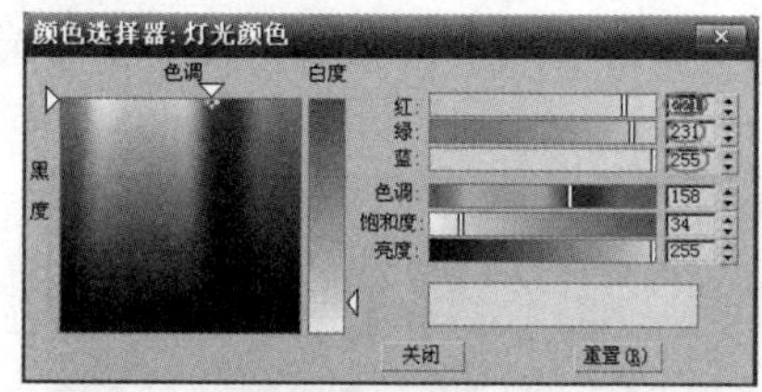

图 3-4-72 颜色设置 3

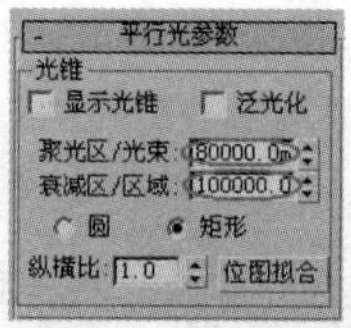

图 3-4-73 “平行光参数”卷展栏参数设置 3

步骤五：模拟动态水面效果

1. 单击【时间配置】按钮，在弹出的对话框中选中“PAL”(帕制)，设置“动画”的“长度”为 200，单击【确定】按钮退出，如图 3-4-74 所示。

2. 开启自动关键点按钮，将“时间滑块”放置到 200 帧处，然后进入凹凸通道 凹凸 350 Map #1 (Noise) 的“噪波”贴图类型设置面板，设置噪波 Z 轴的“偏移”值为 −850，关闭自动关键点按钮。

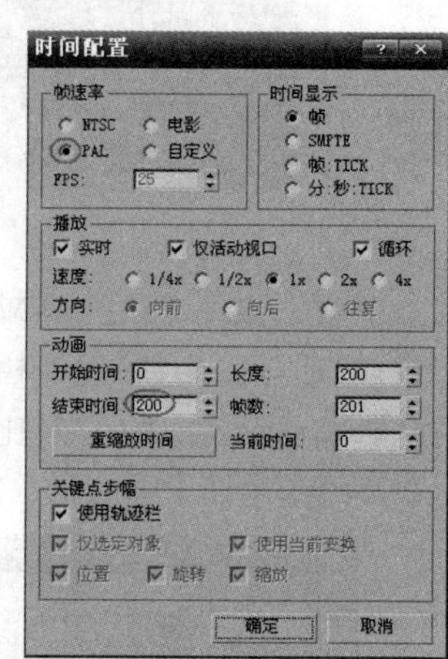

图 3-4-74 动画时间配置设置

步骤六：为摄影机指定路径约束

1. 单击创建→图形→ 线 按钮，在顶视图创建一条弧线，调整其在场景中的位置与摄影机同高，如图 3-4-75 所示。

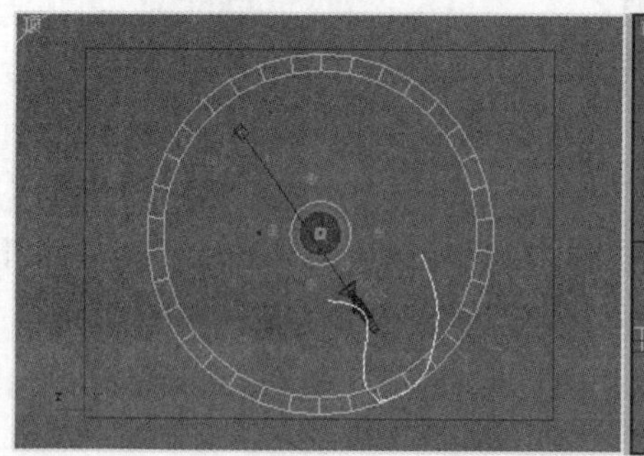
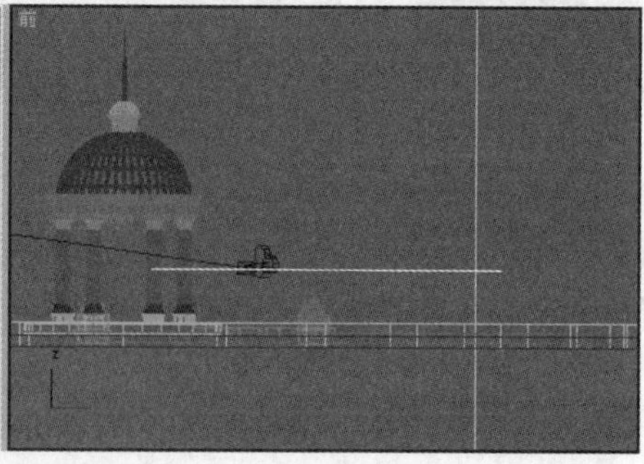

图 3-4-75 弧线及所在视图位置

2. 选中摄影机，执行“动画” →“约束”→“路径约束”菜单命令，在视图中拾取弧线。这样摄影机就跟随弧线的轨迹运动。

注意：绘制弧线的起始点和终点将决定摄影机运动的方向。

3. 渲染摄影机视图观察效果，如图 3-4-76 所示。

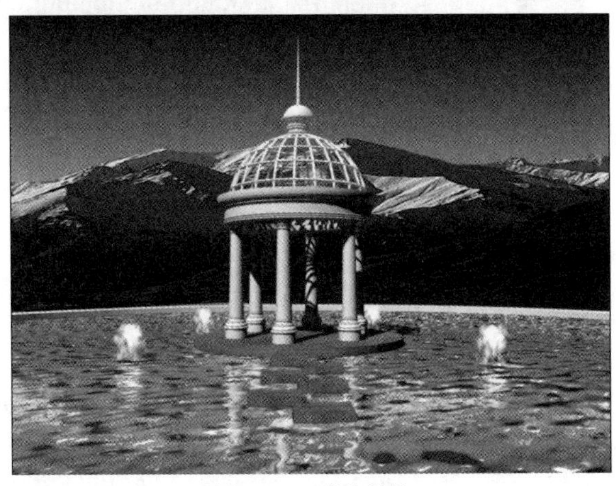

图 3-4-76　渲染效果

4. 在顶视图中再创建一个目标摄影机 02，设置“镜头”参数为 33，激活透视视图后按下键盘上的 C 键，将透视视图转换为摄影机 02 视图观察，其位置如图 3-4-77 所示。

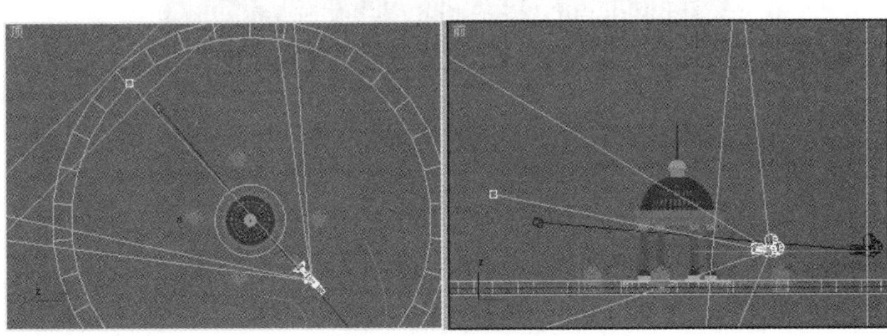

图 3-4-77　摄影机位置

5. 在顶视图中选中主光源，此时主光源在顶视图中的位置如图 3-4-78 所示。

6. 开启自动关键点按钮，将“时间滑块”放置到 100 帧处，然后移动主光源至如图 3-4-79 所示的位置，关闭自动关键点按钮。

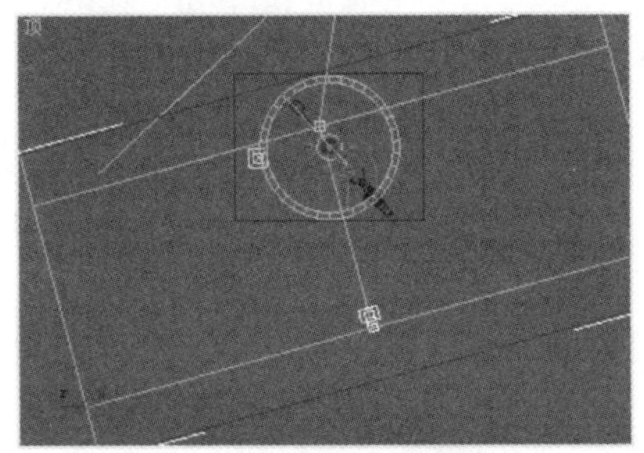

图 3-4-78　主光源在顶视图中的位置

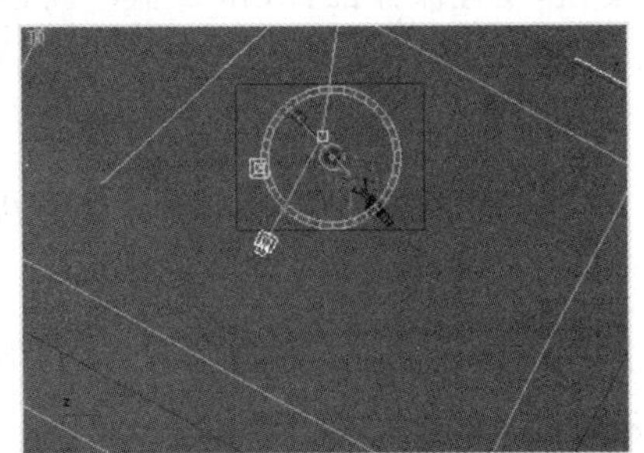

图 3-4-79　移动主光源后的位置

7.在顶视图中选中目标摄影机02,复制出一个目标摄影机03,其位置如图3-4-80所示。

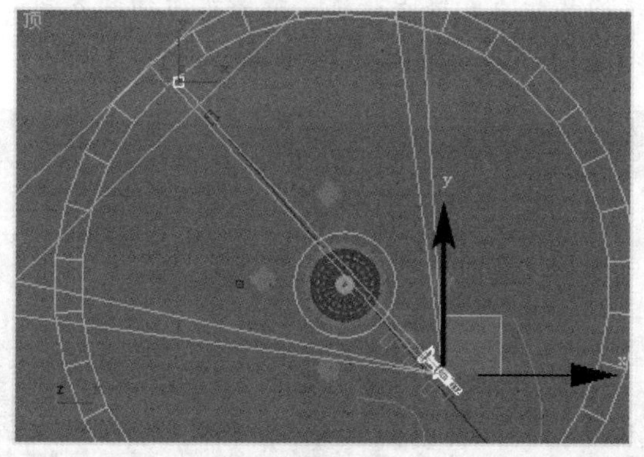

图3-4-80　目标摄影机03的位置

8.在顶视图中选中目标摄影机03,开启自动关键点按钮,将"时间滑块"放置到100帧处,然后移动目标摄影机03至如图3-4-81所示的位置,关闭自动关键点按钮。

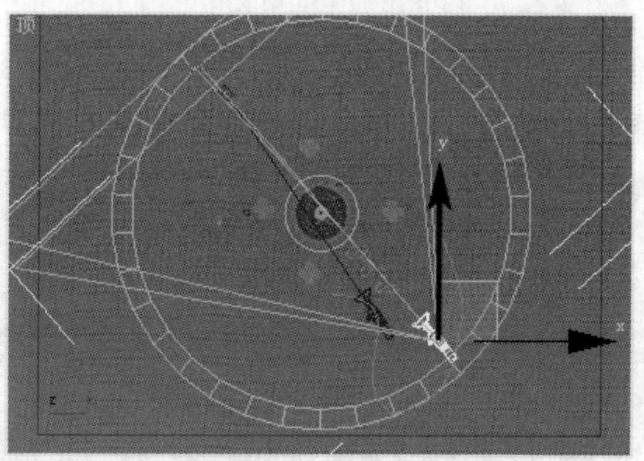

图3-4-81　移动目标摄影机03后的位置

9.动画渲染设置。

(1)激活摄影机01视图,单击【渲染设置】按钮,在打开的窗口中选中"活动时间段","输出大小"暂时先设置成800×600的像素质量。在窗口下方的"渲染输出"中单击【文件】按钮,设置保存位置,如E盘→新建一个文件夹,并命名为"室外景观动画制作实例"→文件名"室外景观01"→保存类型选JPEG文件格式→单击【保存】按钮。

(2)激活摄影机02视图,用同样的方法进行设置,将其命名为"室外景观02"。

(3)激活摄影机03视图,用同样的方法进行设置,将其命名为"室外景观03"。

步骤七:动画后期制作

1.打开Adobe Premiere后会自动弹出创建界面,在创建界面里单击"新建项目",如图3-4-82所示。

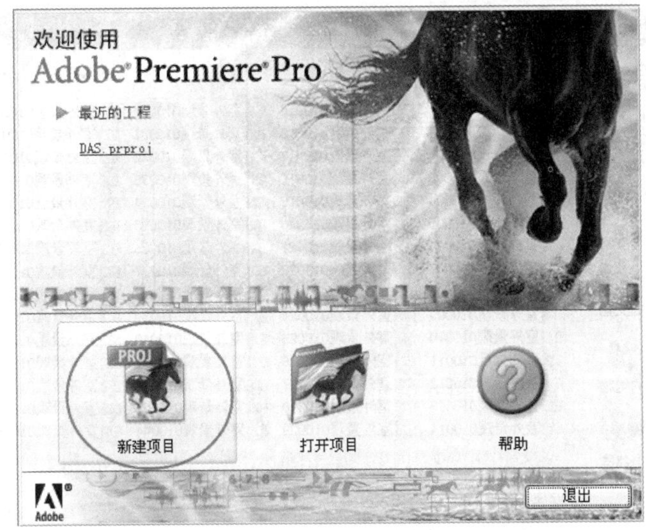

图 3-4-82　选择“新建项目”

2. 在打开的“新建项目”对话框中，在 PAL 制的扩展项中选择“标准 48kHz”，如图 3-4-83 所示。

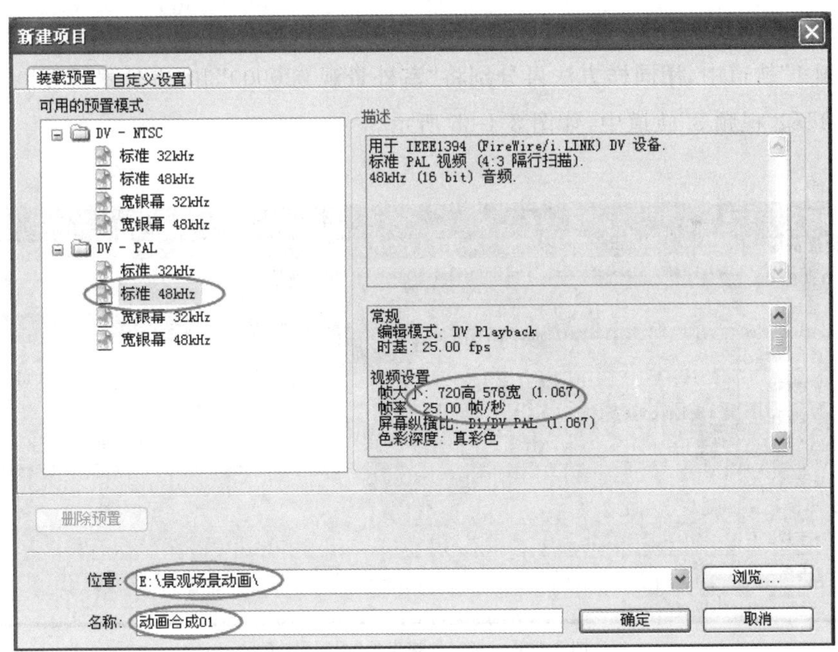

图 3-4-83　选择“标准 48kHz”

3. 执行“文件”→“导入”菜单命令，弹出“输入”对话框，打开配套资源中提供的范例图形文件夹“室外景观 01”中一张图片“室外景观 010000”，勾选“静帧序列”，如图 3-4-84 所示。

4. 用同样的方法导入文件“室外景观 020000”和“室外景观 030000”。

图 3-4-84 导入“室外景观 010000”

5. 编辑合成动画文件。将“项目”窗口中的“室外景观 010000”拖曳到“时间线”窗口中的“视频 1”轨道中，用同样方法再分别将“室外景观 020000”和“室外景观 030000”拖曳到“视频 2”和“视频 3”轨道中，如图 3-4-85 所示。

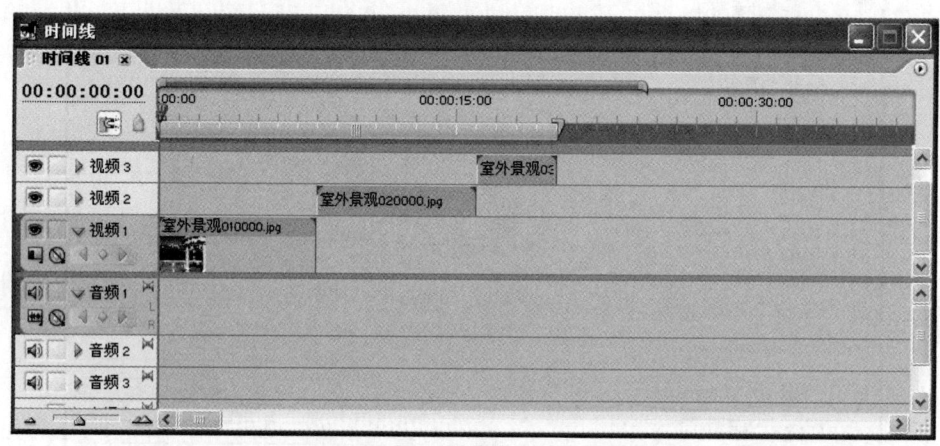

图 3-4-85 将文件拖曳到“视频”轨道

6. 添加动画“视频特效”。使用轨道选择工具选中“视频 1”轨道中的动画文件，在“项目”窗口中的“特效”组里进行视频特效的调整，这里有很多的视频特效模式，根据实际需要使用。如：将“调整”中的“亮度对比度”拖曳到“室外景观 010000”动画文件上，用来调节动画图片的亮度对比度，如图 3-4-86 所示。用同样的方法调节“室外景观 020000”和“室外景观 030000”动画文件的亮度对比度。

图 3-4-86　使用“视频特效”调节动画文件

7. 添加动画“视频转场”。在“项目”窗口中的“特效”组里进行视频转场的设置，这里有很多的视频特效模式，根据实际需要使用。如：将“溶解”中的“淡入淡出”拖曳到“室外景观 020000”动画文件上，如图 3-4-87 所示。用同样的方法对“室外景观 030000”动画文件进行视频转场设置。

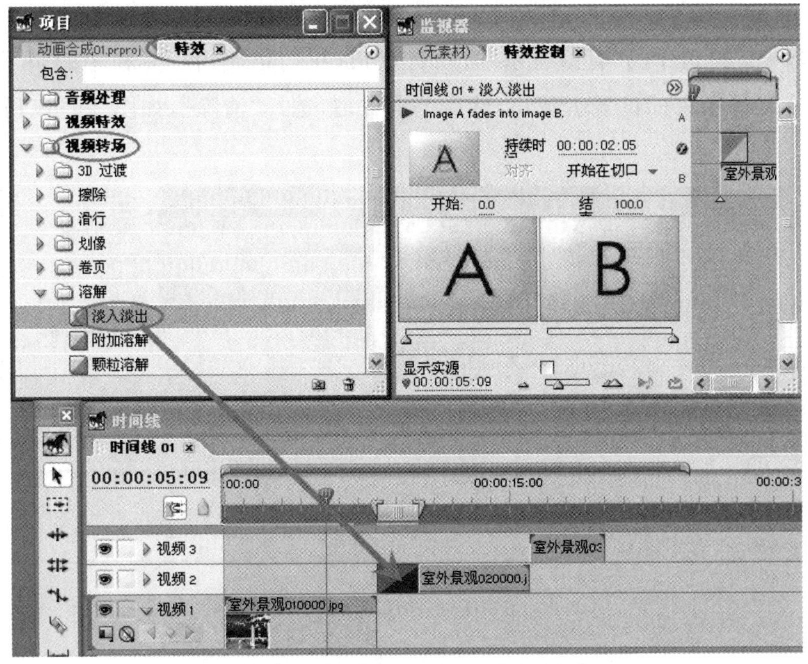

图 3-4-87　使用“视频转场”调节动画文件

8. 为动画添加"音频"。执行"文件"→"输入"菜单命令，弹出"输入"对话框，打开配套资源中提供的MP3格式文件"背景音乐"。将"项目"窗口中的"背景音乐"拖曳到"时间线"窗口中的"音频1"轨道中，如图3-4-88所示。

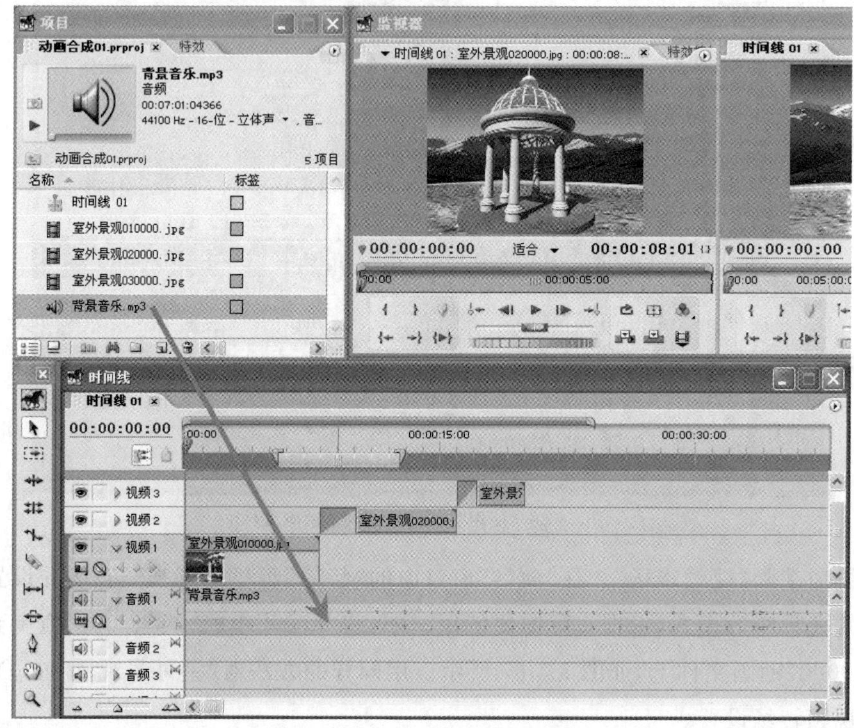

图3-4-88 将音乐拖曳到"音频"轨道

9. "音频1"轨道中的"背景音乐"时间有点长，我们将使用工具栏中的剃刀工具将音乐文件在动画结束的位置上剪切，然后单击右键，选择"清除"，如图3-4-89所示。

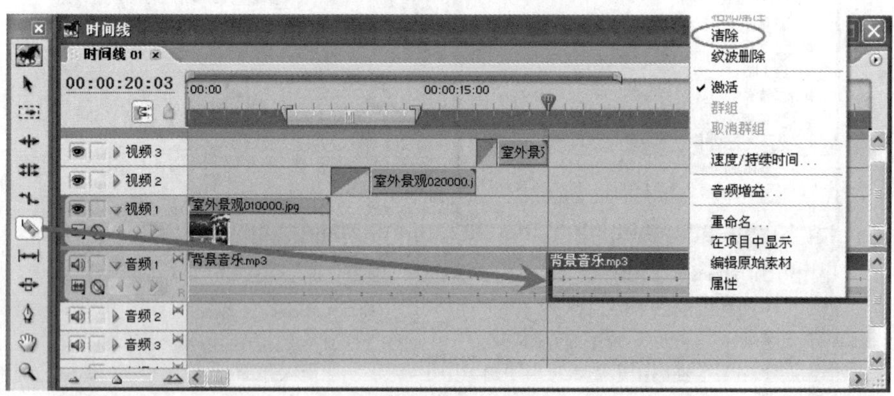

图3-4-89 剪辑音乐文件

10. 将动画文件输出成影片。

(1)执行“文件”→“输出”→“影片”菜单命令，在打开的“输出影片”对话框中指定文件保存的盘区路径，并输入文件名后单击【设置】按钮，如图 3-4-90 所示。

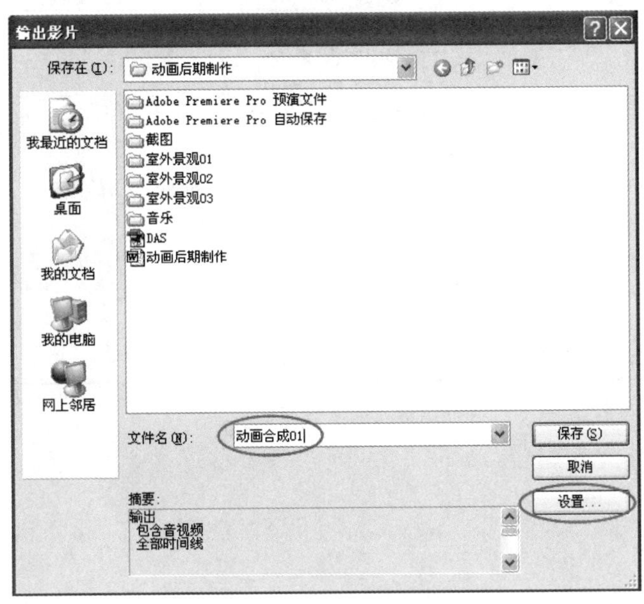

图 3-4-90　“输出影片”对话框设置

(2)单击【设置】按钮后，在打开的“输出电影设置”对话框中进行“常规”设置，如图 3-4-91 所示。

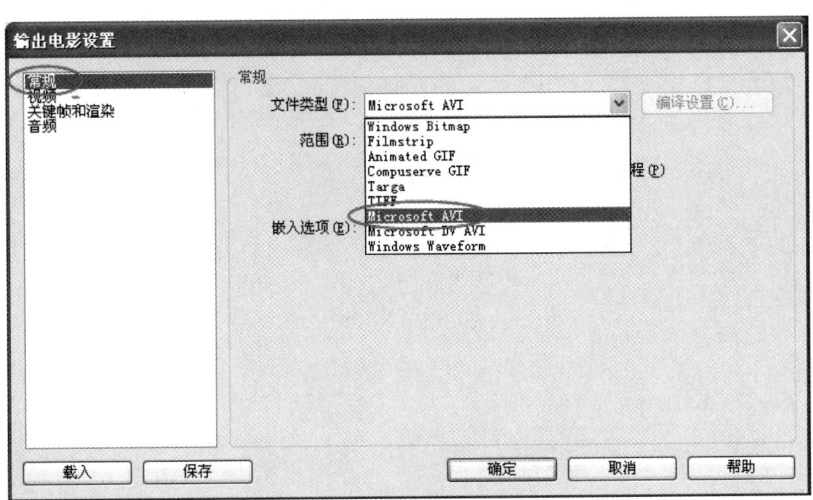

图 3-4-91　“输出电影设置”对话框设置

(3)然后再进行“视频”设置，如图3-4-92所示。完成后单击【确定】按钮结束设置，最后单击【保存】按钮保存输出动画文件。

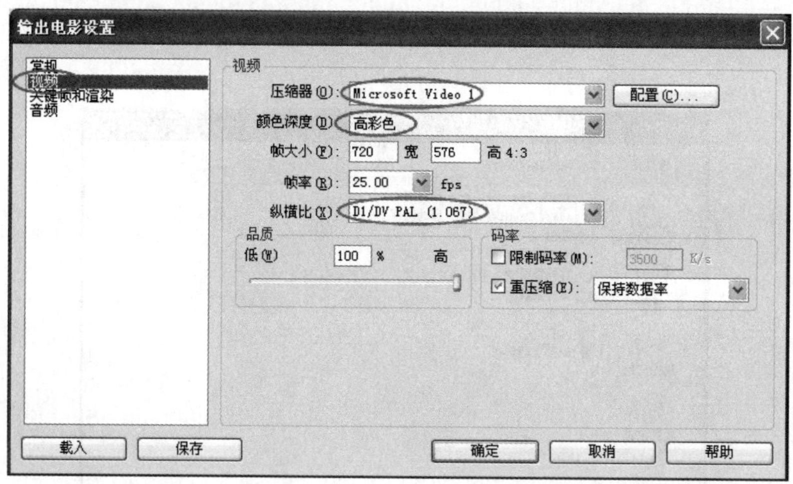

图3-4-92 “视频”设置